Klaus Fleischmann

ZU DEN KÄLTEPOLEN DER ERDE

50 Jahre deutsche Polarforschung

Delius Klasing Verlag

Bibliografische Information Der Deutschen Bibliothek
Die Deutsche Bibliothek verzeichnet diese Publikation in der
Deutschen Nationalbibliografie; detaillierte bibliografische
Daten sind im Internet über »http://dnb.ddb.de« abrufbar.

1. Auflage
ISBN 3-7688-1676-1
ISBN 978-3-7688-1676-2
© by Delius, Klasing & Co. KG, Bielefeld

Abbildungen auf dem Schutzumschlag: vorne: Heinz Kohnen (2), Lothar Stange,
Nikolaos Tsoukalas/AWI; hinten: Margarete Pauls/AWI, Heinz Kohnen, Julian Gutt/AWI,
Quelle AWI
Karten: soweit nicht anders angegeben: Inch 3, Bielefeld
Die Rechte für die Karten liegen bei den angegebenen Instituten, für sonstige Abbildungen
beim jeweiligen Bildgeber.
Schutzumschlaggestaltung: Gabriele Engel
Layout: Ekkehard Schonart
Reproduktionen: Lithotronic, Frankfurt a. M.
Druck: aprinta Druck, Wemding
Printed in Germany 2005

Delius Klasing Verlag, Siekerwall 21, D - 33602 Bielefeld
Tel.: 0521/559-0, Fax: 0521/559-115
E-Mail: info@delius-klasing.de
www.delius-klasing.de

Inhalt

Grußwort

Am 12. Dezember 1979 beschloss das Bundeskabinett, eine deutsche Station in der Antarktis
einzurichten und das Polarforschungsinstitut in
Bremerhaven anzusiedeln. Wir wollten Deutschland in die Konsultativrunde nach dem Antarktis-
Vertrag bringen und unserem Land damit ein Mitspracherecht sichern, falls man einmal über die in
der Antarktis vermuteten Ressourcen entscheiden würde. Niemand am Kabinettstisch ahnte
damals, was die eher zögerlichen Wissenschaftler
aus diesem Geschenk machen würden.

Eine erste Vorstellung erhielt ich im Sommer
1989 auf einer Fahrt von Spitzbergen nach Hause, zu der Gotthilf Hempel, der langjährige Direktor des Alfred-Wegener-Instituts für Polar- und
Meeresforschung, meine Frau und mich eingeladen hatte. Uns faszinierte zunächst die Vielseitigkeit der POLARSTERN – ein Ausweis deutscher
Schiffsbaukunst, denn dieses Forschungsschiff
fuhr Ende 1982 ohne lange Erprobung direkt in
die Antarktis und hat nie größere Probleme bereitet. Auf dieser Fahrt lernten wir viel, denn jeden
Abend berichteten Wissenschaftler über ihre
Arbeit. Die anschließende Diskussion sprengte
regelmäßig die Fesseln der Disziplinen. Ich
begriff, wie sehr die POLARSTERN ein Klima schuf,
das weit über die Polarwissenschaft ausstrahlte:
Erst die Kenntnis der Fortschritte anderer Wis-
senschaftsbereiche öffnet dem Einzelnen den
Weg, einen besseren Beitrag zum Verständnis des
»Systems Erde« zu liefern.

Wenn die deutsche Polarforschung heute ein
gesuchter Partner für die Kollegen anderer Nationen ist, so verdankt sie dies in hohem Maße dem
Alfred-Wegener-Institut. Dieses Institut, inzwischen Teil der Hermann von Helmholtz-Gemeinschaft Deutscher Forschungszentren, hätte seinen nationalen und internationalen Rang nicht
ohne die Kooperation mit den Hochschulen erreichen können. Deren Wissenschaftlern sowie den
ungezählten Gästen aus dem Ausland bietet das
Institut mit der POLARSTERN und mit seinen Stationen in Antarktis und Arktis eine hervorragende Plattform für erfolgreiche, auch für diszipli-
nenübergreifende Forschung. Und zugleich ein
Zentrum der Begegnung und des Austauschs.

Die Wissenschaft hat die ihr gebotene Chance
gut genutzt. Mit der Entscheidung vom Dezember
1979 bin ich auch im Nachhinein sehr zufrieden
und auch ein wenig stolz.

Hamburg, den 13. Juni 2005

Helmut Schmidt,
Bundeskanzler a. D.

Zu diesem Buch

Bei einem zufälligen Treffen im Herbst 2001 meinte Prof. Gotthilf Hempel, der erste Direktor des Alfred-Wegener-Instituts für Polar- und Meeresforschung (AWI) in Bremerhaven: »Das AWI wird bald 25 Jahre. Da sollte eigentlich jemand eine Geschichte seiner Gründung und Entwicklung schreiben.« Ich ließ mir dies durch den Kopf gehen und signalisierte drei Wochen später gegenüber Prof. Jörn Thiede, dem derzeitigen AWI-Direktor, meine Bereitschaft zu einem solchen Projekt. Jörn Thiede ging darauf ein, erweiterte jedoch das Thema auf eine Geschichte der deutschen Polarforschung seit dem Zweiten Weltkrieg. Bei meiner Zusage wusste ich nicht, worauf ich mich eingelassen hatte. Ich musste nicht nur die Geschichte von rund 50 Jahren Polarforschung mit ihren großen Veränderungen von den letzten personenbezogenen Expeditionen bis hin zu den heutigen Teams mit computerisierten Messgeräten erarbeiten. Ich wollte auch dem Leser Forschungsergebnisse aus verschiedenen beteiligten Disziplinen verständlich machen und ihm außerdem die Bedingungen, unter denen sie in der Arktis und der Antarktis erzielt worden sind, zu vermitteln. »Deutsche« Polarforschung umfasst zudem nicht nur die Aktivitäten westdeutscher Wissenschaftler, sondern auch die Arbeiten ihrer ostdeutschen Kollegen, die schon ab 1959 ziemlich regelmäßig in die Antarktis fuhren. Dabei gewann ich Einblick in die Abhängigkeit der Polarforschung von den Weichenstellungen der Politik, in der Bundesrepublik Deutschland wie in der DDR. Diese sind nach meiner Auffassung unverzichtbarer Teil einer Geschichte der modernen deutschen Polarforschung – auch wenn dadurch manchem Wissenschaftler die Darstellung zu viel »Politik« enthalten mag.

Das vorliegende Buch strebt keine enzyklopädische Darstellung von 50 Jahren deutscher Arktis- und Antarktisforschung an. Geschichtsschreibung bedeutet auch immer, eine Auslese vorzunehmen und einzelne Fakten und Prozesse hervorzuheben. Der Autor vertraut dabei darauf, dass seine Schwerpunktsetzungen von anderen geteilt werden. In diesem Sinne habe ich den Bericht auf größere Abschnitte konzentriert und versucht, »große Linien« herauszuarbeiten. Vieles musste daher unerwähnt bleiben. Ich bitte all jene um Nachsicht, denen durch dieses Konzept Unrecht widerfahren ist und die daher ihren Namen vergebens im Register suchen.

Bei meiner Arbeit studierte ich zunächst dicke Akten, in denen ich vielen Bekannten aus meiner früheren Arbeit in den Geschäftsstellen des Wissenschaftsrates und der Deutschen Forschungsgemeinschaft, aber auch als Geschäftsführer der Hermann von Helmholtz-Gemeinschaft Deutscher Forschungszentren begegnete. Akten enthalten oftmals nicht die ganze Wahrheit und so fing ich an, Zeitzeugen zu befragen. Kaum einer verweigerte sich. Dabei stellte ich fest, dass das Projekt gerade noch zum richtigen Zeitpunkt begonnen hatte: Viele wichtige Zeugen konnte ich noch interviewen, andere waren schon gestorben oder nicht mehr ansprechbar, wieder andere konnte ich nicht aufspüren.

Mein Dank gilt rund 100 Partnern aus Wissenschaft, Politik und Verwaltung: Sie haben mir ihre Erfahrungen und Erlebnisse erzählt und auf meine oft unbedarften und laienhaften Fragen geduldig geantwortet. Und sie haben dann die Entwürfe der ihren Bereich betreffenden Kapitel aufmerksam durchgesehen und mir viele kritische Hinweise zugehen lassen. Hier jemanden besonders zu erwähnen, hieße, alle anderen geringer zu achten. So gilt mein herzlicher Dank pauschal allen. Wenn im Buch trotz ihrer Hinweise noch Fehler enthalten sind, so sind dies meine Fehler. Vor allem frühere Expeditionsteilnehmer haben mir nicht nur Briefe und Aufzeichnungen, sondern auch Fotos, die in ihren Schränken verborgen und meist noch nie veröffentlicht worden sind, zur Verfügung gestellt. Ohne diese Beiträge hätte dieses Buch so nicht entstehen können. Dafür schulde ich ihnen besonderen Dank.

Dieses Buch hätte ohne den Zugang zu den Akten vor allem des Bundesministeriums für Forschung und Technologie, der Deutschen Forschungsgemeinschaft (DFG), der Bremischen Senatsbehörde für Wissenschaft und Kunst, des Wissenschaftsrates und natürlich auch des Alfred-Wegener-Instituts nicht geschrieben werden können. Mein Dank gilt all denen, die mir durch die Zugangserlaubnis Vertrauen entgegengebracht haben; ich hoffe, das Ergebnis enttäuscht sie nicht. Archivarbeit erzielt ohne kundige Hilfe Eingeweihter oft nur geringe Ausbeute. Ich möchte daher an dieser Stelle vier Personen ganz besonders danken: Walter Pietrusziak, der für mich in den DFG-Archiven viele wichtige, aber gut verborgene Vorgänge aufstöberte; Evelyn Oetjen, die mir nicht nur bei den Bremer Akten half, sondern auch wertvolle weitere Verbindungen erschloss; Diedrich Fritzsche, der mich in die Relikte aus der Zeit der DDR einführte, die im Keller der Potsdamer Forschungsstelle des AWI lagern; und schließlich Frank Poppe, der mich engagiert bei der Suche nach Fotos im AWI-Bildarchiv unterstützte.

Das AWI-Direktorium, vor allem Prof. Jörn Thiede und Dr. Rainer Paulenz, haben mir diese Aufgabe übertragen, obwohl ich noch nie ein vergleichbares Werk verfasst hatte. Ihr Vertrauen hat mir den notwendigen Rückhalt gegeben. Ein besonderer Dank gilt schließlich den Partnern im Delius Klasing Verlag, die viel Geduld mit ihrem immer wieder Termine überschreitenden Autor hatten und aus meinen Texten und den gelieferten Bildern mit viel Einfühlungsvermögen das vorliegende Buch zusammengestellt haben.

Last, not least: Meine Frau Krista hat in all den Monaten mein immer chaotischer werdendes Arbeitszimmer ertragen und mich immer aufgemuntert, wenn es notwendig war. Ihr gebührt mein besonderer Dank.

Klaus Fleischmann

Entdeckerlust und nationaler Ehrgeiz

*Die DEUTSCHLAND von Wilhelm Filchner
war 1911/1912 über acht Monate lang
im Eis eingeschlossen. (Quelle: AWI)*

Deutsche Polarforschung
vor dem Zweiten Weltkrieg

Am Anfang von Polarexpeditionen standen Entdeckerlust, Abenteuersucht und das Verlangen, das Unbekannte zu enträtseln. Am Anfang standen aber auch – vor allem bei denjenigen, die die Expeditionen finanzierten – wirtschaftliches Gewinnstreben und das Bewusstsein der Herrschenden, dass Erfolge ihrer Untertanen das Prestige des Landes heben und damit auch das Ansehen der eigenen Person fördern. Es waren also höchst unterschiedliche Menschen, die diese Wünsche und Triebe hegten und verkörperten, doch sie suchten und fanden einander zur Realisierung ihrer spezifischen Träume. Forscher und Financiers gingen eine Symbiose ein, bei der jeder glaubte, die treibende Kraft zu sein, und doch zugleich der Getriebene war.

Im Laufe der Jahrhunderte waren die Karten der Länder und Kontinente dieser Erde immer farbiger geworden, die weißen Flecken rapide geschwunden. Nur die Pole blieben weiß wie das Packeis, das jedes weitere Vordringen zu ihnen – noch – verhinderte. Nach den sagenumwobenen Wikingern der ersten Jahrtausendwende segelten zwischen dem 16. und 18. Jahrhundert vor allem Engländer und Holländer immer wieder nach Norden, um – zunächst über die Nordostpassage entlang der Küste Russlands, später auch über die Nordwestpassage – einen Seeweg zu den Schätzen Indiens und Chinas zu finden. Auch wenn sie zunächst ergebnislos zurückkehrten oder gar verschollen blieben, so verleiteten ihre Entdeckungen doch viele Seefahrer zu ebenso gierigen wie gefährlichen Fahrten. Sie wollten reich werden durch die Jagd nach Walen, deren zu »Tran« gekochtes Fett damals vielfältige Verwendung fand und daher großen ökonomischen Nutzen versprach.

In Europa stritten sich Mitte des 19. Jahrhunderts die Gelehrten, ob der Nordpol in einem arktischen Ozean liege oder auf einem eigenen Kontinent. Viele glaubten zunächst, dass das Meerwasser nicht gefrieren könne, und dann, dass der Golfstrom so viel Wärme bringe, dass das Wasser nur in Küstennähe gefriere und daher das Polarmeer nach Überwindung des Eisgürtels schiffbar sei. Aus dieser Überzeugung heraus zeichnete 1865 der deutsche Geograph Professor Dr. August Petermann aus Gotha (1822–1878) eine Karte, auf der Grönland als lang gestreckte Insel – vorbei an dem im freien Meer liegenden, »mit einem Schraubendampfer leicht erreichbaren« Nordpol – bis in die Nähe der Beringstraße reichte. Größere Resonanz als bei der Royal Geographic Society fand Petermann bei der ersten »Versammlung deutscher Meister und Freunde der Erdkunde« in Frankfurt/M., bei der er am 23. Juli 1865 seine Idee einer deutschen Nordpol-Expedition vorstellte. Das Projekt entwickelte sich zu einer nationalen Aufgabe, die auch König Wilhelm I. unterstützen wollte; allein, der Ausbruch des Krieges zwischen Österreich und Preußen im Juni 1866 verhinderte die Umsetzung seines Willens.

Nach anderweitigen Versuchen finanzierte Petermann schließlich über Spenden und auf eigenes Risiko eine kleine Expedition: Am 24. Mai 1868 verließ der Hannoveraner Kapitän Carl Koldewey (1837–1908) mit der GRÖNLAND und elf Mann Besatzung Bergen »zur Erforschung und Entdeckung der arktischen Central-Region von 75° nördlicher Breite an«, wie Petermanns Auf-

August Petermann gab in den 1860er- und 1870er-Jahren entscheidende Anstöße für die deutsche Arktisforschung (unten links). (Quelle: AWI)

Kapitän Carl Koldewey erforschte zwischen 1868 und 1870 das Nordmeer und Ostgrönland (unten rechts). (Quelle: AWI)

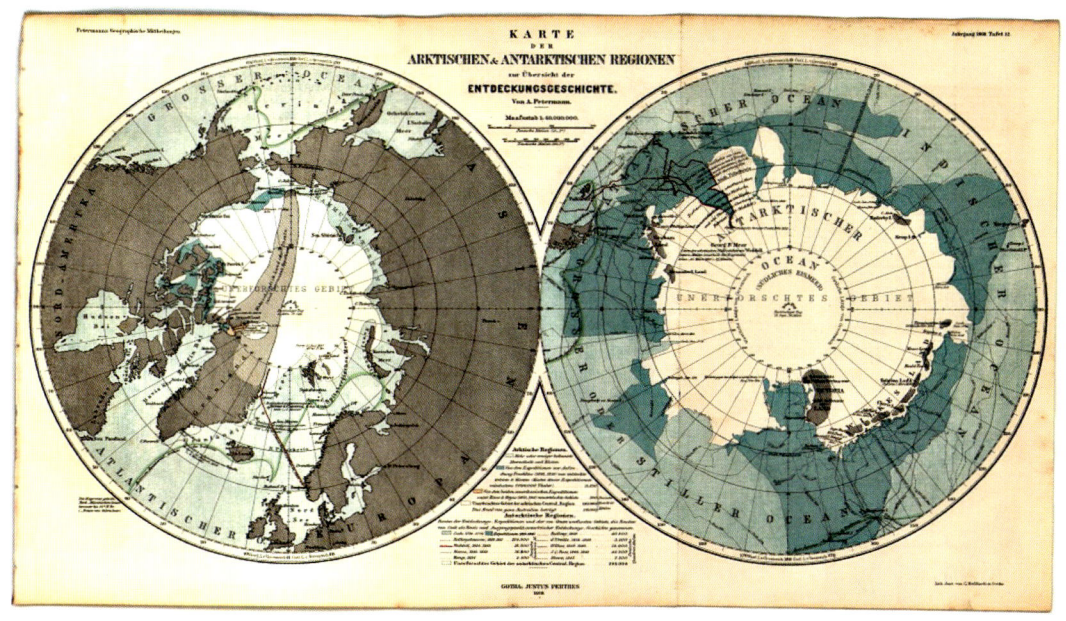

Arktis-Karte (links) von 1865: Nach Petermanns Überzeugung reichte Grönland quer über den Nordpol bis zur Beringstraße. (Quelle: AWI)

trag an ihn lautete. Als er am 10. Oktober 1868 von den begeisterten Bremerhavenern empfangen wurde, hatte er zwar viele wissenschaftlich interessante hydrographische und ozeanographische Daten gesammelt, seinen eigentlichen Auftrag aber nicht erfüllt, denn die Nordfahrt war nördlich von Spitzbergen bei 81°5' N am Eis gescheitert. Als Koldewey am 15. Juni 1869 erneut auslief, verabschiedeten ihn in Bremerhaven König Wilhelm I., Reichskanzler Otto von Bismarck, Generalstabschef Helmuth von Moltke sowie Kriegs- und Marineminister Albrecht von Roon – Forscherdrang war zum nationalen Ereignis erhoben worden. Wissenschaftlich erwies sich die bis September 1870 dauernde »Zweite Deutsche Nordpolar-Expedition« als Pionierleistung in der Erforschung Ostgrönlands. Dennoch machte sich Koldewey seinen Förderer Petermann nachhaltig zum Gegner, denn die Tatsachen stützten Petermanns Hypothesen nicht.

August Petermann hatte nach der ersten Expedition auch den Anstoß zu der 1872 begonnenen »Österreichisch-Ungarischen Expedition« gegeben, mit der die neu geschaffene Doppelmonarchie ihre Handlungsfähigkeit demonstrieren wollte. Im Gegensatz zur Vorexpedition im Sommer 1872 wurde der eigens gebaute Dreimaster TEGETTHOFF jedoch schon bald im Eis gefangen. Die Gruppe um Kapitän Karl Weyprecht

(1838–1881) und Julius von Payer (1841–1915), der vorher schon mit Koldewey nach Ostgrönland gefahren war, entdeckte zwar am 31. August 1873 die Inselgruppe des »Franz-Josef-Landes«, musste im folgenden Sommer aber das Schiff aufgeben und erreichte nur mit Glück die Insel Nowaja Semlja vor der russischen Eismeerküste, von wo aus ihnen russische Fangstleute weiterhalfen. Trotz seiner Entdeckung riet Payer, mit weiteren Unternehmungen zu warten, bis bessere Transportgeräte zur Verfügung stünden. Weyprecht ging einen Schritt weiter und formulierte 1875 ein neues Forschungskonzept, das in das Schlagwort »Forschungswarten statt Forschungsfahrten« mündete: Weyprecht setzte sich für simultane und Raum deckende Aktionen ein, die letztlich nur über eine internationale Koordinierung der Arktisforschung zu realisieren waren.

Zu einem ähnlichen Schluss war wenig vorher – auf Grund der damaligen Entwicklung der Meteorologie und unabhängig von Weyprecht – der Internationale Meteorologenkongress vom 2. bis 16. September 1873 in Wien gekommen, als er »die Einrichtung von meteorologischen Stationen in den Nordpolargegenden ..., und zwar zunächst auf Spitzbergen« empfahl. Der deutsche Geophysiker Prof. Dr. Georg von Neumayer (1826–1909), damals Hydrograph der Admiralität in Berlin, machte dazu den Zusatz »sowie auch

Georg von Neumayer initiierte das erste »Internationale Polarjahr« von 1882/1883. (Quelle: AWI)

13

auf höheren südlichen Breiten« – eine Idee, die er seit über zwanzig Jahren verfolgte und wofür er auch das Argument astronomischer Messungen des Durchgangs der Venus vor der Sonnenschei-be im Jahr 1874 erfolgreich benutzt hatte (das gleiche Ereignis war in Mitteleuropa zuletzt am 8. Juni 2004 zu beobachten). Als Neumayer Anfang 1875 erster Direktor der Deutschen See-warte wurde, konnte er die neue Zielrichtung noch nachdrücklicher propagieren. Er untermauerte sie zudem mit dem Argument, dass für die Sicherheit der gesamten Schifffahrt mehr meteorologische Informationen zur Wetterentwicklung sowie genauere Kenntnisse des erdmagnetischen Feldes dringend erforderlich seien. Nach einer Vordis-kussion beim Zweiten Internationalen Meteoro-logenkongress im April 1879 in Rom wurde noch im gleichen Jahr, nämlich am 1. Oktober 1879, in den Räumen der Deutschen Seewarte in Hamburg die »Internationale Polarkommission« gegründet und deren Vorsitz Georg von Neumayer übertra-gen. Gleichzeitig wurde die Durchführung eines »Internationalen Polarjahres« beschlossen und etwas später auf die Periode vom 1. August 1882 bis 1. September 1883 festgelegt. Da das Ergeb-nis erheblichen wirtschaftlichen Nutzen für alle Nationen verhieß, unterstützten die Regierungen von elf Ländern diese grenzüberschreitende, wis-senschaftliche Kooperation. Deutschland, Däne-mark, Österreich, Schweden, Norwegen, Finn-land, Russland, die Niederlande, Frankreich, die Vereinigten Staaten und Kanada errichteten in den Polarregionen insgesamt 15 Stationen, da-runter zwei deutsche. In 34 weiteren Observato-rien wurden zusätzliche Daten erfasst: Erstmals hatten kontinuierliche Langzeitmessreihen Vor-rang vor spektakulären Entdeckungsreisen.

Für das erste »Internationale Polarjahr« wurde keine Zusammenfassung der – letztlich doch nur punktuellen – Ergebnisse erarbeitet. Lediglich die Meteorologen, die in Deutschland 1883 end-lich eine eigene »Deutsche Meteorologische Gesellschaft« gründeten, nutzten die Chance und verstärkten über die Jahre hinweg, wenn auch auf recht unspektakuläre Art, die grenzüberschrei-tende Zusammenarbeit. Das »Internationale Polarjahr« hatte aber noch einen zweiten nach-haltigen Effekt: Georg von Neumayer hatte – sei-nem Ruf als Protagonist der Südpolarforschung getreu – auf eine Einbeziehung der Antarktis gedrungen und auch die Errichtung einer deut-schen Messstation bei 54,5° S an der Royal Bay von Südgeorgien erreicht, die für die Beobach-tung des erneuten Venusdurchgangs im Jahre 1882 mitgenutzt wurde. Die Antarktis wurde damit immer intensiver als Teil eines globalen Systems gesehen und erforscht, nachdem sie bis dahin vor allem das Ziel für Entdecker und Rob-benfänger gewesen war. So hatte James Cook (1728–1779) am 17. Januar 1773 als Erster den südlichen Polarkreis überquert, in den Sommern 1772 bis 1775 Antarktika umsegelt und dabei die Insel »South Georgia« entdeckt; an dieser Reise nahm auch der deutsche Naturforscher Johann Reinhold Forster mit seinem Sohn Georg teil. Der russische Forschungsreisende Fabian Gottlieb von Bellingshausen (1778–1852) folgte von 1819–1821 mit den beiden Schiffen Wostok und Mirny Cooks Route um Antarktika, drang sogar bis auf 69°59' S vor, entdeckte die Peter I.-Insel und die Alexander-Insel und beobachtete als erster Kaiserpinguine, die größte und südlichste Pinguinart. In den gleichen Jahren stritten sich englische und amerikanische Seefahrer, wer nach der Entdeckung der Shetland-Inseln als Erster die antarktische Halbinsel gesehen und betreten habe.

Den Mount Erebus beschrieb sein Entdecker Sir James Clark Ross als »einen schönen Vulkan, der Feuer und Rauch spie«. (Foto: Heinz Kohnen)

James Weddell (1787–1834) hatte bei seiner Fahrt (1822–1824) das Glück überaus günstiger Eisverhältnisse und konnte bis auf 74°15' S, 34°16' W in das später nach ihm benannte »Weddell-Meer« vordringen. Die gerade entdeckten Gebiete wurden sofort wirtschaftlich ausgebeutet. So wurden um die Falkland-Inseln und South Georgia herum zwischen 1790 und 1820 Robben in derartigen Massen abgeschlachtet, dass die Bestände kurz vor der Ausrottung standen – was einige Robbenfänger zu weiteren Fahrten in und um die Antarktis antrieb. Daneben wirkte nationaler Ehrgeiz weiterhin als Triebfeder: Von Australien aus kam der Franzose Jules Dumont d'Urville (1790–1842) im Jahr 1840 bis auf Sichtnähe an die »Terre Adélie« und damit das Antarktis-Festland, das, von der antarktischen Halbinsel aus gesehen, auf der gegenüberliegenden Seite des Südpols lag. Die erste Antarktisexpedition der britischen Marine führte schließlich der durch sechs Arktisfahrten erfahrene englische Admiral Sir James Clark Ross (1800–1862). Das Ziel von Ross war der Seeweg zum magnetischen Südpol, den der Göttinger Mathematik-Professor Carl Friedrich Gauß, angeregt von Alexander von Humboldt, 1838 mit 72°35' S 105°10' E berechnet hatte. Ross segelte dabei im Januar 1841 als Erster durch einen Packeisgürtel in das »Ross-Meer« hinein, von wo aus er wenig später den Mount Erebus, »einen schönen Vulkan, der Feuer

und Rauch spie«, sowie seinen kleineren Nachbarn, den Mount Terror, ausmachte. Von diesen Vulkanen, die Ross nach seinen Schiffen benannte, trennte ihn jedoch eine bis zu 70 m hohe Barriere, das »Ross-Schelfeis«, sodass er den antarktischen Magnetpol, sein eigentliches Ziel, zwar nicht erreichen, aber doch in seiner damaligen Position noch etwas genauer bestimmen konnte. Trotz dieses von Patriotismus und persönlichem Ehrgeiz getriebenen internationalen Wettbewerbs, an dem Deutschland bis zu der von Hamburger Kaufleuten finanzierten Expedition von Kapitän

Erich von Drygalski lieferte mit der GAUSS 1901 wertvolle wissenschaftliche Daten, enttäuschte aber Kaiser Wilhelm II. (unten). (Quelle: AWI)

Kapitän Eduard Dallmann suchte 1873/1874 nach neuen Wal- und Robbenfanggründen in der Antarktis (links). (Quelle: AWI)

Wilhelm Filchner drang bei seiner Expedition 1911/1912 bis weit ins Weddell-Meer vor und fand das »Prinz-Luitpold-Land«. (Quelle: AWI)

Erich von Drygalski entdeckte, vor der Küste der Ostantarktis im Packeis eingeschlossen, den »Gaussberg«. (Quelle: Die Welt der Antarktis und der Arktis)

Eduard Dallmann (1830–1896) zur Auffindung neuer Wal- und Robben-Fanggründe im Südsommer 1873/1874 keinen entdeckerischen Anteil hatte, waren um 1880 von Antarktika kaum mehr als vage Umrisse bekannt. Manche Wissenschaftler vermuteten sogar noch, das antarktische Zentralgebiet könnte ein eisfreies Meer sein. Der 6. Internationale Geographische Kongress, der vom 26. Juli bis 3. August 1895 in London stattfand, hielt in einer Resolution »die Erforschung der antarktischen Regionen für das bedeutendste der noch zu lösenden geographischen Probleme«. Für die weitere Erforschung der Antarktis akzeptierte der Kongress auf seiner nächsten Sitzung 1899 in Berlin eine Arbeitsteilung, bei der der dem Atlantik zugewandte Sektor zwischen 90° W und 90° E Deutschland zufiel. Außerdem bildete der Kongress auf Initiative Erich von Drygalskis eine internationale Kommission zur Organisation meteorologisch-magnetischer Messungen während der damals geplanten Expeditionen sowie an geeigneten Orten außerhalb des Südpolargebietes.

Georg von Neumayer hatte mit seinem Vortrag über Südpolarforschung wesentlich zur Resolution beim Geographischen Kongress in London beigetragen, doch war in Deutschland eine ähnliche Resonanz bis dahin ausgeblieben. Die 1881 gegründete »Deutsche Polar-Kommission« hatte die Begeisterung für die Polarforschung nicht über das Polarjahr 1882/1883 hinaus aufrechterhalten können. Auch der »Permanente Ausschuss zur Förderung der Südpolarforschung«, der auf dem 4. Geographentag in München im April 1884 gegründet wurde und dem unter anderen der Geograph Professor Albrecht Penck (1858–1945) angehörte, bedeutete noch keinen

Durchbruch. Dieser bahnte sich erst auf dem 11. Geographentag im April 1895 in Bremen an: Es wurden drei Vorträge zu Themen der Südpolarforschung gehalten und schließlich ein neues Gremium, die »Deutsche Südpolar-Kommission«, gebildet.

Vielleicht hatten die Gespräche in London Neumayer die Augen dafür geöffnet, dass wissenschaftliche Wünsche allein nie das Kapital für die ersehnte deutsche Südpol-Expedition locker machen würden, denn ab 1896 stützte er sich in seinen öffentlichen Darstellungen stärker auf politisch-ökonomische Argumente wie die Sicherheit der südlichen Schifffahrtswege. Neumayer nutzte zudem jede Gelegenheit, die sich ihm als Direktor der Deutschen Seewarte bot, und propagierte »Auf zum Südpol!«. Seine Agitation, das Gewicht der Südpolar-Kommission, die im Juli 1898 eine »Immediateingabe« an den Kaiser machte, sowie die Berufung des Geographieprofessors Erich von Drygalski (1865–1949), eines Grönland-Praktikers mit Überwinterungserfahrung, zum Expeditionsleiter sicherten schließlich die Finanzierung für den Bau der Gauss: Kaiser Wilhelm II. genehmigte, dass »die Kosten einer im Jahre 1901 zu entsendenden Südpolar-Expedition durch den Reichshaushaltsetat angefordert werden«. Parallel und in Absprache führten die Briten, die Schweden und die Schotten eigene Expeditionen durch. Die internationale Kooperation war zu neuem Leben erwacht.

Für Drygalski erwiesen sich die nationalistischen Erwartungen – nach dem Motto: »Deutschland Mitentdecker der Antarktis!« – als allzu schwere Hypothek. Durch schweres Meereis wurde das Schiff ein Jahr lang eingeschlossen. Mit großer Disziplin wurden während dieser Zeit regelmäßig meteorologische und magnetische Messungen gemacht, Tiere beobachtet und bei Ausflügen geologische Proben gesammelt. So kämpfte man sich mit dem Schlitten zu einer eisfreien Landmarke: zu der rund 90 km vom Liegeplatz entfernten, 370 m hohen Vulkankuppe des »Gauß-Berges«. Darüber hinaus konnte aber kein weiteres Vordringen zum antarktischen Festland und erst recht keine sensationelle entdeckungsgeschichtliche Großtat zum Ruhme des Deutschen Reiches gemeldet werden. Angesichts der zeitgleichen englischen Erfolge durch Scott wurde dies vom

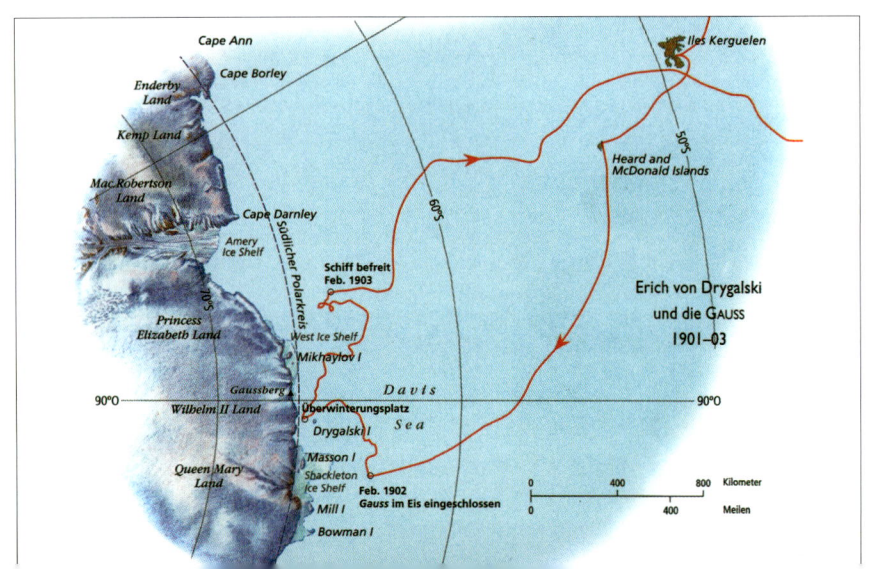

Kaiser als Schlappe für Deutschland empfunden. Drygalski, dem der Kaiser seine Gunst entzogen hatte, erhielt im Juli 1903 in Kapstadt, von wo aus er eigentlich noch einmal in die Antarktis ausfahren wollte, wegen »Fondserschöpfung« die Order, nach Deutschland zurückzukehren. Die GAUSS wurde kurz nach Rückkunft an die kanadische Küstenwache verkauft, womit das allerhöchste Desinteresse an weiterer Südpolarforschung nachdrücklich dokumentiert wurde. Die ab 1905 (bis 1931) erschienenen 20 Bände mit wissenschaftlichen Ergebnissen der Expedition konnten dieses politische Verdikt nicht mehr korrigieren, wiewohl sie international eine hohe Wertschätzung für Drygalski und die deutsche Polarforschung begründeten.

Ohne Reichsunterstützung und nur mithilfe privater Spenden und einer Lotterie gelang es zehn Jahre später dem zunächst als Tibetforscher bekannt gewordenen Geographen Wilhelm Filchner (1877–1957), mit dem Forschungsschiff DEUTSCHLAND eine weitere deutsche Südpol-Expedition zu starten. Inzwischen war durch die spektakulären Unternehmungen von Robert Falcon Scott (1868–1912) und Sir Ernest Shackleton (1874–1922) offenkundig geworden, dass sich das Innere von Antarktika letztlich als eine riesige Eiswüste darstellte. Zugleich wurde Antarktika immer mehr als eigener Kontinent begriffen – mit einer Streitfrage, für die sich Filchner besonders interessierte: Wird die Verbindung zwischen West- und Ostantarktika durch eine Landbrücke oder durch einen mit Eis bedeckten Sund gebildet? Filchner wollte versuchen, über das – noch in keiner Weise erforschte – Weddell-Meer so weit wie möglich nach Süden vorzudringen. Er verließ Anfang Mai 1911 Bremerhaven und fuhr Anfang Januar 1912 in sein Zielgebiet ein – Amundsen hatte inzwischen das Wettrennen mit Scott gewonnen und am 1. November 1911 den Südpol erreicht. Die Witterungsverhältnisse begünstigten Filchners Unternehmung: Er konnte tief in ein eisfreies Weddell-Meer einfahren und schließlich sogar bei 77,45 °S an der sonst meist 30 m hohen Schelfeiskante anlanden, wo er mit dem Bau eines Stationshauses begann. Eine Springflutwelle brachte jedoch die Eiskante zum Kalben und zerstörte so alle weiteren Pläne. Beim Versuch, das Weddell-Meer wieder zu verlassen,

wurde die DEUTSCHLAND Anfang März im Packeis gefangen und kam erst nach 264 Tagen Driftfahrt wieder frei. Ende Dezember 1912 konnte Filchner wieder in die Heimat fahren. Er hatte sein Ziel, die Verbindung zwischen West- und Ostantarktika aufzuklären, nicht erreicht, aber eine neue Küste, das »Prinzregent-Luitpold-Land«, sowie eine neue Eisbarriere entdeckt und viele Daten, insbesondere zur Ozeanographie, gesammelt. In Deutschland war die Polarbegeisterung inzwischen wieder abgeflaut. Politik und Wirtschaft hatten andere Interessen, der Nationalstolz ein neues Betätigungsfeld gefunden: Der Erste Weltkrieg begann.

Schon einige Jahre vor dem Ersten Weltkrieg war ein anderer deutscher Wissenschaftler »vom Eis gebissen« worden, also der Faszination des Eises verfallen: der Meteorologe Alfred Wegener (1880–1930). Als einziger Deutscher hatte er 1906 bis 1908 an der »Danmark-Expedition« unter Ludwig Mylius-Erichsen (1872–1907) teilgenommen und sich danach an Planung, Durchführung und Finanzierung einer weiteren dänischen Expedition, diesmal unter Johann Peter Koch (1870–1928), beteiligt. Dabei wurde Grönland auf der bis dahin nördlichsten Route durchquert, wobei Alfred Wegener für seine späteren eigenen Expeditionen überaus wertvolle logistische Erfahrungen sammelte. Wegeners Überlegungen, zusammen mit Koch die gemeinsamen Inlandeismessungen durch eine zweite Expedition zum Abschluss zu bringen, wurden durch Kochs Tod zunichte gemacht. Wegener veränderte daraufhin den Schwerpunkt seiner Pläne auf eine Verbindung von Meteorologie und Glaziologie: Er sah Grönlands Inlandeis einerseits als Produkt des Klimas und andererseits die Ausbildung von Hochdruckgebieten über dem Inlandeis als Produkt eben dieses Inlandeises. Weiter beab-

Beginnende Motorisierung: Wegener setzte bei seiner Grönland-Expedition 1930 erstmals durch Propeller getriebene Schlitten ein. (Quelle: AWI)

*Alfred Wegener,
berühmt durch seine
Grönland-Expeditionen
und seine Theorie der
»Kontinentaldrift«.
(Quelle: AWI)*

*Alfred Wegener und
der Inuit Rasmus
Villumsen starben um
den 16. November 1930
auf dem grönländi-
schen Inlandeis.
(Quelle: AWI)*

sichtigte er, über meteorologische Messungen Entstehung und Ausprägung des Inlandeises zu eruieren. Darüber hinaus wollte Wegener auch dem geodätischen Problem nachgehen, wie sich das Gewicht des Inlandeises auf den geologischen Untergrund Grönlands auswirkt. Von Meinardus aus Göttingen wurde dazu die Idee an ihn herangetragen, mit der gerade erstmals an Alpengletschern erprobten Methode seismischer (Spreng-) Messungen die Dicke des grönländischen Inlandeises zu bestimmen. Schließlich übernahm Wegener, seit April 1924 ordentlicher Professor der Meteorologie und Geophysik an der Universität Graz, noch den Vorschlag von Johannes Georgi (1888–1972), durch eine Überwinterung auf einer zentralen Firnstation (später »Eismitte« genannt) Informationen zu den periodischen Polarluftvorstößen, die das Wetter in Europa beeinflussten, zu erhalten.

Aus diesen Fragestellungen entwickelte Alfred Wegener den ebenso umfassenden wie vorbildlichen Plan für eine »Inlandeis-Expedition nach Grönland«, den er im Sommer 1928 der Notgemeinschaft der Deutschen Wissenschaft vorlegte. Von der Internationalen Meteorologischen Kommission war etwa gleichzeitig die Idee eines »2. Internationalen Polarjahres« für 1932/1933 propagiert worden. Wegener sträubte sich erfolgreich gegen eine Einbeziehung seines Plans in

diese Initiative, denn er wollte zeitlich und inhaltlich unabhängig bleiben. Zur Absicherung vor allem der Logistik führte er im Sommer 1929 eine erfolgreiche Vorexpedition durch. 1930/1931 kam es zur eigentlichen Expedition, bei der die Wissenschaftler Johannes Georgi, Fritz Loewe (1895–1974) und Ernst Sorge (1899–1946) unter primitivsten Bedingungen in einer Eishöhle in Zentralgrönland überwinterten. Zusammen mit dem Inuit Rasmus Villumsen fand Alfred Wegener bei dem Versuch, seinen Kollegen Hilfe zu bringen, um den 16. November 1930 den Tod. Von den durchgeführten Arbeiten erregte gerade die Bestimmung der Dicke des grönländischen Eisschildes durch seismische Messungen weltweit Aufsehen. Ein wenig trug dazu vielleicht auch bei, dass diese Expedition, die so unglücklich endete, im Grunde den Schlusspunkt der »heroischen«, d.h. der von besessenen Individualisten geprägten Polarforschung Deutschlands markierte: Wegeners Grönland-Expedition war ebenso sehr Pionierunternehmen im überkommenen Sinne wie eine moderne Forschungsunternehmung.

Das erwähnte 2. Internationale Polarjahr wurde 1932/1933 von 44 Staaten durch 214 Stationen getragen. Auf diesen wurden – wie 1882/1883 nach einem abgestimmten Schema – vor allem meteorologische und magnetische Messungen durchgeführt mit dem Ziel, einen besseren Einblick in die Zusammenhänge zu gewinnen und damit die Wettervorhersagen ebenso wie die magnetischen Karten für Schiffs- und Luftverkehr voranzubringen. Wegen der Wirtschaftskrise zu Beginn der 1930er-Jahre finanzierte die Notgemeinschaft der Deutschen Wissenschaft am Ende nur drei Projekte mit Routinemessungen an bestehenden Stationen – was insgesamt allerdings durchaus dem damaligen Stellenwert der Polarforschung in Deutschland entsprach. Daneben führte auch ein deutscher Privatmann, nämlich Max Grotewahl (1894–1958), der Leiter des von ihm 1926 in Kiel gegründeten, privaten »Archivs für Polarforschung«, in einer eigenen Station magnetische und meteorologische Messungen durch, freilich ohne die Daten anschließend in entsprechender wissenschaftlicher Form zu veröffentlichen.

Erst das Machtstreben der Nationalsozialisten ließ noch einmal eine größere Expedition zustan-

de kommen. Auf Betreiben von Generalfeldmarschall Hermann Göring wurde die SCHWABEN-LAND, ein »Flugstützpunkt« der Lufthansa, unter Leitung von Kapitän Alfred Ritscher (1879–1963) zur »Deutschen Antarktischen Expedition 1938/1939« entsandt. Der dem Oberkommando der Marine angehörende Ritscher hatte zwei Aufgaben zu erfüllen: eine offizielle wissenschaftliche, nämlich die Erkundung des Hinterlandes zu dem bisher unerforschten Küstengebiet östlich des Weddell-Meeres zwischen 20° W und 20° E, insbesondere dessen Vermessung aus dem Flugzeug, und eine geheime politische, nämlich »durch Flaggenabwürfe die hoheitlichen Grundlagen für eine spätere Besitzergreifung des Gebietes durch das Deutsche Reich zu schaffen«, wodurch man unter anderem den deutschen Walfang im Südpolarmeer sichern wollte.

Das politische Ziel wurde nicht zuletzt deswegen verfehlt, weil kurz vor Ankunft der Expedition in der Antarktis die Norweger bereits auf Grund der Landgänge von Riiser Larsen in den Jahren 1927/1930 Hoheitsansprüche auf das heute »Dronning Maud Land« genannte Gebiet erhoben hatten. Für die Idee der Gebietsvermessung aus der Luft hatte wohl zu einem Teil die von dem amerikanischen Admiral Richard Byrd (1888–1957) im Südsommer 1933/1934 durchgeführte Kartierung des Marie-Byrd-Landes auf der gegenüberliegenden Seite von Antarktika Pate gestanden. Ritscher und seine Leute benutzten aber erstmals systematisch die Kombination »Schiff – Flugzeug«: Die Flugzeuge wurden mit einer Katapultanlage von Bord der SCHWABEN-LAND gestartet und landeten bei der Rückkehr auf dem offenen Wasser neben dem Schiff. Zwischen dem 20. Januar und dem 4. Februar 1939 wurden an Tagen mit guter Sicht insgesamt acht Flüge für Serienaufnahmen aus der offenen Kabine der beiden mitgenommenen Flugboote unternommen – allein dies ein Riesenprogramm, dessen Durchführung ein großer Erfolg war, zumal man bis dahin keine Vorstellung von der Topographie des Gebiets hatte. Die politischen Ereignisse verhinderten jedoch – über einen 1942 erschienenen ersten Bild- und Kartenband hinaus – eine umfassende Auswertung der rund 11 600 Reihenaufnahmen, von denen ein Teil dann während des Krieges verloren ging. Bei der Umsetzung in topographische Karten bereiteten – nach dem Kriege – zudem die vorher nur vermuteten Schwächen der Aufnahmetechnik erhebliche Probleme: Exakte Angaben gab es nur zu den Startpositionen, während die meisten Navigationsparameter (barometrische Höhenmessung, Geschwindigkeit über Grund, Missweisung der Kompasse, Windabdrift) geschätzt werden mussten. Der Abgleich mit der von den Norwegern in den 1950er-Jahren durchgeführten Kartierung dieses Gebietes und damit die internationale Anerkennung für die bei der Ritscher-Expedition vergebenen deutschen geographischen Namen gelang erst 1982, als einige 100 verschollen geglaubte Reihenbilder wiedergefunden wurden.

Der Gedanke an die für 1940/1941 geplante Nachfolgeexpedition in die Antarktis wurde durch den Ausbruch des Zweiten Weltkriegs obsolet. Wissenschaftliche Polaraktivitäten reduzierten sich nun auf meteorologische Beobachtungen, die in geheimen Wetterstationen auf Spitzbergen, Grönland und Franz-Josef-Land gemacht wurden.

Über die Jahrzehnte hinweg hatten die deutschen Wissenschaftler bei ihren Expeditionen wichtige, international viel diskutierte Ergebnisse erzielt und die Polarforschung immer wieder auch durch neue Methoden angeregt und vorangebracht. Sie hatten es aber nicht verstanden, in Deutschland eine sich selbst tragende Tradition aufzubauen. Jede Unternehmung blieb im Grunde ein Solitär. Es gab kein zentrales Polarforschungsinstitut, in dem diese Solitäre gesammelt, gepflegt und zueinander in Beziehung gestellt worden wären – und das nach dem Kriege als Nukleus für einen Neubeginn hätte wirken können.

Bei der »Schwaben-land-Expedition« unter Kapitän Alfred Ritscher wurden im Januar/Februar 1939 tausende Luftaufnahmen von »Neuschwabenland« gemacht. (Quelle: Alfred Ritscher)

Fragen um 1950

Basis jeder Forschung ist wissenschaftliche Neugier, Neugier produziert Fragen, Fragen führen zu neuen Erkenntnissen, die ihrerseits wiederum neue Fragen provozieren. Die international zu Arktis und Antarktis in der Zeit um 1950/1955 gestellten Fragen bildeten die Basis für die internationale wie auch die deutsche Polarforschung während und nach dem »Internationalen Geophysikalischen Jahr«, das ursprünglich als »Drittes Internationales Polarjahr« konzipiert war und vor allem der Erforschung der Antarktis dienen sollte. Aus diesem Grund beziehen sich die meisten Fragen auch auf die Antarktis: Antarktika war ein noch weitgehend unbekannter Kontinent. Manche Fragen klingen aus heutiger Sicht banal, aber sie sind authentisch. Ihre scheinbare Banalität zeigt, wie schnell wissenschaftliche Erkenntnis in das allgemeine Wissen eingeht und es bestimmt.

- Ist der sechste Erdteil Antarktika ein zusammenhängendes Festland? Oder überdeckt das Eis – auch bei Berücksichtigung isostatischer Hebungen – mehrere Inseln?
- Wie verläuft die Küstenlinie von Antarktika tatsächlich? Wo endet die Landmasse? Wo wird diese durch Schelfeis scheinbar erweitert?
- Wie sieht das Inlandgebiet von Antarktika aus? Wie viele Gebirge gibt es? Wie viele Vulkane?
- Wie ist Antarktika mit seinen beiden geographisch und geologisch unterschiedlichen Regionen entstanden? Könnte die Theorie der »Kontinentalverschiebung« von Alfred Wegener doch richtig sein?
- Wie haben sich die »Oasen« in der Antarktis entwickelt?
- Welche Bodenschätze gibt es auf Antarktika? Sind sie ausbeutbar?

- Wie ist der Austausch zwischen den polaren Wassermassen und den Wassermassen der warmen Ozeane?
- Ist das arktische Meer selbst ein echter Ozean wie der Atlantik oder, nach der Natur des Meeres, ähnlich dem Mittelmeer nur mit geringen Verbindungen zu den Ozeanen?
- Bewegt sich in der Tiefenzirkulation das Wasser von der Antarktis über den Boden von Atlantik und Pazifik nordwärts?

- Wie hat sich die Antarktis klimatisch entwickelt? Wie alt ist das antarktische Eis?
- Welche Aufschlüsse können uns die aufeinander folgenden Lagen des antarktischen Eises zur Klimageschichte der Erde geben? Sind Rückschlüsse auf heute bevorstehende Veränderungen von Klima und Umwelt möglich?
- Verhielt sich das antarktische Eis in der Klimageschichte der Erde ebenso wie die Eismassen in anderen Teilen der Erde?

- Schmelzen die arktischen und die antarktischen Eismassen ab und steigt dadurch der Spiegel der Ozeane?
- Welche Gefahren gehen davon gegebenenfalls für den Klimahaushalt der Erde aus?
- Sind Schätzungen berechtigt, dass zur nächsten Jahrhundertwende (also um das Jahr 2000) die Arktis zumindest im Sommer ein schiffbares Meer wird?
- Wie wird aus Schnee in der antarktischen Kälte Gletschereis? Wie verändert sich die Kristallstruktur des gefrorenen Wassers?
- Wie bewegen sich die arktischen und die antarktischen Gletscher? Wie schnell fließen sie?

- Wie verhält sich die Luftzirkulation in der Atmosphäre auf der südlichen Halbkugel?
- Unterscheidet sich diese Luftzirkulation von der auf der nördlichen Halbkugel?
- Welche Rolle spielt das antarktische Wetter für die übrigen Gebiete der Erde? Nimmt die antarktische Atmosphäre überhaupt an der allgemeinen Zirkulation teil?
- Wie sind die Witterungsverhältnisse in der Antarktis? Welches sind die höchsten, welches die niedrigsten Temperaturen? Wo liegt der Kältepol?
- Welcher Energieaustausch findet zwischen Schneeoberfläche und Atmosphäre statt? Wie verändert sich die Temperatur über dem Eis mit zunehmender Höhe?
- Ist der geographische Südpol auch der Südpol der atmosphärischen Zirkulation?

- Wie groß ist die Intensität der kosmischen Strahlen über Arktis und Antarktis? Warum nimmt die Intensität kosmischer Strahlung bei manchen Magnetstürmen stark ab?

- Warum verändert sich die Intensität der kosmischen Strahlung in der Nähe von Sonnenfleckenmaxima?
- Wie kommt es zu dem plötzlichen starken Ansteigen der Strahlungsintensität innerhalb von einer Stunde oder weniger nach dem Beginn von Energieausbrüchen der Sonne?
- Wie verläuft die Polarlichtzone? Leuchtet das Polarlicht gleichzeitig über dem Nordpol und über dem Südpol auf?
- Wie werden Struktur, Temperatur und elektrische Eigenschaften der Atmosphäre über der Antarktis vom periodischen Vorhandensein des Sonnenlichts beeinflusst?
- Wie breiten sich die Rundfunkwellen in der antarktischen Ionosphäre an erdmagnetisch ruhigen Tagen aus, wie bei Energieausbrüchen der Sonne?
- Wie verändert sich der Gehalt an Kohlendioxyd, Ozon und anderen Gasen in der Atmosphäre der Antarktis?

- Wie verteilen sich die verschiedenen Tiere über die einzelnen Zonen und Gebiete insbesondere der Antarktis?
- Wie sind Lebenszyklus und Lebensgewohnheiten von Plankton, Fischen, Pinguinen, Robben, Walen und Vögeln in der Antarktis?
- Wie hängen diese Lebewesen voneinander ab?
- Wo ist die Grenze des Lebens im Wasser?
- Welche Schutzmechanismen haben die verschiedenen Tiere entwickelt, um in der Kälte überleben zu können?
- Gibt es bei Robben, Pinguinen, Fischen und Vögeln regelmäßige Wanderbewegungen? Hängen sie nur von den Jahreszeiten oder auch von anderen Ereignissen ab?

Anschluss-Suche

Die ersten Expeditionen

Foto: Klaus Odening

Millionen-Flügel für die Phantasie

An Pinguinforschung dachte in den 1950er-Jahren in der Bundesrepublik kaum jemand ernsthaft.
(Foto: Heinz Kohnen)

Zerbombte Städte, ausgebrannte und geplünderte Gebäude, verwaiste Institute, in alle Winde zerstreute Sammlungen, ausgelagerte oder sogar verbrannte Bibliotheken – dies kennzeichnete die Universitäten in den vier Besatzungszonen nach Ende des Zweiten Weltkriegs. Professoren, die ihre Verirrungen während der »deutschen« Wissenschaft oder ihre enttäuschten Hoffnungen auf einen Umsturz von innen vergessen und nur noch nach vorne blicken wollten, lehrten in zugigen Hörsälen vor ausgemergelten Studenten, deren Lernbegier höchstens von ihrem Hunger übertroffen wurde. Physischer, psychischer und geistiger Wiederaufbau bestimmten den Alltag der deutschen Wissenschaft nach Kriegsende und noch über den Anfang der 1950er-Jahre hinaus. Die Lehre stand im Vordergrund, nur langsam wurde auch die Forschung wieder aufgenommen. Besonders schwer hatten es in dieser Zeit die geowissenschaftlichen Disziplinen: Ihr Forschungsgegenstand ist die Erde, die man letztlich immer vor Ort in Augenschein nehmen und abklopfen muss. An Auslandsreisen war jedoch angesichts knapper Devisen, aufwändiger Visumsformalitäten und komplizierter, schwer zu ermittelnder Verkehrsverbindungen kaum zu denken. So blieben die meisten in ihrem Studierzimmer und arbeiteten Beobachtungen und Daten aus eigenen Expeditionen der Vorkriegszeit oder aus Veröffentlichungen anderer auf: Dr. Wilhelm Dege (1910–1979) aus Münster veröffentlichte meteorologische und andere Beobachtungen aus den Jahren 1944/1945, als er die militärische Wetterstation »Haudegen« in Nordost-Spitzbergen leitete; Dr. Hans-Peter Kosack (1912–1976), Remagen, machte sich sowohl durch eine Antarktis-Karte wie durch eine wissenschaftliche Gesamtdarstellung der Antarktis, in denen die

Ergebnisse verschiedener Expeditionen und der Forschungsstand zusammengefasst wurden, verdient – zwei Beispiele, wie Wissenschaftler damals trotz Not und erzwungener Immobilität forschten und veröffentlichten. Das Beispiel von Dr. Fritz Mattick (1901–1984) vom Botanischen Museum in Berlin-Dahlem, der auf der Basis seiner Exkursion in Spitzbergen von 1938 eine Übersicht zu den dortigen Flechten zusammenstellte, zeigt darüber hinaus, dass verwandte Disziplinen unter ähnlichen Problemen litten.

Einige wenige Forscher wagten sich dennoch schon in die Welt hinaus, allerdings in Regionen, wo ihnen Freunde aus früherer Zeit vor Ort weiterhalfen und wo sie die Infrastruktur befreundeter Institute nutzen konnten. Italien, Frankreich oder Österreich waren erste Reiseziele, gelegentlich dann sogar Indien oder Südamerika. Auch wenn sich in diesen Jahren die Restriktionen langsam und in kleinen Schritten lockerten, blieben die Polarregionen den westdeutschen Wissenschaftlern aber noch lange Jahre verschlossen, wenn sie nicht das Glück hatten, als Einzelpersonen von ausländischen Kollegen an deren Unternehmungen beteiligt zu werden.

Die Kontakte mit dem Ausland lebten nicht nur auf individueller Ebene, sondern auch institutionell langsam wieder auf. Ermuntert durch Zuschriften aus dem Ausland, bat Anfang 1951 Prof. Dr. Julius Bartels, Göttingen, im Namen des Vorstands der Deutschen Geophysikalischen Gesellschaft (DGG) den Präsidenten des Deutschen Forschungsrates, Prof. Dr. Werner Heisenberg, einen Aufnahmeantrag bei der Internationalen Union für Geodäsie und Geophysik (IUGG) zu stellen. Diesem wurde schon bei deren Tagung Ende August 1951 entsprochen, sodass die west- und ostdeutschen Geophysiker von Anfang an in die Überlegungen und Vorbereitungen zum »Dritten Polarjahr 1957/1958« (später: »Internationales Geophysikalisches Jahr« – IGJ) eingeweiht waren (vgl. »Welt umspannende Zusammenarbeit«).

Für die bundesdeutsche Polarforschung, nach wie vor ohne institutionellen Fokus, blieb dies ohne Folgen. Verständlicherweise konzentrierten die Bundesregierung ebenso wie die Länderregierungen die knappen Mittel, die sie für Hochschulen, Wissenschaft und Forschung abzweigen wollten und konnten, zunächst auf den Wiederaufbau der Gebäude, der Bibliotheken, der Sammlungen und der Labors, um so die Funktionsfähigkeit der Hochschulen herzustellen. Für die Forschungsförderung war 1949 die »Notgemeinschaft der deutschen Wissenschaft« von den Ländern und ihren Hochschulen wieder erweckt, 1951 mit dem – von den westlichen Alliierten initiierten und stark auf die gerade entstandene Bundesregierung ausgerichteten – »Deutschen Forschungsrat« zur »Deutschen Forschungsgemeinschaft« (DFG) zusammengeführt und mit wachsenden Projektmitteln für ambitionierte und engagierte Forscher ausgestattet worden. Mit dem Ziel, »den dringlichen Nachholbedarf vieler Disziplinen zu decken, ihnen den Anschluss an die ausländische Forschung zu ermöglichen und besonders wichtige Forschungsvorhaben zu unterstützen«, bewilligten Bundesregierung und Bundestag der DFG schließlich Sondermittel und verdoppelten dadurch in etwa deren Etat. Aus diesem Sonderfonds, zu dessen Vergabe als neues Förderungsinstrument »Schwerpunktprogramme« geschaffen wurden, konnten 5 Millionen DM für das Jahr 1952 und ab 1953 sogar 10 Millionen DM jährlich verteilt werden.

Die Kunde verbreitete sich schnell. Und Geld macht bekanntlich ebenso begehrlich wie erfinderisch. Gemeinsam mit Gotthard Gambke, dem zuständigen Referenten in der DFG-Geschäftsstelle, entwickelte Professor Karl Gripp, Ordinarius der Universität Kiel und Direktor des dortigen Geologisch-Paläontologischen Instituts, die Idee, den Fonds für Expeditionen der Geologie und Mineralogie nutzbar zu machen. Schon wenige Tage nach dem Gespräch, am 9. März 1953, übersandte er Gambke, der später erster Generalsekretär der Stiftung Volkswagenwerk werden

sollte, eine erste, grobe Skizze für eine auf 750 000 DM geschätzte Spitzbergen-Expedition für den Sommer 1955. Der Vorschlag sah »ein Studium der Gletschervorländer und der Gletscher in Westspitzbergen im Zusammenhang mit dem jungen Rückzug der Gletscher vor«, woraus Gripp, der schon 1925 von Hamburg aus auf Spitzbergen geforscht hatte, sich wichtige Aufschlüsse für die Diluvialgeologie Norddeutschlands erhoffte. Eine Woche später legte Gripp nach: Man könne auch an weitere »Spezial-Untersuchungen mit neuen Methoden« denken, etwa im Antillen-Gebiet, dem Süd-Antillen-Bogen, der Antarktis (»hochinteressant, aber Erfolg wohl unsicher«), der Karroo in Südafrika oder an der Atlantischen Schwelle. Karl Gripp fügte allerdings nachdenklich an: »Es bleibt die Frage, wer soll die Expeditionen leiten? Es fehlen die Kräfte, 35 – 50 Jahre alt, fachlich begeistert, mit wissenschaftlichem Ansehen, energisch und doch verbindlich, sowie hinreichend frei«.

Gripp fand in der DFG nur in Gambke einen Fürsprecher. Generalsekretär Dr. Kurt Zierold merkte zu dem Spitzbergen-Vorschlag an: »Diese Ausführungen sind m. E. nicht sehr überzeugend.« Bei einer ersten Diskussion in der 7. Sitzung des DFG-Senats am 23. März 1953 – so schnell ging dies damals – wurden zunächst politische Bedenken wegen möglicher Rückwirkungen auf das

Aufbau und Einrichtung der Universitätinstitute hatten nach dem Weltkrieg Vorrang vor Forschung. Und alle mussten mit anpacken. (Quelle: Ullstein Bild)

Über polare Regionen (hier: Spitzbergen) wurde zunächst vor allem auf der Basis von früheren Ergebnissen geforscht. Eigene deutsche Unternehmungen gab es noch nicht. (Foto: Siegfried Meier)

Verhältnis zu Norwegen geäußert und schließlich die Einholung von Gutachten veranlasst. Damit appellierte der Senat indirekt auch an die Phantasie der anderen Geowissenschaftler. Mit ungebremster Begeisterung versprachen sie sich von einer Nachkriegsexpedition – wie es der Bonner Geographie-Professor Carl Troll am 26. September 1953 gegenüber Gambke formulierte – »nach dem Vorbild der Deutschen Meteor-Expedition eine umfassende Förderung der wissenschaftlichen Erdforschung und auch der Weltgeltung der deutschen Wissenschaft«. Troll und seine Kollegen brannten darauf, »die ruhmreiche Tradition der deutschen Erdforschung, die zwischen den Weltkriegen durch die Notgemeinschaft der Deutschen Wissenschaft auf den Meeren (Meteor-Expedition), in der Arktis (Wegeners Grönland-Expedition) und in den Hochgebirgen (Alai-Pamir-Expedition) getragen war, fortzuführen«. So erinnerte sich Troll denn auch sofort an seine Idee von 1938, eine »großzügige ... Erforschung eines überseeischen Neulandes unter Einsatz der vielseitigen Verwendung der Luftbildauswertung in Verbindung mit linienhaften terrestrischen Forschungen« anzugehen (Jahre später wird man dies als »Geotraversen« wieder aufgreifen). Außerdem schlug er – nach seiner Einschätzung eher Erfolg versprechend – eine »Antipoden-Expedition« zu den Inseln südlich von Neuseeland vor

mit dem Gesamtziel, »einmal den Aufbau der physikalischen und biologischen Welt von der Südhalbkugel her (zu) betrachten«.

In der Deutschen Forschungsgemeinschaft überlegte man daraufhin, »eine Kommission für größere Expeditionsvorhaben ggf. unter dem Vorsitz von Herrn Troll zu bilden«. Durch den Präsidentenwechsel vom Juristen Ludwig Raiser (1952–1955) auf den Philologen Gerhard Hess (1955–1964) sowie einen Wechsel des zuständigen Referenten wurde dieser Gedanke zunächst aber nicht weiter verfolgt. Es bedurfte letztlich eines Anstoßes von außen, nämlich der Vorbereitungen zur »Internationalen Glaziologischen Grönland-Expedition« (EGIG; vgl. »Auf den Spuren Alfred Wegeners«), um die Idee einer zentralen Anlaufstelle für Polarforschungsaktivitäten wieder zu erwecken. Da er das Feld nicht dem innerhalb Deutschlands wenig angesehenen »Archiv für Polarforschung« von Max Grotewahl in Kiel überlassen wollte, entschied sich der Vorstand der »Deutsche Union für Geodäsie und Geophysik« (DUGG) am 10. Dezember 1955 eine eigene »Komission für Geophysik der Polargebiete« ins Leben zu rufen. Er nominierte auch sofort DUGG-Vertreter für eine »Deutsche Kommission für Polarforschung« der DFG. Die DFG ihrerseits hatte bis dahin nur »die Möglichkeit erörtert«, eine »Kommission für größere

Expeditionsvorhaben« zu bilden. Dennoch reagierte Präsident Hess schnell und lud acht »interessierte Gelehrte« für den 26. Januar 1956 zu einer Aussprache nach Bad Godesberg ein: Neben DUGG-Präsident Max Kneißl (München) insbesondere den Vorsitzenden des Deutschen IGJ-Landesausschusses Julius Bartels, den renommierten Münchner Geodäten Richard Finsterwalder, den Wegener-Mitfahrer Johannes Georgi und Carl Troll als möglichen Vorsitzenden für die Kommission.

Bei der Aussprache saßen damit die wichtigsten Vertreter der westdeutschen Polarforschung am Tisch – jeder ein potenzieller Vorsitzender für eine »Polarkommission«. Es verwundert daher wenig, wenn persönliche, aber auch institutionelle Rivalitäten die gesamte Sitzung belasteten. Jeder begrüßte die Vorschläge seiner Vorredner – und entwickelte anschließend einen neuen, noch gewichtigeren Plan, in dessen Mittelpunkt er selbst und seine Lieblingsideen standen. Die tiefen Meinungsunterschiede zwischen den Anwesenden blieben unvereinbar. Damit erledigte sich der vierte Tagesordnungspunkt »Plan einer künftigen Polarexpedition« (gemeint war eine genuin bundesdeutsche Expedition, nicht die EGIG-Beteiligung, die befürwortet wurde) von selbst. Der Plan wurde nicht einmal mehr ansatzweise diskutiert.

Die Diskussion spiegelte – weit über die Polarforschung hinaus – den damaligen Zustand der deutschen Geowissenschaften wider: Destruktiver, egozentrischer Streit der Fachkoryphäen statt konstruktiver, sachorientierter Kompromisssuche. Die durchaus mögliche Kommission verkam so bereits im Vorfeld ihrer Einsetzung, wie Präsident Hess als Vorsitzender vergebens mahnte, zu einer »Präventivkommission«, die vor allem den Wissenschaftlern fragwürdig erscheinende Unternehmungen verhindern sollte, etwa die Antarktis-Pläne des Münchner Arztes Dr. Herrligkoffer oder eine zentrale Stellung des Kieler »Archivs für Polarforschung«. Die Förderung einer gemeinsamen Polarforschung und die Entwicklung einer auf die Zukunft gerichteten Strategie kam kaum einmal in den Blickpunkt. DFG-Generalsekretär Zierold resümierte schließlich enttäuscht, dass wohl erst dann »an eine vom Senat einzusetzende Kommission zu denken wäre, wenn man die

Notwendigkeit einer dauernden wissenschaftlichen Koordination und Steuerung bejahe«. Eine vertane Chance also für eine zentrale Anlaufstelle und damit eine dauerhafte Erneuerung und Stärkung der westdeutschen Polarforschung zu diesem Zeitpunkt. Statt Bündelung der Kräfte und gemeinsamer, nationaler Anstrengungen bestimmte der Rückfall in Einzelinitiativen diese Jahre. Andererseits folgten die Ordinarien darin nur ihren Lehrmeistern aus der Vorkriegszeit. Darüber hinaus hatten sie selbst meist ihre wissenschaftlich fruchtbarsten Jahre im Kriegseinsatz vergeudet und wollten nun um jeden Preis eigene Leistungen erbringen. Auch dies förderte ihre Egozentrik. Dennoch unternahm DFG-Generalsekretär Zierold bei der Begutachtung des EGIG-Antrags im Januar 1958 noch einmal einen Versuch und forderte zur Vorlage einer kurzen Denkschrift für ein Polarinstitut auf. Ein Versuch ohne Folgen. Ohne Institutionalisierung aber fehlten der Polarforschung in Deutschland Zentrum, Sichtbarkeit und Wachstumschancen.

Die 1951 gebildete Deutschen Forschungsgemeinschaft bezog 1954 ihr neues Gebäude in Bad Godesberg, damals noch »bei Bonn«. (Quelle: DFG)

Dr. Johannes Georgi (hier während der Grönland-Expedition von 1930/1931) gehörte nach dem Krieg zu den erfahrenen Polarforschern. (Quelle: AWI)

Das Eis ist da!

»Das Eis ist da!«, notierte Julius Büdel unter dem Datum »Dienstag, 28. Juli 1959« in seinem für die Spitzbergen-Expedition neu angelegten Feldbuch. »Gestern, etwas südlich der Linie Sörkapp – Hopen, um 11:15 Uhr erreichen wir dickes Treib-Packeis: 35 % Bedeckung.« Und nachdem er acht Fotos von der Packeislandschaft gemacht hat, fuhr Büdel, Direktor des Geographischen Instituts der Universität Würzburg, fort: »Es rammt dauernd an die Bordwand, schlurrt, schleift und stösst das Schiff ganz schön. Ganz langsame Fahrt. Um 2 Uhr morgens fast offenes Wasser, dann aber bald wieder etwas leichteres Treib- (und weniger Pack-)Eis, das bis jetzt (8:45 Uhr) anhält (25 % Bed.). Passieren eben KVALPYNTEN [Südwest-Kap der Edge-Insel] steuerbords etwa 8–10 km. ... Das Eis gestern Abend: Graduell bis 40 cm aus dem Wasser ragend (flache Schollen), die Packeishümpel bis 6 und 8 m unter Wasser. Eisfuss mit wunderbarem Türkisgrün.«

»Das Eis ist da!« Für Julius Büdel war dieser Moment die Erfüllung einer Sehnsucht, die er als Person wie als Wissenschaftler über viele Jahre hinweg gehegt hatte. Und sofort erfasste ihn auch die gleiche Faszination des Eises wieder, die ihn Mitte 1943 dem Ruf der deutschen Admiralität hatte folgen lassen: In deren Auftrag unternahm er bis zum Kriegsende zwischen Nordnorwegen und Grönland regelmäßige Flüge zur Eiserkundung und machte nebenbei wissenschaftliche Aufzeichnungen über die Eisverhältnisse im Nordteil des Atlantiks. Seine Beobachtungen und Vorhersagen – gewonnen in der Einsamkeit über dem Meer und über der unstrukturierten Weite der Eisflächen – galten als zuverlässig und flößten nicht zuletzt den Wetterbeobachtern bei der Ausreise zu ihren abgelegenen Stationen Vertrauen ein.

»Das Eis ist da!« Büdels Vorexpedition für die »Stauferland-Expedition« des Jahres 1960 war die erste rein deutsche Forschungsfahrt in ein Polargebiet nach dem Zweiten Weltkrieg. Zusammen mit der »Internationalen Glaziologischen Grönland-Expedition«, deren deutsche Teilnehmer rund vier Monate vorher ihr Zielgebiet erreicht hatten, und der ersten deutschen Beteiligung von Wissenschaftlern der DDR an einer sowjetischen Antarktis-Expedition ein halbes Jahr später, bedeutete die Berührung der NORSEL mit dem Polareis daher auch die Erfüllung der Wünsche einer ganzen Disziplin.

Julius Büdel hatte einen mühsamen Weg bis zu diesem Moment der Wiederbegegnung mit dem Polareis. Während seines Geographie-Studiums in München und Wien war er von seinem ersten Lehrer, Geheimrat und Professor Albrecht Penck (München, später Berlin), durch den die Geomorphologie zu einem der wichtigsten Forschungszweige der deutschen Geographie vor dem Zweiten Weltkrieg wurde, sowie von seinem Doktorvater Professor Brückner (Wien) für Eiszeiten und Geomorphologie begeistert worden. Ihr spezielles Interesse galt der Frage, wie die Kräfte des Klimas das Relief von Landschaften prägten. Penck und Brückner hatten dazu die Wirkung der eiszeitlichen Gletschermassen und ihrer Schmelzwasserabflüsse auf das Relief der Alpen

Lagebesprechung an Bord der NORVARG: Julius Büdel, Winfried Hofmann, Ulrich Glaser, Alfred Wirthmann (von rechts).
(Foto: Ulrich Glaser)

und des Alpenvorlandes untersucht und in Büdels Augen endgültig geklärt. Büdel faszinierte nun die bis dahin kaum gestellte Frage: Wie war das »periglaziale« Umland der Gletscher, das während der Eiszeiten (oder in Büdels Begriffswelt: der »Kaltzeiten«) nicht von Gletschern bedeckt und auch nicht direkt von diesen beeinflusst gewesen war, geformt worden? Büdel sah in der Wechselwirkung zwischen Dauerfrostböden und darüber liegenden Auftauböden einen besonders effektiven Mechanismus für diese Bodenformung.

Zur Verifizierung seiner Vorstellungen genügten Büdel, der nach dem Krieg über Göttingen nach Würzburg berufen worden war, die fränkischen Gebiete »vor der Haustür« nicht mehr. All diese Gebiete waren nicht nur durch das Klima der Nacheiszeit, sondern vor allem auch durch Vegetation und menschliche Einflüsse über die Jahrhunderte hinweg so verändert, dass sich grundsätzliche Aussagen zu den Auswirkungen der »klima-genetischen Morphologie« auf dieser Basis eigentlich verboten. Büdel suchte daher ein Gebiet mit ähnlicher geologischer Struktur: einer Mischung aus vom Frost leicht zu sprengendem Tonschiefer, widerstandsfähigerem Basalt und feinen Sedimenten. Auf Grund der in groben Zügen bekannten geologischen Verhältnisse hoffte er, diese Bedingungen auf den Inseln im Südosten von Spitzbergen vorzufinden. Die Gesteinsmasse der Barents- und der Edge-Insel war in weiten Teilen zwar ganzjährig von Eis bedeckt, doch wurden ab Mai/Juni regelmäßig größere Flächen schneefrei, sodass der Boden auftaute und sich die Phänomene ergaben, die Büdel erforschen wollte. Die Inseln hatten sich zudem in den vergangenen 15 000 Jahren auf Grund einer geringer werdenden Eisbelastung »isostatisch« um 80 bis 150 Meter aus dem Meer herausgehoben und waren vom Menschen bisher nahezu unberührt geblieben. Von dem Gebiet gab es nur vage Karten, und auch das von Büdel im Krieg benutzte »Luftgeographische Einzelheft Spitzbergen und Bären-Insel« der deutschen Luftwaffe hatte keine Fotos von den Inseln enthalten. »Major« Büdel hatte die Inseln jedoch während seiner Aufklärungsflüge in den letzten Kriegsjahren mehrfach überflogen und sie sich dabei als »wissenschaftlich reizvoll« vorgemerkt.

Unberührte Natur, in keiner Weise erschlossen, wissenschaftlich noch nicht bearbeitet – ein attraktives Gebiet für eine geographisch, vorwiegend geomorphologisch ausgerichtete Expedition. Für Büdel war dies noch mehr, nämlich eine ideale »Versuchsanordnung der Natur« in einem Gebiet, »wo die Eiszeit noch lebt«. Mit der gedanklichen Vorbereitung einer Expedition begann er wohl schon um 1955. Soweit heute rekonstruierbar, ließ er aber gegenüber Kollegen kaum etwas über seine Spitzbergen-Pläne verlauten. Umso intensiver arbeitete Büdel insgeheim an der Logistik und reaktivierte Kontakte zum Norsk Polar Institutt in Oslo. Verhandlungen mit dem Bundesministerium der Verteidigung wegen eines Hubschraubers und dem Bundesministerium für Ernährung, Landwirtschaft und Forsten wegen eines Schiffes schlugen fehl. Beides musste daher gechartert werden. Büdel kontaktierte zunächst den Hamburger Reeder Töpfer. Dieser empfahl ihn über die Firma L.F. Mathies & Co. weiter an Oetker in Oslo, aber auch Oetker konnte ihm das für die Expedition unerlässliche eisgängige Schiff nicht zur Verfügung stellen. Erst die Reederei Brødrene Jakobsen in Tromsö bot ihm die NORSEL an, einen 650 t großen eisgängigen Robben-

Im Gelände mussten immer wieder Schmelzwasserbäche im auftauenden Firn durchquert werden. Plastiktüten verlängerten die Gummistiefel. (Foto: Ulrich Glaser)

Das Team der »Stauferland-Expedition« 1967 mit Julius Büdel (kniend, Mitte) auf der NORVARG. (Quelle: Ulrich Glaser)

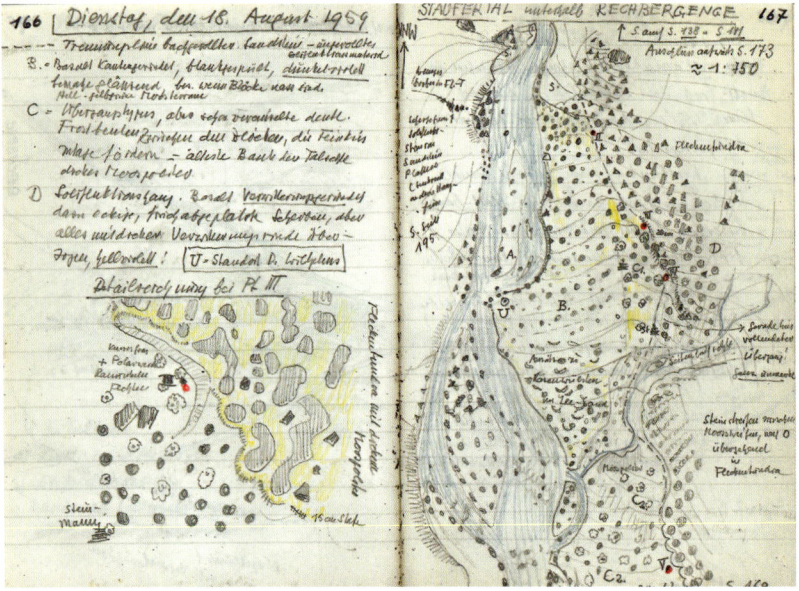

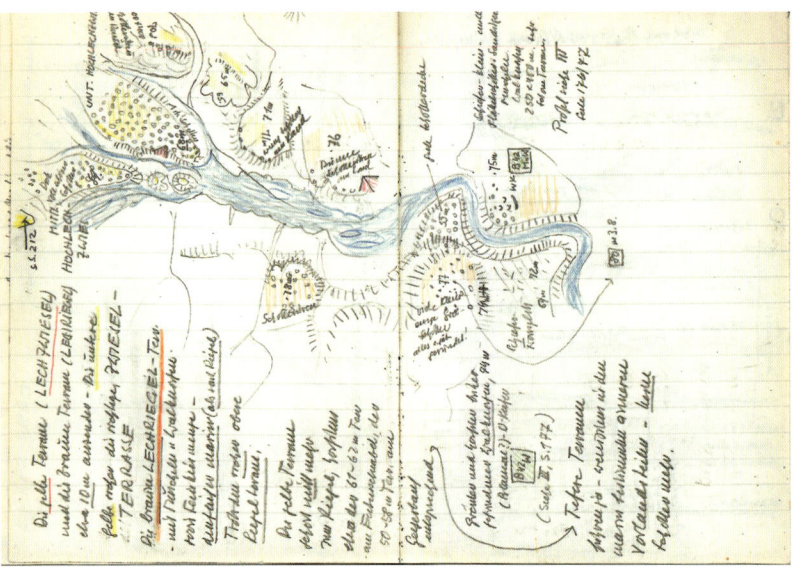

*Julius Büdel hielt in seinen Feldbüchern alle seine Beobachtungen und Überlegungen mit Bleistiftzeichnungen und genauen Eintragungen fest.
(Quelle: Feldbuch Büdel/AWI)*

schläger, der sich schon mehrfach bei Jagden in der Arktis sowie auf einer französischen Antarktis-Fahrt bewährt hatte. Charterkosten für einen rund einmonatigen Aufenthalt in Spitzbergen: 92 000 DM. Nach einem Vorgespräch mit Ministerialrat Erwin Gentz, dem in der DFG für die Geographie zuständigen Referenten, reichte Büdel, der bis dahin nur Reisebeihilfen für Untersuchungen zur klimatischen Morphologie in Nordafrika und der Oberpfalz erhalten hatte, Mitte April 1959 für eine »Vorexpedition« einen

Antrag über 145 500 DM bei der Deutschen Forschungsgemeinschaft ein – ein erheblicher Betrag angesichts der damaligen Durchschnittsfördersumme von 25 000 DM pro Projekt und einem DFG-Jahressatz von 7200 DM für einen frisch promovierten Wissenschaftler. Der Antrag fiel jedoch in eine Phase, als der DFG-Etat von Bund und Ländern erheblich erhöht worden war und somit auch solche Projekte unterstützt werden konnten. Darüber hinaus überzeugte der Antrag die Gutachter als gründlich durchdacht und sorgfältig vorbereitet; und diese schätzten den Antragsteller Büdel auf Grund seiner Erfahrungen als den geeigneten Forscher und als einen der besten Fachleute auf dem geplanten Arbeitsgebiet ein.

Büdels Antrag wurde vom Hauptausschuss der DFG in der Sitzung vom 26./27. Juni 1959 als erste Tranche eines speziell eingerichteten »Schwerpunktprogramms« bewilligt, nachdem ein Mitglied wegen der hohen Kosten mündliche Verhandlung beantragt hatte. Aber eine Ablehnung war eigentlich schon nicht mehr möglich, denn alles war vorbereitet. Am Montag, dem 20. Juli, 23:15 Uhr, fuhr Julius Büdel mit drei Mitarbeitern von Würzburg über Hamburg nach Frederikshavn, stieg in die AALBORGHUS nach Oslo um und setzte die Reise schließlich mit der Bahn über Lillehammer nach Trondheim fort. Dort betrat er am Morgen des 23. Juli zum ersten Mal das Schiff, während seine Mitarbeiter Alfred Wirthmann, Friedrich Wilhelm und H.-D. Preuss letzte Einkäufe tätigten. Um 11:00 Uhr am folgenden Morgen legte die NORSEL von der Mole in Trondheim ab und machte sich auf ihre fast zweimonatige Reise nach Südost-Spitzbergen. Am Abend des 28. Juli, einen Tag nach der ersten Eisberührung, erreichte das Schiff den Westeingang zum Freeman-Sund und damit das Zielgebiet. Der aus Andernach mitgebrachte Hubschrauber wurde ausgepackt und der erste Rundflug unternommen. Büdel stellte fest, dass der Freeman-Gletscher gegenüber 1944, als er ihn überflogen hatte, um fast 3 km vorgestoßen war, sodass er an dieser Stelle nun einen Teil des Sundes ausfüllte, der rund 5 km breit und 40 km lang die Barents-Insel von der Edge-Insel trennt. Und wie immer während der gesamten Reise notierte er sofort seine Beobachtungen: »Während des Abendessens Ankern vor der Küste von Kap Lee (S-Seite!).

Starker Strom nach Norden, in 3 sec 1 m.« Eine spezielle Art der »Inbesitznahme« des bisher kaum erschlossenen Gebietes nahm Julius Büdel schon am Freitag vor: Ein 440 m hoher Plateauberg im Südwestteil der Barents-Insel erinnerte ihn, von der See kommend, an ein Massiv seiner Heimat und erhielt spontan den Namen »Hohenstaufen« (in den heutigen norwegischen Karten trägt er den Namen »Högrinden«). Er wurde zum Zentrum des Untersuchungsgebietes. Auch um sich in der Gruppe über Exkursionen und Beobachtungen besser verständigen zu können, bekamen in der Folgezeit alle Flüsse, Täler und Berge süddeutsche oder österreichische Namen: Isar, Lech, Friedrich-Berg, Günz, Dachstein, Jachenau, Rechberg. Während der Nordosten der Edge-Insel »Neu-Bayerland« benannt wurde (von hier aus ging es nach Südosten über den »Brenner« nach »Neu-Tirol« mit Etsch und Eisack), taufte Büdel als Bewunderer des Staufer-Kaisers Friedrich II. (1194–1250) den 250 km² großen, von zwölf Tälern durchzogenen Südteil der gegenüberliegenden Barents-Insel »Stauferland« – zugleich die Bezeichnung für diese und die folgenden Expeditionen.

Ohne Verzug begann die mühsame Arbeit. Als Basislager wurde ein mitgebrachtes Isartaler Holzhaus auf der Barents-Insel errichtet: die »Würzburger Hütte«, die noch heute intakt ist und Wissenschaftlern ebenso wie Jägern über all die Jahre hinweg immer wieder Schutz gegeben hat. Das Gelände wurde mit Kraft raubenden Märschen über Schneefelder und durch breite und vielfach verzweigte Flüsse erschlossen. Da es keine Karten gab, wurden markante Punkte der Landschaft in ihrer Höhenlage mit einer damals zwecksprechenden Genauigkeit von ± einem Meter barometrisch vermessen. In den Prüffeldern genügte dies nicht mehr: Für eine Genauigkeit auf cm, ja mm musste der Theodolit eingesetzt werden. Die Temperaturen stiegen, wenn auch nur wenig. Aber es reichte aus, um die Schneeschmelze zu beschleunigen. Bei den Geländebegehungen blieben die Gummistiefel in dem eiskalten, bis zu 60 cm tief aufgetauten Boden stecken, sodass man sich manchmal nur mit Not herauswälzen konnte. Büdel selbst berührte dies kaum, denn er nahm die damals selbstverständlichen Vorrechte des Ordinarius in Anspruch: Er übernachtete meist auf dem im Sund ankernden Schiff und flog mit dem Hubschrauber ins Gelände.

Nach vier Wochen intensiver Geländearbeit, unterbrochen von einer Eisattacke mit Wechsel des Schiffsankerplatzes, von Schneestürmen und Nebeleinbrüchen sowie – im Vergleich zu West-Spitzbergen – auffällig raschen Wetterwechseln, drohte am Mittwoch, dem 19. August, das vorzeitige Ende der Expedition: »Während des Abendessens fiel auch der Generator der Hilfsmaschine aus: d.h. weder Heizung noch Licht.« Nur noch Handwinden funktionierten, bei Verlassen des Ankerplatzes hätte der Anker gekappt werden müssen, und die Steuersicherheit wäre bei Sturm nicht mehr gegeben gewesen. Man entschloss sich, zunächst am Ankerplatz liegen zu bleiben und abzuwarten. Zum Glück kam der kleine Generator wieder in Gang, und auch das Wetter klarte auf. Die letzten Arbeiten konnten planmäßig abgeschlossen werden, die Hütte wur-

Bei der »Stauferland-Expedition« 1967 nahm der Hubschrauber das stabile Polyester-Iglu vom Meereis auf und flog es als zeitweisen Stützpunkt ins Gelände. (Fotos: Gerhard Furrer)

te. Seine Mitarbeiter hatten ein rund acht Hektar großes »Prüffeld« auf dem Plateau des Hohenstaufen vermessen und kartiert sowie mithilfe von Nagelreihen die Voraussetzungen für Messungen des Fließverhaltens der Böden geschaffen. Für die bevorstehende Hauptexpedition erhielt Büdel von der Deutschen Forschungsgemeinschaft am 2. April 1960 eine erneute Sachbeihilfe von nunmehr sogar 330 000 DM, wobei das Bayerische Kultusministerium weitere 30 000 DM für die Hubschrauber-Charter zuschoss. Büdel wollte einerseits die rezenten Formbildungsvorgänge in der – so seine Terminologie – »exzessiven Talbildungszone« und andererseits die Entstehung des älteren Reliefs der beiden Inseln Südost-Spitzbergens aufklären. Darüber hinaus sollten meteorologische Beobachtungen gemacht sowie Flora und Pflanzengeographie untersucht werden.

Wie vom Kapitän der NORSEL 1959 empfohlen, brach Büdel schon am 15. Juni 1960 über Stockholm nach Narvik auf, von wo aus die NORSEL am 22. Juni um 14:00 Uhr für die Hauptreise der »Stauferland-Expedition« erneut Richtung Spitzbergen in See stach. An Bord Professor Büdel mit neun Mitarbeitern, zahlreiche wissenschaftliche Geräte sowie Ausrüstung und Proviant für rund drei Monate. Die Expedition, bei der auch die zum König-Karl-Land gehörende Schweden-Insel und die Weiße Insel (Kvitøya) besucht wurden, verlief – sieht man von den wieder häufigen Wetterwechseln ab – arbeitsreich und unspektakulär. Sie wurde lediglich durch zwei Hilfsaktionen unterbrochen, wie sie in den arktischen Gebieten selbstverständlich sind. Am 5. August wurde ein amerikanischer Geologe der Erdölgesellschaft CALTEX, der mit seinen beiden Begleitern im Osten der Edge-Insel in unwegsamem Gelände wegen Motorschadens notgelandet war, mit dem Expeditionshubschrauber gerettet. Und am 16./17. August wurde die sechsköpfige Besatzung des in Seenot geratenen Robbenschlägers POLARFANGST zusammen mit einer schwedischen Journalistin vor Storøya geborgen.

Büdel vermerkte dies nur mit einem einzigen Satz in seinem Feldbuch. Seine ganze Aufmerksamkeit galt der wissenschaftlichen Arbeit auf der Barents-Insel, insbesondere den langsamen Veränderungen der Bodengestalt durch den Wechsel von Frost- und Tauperioden. Seine Mitarbeiter

de für Notfälle ausgerüstet. Am 25. August verließ die NORSEL den Freeman-Sund, umfuhr das unerwartet starke Eis entlang der Ostküste von Spitzbergen und nahm Kurs zurück auf Tromsö.

Julius Büdel hatte im Gepäck wichtige Aufzeichnungen und erste Ergebnisse, die er Anfang des folgenden Jahres unter dem Titel »Die Frostschutt-Zone Südost-Spitzbergens« veröffentlich-

Die NORVARG, das Schwesterschiff der NORSEL, lag 1967 als Basisstation der Expedition im Freeman-Sund.
(Foto: Gerhard Furrer)

maßen penibel, wie weit sich die 1959 eingesenkten über 850 Nägel im Boden verschoben hatten und wie weit sie aus dem Boden herausgehoben worden waren. Im Zentrum von Büdels Denken standen die schon länger in den Grundzügen bekannten Phänomene »Kryoturbation« und »Solifluktion«; sie wurden von ihm bis in die Details theoretisch durchdacht und im Labor »Natur« in ihren Mechanismen experimentell überprüft.

Bei der »Kryoturbation« wandern aus einem Gemisch von Steinen und Feinmaterial, wie es in Spitzbergen in der postglazialen Warmzeit (rund 10 000 v. Chr. bis heute) entstanden ist, die Steine mit der Zeit an die Oberfläche: Das im Boden enthaltene Wasser dehnt sich bei Frost um rund 9 % aus und hebt dabei auch die Steine nach oben. Beim Auftauen sinkt der 1959 hier 30 bis 40 cm tiefe Sandboden wieder – ein Vorgang, den die (in der Regel senkrecht stehenden) Steine erst dann mitvollziehen, wenn ihr »Fuß« nicht mehr in der Frostschicht des Bodens festsitzt. Mithilfe von schweißtreibenden Grabungen im tief gefrorenen Boden wurden 1959 und 1960 an unterschiedlichen Stellen Bodenprofile erstellt, deren Struktur Büdel in exakten Zeichnungen festhielt. In theoretischen Überlegungen entwickelte Büdel daraus eine jahreszeitliche Abfolge von 16 Teilvorgängen der Kryoturbation, durch die die Stei-

ne nicht nur nach oben gehoben, sondern sich auch – wieder durch die Mechanismen von Frost und Auftauen – in wabenartigen oder ringförmigen Mustern anordnen. Büdel identifizierte diesen Vorgang als das laufend sich wandelnde Ergebnis eines mehrphasigen Langzeitprozesses über mehrere Klimaperioden hinweg.

Das Erscheinungsbild dieser »Frostschuttböden« wird, wie Büdel weiter herausgearbeitet hat, ergänzt durch die schon um 1905 von Andersen beobachtete »Solifluktion«, also ein von der Schwerkraft ausgelöstes »Bodenfließen«. Auch hier gab die Tatsache, dass ein mit Steinen durchmischter Boden nicht an allen Stellen gleichmäßig auftaut, den Ausschlag: Da Steine an der Oberfläche sich selbst und damit auch ihren Untergrund schneller erwärmen, fließt das Schmelzwasser unter ihnen hangabwärts und zieht feine Sedimente mit. Mit zunehmender Hangneigung gleitet dabei – die Vermessung der Nagelreihen zeigte dies eindeutig – der gesamte Auftauboden immer rascher auf dem darunterliegenden Dauerfrostboden nach unten und befördert damit auch größere Steine ins Tal. Wie kanadische Wissenschaftler nahezu parallel festgestellt haben, funktioniert dieser Prozess ab einer Hangneigung von etwa 2 Grad und legt so über die Jahrzehnte hinweg den Fels oder – in der Fachsprache – das »Anstehende« frei.

Die 1959 aufgebaute »Würzburger Hütte« (unten) wird heute vom Gouverneur instand gehalten. Von ihr, der einzigen Hütte auf der Barents-Insel, hat man einen schönen Blick auf den Freeman-Sund und die gegenüberliegende Edge-Insel (oben).
(alle Fotos: Gerhard Furrer)

Der »Hohenstaufen«, neben dem der »Stauferbach« mündete, war das Hauptarbeitsgebiet der »Stauferland-Expedition«. (Beide Fotos: Gerhard Furrer)

Bei der Aufklärung der Details dieser Prozesse liegt das besondere Verdienst von Julius Büdel in der Entdeckung der »Eisrinde«, die er 1969 – etwas übertrieben – als »Motor der Tiefenerosion« bezeichnet hat: Die eisreiche, aber an Verwitterungsmaterial arme Oberzone des Dauerfrostbodens taut im Sommer leicht auf, und folgender Frost erzeugt Tiefenspannungen, durch die das Gestein gesprengt wird, sodass die Gesteinstrümmer anschließend in den darüberliegenden Mischboden hinein und schließlich durch Kryoturbation nach oben aus ihm herauswandern können. Dank dieser »Frostsprengung« können sich Flüsse in diesen frostreichen Gebieten auch viel schneller in Böden eingraben als in warmen Gebieten, in denen das Wasser diese Arbeit alleine besorgen muss.

Die Grundzüge dieser Ergebnisse hatte Julius Büdel schon 1960 erarbeitet und in Teilen wenig später veröffentlicht. In eigenen Bänden erschienen 1960 auch die meteorologischen Beobachtungen von Günter Wagner und Winfried Hofmanns geobotanischer Bestandsaufnahme von Pflanzengesellschaften, die Büdel aber offenkundig, da ohne Bezug zu seinen eigenen Theorien, nicht interessierten. Nur die komplementären »Landformen der Edge-Insel« von Alfred Wirthmann (1964) konnten sich seiner Beachtung erfreuen. Wichtig war ihm dagegen das von ihm selbst an Pfingsten 1961 in Würzburg organisierte »Nansen-Symposium« gewesen, weil er dort bekannten Kollegen die »Stauferland-Expedition« hatte vorstellen und deren Ergebnisse mit ihnen diskutieren können.

Um seine eigenen Überlegungen weiter abzusichern, fuhr Büdel mit einer durch die Übernahme des Würzburger Rektorats bedingten Verzögerung im Sommer 1967 erneut mit DFG-Hilfe ins »Stauferland«. Die logistische Vorbereitung lag diesmal in den Händen seines ebenso sparsamen wie effizienten Assistenten Ulrich Glaser. Zur Schiffscharter bemerkt Reeder Helge Jakobsen beim Vertragsabschluss per Handschlag zu Glaser: »Eine Anzahlung brauche ich nicht. Die Deutsche Forschungsgemeinschaft ist der pünktlichste Zahler, den ich kenne. Die DFG kann jederzeit ein Schiff bei mir chartern.« Die dritte Reise im Rahmen der »Stauferland-Expedition« war nach Büdels Auffassung, wie er in einem

Manuskript mit Stolz, aber auch interpretatorischer Großzügigkeit festhielt, »mit 31 Teilnehmern ... nach der Mitgliederzahl die größte vornehmlich deutsche Polarexpedition seit der Grönland-Expedition Alfred Wegeners von 1929/1930«. Erstmals waren unter den 14 Wissenschaftlern (die anderen Teilnehmer gehörten zur Schiffsbesatzung) mit dem Geologen Jenö Nagy, einem in Norwegen eingebürgerten und am Norsk Polar Institut beschäftigten Ungarn, sowie dem Schweizer Gerhard Furrer, Schüler des Bonner Geographen Carl Troll und selbst später Professor an der Universität Zürich, auch institutsfremde Forscher. Schon etwas vom Alter gezeichnet, bedeutete für den 64-jährigen Büdel am 23. August 1967 die Besteigung des von den Norwegern zwischenzeitlich nach ihm benannten 288 m hohen »Büdel-Fjellet« an der Südostspitze der Barents-Insel eine große physische Leistung und insoweit einen Höhepunkt der Expedition.

Wissenschaftlich blieb die Ausbeute dieser Expedition eher mager, denn ihr lagen trotz der Ausweitung der Teilnehmerzahl keine neuen Untersuchungsansätze und Hypothesen zugrunde. Büdel hatte zwar – über den Kreis seiner Assistenten hinaus – ein sehr gutes und vielseitiges Team aus jungen Wissenschaftlern zusammengestellt, in das sich auch der Schweizer Furrer, der

Auf der »Palaver-Halbinsel« hatte die Expedition 1967 ihr Basislager. (Foto: Gerhard Furrer)

Blick über den Jeppeberg mit seinen karartigen, eiserfüllten Einschnitten auf den Freeman-Sund.
(Foto: Gerhard Furrer)

1953 über Solifluktionsprobleme in den Alpen promoviert und danach 1956 auf Spitzbergen gearbeitet hatte, nahtlos einfügte. Dieses Team bot viele Ansätze für Synergieeffekte. Seine autoritäre Führungspersönlichkeit hinderte jedoch Büdel, der vor allem sich selbst als Zentrum und Ideengeber verstand, daran, die Kooperation der Jungen intensiv zu fördern und wirklich zu nutzen. So verwunderte es wenig, dass sich die DFG 1972 mit dem Antrag für eine weitere Expedition – Büdel war inzwischen 69 Jahre – erkennbar schwer tat, ihn aber am Ende doch ablehnte, da »die Relation zwischen finanziellem Aufwand und erwartetem Ergebnis ... eine hohe Prioritätseinstufung nicht zu(ließ)«. Expeditionen, die auf eine Einzelpersönlichkeit zugeschnitten waren, entsprachen nicht mehr zeitgemäßem wissenschaftlichen Arbeiten.

Büdel veröffentlichte 1977 zwar seine von vielen mit Spannung erwartete »Klima-Morphogenese«, gab dabei den Ergebnissen der drei Fahrten nach Spitzbergen aber nur die Rolle eines zonalen Schwerpunkts. Das zusammenfassende Manuskript zur »Stauferland-Expedition« behielt er im Schreibtisch, aus dem es seine Schüler Alfred Wirthmann (Karlsruhe) und Gerhard Stäblein (damals Berlin, später Bremen) erst 1986, drei Jahre nach Büdels Tod, hervorholten. Vermutlich hatte Büdel, dem seine Mitarbeiter gerne einen Hang zur Selbstgerechtigkeit und mangelnde Aufgeschlossenheit für fremde Argumente vorwarfen, gespürt, dass sich seine Ergebnisse nicht so leicht verallgemeinern ließen, wie er zunächst geglaubt hatte. So hatte er die chemische Verwitterung, weil sie in der Polarregion nur eine untergeordnete Rolle spielt, ebenso vernachlässigt wie die unterschiedliche Verwitterungsresistenz des »anstehenden« Gesteins. Auch wenn er kaum Widerspruch akzeptierte und Fehler selten sofort zugab, fraßen fundierte Gegenargumente doch so lange in ihm, bis er sie sich zu Eigen gemacht und in seine Gedanken eingebaut hatte. Und dies gelang ihm in diesem Fall trotz seiner exzellenten Rhetorik und seiner Schwächen elegant überspielenden Darstellungskraft am Ende wohl nicht mehr.

Die Deutsche Gesellschaft für Polarforschung ehrte Julius Büdel bei der 11. Polartagung am 4. Oktober 1978 in Berlin mit der Karl Weyprecht-Medaille – just zu der Zeit, als Politik und Wissenschaft die Gründung eines bundesdeutschen Polarforschungsinstituts vorbereiteten. In der Geschichte der deutschen Polarforschung bildet Büdels dreiteilige »Stauferland-Expedition« die erste genuin deutsche Expedition nach dem Zweiten Weltkrieg. Sie begeisterte einige junge Wissenschaftler für die Arbeit in der Arktis, wo sie die Arbeit Büdels fortsetzten. Vor allem aber wurden durch sie erstmals wieder Verbindungen zum Norsk Polar Institut in Oslo geknüpft – ein segensreicher Kontakt, von dem bis heute gerade viele junge Wissenschaftler profitiert haben.

Ohne Visa und Valuta

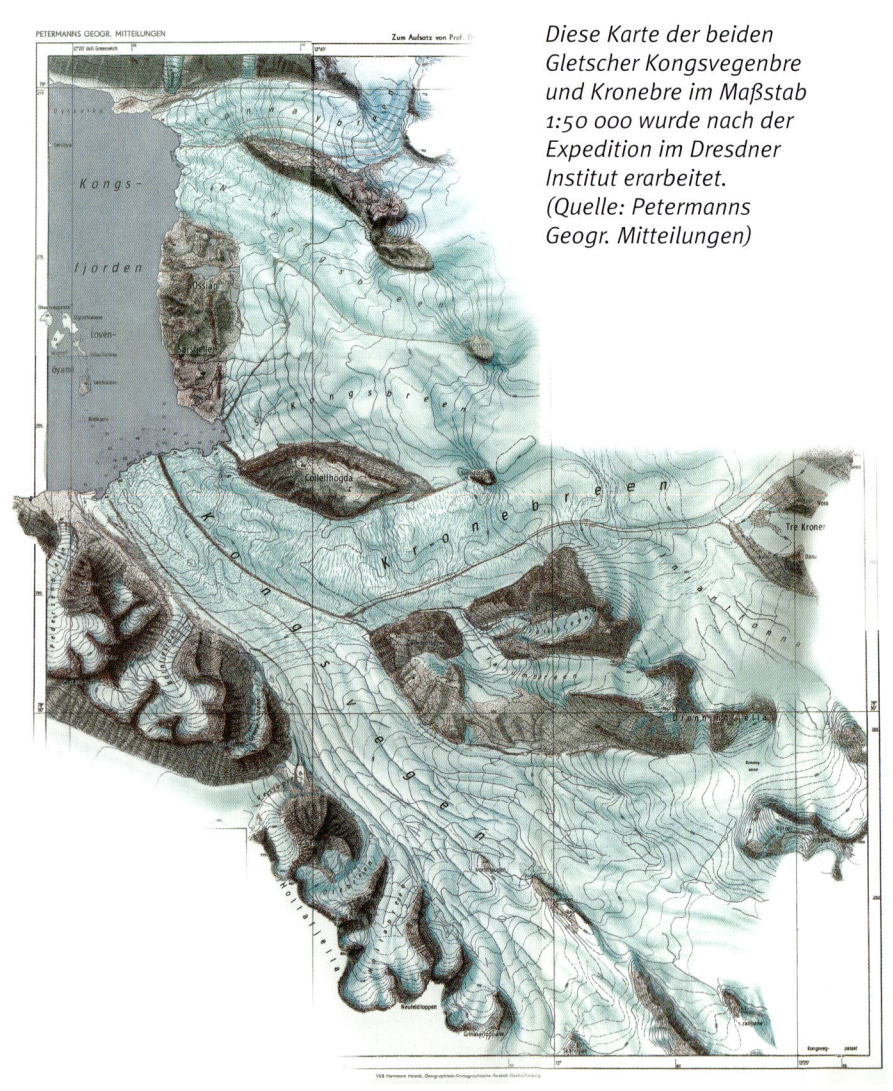

Diese Karte der beiden Gletscher Kongsvegenbre und Kronebre im Maßstab 1:50 000 wurde nach der Expedition im Dresdner Institut erarbeitet. (Quelle: Petermanns Geogr. Mitteilungen)

Anfang 1958 entschloss sich die Technische Universität Dresden nach Abstimmung mit dem Staatssekretariat für das Hoch- und Fachschulwesen, einen neuen Lehrstuhl einzurichten. Das dazugehörige »Institut für Kartographie« sollte als erste Institution im gesamten Deutschland ermöglichen, Kartographie als selbstständiges Fach zu studieren und mit einem akademischen Grad abzuschließen. Nach kurzer Suche – die Zahl der in Frage kommenden Wissenschaftler war gering – wurde Wolfgang Pillewizer als Institutsleiter berufen. Der Privatdozent an der Technischen Hochschule München erschien aus mehreren Gründen prädestiniert: Er kam aus der Schule von Richard Finsterwalder, der grauen Eminenz der deutschen Geodäsie und Photogrammetrie, war inzwischen aber selbst ein anerkannter Experte auf dem Gebiet und durch klare, durchdachte und sorgfältige Anträge bei der Deutschen Forschungsgemeinschaft ausgewiesen; aus seiner Tätigkeit als Technischer Leiter der Geographisch-Kartographischen Anstalt Karl Wenschow (München) brachte er mehrjährige praktische Erfahrung mit; und – für die DDR-Universität nicht unwichtig – er war 1911 in Steyr geboren und damit nicht Deutscher, sondern Österreicher. Möglicherweise hatte Professor Finsterwalder selbst Pillewizer nach Dresden empfohlen, denn Finsterwalder genoss damals nicht nur in der Sowjetunion, sondern auf Grund seiner tatkräftigen Unterstützung der DDR-Beteiligung an der sowjetischen Fedtschenko-Expedition (vgl. »Im Kielwasser der Sowjetunion«) auch in der DDR großen Respekt.

Im Zentrum von Pillewizers Erfahrungen stand der Einsatz photogrammetrischer Methoden bei Gletscheruntersuchungen. Auf Grund dieser Expertise hatte ihm die DFG im November 1957 noch eine Reisebeihilfe von 40 050 DM für »geodätische, photogrammetrische, gletscherkundliche, geologische und sprachkundliche Untersuchungen im Nordwest-Karakorum« bewilligt. Diese Expedition bereitete Pillewizer noch vor, übergab die Leitung dann aber an einen anderen und nahm selbst Mitte 1958 den Ruf nach Dresden an. Das besondere Interesse der DDR bei der Institutsgründung lag allerdings im Einsatz der Kartographie für die topographische Aufnahme des DDR-Gebiets. Dafür erwartete man von Pillewizer Dynamik, Initiative und effiziente Aufbauarbeit. Und er erfüllte diese Erwartungen auch.

Für die Ausübung seines geliebten Forschungsschwerpunkts bot das Gebiet der DDR keine Gelegenheit. Pillewizer musste daher die staatlichen Gremien erst für eine »Gletscher-Expedition« gewinnen, wofür er seinen österreichischen Charme ebenso einsetzte wie den noch bestehenden Bonus als Neuberufener und »Aushängeschild«. Pillewizers Wünsche verbanden sich glücklich mit dem staatlichen Eigeninteresse der DDR, die zunehmend internationale Anerkennung suchte und dafür auch wissenschaftliche Erfolge brauchte. Entscheidend für die Realisierung seines seit 1938 gehegten Traums war in dieser Situation wohl Pillewizers Auswahl des Zielgebietes: Spitzbergen – ein Gebiet, das (a) zwar norwegisches Territorium war, für das aber auf Grund des Spitzbergen-Abkommens auch DDR-Bürger weder Pass noch Visum benötigten und zu dessen Erreichen man (b) keine wertvollen westlichen Devisen einsetzen musste, wenn man ein eigenes Schiff benutzte. Zudem durfte man hoffen, in Notfällen auf die Station bei der sowjetischen Kohlengrube Barentsburg zurückgreifen zu können. Dass Pillewizer auf eigene, glaziologische Forschungsarbeiten während der 1938 unter Richard Finsterwalder durchgeführten Spitzbergen-Expedition – mit einem erstmaligen Einsatz der Photogrammetrie in der Arktis – anknüpfen konnte, machte die Wahl wissenschaftlich ebenso überzeugend wie die Tatsache, dass er auf Grund seiner alten Verbindungen die

Unterstützung durch das Norsk Polar Institutt in Oslo sicherstellen konnte.

Am 9. Juni 1962 lief die Prof. Penck, das Forschungsschiff des Instituts für Meereskunde in Warnemünde, von Stralsund zu ihrer Direktfahrt nach Spitzbergen aus, an Bord ein 13-köpfiges Team aus Wissenschaftlern und Bergsteigern sowie umfangreiches Expeditionsgepäck. Das Nationalkomitee für Geodäsie und Geophysik der Deutschen Akademie der Wissenschaften der DDR (AdW) hatte die Spitzbergen-Expedition in sein Forschungsprogramm aufgenommen und die Akademie das Schiff zur Verfügung gestellt. Bodo Tripphahn, der Leiter des Technischen Büros des Nationalkomitees, hatte mit seinen weit reichenden Beziehungen geräuschlos und effizient die Vorbereitung organisiert, aus den Reservebeständen der Nationalen Volksarmee vitaminreiche, stärkende und dauerhafte Verpflegung beschafft sowie Steigeisen und Eispickel aufgetrieben. Pillewizer selbst konnte das Team aus Glaziologen, Geodäten, Kartographen, Hydrologen, Meteorologen und Geographen ohne erkennbares Dreinreden der Sicherheitsbehörden zusammenstellen, denn die Ausreiseregelungen der DDR waren trotz des Mauerbaus am 13. August 1961 noch nicht so rigide wie wenige Jahre später. So durfte mit Siegfried Meier sogar ein unverheirateter, wehrpflichtiger Student, der – begeistert durch einen Vortrag Pillewizers – kurz vorher von der Mathematik zur Geodäsie übergewechselt war, als Bergsteiger mitreisen.

Acht Tage nach dem Auslaufen stand Expeditionsleiter Pillewizer vor dem ersten großen Problem: Ein 40 bis 70 km breiter, dichter Treibeis-

Im Sommer 1964 baute die DDR-Expedition diese noch heute existierende und gelegentlich genutzte Hütte am Inneren Kongsfjord. (Foto: Siegfried Meier)

Der norwegische Stützpunkt Ny-Ålesund (hier im Winter 1964/1965) lebte lange Zeit vor allem von einem norwegischen Bergwerk. (Foto: Siegfried Meier)

gürtel lag vor der gesamten Südwestküste Spitzbergens und versperrte die Einfahrt zum Hornsund, an dessen Gletschern die Expedition ihre Arbeiten durchführen sollte. Nach mehreren vergeblichen Anläufen ließ der Kapitän die nicht eisverstärkte PROF. PENCK abdrehen, um weiter nach Norden zu fahren und vor Barentsburg im Eisfjord zu ankern. Eine sowjetische geologische Expeditionsgruppe half aus und stellte ihren Hubschrauber für einen Erkundungsflug zur Verfügung. Dieser verlief ernüchternd: Keine Anzeichen für eine Wetterveränderung und keine Anzeichen für ein Aufbrechen der nahezu geschlossenen Eisdecke. Also musste die Planung geändert werden, wollte man nicht völlig unverrichteter Dinge nach Dresden zurückkehren. Zum Glück zeigte der »Sysselmann om Svalbard«, der norwegische Gouverneur Spitzbergens, Entgegenkommen und genehmigte auf Bitten Pillewizers einen zweiwöchigen Forschungsaufenthalt am weiter nördlich gelegenen Kongsfjord, dem anderen Gebiet, das Pillewizer von seinen Arbeiten im Jahre 1938 her vertraut war. So machte das Schiff am 24. Juni an der Pier von Ny-Ålesund fest, der nördlichsten Siedlung Spitzbergens, die damals noch von einem norwegischen Bergwerk lebte.

Die junge, des Wartens müde und unternehmungsgierige Truppe war fasziniert von der 4 km langen und über 40 m hohen Kalbungsfront des Kongsvegen-Gletschers am Südostende des Fjords. Alle brannten darauf, endlich diese mächtige Eiswildnis betreten zu dürfen – ein Gebilde, wie sie es nie vorher erlebt hatten. Mit dem Schiff als Ausgangs- und Stützpunkt wollten sie Erfahrungen für die Arbeiten am Hornsund sammeln. Mit großem Eifer wurden, noch ohne jede Vergleichskarte, erste Messungen an der Kalbungsfront des Gletschers in Angriff genommen und Daten über mögliche Änderungen gegenüber 1938 sowie über die aktuellen Bewegungen dieses Gletschers zusammengetragen.

Aber wieder kam es anders als geplant. Am 5. Juli legte die PROF. PENCK von Ny-Ålesund ab. Schon am nächsten Tag stieß sie jedoch erneut auf kompaktes Eis, das sich zwischenzeitlich weiter nach Norden ausgebreitet und sogar den Eisfjord verschlossen hatte. 2 bis 3 m dicke Eisschollen von beträchtlicher Ausdehnung bildeten für die PROF. PENCK trotz ihres Stahlrumpfes ein unüberwindbares Hindernis. Pillewizer entschied sich endgültig für den Kongsfjord als Expeditionsziel. Am 10. Juli wurde das gesamte Expeditionsgepäck in Ny-Ålesund entladen. Einen Tag später begann die PROF. PENCK die Rückfahrt nach Stralsund.

Bevor die Arbeiten wieder aufgenommen werden konnten, musste die Ausrüstung 4 km fjordeinwärts zu einem Landeplatz gebracht werden. Dieser Landeplatz erwies sich in der Folge allerdings weder für das mitgebrachte Motorboot noch für das Schlauchboot als ideal, denn es passierte immer wieder, dass das Boot bei eisfreiem Wasser losfuhr, bis zur Rückkehr der Wind aber die

Ihr Sommerlager schlug die ostdeutsche Expedition im Sommer 1964 am Rande des Kongsfjord auf. (Foto: Siegfried Meier)

Lagebesprechung 1962 auf der PROF. PENCK mit Wolfgang Pillewizer (links, blaue Mütze) und Lothar Stange (Mitte, rote Mütze). (Foto: Siegfried Meier)

Bucht mit Kalbeis gefüllt hatte. »Zum Glück gab es an dieser Klippenküste vor dem Wind besser geschützte Stellen, an denen wir dann landen konnten«, beschreibt Pillewizer selbst die Situation in seinem Buch »Gletscherland in der Arktis«. In der Nähe der Landestelle wurde von den Teilnehmern das Hauptlager errichtet. Jeder Teilnehmer hatte ein Zweimannzelt für sich, in dem er schlafen, arbeiten und seine Instrumente aufbewahren konnte: »Malerisch wirkte die lange Reihe der weißen, gelben und blauen Wohnzelte vor dem grandiosen Hintergrund der Kalbungsfront des Kongsvegen. Sie standen auf grünem, moosigem Tundrenboden, der bei Trockenheit einen angenehmen Lagerplatz abgab. Doch bei dem meistens herrschenden Nieselwetter, bei Regen- und Schneeschauern war er von Feuchtigkeit vollgesogen. Auch in den Zelten hatten wir es dann feucht.« Bei diesem Zeltlager wurde eine verfallende Hütte, die früher im Winter Pelztierjägern Schutz geboten hatte, als Kochhütte hergerichtet. Alle Expeditionsteilnehmer waren hier untergebracht. Nur die beiden Männer der von der übrigen Expedition unabhängigen Gruppe des Instituts für Ionosphärenforschung aus Kühlungsborn durften die mitgebrachte zerlegbare Hütte in Ny-Ålesund aufstellen, wo sie auch elektrischen Strom erhielten.

Wolfgang Pillewizer wollte mit seiner Gruppe, basierend auf den eigenen Beobachtungen von 1938, Bewegung und Mechanik des Kongsvegenbre bestimmen – dieses mit dem Kronebre

verbundenen, in zwei Strömen in den Kongsfjord kalbenden, 25 km langen und 4 bis 5 km breiten bei 79° N 12°30' E gelegenen Gletschers. Da es sich dabei um einen kalbenden Gletscher handelte, versagten die in den Alpen bewährten Messmethoden, sodass die vor allem von Richard Finsterwalder weiterentwickelte Photogrammetrie eingesetzt werden musste: Von einem erhöhten, sicheren Standort wurden Aufnahmen des Gletschers und seiner Front gemacht und nach einigen Tagen vom gleichen Standort wiederholt. Der photogrammetrische Vergleich der beiden Aufnahmen gab dann Einblick in die Bewegung des Gletschers zwischen den jeweiligen Aufnahmezeitpunkten.

Diese Methode setzte natürlich eine diffizile Auswertungsarbeit an den noch im Zeltlager entwickelten Filmplatten voraus, die im Wesentlichen erst nach der Rückkehr nach Dresden über Wochen und Monate hinweg vorgenommen werden konnte. Am Gletscher erwies sich aber bereits das Auffinden geeigneter Aufnahmestandorte als überaus mühsam und beschwerlich, denn der Kongsvegen war vom Lager aus nur über einen mehrstündigen Marsch erreichbar. Mit Bergschuhen, Steigeisen und Eispickel, wegen der Gletscherspalten oft auch angeseilt, kämpften sich die jungen Leute durch Schnee und Schlamm, durch rutschendes Geröll und über ausufernde Schmelzwasserbäche zu einem Messpunkt. Die Überquerung des Kongsvegen, die nicht immer vermieden werden konnte, wurde jedes Mal zu

Im Winter war der Fjord vor der rund 40 m hoch aufragenden Front des Kongsvegen-Gletschers zugefroren (oben). (Foto: Siegfried Meier)

Der Weg zum nächsten »geodätischen Punkt« (roter Vierzylinder) musste auf Skiern, zuweilen auch durch gefährliche Spaltenzonen, zurückgelegt werden (unten). (Foto: Siegfried Meier)

einem gefährlichen Abenteuer, denn dieser stark zerrissene Gletscher hatte weitläufige Zonen mit wilden Eistürmen und 20 bis 50 m breit klaffenden Spalten. An anderen Stellen erzwangen Eiskanäle mit tief eingeschnittenen Wasserrinnen weite Umwege. Vom Gletscher ergossen sich darüber hinaus gerade in der Sommerzeit starke Bäche in die Täler, die das Bergmassiv durchfurchten und an denen Furten gefunden werden mussten, wo sich die Bäche in mehrere, flachere und scheinbar behäbiger fließende Arme aufteilten. Wenn man Gewicht für den beschwerlichen Marsch hatte sparen wollen und die Gummistiefel im Zelt gelassen hatte, mussten die Bergstiefel ausgezogen

werden, um die immer noch eher rasch fließenden Bäche, auf deren Grund nicht selten scharfkantige Steine lauerten, durchwaten zu können. Andererseits boten vor allem nachmittags selbst hüfthohe Stiefel nicht unbedingt Schutz vor dem eiskalten Gletscherwasser. Zuweilen gerieten die mit Instrumenten schwer beladenen Expeditionsteilnehmer auch in weitläufige Sumpfgebiete, wo sich in flachen Mulden Schmelzwasser mit tauendem Firn zu einem zähen Brei vermengt hatte, bei dessen Durchquerung die Füße nie trocken blieben.

An den wichtigen Messpunkten wurden Steine aufgeschichtet, um einen meist etwa 1,5 m hohen »Steinmann« zu errichten, der sich – da an der herausragenden Spitze mit rotem und weißem Fahnentuch umhüllt – von der Umgebung gut abhob und bei den Triangulationsmessungen anvisiert werden konnte. Nicht immer ließen sich die Messungen, egal ob mit dem Theodolit oder dem Phototheodolit, zügig durchführen. Der blaue Himmel konnte plötzlich hinter einer Nebelwand verschwinden, die den Messpunkt in eine so undurchdringliche Waschküche einhüllte, dass an Aufnahmen nicht mehr zu denken war. Geduldig neben den einsatzbereiten Instrumenten hockend, musste gewartet werden. Meist hob sich der Nebel irgendwann ein wenig, wiewohl oft nur für kurze Zeit, und gab die Sicht zum nächsten Messpunkt oder auf die Küstenlinie frei. Waren die Messungen gemacht und sorgsam im Feldbuch notiert, begann der Kampf von neuem: der Weg zum nächsten Messpunkt mit der immer gegenwärtigen Unsicherheit, ob die Sicht ausreichen würde. Nicht selten war die Mühsal vergebens, sodass die Wissenschaftler sich am nächsten Tag erneut durchkämpfen mussten, denn nur an etwa 50 Prozent der 48 Arbeitstage herrschten günstige Arbeitsbedingungen. Zusätzlich mussten fast täglich Bootsfahrten – insgesamt über rund 1000 km – quer über den Kongsfjord unternommen werden, um zu abgelegenen Messpunkten an der Fjordküste zu kommen oder direkt vom Boot aus zu messen.

Ergänzend zu diesen geodätischen und glaziologischen Untersuchungen wurden auf den Fjord-Inseln Leirholm und Midtholm sowie am Sarsfjell, einem der Berge zwischen den beiden Zungen des Kronebre, Studien zur Periglazialgeographie durchgeführt. Vor allem aber wurden auf dem oberhalb des Zeltlagers gelegenen Midre Lovénbre in 150 m Höhe hydrologische Abfluss-messstellen an zwei Gletscherbächen sowie eine meteorologische Station, u.a. mit Strahlungs-messgeräten, eingerichtet. Der langsam fließende Lovén-Gletscher hatte eine Länge von rund 5 km und eine Breite von nur 1 km und strömte aus einer 700 bis 800 m hohen Bergumrahmung nach Norden zum Kongsfjord, endete jedoch einen Kilometer vor der Küste in einem Wall mächtiger Moränen. Pillewizer hatte ihn ausgewählt, weil er besonders günstige Bedingungen für ein Studium des Abschmelzverhaltens bot. Es wurden zwei Messprofile zur Ermittlung der Fließgeschwindigkeit des Gletschers und damit der Menge des durchfließenden Eises angelegt, ein eigens für diese Expedition konstruierter »Ablatograph« in 450 m Höhe im Firn aufgestellt sowie die »Ablation«, d.h. das Abschmelzen der Gletscherober-fläche, an 18 Stangenpegeln gemessen. Die so ermittelten Werte verglich man später – unter Berücksichtigung von Strahlungsbilanz, Wärme-leitung und Verdunstung – mit den Abflussmen-gen an den beiden Gletscherbächen. Dafür hatte man tausend Kilogramm Salz in Zentnersäcken bergauf geschleppt, denn man wollte ein in der DDR damals noch nicht erprobtes Messverfahren anwenden, bei dem mithilfe der Salzverdünnung der elektrische Widerstand im Wasser gemessen und daraus der Wasserabfluss in turbulenten Gewässern ermittelt wurde. Die Abflussmengen zeigten, dass die Bäche dieses Gletschers sehr starken Schwankungen unterlagen, sodass zu Zei-ten starker Ablation das 20-Fache des Minimums erreicht wurde. Sie zeigten vor allem aber, dass die berechnete Ablation mit den gemessenen Abflussmengen gut übereinstimmte und damit Angaben für die gesamte Ablationsperiode, also für die Monate Juni bis September, gemacht wer-den konnten.

Der Abschluss der Arbeiten war für den 20. August vorgesehen. Die PROF. PENCK traf jedoch schon am 14. August in Ny-Ålesund ein, um die Expeditionsteilnehmer abzuholen. Einen Tag später wurden die Arbeiten daher eilig been-det, alle Außenstationen geräumt sowie an den beiden folgenden Tagen das gesamte Expedi-tionsmaterial, einschließlich des gesammelten Abfalls, auf das Schiff verfrachtet. Am Nachmit-

tag des 17. August fuhr das Schiff aus dem Kongsfjord aus und traf eine Woche später, am 25. August, in Stralsund ein. Auf einen zunächst geplanten Abstecher in den Hornsund hatte man verzichtet, denn ein 20 km breiter, dichter Treib-eisgürtel blockierte in diesem Jahr weiterhin den Fjord.

Über diese Expedition von 1962 erschienen zunächst nur wenige, allgemein gehaltene Artikel, denn die Auswertung der vielfältigen Daten erfor-

Viele Male kreuzten die Wissenschaftler den Kongsfjord auf ihrem kleinen Boot – eine Fahrt, die nicht immer so ruhig, aber jedes Mal eindrucksvoll war. (Foto: Siegfried Meier)

Steile Aufstiege muss-ten überwunden wer-den, um hoch gelegene Messpunkte mit guter Übersicht zu erreichen. (Foto: Siegfried Meier)

Die Ausrüstung wurde von der PROF. PENCK mit dem Boot ans Ufer gefahren und dann an Land getragen. (Foto: Siegfried Meier)

derte hohe Sorgfalt und damit auch viel Zeit. Da-rüber hinaus mussten gerade glaziologische Mes-sungen in der Regel nicht nur über eine längere Periode hinweg durchgeführt, sondern möglichst nach wenigen Jahren wiederholt werden, um Sondererscheinungen eines einzelnen Jahres aus-filtern zu können. Pillewizer hatte dies bei seinem Antrag an das Nationalkomitee von vornherein eingeplant. Und so verließ am 18. Juni 1964 die METEOR der DDR, 1956 gebaut und mit ähnlichen Abmessungen wie die PROF. PENCK , Stralsund zur zweiten Spitzbergen-Expedition. Nach acht Tagen

ruhiger Fahrt brachten die ersten zehn Teilnehmer ihr wieder umfangreiches, wissenschaftliches und persönliches Gepäck sowie ein Motorboot und eine zerlegbare Hütte in Ny-Ålesund an Land. Am 19. Juli traf die zweite, acht Mann starke Gruppe im Kongsfjord ein. Die Leitung der Expedition hatte diesmal Dr.-Ing. Lothar Stange, inzwischen wissenschaftlicher Arbeitsleiter am Geodätischen Institut der AdW in Potsdam. Wie schon 1962 war Stange erneut überall an seiner roten Wollmütze, die ihn vor den angriffslustigen Seeschwalben schützte, zu erkennen. Professor Pillewizer war nicht dabei; er hatte den Anstoß zur Expedition gegeben, widmete sich nun aber – die Expedi-tionsstrapazen auch aus Altersgründen meidend – seinem Institut und seinen Studenten in Dresden. Bei Ankunft der zweiten Gruppe war das Haupt-lager, diesmal etwa einen Kilometer weiter inner-halb des Fjordes, bereits aufgebaut. Die Mühsal der Wanderungen und Aufstiege über Gletscher-eis und Felsgrate begann erneut. Schwer drückten die unverzichtbaren wissenschaftlichen Instru-mente auf die Schultern, während die persön-lichen Dinge zur Gewichtseinsparung auf das Allernötigste reduziert waren. Für die geodätische Bestandsaufnahme wurden die Messungen von 1962 ergänzt und abgeschlossen, sodass am Ende der gesamte innere Kongsfjord erfasst war. Die hydrometeorologische Arbeitsgruppe führte – mit erweitertem Messnetz und verbesserten Geräten – erneute Studien am Lovéngletscher durch. Auf einzelnen Inseln im Kongsfjord legte eine andere Arbeitsgruppe Profilbilder der Periglazial-Schutt-decke an und sammelte Daten zur Tiefe des Per-mafrostes und den Auftauvorgängen an der Ober-fläche. Geomagnetische Untersuchungen, neu im Expeditionsprogramm, wurden von einer weite-ren, unabhängig arbeitenden Gruppe durchge-führt. Insgesamt absolvierten die Dresdner – trotz einer langen Schlechtwetterperiode – ein ambi-tioniertes wissenschaftliches Programm. Sie waren dabei 1964 nicht die Einzigen am Kongs-fjord: Eine Gruppe von 17 französischen Wissen-schaftlern führte zur gleichen Zeit ebenfalls Peri-glazialuntersuchungen durch, und im Juli traf eine große norwegische Expedition aus Geodäten und Geologen ein.
Für den Erfolg der Expedition am wichtigsten war die Wiederholung der glaziologischen Messungen

Von einem »Stein-mann« aus wurden die Triangulationspunkte mit dem Theodolit angezielt, um Horizon-tal- und Höhenwin-kel zu messen. (Foto: Lothar Stange)

zum Bewegungsverhalten und zum Eishaushalt des Gletschers. Als sich die Hauptgruppe am 8. September wieder auf der METEOR einschiffte, verblieben fünf Mann, unter ihnen der Arzt der Gruppe, zurück. Sie zogen in Ny-Ålesund in ein winterfestes Haus und führten die glaziologischen Untersuchungen zusammen mit meteorologischen Erhebungen während der Dunkelheit des Polarwinters weiter, um eine kontinuierliche Datenreihe über ein volles Jahr hinweg zu erhalten. Am Ende waren ihre Anstrengungen von Erfolg gekrönt, denn dank wolkenloser, heller Vollmondnächte gelangen – bei einer Belichtungszeit von 90 Minuten – sogar photogrammetrische Aufnahmen, mit deren Hilfe auch für den Winter eine reduzierte, aber immer noch messbare Fließgeschwindigkeit des Kongsbre nachgewiesen werden konnte.

In der Einsamkeit der langen Polarnacht begannen die Männer mithilfe des mitgebrachten Stereokomparators in ihrer Station bereits mit der Verarbeitung der im Sommer und Herbst gemachten Aufnahmen. Manchmal wurden sie dabei durch Kalbungen vor allem des Kongsvegen aufgeschreckt, die über den ganzen Winter hinweg – wenn auch mit geringerer Intensität – andauerten. Am 19. Juli 1965 kehrte auch diese Gruppe in die DDR zurück.

Die endgültige Auswertung der beiden Expeditionen zog sich, wie bei vielen Expeditionen, über einen längeren Zeitraum hin. Schrittweise wurden »Die wissenschaftlichen Ergebnisse der deutschen Spitzbergenexpedition« vom Nationalkomitee für Geodäsie und Geophysik der DDR publiziert. Die Photogrammeter bestimmten Betrag und Richtung der Fließgeschwindigkeit der Gletscheroberfläche und verfolgten zeitliche Änderungen der Bewegungen. Sie bestätigten die Beobachtung von 1962, dass der Kongsvegenbre aus mehreren, parallelen Eisströmen unterschiedlicher Geschwindigkeit bestand, und machten ein vollständiges, ein ganzes Jahr überspannendes Bild des komplizierten Strömungsverhaltens dieses Gletschers anderen Wissenschaftlern zugänglich. Die Daten zeigten auch, dass die 1962 gemessene hohe Fließgeschwindigkeit von bis zu 4,5 m pro Tag eine Besonderheit darstellte: 1964/1965 erreichte der Gletscher bei einer Durchschnittsgeschwindigkeit von 1,5 m/Tag nur

noch einen Maximalwert von 3,55 m im Juli 1964 und von sogar nur 2,5 m im Juli 1965, wobei die einzelnen Gletscharme sich erneut unterschiedlich schnell bewegten.

Auf der Basis gravimetrischer Messungen auf dem Eis sowie zahlreicher, in den Wintermonaten durchgeführter Tiefenlotungen vor der Kalbungsfront zeichnete die Pillewizer-Gruppe außerdem ein recht detailliertes Bild der Eisdicke nicht nur des Kongsvegenbre, sondern etwa auch des Blomstrandbre. Dabei ergab sich unter anderem, dass – heute durch den Gletscherrückgang bestätigt – das der Küste vorgelagerte Blomstrandmassiv (369 m) nicht eine Halbinsel, sondern eine selbstständige Insel im Kongsfjord ist. Mit all diesen Daten wurde schließlich die erstmals 1937 von Richard Finsterwalder entwickelte Theorie der »Blockbewegung« einzelner Gletscher untermauert: Derartige Gletscher gleiten mit ihrer gesamten Eismasse auf einer jahreszeitlich sich verändernden Wasserschmierschicht über ihren Untergrund zu Tal.

Die Teilnehmer der Expedition des Nationalkomitees für Geodäsie und Geophysik der DDR mit Leiter Lothar Stange (2. von links) im Sommer 1964. (Foto: Lothar Stange)

45

Zu Anfang der 1960er-Jahre hatte es für das Ostende des Kongsfjordes nur eine 1906 von G. Isachsen aufgenommene norwegische Karte im Maßstab 1:200 000 sowie – nach 1961 – einen auf Luftbildaufnahmen von 1936, also einem für den Gletscher veralteten Stand, beruhenden Teil der »Topografisk Kart over Svalbard« im Maßstab 1:100 000 gegeben. Pillewizer lieferte mit seinem Dresdner Institut für dieses rund 700 km² große Gebiet Spitzbergens nun eine großmaßstabige, genaue und detailreiche Reliefkarte. 1967 erschien die von den Photogrammetern und Geodäten erarbeitete topographische Spezialkarte des inneren Kongsfjord mit dem Kongsvegen-Kronebre-Gebiet im Maßstab 1:50 000, zwei Jahre später auch zwei Teilkarten im Maßstab 1:25 000, auf deren Daten die erste Karte aufgebaut worden war. Für die damalige DDR stellte dies einen Sonderfall dar: Während Kartendarstellungen des DDR-Gebiets der »streng geheim«-Klassifizierung des Innenministeriums unterlagen (was sich mit den Jahren in zunehmendem Maße für Pillewizer zu einem Konfliktpunkt entwickelte), durften die Mitarbeiter ihre Spitzbergen-Ergebnisse ohne derartige Einschränkungen für ihre Weiterqualifikation nutzen, soweit sie nicht, wie Ulrich Voigt, durch ihre religiös-weltanschauliche Einstellung ins Abseits gerieten.

Pillewizers Reliefkarte des Kongsfjord war in dieser Form und Detaillierung damals für polare Gebiete ziemlich einmalig – und sie stand über das Polarinstitut in Oslo auch anderen Expeditionen zur Verfügung. Daher ließ die DDR-Führung diese Ergebnisse 1967 von Lothar Stange bei einer Tagung der Kommission für Schnee und Eis der IUGG vortragen. Die wissenschaftlichen Erfolge unterstützten so einen weiteren Schritt in dem staatlichen Kampf um internationale Anerkennung – einen Schritt, der aber eigentlich vor allem durch das veränderte politische Umfeld möglich geworden war: Auf der anschließenden XIV. Generalversammlung der International Union for Geodesy and Geophysics (IUGG) wurde neben der Deutschen Gesellschaft für Geodäsie und Geophysik, die bis dahin die Wissenschaftler aus der Bundesrepublik und der DDR gemeinsam vertreten hatte, die Akademie der Wissenschaften der DDR als gleichberechtigtes selbstständiges Mitglied aufgenommen.

DDR-intern waren durch die Expeditionen zumindest zwei Nachwuchswissenschaftler für die Polarforschung interessiert und »vom Eis gebissen« worden: Dipl.-Ing. Klaus Dreßler, als Photogrammeter Teilnehmer an der zweiten Spitzbergen-Expedition, lernte 1971 mit einer sowjetischen Expedition die Antarktis kennen; Siegfried Meier, der 1962 als Student teilgenommen, 1964/1965 als frisch verheirateter Diplom-Ingenieur überwintert hatte und danach Oberassistent am Institut für Kartographie wurde, widmete einen erheblichen Teil seines weiteren Lebens der Polarforschung, vor allem der Antarktis, und

Die Fjord- und
Gletscherlandschaft
des Kongsfjord bei
Ny-Ålesund.
(Quelle: Lothar Stange)

Mühsamer Anmarsch
zum Untersuchungs-
gebiet. (Quelle: Lothar
Stange)

beendete seine wissenschaftliche Laufbahn, nach der Wende, als Professor am Institut für Planetare Geodäsie in Dresden.

Die Spitzbergen-Unternehmen waren die ersten – und einzigen – selbstständigen Polarexpeditionen, die von der DDR aus gestartet wurden. Der sozialistische Staat hatte gezeigt, dass er auch alleine Expeditionen in Polargebiete erfolgreich durchzuführen in der Lage war. Und seine Wissenschaftler konnten mit gestärktem Selbstbewusstsein in die 1959 begonnene Kooperation mit der sowjetischen Antarktis-Forschung gehen (vgl. »Im Kielwasser der Sowjetunion«).

Professor Wolfgang Pillewizer selbst folgte im September 1971 einem Ruf an die Technische Universität (damals noch Technische Hochschule) Wien, wo er in der Folge – ähnlich wie in Dresden – ein Institut für Kartographie und Reproduktionstechnik aufbaute. Pillewizer, der am 8. Februar 1999 starb, wurde im September 1991 emeritiert – dank der Berufung nach Wien mit einer österreichischen Pension.

47

Auf den Spuren Alfred Wegeners

»EGIG« war ein Gemeinschaftsunternehmen von Dänen, Deutschen, Franzosen, Österreichern und Schweizern. (Foto: Klaus Schnädelbach)

»Sollen wir uns – zum Beispiel bei der Erforschung der Dynamik von Gletschern – weiterhin in Einzelaktivitäten zersplittern? Oder sollten wir uns nicht besser auf gemeinsame Unternehmungen konzentrieren?«, fragte der Straßburger Geodäsie-Professor Albert Bauer (1916–2003) am 18. September 1954 in Rom, als in einem kleineren Kreis Möglichkeiten einer Mitwirkung der Glaziologen am Internationalen Geophysikalischen Jahr diskutiert wurden. Zwei Tage vorher hatte Bauer der »Internationalen Kommission für Schnee und Eis« (ICSI), die damals im Rahmen der Generalversammlung der übergeordneten »Internationalen Union für Geodäsie und Geophysik« (IUGG) in Rom tagte, die Ergebnisse der französischen Grönland-Expeditionen der Jahre 1948 bis 1951 vorgestellt. Diese Expeditionen, die die »Expéditions Polaires Françaises« (EPF) durchgeführt hatten, hatten sich beim Aufstieg von der Westküste an der Route der von Alfred Wegener geleiteten deutschen Grönland-Expeditionen von 1929 und 1930/1931 orientiert und in 2984 m Höhe ihre »Station Centrale« nur rund 14 km entfernt von Wegeners berühmter Station »Eismitte« von 1930/1931 eingerichtet.

An den von Bauer vorgetragenen Eisdickemessungen hatte in der Diskussion insbesondere Bernhard Brockamp, Professor am Geologischen Institut der Universität Münster und Teilnehmer an der zweiten Wegener-Expedition, vorsichtige Kritik geäußert. Für Brockamp waren die vorgetragenen Ergebnisse im Kern nämlich gar nicht so neu, hatte Bauer doch bereits bei der von Max Grotewahl veranstalteten »Jubiläumstagung der Vereinigung zur Förderung des Archivs für Polarforschung aus Anlass des 25jährigen Bestehens des Archivs« vom 18. bis 20. Juni 1951 in Kiel einen ersten Bericht gegeben. Danach hatte Brok-

kamp Anfang Juni 1952, zusammen mit Johannes Georgi, ebenfalls Teilnehmer an der Wegener-Expedition, Bauer und dessen Kollegen J. J. Holtzscherer, »den für den größten Teil der Eisdickenmessungen verantwortlichen Geophysiker« (Georgi), in Straßburg besucht. Zu diesem Zeitpunkt hatte Georgi schon die Fäden für einen ähnlichen Vortrag bei der Tagung der Deutschen Geophysikalischen Gesellschaft vom 24. bis 30. August 1952 gezogen – einen Vortrag, bei dem Pierre Stahl, ein Holtzscherer-Mitarbeiter, in Hamburg über »Neuere Erfahrungen mit Gravimetern in Grönland« informierte.

Seit Anfang der 1950er-Jahre, als die deutsche Wissenschaft in West und Ost international noch ziemlich isoliert war, bestanden also schon enge Kontakte zwischen den westdeutschen und den französischen Grönland-Fahrern. Durch seine fast rhetorische Frage in Rom hob Albert Bauer eine künftige, intensive wissenschaftliche Grönland-Kooperation auf die institutionelle Ebene und öffnete sie zugleich auch für Wissenschaftler anderer Nationen – als ein Angebot an alle und eine großartige Chance für alle, an der weiteren Erforschung des grönländischen Inlandeises mit modernsten Methoden und in interdisziplinärer Zusammenarbeit mitzuwirken. In diesem Sinne besprach sich Bauer auch mit seinen Kollegen im neuen ICSI-Präsidium, dem Schweizer Gletscherforscher Professor Robert Haefeli, Mitbegründer des Eidgenössischen Instituts für Schnee- und Lawinenforschung in Davos, und dem Münchner Geodäten und Glaziologen Professor Richard Finsterwalder, einem hoch anerkannten Photogrammeter.

Bauer fiel die Aufgabe zu, mit Paul-Émile Victor, dem Organisator der erwähnten Grönland-Expeditionen, Einvernehmen über die weiteren Schritte herzustellen. Vermutlich hatte Bauer seinen Vorstoß in Rom vorher mit Victor abgesprochen, denn der 1907 geborene Victor war als Leiter der »Expéditions Polaires Françaises« eine Schlüsselfigur für ein internationales Grönland-Unternehmen. Möglicherweise ging die Initiative Bauers sogar von Victor selbst aus, denn kurz vorher waren die EPF – am 28. Februar 1947 vom französischen Ministerrat ins Leben gerufen, um französische Polarexpeditionen durchzuführen – von der französischen Regierung auf eine Antarktis-Expedition im Rahmen des Internationalen Geophysikalischen Jahres verpflichtet worden. Diese Antarktisorientierung der EPF widersprach etwas Victors Neigungen, denn diese richteten sich vornehmlich auf Grönland, das er schon 1936 mit Hundeschlitten durchquert und wo er dann vierzehn Monate bei einer Eskimo-Familie verbracht hatte.

Victor, der seit der Kriegszeit mit General de Gaulle befreundet war, setzte seinerseits seine Verbindungen zur Politik ein – mit Erfolg: Am 11. Juli 1955 teilte ihm Finanzminister Pierre Pflimlin, erst seit März im Amt, persönlich mit, er habe seine Zustimmung zu einer jährlichen Zuwendung gegeben, »um die französische Beteiligung an der internationalen Expedition nach Grönland zu finanzieren«. Die Höhe der Zuwendung war nicht weiter spezifiziert, doch wurde im April 1956 dann der französische Beitrag auf 1,5 Millionen DM beziffert. Nur wenige Wochen später, am 29. August 1955, schrieb ICSI-Präsident Haefeli dem Direktor der EPF, also Paul-Émile Victor, die ICSI-Generalversammlung habe in Rom ihr Bedauern darüber ausgedrückt, dass die EPF-Arbeiten auf Grönland unterbrochen worden seien. Gleichzeitig bat Haefeli Victor, Organisation und Leitung einer Grönland-Expedition zwi-

»Expéditions Polaires Françaises« war mit Gesamtleitung und Logistik für die Expedition beauftragt. (Foto: Klaus Schnädelbach)

Auf ihrem Weg zum Startlager überflogen die Expeditionsteilnehmer das Vorgebirge an der Westküste Grönlands. (Foto: Fritz Brandenberger)

Französische Nord-Atlas-Militärmaschinen transportierten das Personal und das wissenschaftliche Material nach Grönland. (Foto: Fritz Brandenberger)

Eine zusammengebrochene Gletscherzunge versperrte den Weg von Søndre Strømfjord zum Inlandeis. (Foto: Fritz Brandenberger)

schen 1956 und 1959 unter dem Patronat der Kommission zu übernehmen. Am 1. September, also »postwendend«, nahm Victor dieses Angebot »mit Vergnügen« an und machte detaillierte Vorschläge zur Abgrenzung der Zuständigkeiten und zum weiteren Vorgehen. Damit waren die Grundlagen geschaffen für die »Expédition Glaziologique Internationale au Groenland«, später nur noch kurz »EGIG« genannt. Mit ihrer Hilfe sollte der bundesdeutschen Polarforschung die Rückkehr in die internationale Wissenschaftsgemeinschaft gelingen.

Im nächsten Schritt mussten nun weitere Länder als Finanziers gewonnen werden. Man darf davon ausgehen, dass Professor Finsterwalder hierzu in Deutschland schon einige (nicht dokumentierte) Sondierungsgespräche geführt und die einzuschlagenden Wege identifiziert hatte. Wohl auf seinen Hinweis hin erbat der Schweizer ICSI-Präsident Haefeli am 3. September 1955 beim

Bundeskanzleramt und am 8. September von der Wissenschaftlichen Abteilung beim Bundesinnenminister eine deutsche Beteiligung an der geplanten Expedition, denn – so im zweiten Brief – es »erscheint uns wünschenswert, dass Deutschland aus Anlass und im Rahmen einer internationalen Expedition wieder eine fruchtbringende Tätigkeit auf dem Gebiete der Polarforschung aufnimmt«. Die ministerielle Antwort zog sich bis Ende Oktober hin. Nun hatte jedoch Professor Brockamp, inzwischen Direktor des neu gegründeten Instituts für Reine und Angewandte Geophysik der Universität Münster und von ICSI als Vertreter Deutschlands vorgeschlagen, der Deutschen Forschungsgemeinschaft (DFG) seine stark geophysikalisch ausgerichteten »Überlegungen zu einer Deutschen Grönland-Expedition« vorgelegt. Und die DFG hatte signalisiert, dass sie einen entsprechenden Antrag von ihm erwarte. Ende 1955 war damit die Beteiligung der Bundesrepublik sichergestellt, und zwar – wie in Frankreich – mit einer vom Internationalen Geophysikalischen Jahr (vgl. »Welt umspannende Zusammenarbeit«) unabhängigen Förderung. Darüber hinaus hatte die dänische Regierung am 17. März 1956 einer internationalen Expedition auf das Inlandeis Grönlands zugestimmt.

Die damals wachsende deutsch-französische Freundschaft wirkte sicherlich politisch positiv auf die deutsche Bereitschaft, sich an einer Grönland-Expedition unter französischer Leitung zu beteiligen. Grönland erschien darüber hinaus aber auch wissenschaftlich den Schlüssel für ein Problem zu bieten, für das die alpine Gletscherforschung den Anstoß gegeben hatte, das dann von der Klimatologie aufgenommen worden war und in der Konsequenz erhebliche ökologische und wirtschaftliche Auswirkungen haben konnte: den Gletscherrückgang in Folge von Klimaschwankungen und einen dadurch vielleicht verursachten Anstieg der Weltmeere. Nach der Darstellung, die Robert Haefeli am 5. Oktober 1955 gegenüber dem Nationalen Schweizerischen Ausschuss für das Internationale Geophysikalische Jahr gab, »würde sich nach den neuesten Untersuchungen das Meeresniveau um rund 54 m heben, wenn sämtliches auf der Erdoberfläche vorhandenes Eis ... schmelzen würde«. Unter Verweis auf die Ergebnisse von Paul-Émile Victor, wonach auf

Grönland »ca. 2,6 Mill. km^3« Eis lägen, fuhr er fort: »Würde z.B. der Gletscherschwund in Grönland ein ähnliches Ausmaß erreichen, wie im vergangenen Jahrhundert in den Alpen, so hätte dies unter sonst gleichen Bedingungen innert hundert Jahren eine Hebung des Meeresspiegels von rund 26 cm zur Folge.« Neben Aufschluss über diese Frage erhoffte man sich aber auch neue Erkenntnisse zur Klimageschichte – Überlegungen, die einerseits in der Nachfolge von Alfred Wegener standen und andererseits einen Einstieg in eine langfristige Beobachtung möglicher künftiger Veränderungen bieten sollten.

Mit idealer Beteiligung von ICSI gründeten Organisationen aus den Ländern Frankreich, Schweiz, Deutschland, Dänemark und Österreich bei einem mehrtägigen Treffen am 4. April 1956 in Grindelwald – unter der geschickt moderierenden Sitzungsleitung von Professor Max Kneißl, dem Präsidenten der Deutschen Union für Geodäsie und Geophysik (DUGG) – die »Expédition Glaziologique Internationale au Groenland« (EGIG). England und Norwegen waren interessiert, aber für eine aktive Teilnahme zu sehr in der Antarktis engagiert; die USA boten logistische Unterstützung an, wurden von den Dänen aber strikt auf ihre Küstenstützpunkte Thule und Søndre Strømfjord beschränkt. In den folgenden Monaten einigte man sich im Direktionskomitee der EGIG auf ein Gesamtprogramm, dessen Einzelpunkte im Kern immer noch denjenigen Alfred Wegeners für seine eigene Expedition entsprachen. Die Aufgaben wurden so verteilt, dass – wie es im Antrag an die DFG hieß – die »Durchführung der wissenschaftlichen Arbeiten auf dem Gebiet der Geodäsie und der Geophysik einschließlich der Meteorologie ... der Bundesrepublik übertragen« wurde. Die EPF unter Victor wurde mit der Gesamtleitung der EGIG sowie deren Logistik beauftragt. Prof. Bauer übernahm die Aufgabe eines Generalsekretärs und damit die wissenschaftliche Koordination.

Drei Wochen nach der Gründung der EGIG stellte Bernhard Brockamp bei der Deutschen Forschungsgemeinschaft einen Antrag zur Vorbereitung der deutschen Beteiligung an der EGIG, für den aus dem eigens eingerichteten Schwerpunktprogramm zwei Monate später 17 500 DM bewilligt wurden. Brockamp war diese Aufgabe zugefallen, da er als Teilnehmer an der deutschen Grönland-Expedition unter Alfred Wegener sowie an einer amerikanischen Inlandeisexpedition (1957) als Einziger über Inlandeiserfahrung verfügte. In den folgenden Monaten traten allerdings

Das grönländische Inlandeis, der Forschungsgegenstand der EGIG-Wissenschaftler, mündet an der Westküste in Fjordlandschaften mit steilen Berghängen und Gletschertälern. (Foto: Fritz Brandenberger)

immer wieder Spannungen zwischen den führenden deutschen Teilnehmern zu Tage, die Professor Sticker, den zuständigen Referenten der DFG, zeitweise an den Erfolgsaussichten der Expedition zweifeln ließen. Brockamp selbst litt zunehmend unter den Folgen der Entbehrungen während seiner russischen Gefangenschaft, sodass er die Vorbereitungen für die Geophysik-Gruppe nicht mit der erwarteten Intensität vorantreiben konnte. Das Bewusstsein, dass sein Institut für den anstehenden Organisationsaufwand zu klein war und er selbst den Aufgaben gesundheitlich wohl nicht mehr gewachsen sein würde, dürfte

Die Länder und ihre Programme

An »EGIG I« beteiligte Länder mit ihren Fachprogrammen:

Dänemark: Geodäsie an der West- und Ostküste; Photogrammetrie an der Westküste; Gravimetrie im Küstenbereich.

Bundesrepublik Deutschland: Geophysik (mit den Abteilungen Seismik, Gravimetrie, Magnetik, elektrische Tiefenmessungen, Barometrie); Geodäsie auf dem Inlandeis (mit den Gruppen Lagemessungen und Nivellement); Meteorologie; Physikalische Ozeanographie.

Frankreich: Geodäsie und Glaziologie im Ablationsgebiet West; Hydrologie.

Österreich: Wärme- und Strahlungshaushalt im Ablationsgebiet West.

Schweiz: Glaziologie des Inlandeises (mit den Gruppen Nivologie, Rheologie, Chemie des Eises).

An »EGIG II« beteiligte Länder mit ihren Fachprogrammen:

Dänemark: Küstengeodäsie und Photogrammetrie; Physikalisch-chemische Altersbestimmungen; Radar-Seismik.

Bundesrepublik Deutschland: Geophysik (mit den Abteilungen Seismik, Gravimetrie, Magnetik, Barometrie); Geodäsie auf dem Inlandeis (mit den Gruppen Lagemessung A und Nivellement A); Wärme- und Strahlungshaushalt auf dem Inlandeis. – Gemeinsam mit der Schweiz: Thermische Tiefenbohrung.

Frankreich: Geodäsie auf dem Inlandeis (mit den Gruppen Lagemessung B und Nivellement B); Physikalisch-chemische Glaziologie auf dem Inlandeis.

Österreich: Wärme- und Strahlungshaushalt im Akkumulationsgebiet West.

Schweiz: Nivologie und Rheologie des Inlandeises; Physikalisch-chemische Glaziologie am Westrand des Inlandeises. – Gemeinsam mit Deutschland: Thermische Tiefenbohrung.

auch die damals von Sticker bemerkte Resignation bedingt haben.

So war es nicht sonderlich überraschend, dass der ausgleichend wirkende Grandseigneur Richard Finsterwalder Ende 1957 nicht nur für den aus Gesundheitsgründen ausscheidenden Haefeli den Vorsitz im Direktionskomitee der EGIG, sondern gleichzeitig auch von Brockamp die Federführung für den Hauptantrag bei der DFG übernahm. Sobald DFG-Präsident Professor Gerhard Hess am 13. März 1958 die Bewilligung in Höhe von 532 400 DM unterschrieben hatte, wurden die begonnenen Arbeiten auf allen Ebenen und mit zunehmender Intensität vorangetrieben. In Deutschland mussten junge Wissenschaftler für die Teilnahme ausgewählt und vor allem die neuen Instrumente im Gelände und unter arktischen Laborbedingungen getestet werden. Im Mittelpunkt der Tests stand ein neu auf den Markt gekommenes Gerät: das Tellurometer, ein elektronisches Entfernungsmessgerät, das auch bei 10 km-Distanzen eine Genauigkeit von wenigen Zentimetern gewährleistete. Dieses Gerät machte die geodätischen Arbeiten von den Beleuchtungs- und Sichtverhältnissen unabhängig und eröffnete damit völlig neue Möglichkeiten für die Messungen auf dem grönländischen Inlandeis. In Frankreich lief die Vorbereitung der Expedition währenddessen schon auf vollen Touren. Anfang April 1957 hatte das Direktionskomitee der EGIG in Davos die Hauptkampagne von 1958 auf 1959 verschoben und gleichzeitig das Studiengebiet auf die Zone zwischen 68 ° und 72 ° N festgelegt, also jenes Gebiet, in dem sowohl die Expeditionen von Alfred Wegener 1930 und 1931 wie die EPF von Paul-Émile Victor in den Jahren 1948–1951 und eine britische Nordgrönland-Expedition 1952–1953 gearbeitet hatten. Die Wissenschaftler interessierten sich für das Gebiet, weil es den aktivsten Teil des Grönlandeises umfasst und aus ihm die mächtigen Eisströme von 22 großen Fjordgletschern über das Vorgebirge in das Meer gleiten. Ein West-Ost-Profil verband »DeQuervainshavn«, in der Disko-Bucht an der Westküste gelegen, mit dem als »Cecilia Nunatak« bezeichneten Felsrücken nahe der Ostküste und hatte seine größte Eismächtigkeit bei rund 3100 m. Ein wichtiger Teil der Arbeiten sollte darüber hinaus auf einer etwa 300 km langen Süd-Nord-Trasse

im Westteil des Untersuchungsgebietes vorgenommen werden. Daher setzten die EPF dort Erkundungsflüge an, die aber auch die weit längere West-Ost-Traverse einbeziehen sollten.

Victor stieg selbst zwischen dem 3. und 18. Juli 1957 – wie schon im April und Mai – täglich auf dem amerikanischen Stützpunkt Søndre Strømfjord in einen Hubschrauber des Typs Alouette II der französischen Luftwaffe. Wieder und wieder flog er den vorgesehenen Weg vom Anlandepunkt zum Inlandeis ab. Ebenso wie von den Fußmärschen auf dieser Strecke kehrte er immer zufrieden zurück: Er hatte keine Zonen mit gefährlicher Spaltenbildung gesichtet. An etwa den gleichen Tagen machten Techniker aus dem hinten offenen Rumpf einer »Nord 2501« aus 5000 bis 7000 m Höhe und bei Temperaturen um −18 °C senkrecht nach unten Serienaufnahmen der geplanten Expeditionsroute – nicht zuletzt für den Piloten ein schwieriges Unterfangen, denn er musste auf Sicht Kurs halten über einer weißen Fläche mit nur wenigen Anhaltspunkten. Am 14. Juli 1957 gegen 17 Uhr quetschten sich auch noch Albert Bauer und Walther Hofmann, Hochschuldozent bei Richard Finsterwalder in München, in die Sitze der »Nord 2501«. Wieder einmal nutzten sie die Abendsonne, die der Schneefläche zumindest ein wenig Konturen verlieh. In der geschlossenen Kabine sitzend, notierten sie aus einer Flughöhe von höchstens 750 m über dem Eis, dem Messmaximum für das eingebaute Höhenradar, alle Spaltengebiete, Seen und andere Auffälligkeiten der Gletscheroberfläche. Auf der Basis dieser Beobachtungen und der photogrammetrischen Erfassung des Geländes wurden zu Hause genaue Karten gezeichnet, die die identifizierten Spaltengebiete auswiesen und damit besondere Gefahrenzonen erkennen ließen. Um sicher zu gehen, wurden die Erkundungsflüge im Juli 1958 wiederholt.

Schon nach Abschluss der Erkundungsflüge des Sommers 1957 hatten Victor und die EPF die detaillierte logistische Expeditionsplanung ausgearbeitet. Im November 1957 wurde der erste Entwurf, der natürlich bis zum Expeditionsbeginn noch modifiziert und an neue Entwicklungen angepasst wurde, an die Partnerorganisationen versandt, die auf dieser Basis ihre eigenen Vorbereitungen trafen. Die Einschaltung der EPF erwies

Hubschrauber des Typs Alouette II stellten in der westlichen Randzone des Eisschildes die Verbindung zwischen den Camps und den einsam operierenden Gruppen her. (Foto: Fritz Brandenberger)

Empfindliches Material wurde an Fallschirmen aus den Flugzeugen abgeworfen. (Foto: Klaus Schnädelbach)

sich gerade in dieser Zeit als eine entscheidende Entlastung für alle. Denn Victor, der während des Krieges Major in der amerikanischen Air Force gewesen war und Grönland-Einsätze geflogen hatte, hielt mit seinen exzellenten Verbindungen zur französischen Regierung den Kontakt zur französischen Luftwaffe und sicherte damit für alle Beteiligten den Transport von Wissenschaftlern, Geräten, Lebensmitteln und Versorgungsgütern von Frankreich nach Grönland.

Am 8. April 1959 war es schließlich so weit: Eingeklemmt zwischen zahllosen Kisten, hockten die Wissenschaftler aus Frankreich, Deutschland,

Dänemark, der Schweiz und Österreich im Rumpf einer der beiden Maschinen der französischen Luftwaffe, als diese vom Flughafen Paris-Le Bourget abhoben. Über Schottland und Island flogen sie zum amerikanischen Stützpunkt Søndre Strømfjord an der Westküste Grönlands, rund 40 km vom Inlandeis entfernt. Von den deutschen Teilnehmern fehlte nur Bernhard Brockamp, der sich inzwischen voll in das Gesamtprogramm integriert hatte und die Geophysik-Gruppe leiten sollte, aber wieder erkrankt war. Getreu seiner Maxime, Forderungen, die er an andere stellte, auch selbst zu erfüllen, folgte er jedoch wenig später mit einer Linienmaschine. Die Raupenschlepper (»Weasel«) sowie die Wohn- und Transportschlitten waren schon vor Ort. Die Expedition konnte beginnen. Ihr Weg und ihre Stationen waren von den EPF vorgezeichnet worden. Das vom Direktionskomitee verabschiedete wissenschaftliche Programm aber folgte den Spuren Alfred Wegeners, was sich nicht zuletzt darin zeigte, dass die DFG den wichtigsten deutschsprachigen Teilnehmern Restbände und Nachdrucke seiner Expeditionsberichte von 1930 zur Unterstützung der Vorbereitung zugeschickt hatte.

Nach einigen Tagen, die Erkundungsflügen sowie der Akklimatisierung und der Überprüfung der Ausrüstung dienten, wurden die Fahrzeuge etwa 100 km ostwärts auf das Inlandeis gefahren – eine langwierige Aufgabe, da die Route doch über zerklüftetes, spaltenreiches Eis, manchmal sogar über Blankeishügel führte. Das Personal flog wenig später mit dem Hubschrauber zum ersten Stützpunkt. Nach einer weiteren Fahrt erreichten die letzten Mitglieder der fünf Arbeitsgruppen (Lagemessung, Nivellement, Geophysik, Inlandeisglaziologie, Küstenglaziologie) sowie die französische Transportgruppe bis zum 1. Mai 1959 den EGIG-Stützpunkt »Camp VI«. Gemeinsam wurde ein »Weasel«, das der EGIG von einer früheren amerikanischen Expedition überlassen wor-

den war, unter dem Schnee geortet, ausgegraben und in Gang gebracht. Gemeinsam wurde die Station aufgebaut. Das nötige, umfangreiche Material – Verpflegungskisten ebenso wie Ersatzketten und Ersatzmotoren – wurde von zwei »Nord 2501« in vielen Einzelpaketen an Fallschirmen abgeworfen; Benzinfässer ließ man im freien Fall aus etwa 30 m Höhe fallen. Der Fallschirmabwurf war bei den meist recht starken Winden gerade auch für die Leute am Boden ein schwieriges Manöver, denn sie mussten die Fallschirmseile kappen, sobald die Ladung auf dem Boden aufsetzte, andernfalls zog der Fallschirm seine Last in hohem Tempo über das Eis. In einem Fall verschwand auf diese Weise eine Küchenausstattung unerreichbar am Horizont.

Für die deutschen Teilnehmer lag einer der Schwerpunkte innerhalb des wissenschaftlichen Gesamtprogramms bei der Geodäsie. Quer durch Grönland sollten durch Pegel markierte Punkte in den beiden vorgesehenen EGIG-Traversen präzise nach ihrer Lage und Höhen vermessen werden, um anhand dieser Koordinaten später horizontale und vertikale Eisbewegungen bestimmen zu können. Diese Punkte dienten zugleich als Grundlage für die glaziologischen und geophysikalischen Arbeiten anderer Gruppen. Die wohl am meisten Kräfte zehrende Arbeit begann für die Arbeitsgruppe Nivellement unter Dr. Hermann Mälzer am »Camp Séismique-EPF«, zu dem sie vom »Camp VI« aus 30 km nach Westen transportiert worden war. In zwei Gruppen marschierten die sechs Männer zu Fuß 64 km weiter Richtung Westküste. In dem an Spalten und Abbrüchen reichen Gletschergebiet, das zudem ausgeprägte Täler und Höhenrücken aufwies, folgten sie den Karten, die auf der Basis der Erkundungsflüge von 1958 erstellt worden waren. In Abständen von 15 bis 120 m, je nach Geländeform, wurden die Instrumente aufgestellt, die Messlatten aufgerichtet, Entfernung und Höhendifferenz genau festgehalten, und anschließend die gesamte, 250 kg schwere Ausrüstung auf zwei Handschlitten mit Körperkraft weitergezogen. 800 m kamen sie im Schnitt jede Stunde voran. Übernachtet wurde in Zelten. Tauwetter setzte ein. Unerwartete Wasserläufe und kleine »Seen« mussten überquert werden. Nach 13 Tagen wurde am 23. Mai endlich »A 14« erreicht, der auf festem Fels gelegene Anschlusspunkt an frühere Messungen. Von hier durfte die Arbeitsgruppe mit dem Hubschrauber zurückfliegen. Nach Übernahme ihrer »Weasel« begann am 28. Mai das Nivellement über das Inlandeis vom »Camp Seismique-EPF« über »Camp VI« nach Osten. Dank der Motorisierung ging es nun schneller voran, aber der Rückstand von 18 Tagen gegenüber der Expeditionsplanung konnte nicht mehr aufgeholt werden. Schlechtwetter und Schneedrift unterbrachen zudem an einigen Tagen die Messungen. Nach einer durchschnittlichen Tagesleistung von 10 km erreichte die Arbeitsgruppe am 28. Juli die Überwinterungsstation »Jarl-Joset« – markiert durch eine deutsche Flagge, die als Anerkennung der kaum erwarteten Rekordleistung gehisst worden war.

Aus Zeitgründen mussten die Arbeiten in »Jarl-Joset« abgebrochen werden. Die Strecke zum Depot 450 sowie vor allem zum »Cecilia Nunatak«, die durch schwieriges Gelände mit Terrassen, Wellen und Gletscherspalten geführt hätte, konnte nicht mehr vermessen werden. Als die Gruppe am 15. August mit dem Hubschrauber vom »Camp VI« abflog, hatte sie an 6124 Standpunkten über eine Strecke von 667 km Höhenunterschiede von 2999 m doppelt nivelliert und nicht nur die Pegel, sondern auch die Schneehöhe des gesamten Profils in Punktabständen von maximal 125 m bestimmt.

Nicht ganz so aufwändig, aber ähnlich schwierig gestaltete sich die Arbeit der Gruppe »Geodätische Lagemessung«, die am 14. Mai unter ihrem Leiter Walther Hofmann von »Camp VI« aufbrach. Von da an waren auch diese fünf Wissenschaftler und ihre vier technischen Begleiter in ihrem Treck aus vier »Weasel« mit zwei Wohnwagen und zwei Schlitten auf sich gestellt; nur Funkkontakt wurde in regelmäßigen Abständen gehalten. Ihre Aufgabe war es zunächst, mithilfe der neuen Tellurometer, die auf den »Weasel« installiert worden waren, Grönland auf einer Traverse

von West nach Ost zu vermessen. Geplant war, die Trasse in Quadrate mit 10 km Kantenlänge einzuteilen und auf den Messpunkten Pegel zu setzen. Schon bald stellte sich heraus, dass die am deutschen Schreibtisch erdachte Messmethode in der Realität der grönländische Eiswüste nicht voll anwendbar war: Der Radarstrahl wurde über dem Eis so stark absorbiert, dass man trotz theoreti-

Mit einem Nivellierinstrument peilten die Geodäten den nächstliegenden Messpunkt an. Hier versuchte es der Funker René Cornec.

Zu Fuß mussten sich zwei kleine Gruppen 64 km zur Westküste vorarbeiten und dabei regelmäßig die Daten für das Nivellement ermitteln. (Fotos: Klaus Schnädelbach)

Auf dem Inlandeis warfen die französischen Maschinen Material ab, mit dem Depots zur Versorgung der Gruppen gebildet wurden. (Foto: Fritz Brandenberger)

*Pause und Gruppen-
besprechung in einem
Wohnschlitten. (Foto:
Fritz Brandenberger)*

scher Sichtkontakte nicht messen konnte. Die
Quadrate wurden deshalb in unregelmäßige Vier-
ecke abgewandelt, die Seitenlängen auf 5 bis 7 km
verkürzt. Danach ging es schneller, die Teilnehmer wurden auch routinierter. Dann: Motorscha-
den, mehrtägiger Schneesturm. Erst am
27. Mai ging es weiter. Viereck um Viereck wurde mit einer Genauigkeit von ±5 cm vermessen,
der Pegel in das Eis eingelassen. Die Tageslei-
stungen stiegen von den anfänglichen 12 bis 15 km
auf 35 bis 40 km. »Schneefegen«, bei dem der
Wind die kleinen, trockenen Schneekristalle mit
30 und mehr km/h in immer neuen Fahnen über
das Eis trieb und die Bodenkonturen verschwinden ließ, erschwerte die Arbeit. Wieder Schneestürme. Die »Station Centrale« und die Station
»Jarl-Joset« erlaubten Ruhetage und die Nachju-
stierung der Geräte. Am 29. Juni wurde mit »Cecilia Nunatak« der östlichste Punkt der Traverse
erreicht. Die Arbeitsgruppe gestattet sich »Sight-
Seeing« und inspizierte das Gletschervorfeld dieses markanten »Nunatak«, wie die Eskimos Felsen oder Gebirge, die über das Inlandeis hinausragen, bezeichnen.

Am 2. Juli begann die Rückfahrt. Es ging schnell
voran, denn es standen nur Polygonmessungen
auf dem Programm. Auch mit den alltäglichen
Problemen der Tellurometer-Vermessung kam
man nun besser zurecht: Die Teilnehmer wussten,
wie man ein Vereisen der beleuchteten Ablese-
skala verhinderte, ein Festfrieren des Gesichts am

Ablesetubus vermied und die notwendigen kleinen Reparaturen durchführte. Am 11. Juli begegneten sie der Arbeitsgruppe »Nivellement« –
wenigstens einmal wieder andere Gesichter. Am
Nachmittag des 17. Juli erreichten sie »Carrefour«, den östlich von »Camp VI« gelegenen
Schnittpunkt der beiden EGIG-Trassen. Kurz vor
Mitternacht fuhren die nunmehr drei »Weasel«
mit den beiden Wohnwagen und einem Schlitten
bis »Terme EGIG«, dem nördlichen Punkt der
Nord-Süd-Traverse. Heftiger Schneefall erzwang
acht Tage quälenden Wartens in der sturmumtos-
ten Station. Da es einen erheblichen Verzug im
Zeitplan gab, teilte sich die Arbeitsgruppe: Hofmann und drei Mitarbeiter blieben zunächst für
astronomische Ortsbestimmungen in der Station,
während die Ingenieure Hans Melchers aus
Frankfurt und Paul Gfeller aus Zürich mit zwei
»Weasel« für Polygonmessungen an der Nord-
Süd-Traverse starteten. Am 7. August traf sich die
Gruppe in der Station »Carrefour« – nur um sich
sofort wieder zu trennen: Melchers und Gfeller
fuhren rund 58 km nach Süden und setzten sieben
weitere Pegel, Hofmann vermaß, nun mithilfe
eines Hubschraubers, die Strecke bis Qapiarfit an
der Westküste. Ab 14. August wurde »Camp VI«
geräumt und gesichert, der Hubschrauber flog die
ersten Mitglieder aus. Eine Stunde nach Anbruch
des 23. August 1959 legte der Kutter Erik Røde
von »Camp I« ab. Zunächst mit ihm und dann mit
dem Küstenvermessungsschiff Ole Rømer fuhren Hofmann und seine Gruppe als Letzte in Richtung Søndre Strømfjord. Hinter ihnen lagen fast
vier Monate kräftezehrender Arbeit in eisiger Kälte bis –40 °C, bei schneidendem Wind, in dem
außer Weiß nichts mehr zu erkennen war, und bei
über der Weite des Eises gleißender Sonne, die die
Luft über dem Boden flimmern ließ. 925 km hatten Hofmann und seine Kollegen von der Westküste bis »Cecilia Nunatak« im Osten vermessen,
79 Pegel gesetzt; an der Nord-Süd-Traverse waren
auf einer Strecke von rund 100 km 36 Alumi-
nium-Rohre ins Eis eingelassen worden. Im
Gepäck hatten sie jetzt wertvolle Messergebnisse,
die zu Hause in mühevoller Kleinarbeit ausgewertet, verglichen, korrigiert, wieder verglichen
und auf systematische Fehler hin überprüft werden
mussten.

All diese Datensammlungen wurden auf dem

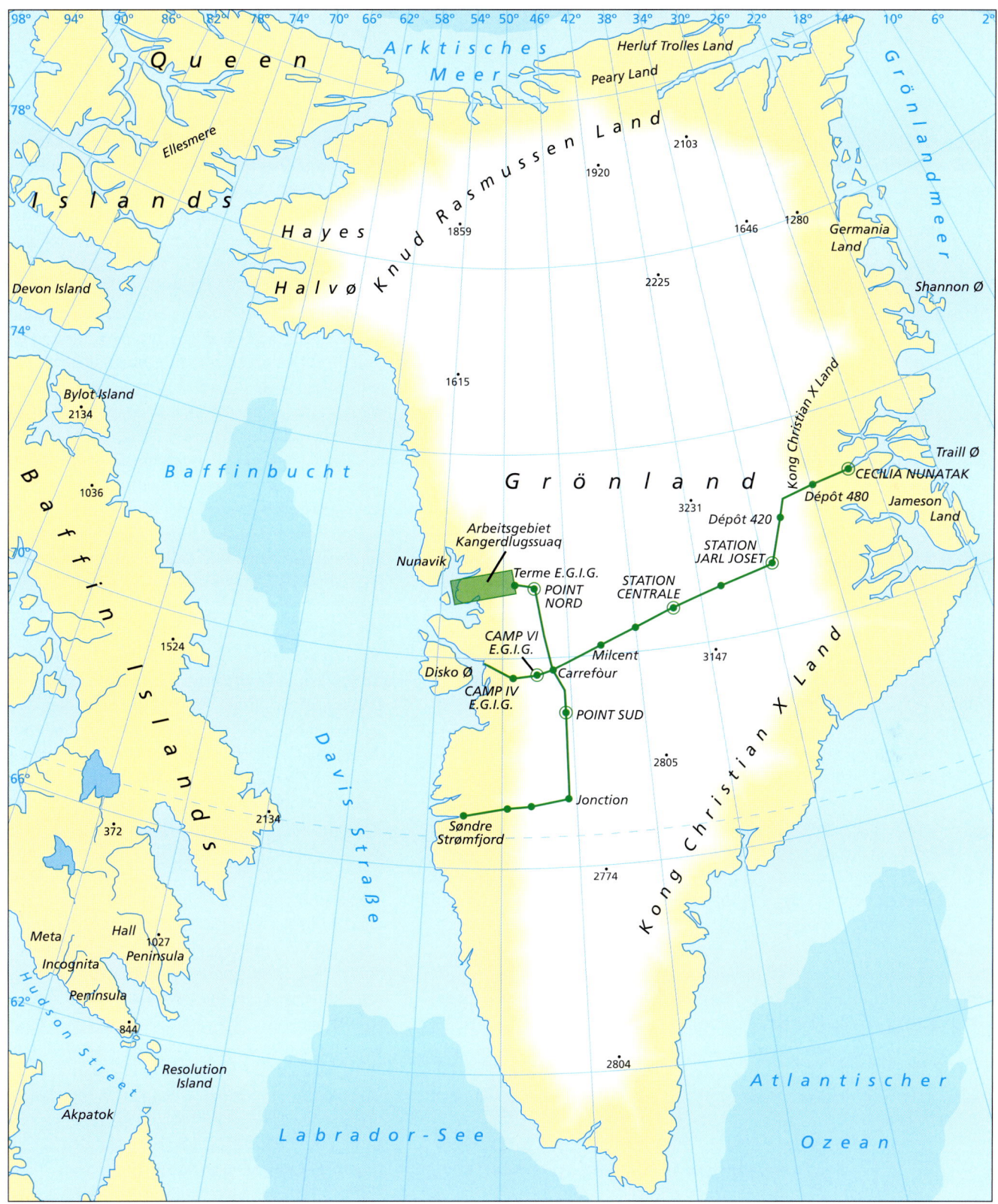

Gletscherkalbung

Der deutsche Grönlandforscher E. Sorge, welcher die Geburt eines großen Eisberges am Rinkgletscher (nördlicher Nachbar des Kangerdlugssuaq) miterlebt hat, bezeichnet eine solche »Kalbung« als eines der gewaltigsten Naturschauspiele der Erde, etwa vergleichbar mit dem Ausbruch eines mächtigen Vulkans. Das Drama beginnt damit, dass sich einige hundert Meter hinter der senkrechten Gletscherfront ein mehr oder weniger parallel zu ihr verlaufender Riss bildet, durch den ein Wasservorhang als Fontäne bis zu 300 m Höhe emporschießt. Meistens legt sich dann der Eisberg, der ... die Größe eines km^3 erreichen kann, auf die Seite, indem er gegen den Gletscher kippt. Das Meer gerät dabei derart in Aufruhr, dass die gefährlichen Kalbungswellen, die den ganzen, ca. 40 km langen Fjord durcheilen, eine Anfangshöhe bis rd. 30 m aufweisen.

Man kann sich die Mechanik einer solchen Kalbung etwa so erklären, dass der auf einer schiefen Ebene (Felssohle) ins Meer gleitende Gletscher von z.B. 800 bis 900 m Eismächtigkeit in der Nähe der Front einen Auftrieb erfährt, der schließlich größer wird als das Eigengewicht der betreffenden Eismasse. Durch die nach oben wirkende Resultierende wird die Gletscherzunge, die den Kontakt mit dem Felsuntergrund verliert, auf Biegung beansprucht. Beim Bruch stürzt das Wasser von unten her in die an der Gletschersohle sich öffnende, nach oben verjüngende Spalte. Die lebendige Kraft der in die Spalte mit großer Beschleunigung einströmenden Wassermassen erzeugt unter der drosselnden Wirkung der als Düse wirksamen Spaltenöffnung die oben erwähnte Fontäne.

Robert Haefeli,
Die internationale glaziologische Grönlandexpedition (1959)

Grönlandeis durchgeführt. Zusätzlich wollten die EGIG-Initiatoren aber auch ein Stück des angrenzenden Meeres untersuchen. Da sich die Pläne, hierfür ein dänisches Schiff einzusetzen, zerschlugen, hatte Dr. Franz Nusser eine Hilfe durch das Deutsche Hydrographische Institut (DHI) angeboten, die vom EGIG-Direktorium im November 1958 dankbar angenommen wurde. Zwar musste diese Fahrt zunächst noch vom Bundesministerium für Verkehr genehmigt werden, doch wurde die für das internationale Prestige des DHI damals wichtige Teilnahme an Forschungen in dänischen Hoheitsgewässern gegenüber dem BMV erfolgreich als deutscher Beitrag zum Internationalen Geophysikalischen Jahr dargestellt. So fuhr am 2. August 1959 das DHI-Forschungsschiff GAUSS in den Kangerdlugssuaq-Fjord in Westgrönland ein – ein landschaftlich grandioser Fjord, in den Gletscher mit einer Fronthöhe von rund 70 m fließen und der durch steile Bergformationen mit Höhen bis zu 2200 m begrenzt wird. Ziel der mit mehreren Messmethoden parallel durchgeführten Untersuchungen war, wie Ingenieur Herbert Lüthje später schrieb, »die hydrographischen und geomorphologischen Verhältnisse eines im Ablationsgebiet (d.h. der Schmelzzone) liegenden Fjordes zu beschreiben, um den Einfluss und den Anteil von Schmelzwasser der Inlandeisgletscher auf die maritime Fjordwassermasse abschätzen zu können«. Der Kangerdlugssuaq-Fjord war gewählt worden, da es bisher kaum hydrographische Daten zu diesem Gebiet gab. Darüber hinaus lag der Fjord in der Verlängerung des glaziologischen EGIG-Schwerpunkts und konnte bei seiner begrenzten Ausdehnung (60 km lang und 3 bis 6 km breit) im verfügbaren Messzeitraum bewältigt werden.

Die Arbeiten mussten wegen des unerwartet starken Eisgangs mit Eisbergen von bis zu 400 m Breite etwas modifiziert werden, wobei insbesondere Messungen der Oberflächenströmungen entfielen, da Eisberge die Strömungsmesser überfuhren und aus ihren Verankerungen rissen. Planmäßig wurde demgegenüber in mehreren Echo-

lotprofilen die Bodenkarte des Fjords, der von 350 m an der Gletscherfront bis zu einer Tiefe von 575 m absank, aufgenommen. Von Land aus wurde darüber hinaus die Fließgeschwindigkeit des Gletschers mit – im Mittel seiner Breite – 3,2 m pro Tag bestimmt. Unvergesslich wurde für alle Teilnehmer der 15. August, als sie zur Hochwasserzeit gegen 20 Uhr – wie Dr. Hartwig Weidemann in seinem Tagebuch notierte – eine »grandiose Kalbung am Hauptgletscher« beobachten konnten. Das großartige Schauspiel hätte allerdings leicht als Katastrophe enden können, denn eine Woche vorher hatte die GAUSS bei zwei Profilmessungen genau vor dieser Front gelegen. Zum Glück hatte sie sich inzwischen aber so weit entfernt, dass die zunächst 7 bis 8 m hohe Kalbungswelle das Schiff erst nach zwei Stunden und abgeschwächt erreichte. Insgesamt erbrachten die intensiv durchgeführten Arbeiten – die erste vollständige hydrographische Aufnahme eines grönländischen Fjords überhaupt – viele fjordtypische

Vor den Gletscherfronten diente VSS GAUSS als Basis für die erste vollständige hydrographische Aufnahme eines grönländischen Fjords. (Foto: Herbert Lüthje)

An Bord der GAUSS (von links): der Däne Fristrup, Expeditionsleiter Paul-Émile Victor, Franz Nusser, Joachim Joseph. (Foto: Herbert Lüthje)

Von allen Seiten ergießen die Gletscher ihre Eismassen in den Kangerdlugssuaq-Fjord. (Foto: Hartwig Weidemann)

Kangerdlugssuaq-Fjord in Westgrönland – das Arbeitsgebiet der GAUSS. (Quelle: Hartwig Weidemann)

3. August um Hilfe. Fahrtleiter Dr. Joachim Joseph vom DHI entschied sofort, das anschließende DHI-Vermessungsprogramm vor der ostgrönländischen Küste zu verkürzen. Am 17. August, also einige Tage bevor die Gruppe Hofmann ihren Kutter bestieg, konnten so insgesamt 24 Wissenschaftler und Techniker, darunter zehn deutsche EGIG-Teilnehmer, mit drei Tonnen privaten und wissenschaftlichen Gepäcks in De Quervainshavn (Ata-Sund) an Bord genommen und bei gutem Wetter sicher nach Søndre Strømfjord verschifft werden. Noch am 20. August traten sie von dort den Rückflug über Kopenhagen an. »EGIG I«, der erste Teil der Expedition, an dem insgesamt 52 Wissenschaftler und Techniker mitgewirkt hatten, war beendet.

Nur für einige wenige galt dies nicht: Sechs Leute, darunter ein Arzt sowie der deutsche Diplom-Meteorologe Oskar Reinwarth, waren auf der – unter der Firnoberfläche gelegenen – Station »Jarl-Joset« geblieben. Die Leitung der Gruppe hatte der erfahrene französische Offizier Michel de Lannurien, der schon 1956/1957 bei der französischen Expedition Dumont auf Grönland überwintert hatte. Damals hatte man einen rund 40 m tiefen Schrägschacht in den Firn gegraben, dessen stratigraphische und rheologische Auswertung nun einen wesentlichen Teil des Überwinterungsprogramms bildete. Zusätzlich konnten durch diesen Aufenthalt die meteorologischen Beobachtungen weitergeführt und damit nahezu ein voller Jahreszyklus erfasst werden. Nahe der alten Station »Dumont« wurde aus Kunststoffelementen ein gut isoliertes, rundes Wohn- und Arbeitsiglu so in den Firn gegraben, dass schließlich nur noch der Schornstein sichtbar war. Die Station wurde am 28. Juli 1960 geschlossen. Am 22. August 1960 erreichten die Überwinterer Søndre Strømfjord – glücklich, wieder etwas anderes als ihre Stationsanlage und die weiße Weite des grönländischen Inlandeises zu erblicken.

Nach einer ersten Auswertung der bei EGIG I gewonnenen Daten und deren Vergleich mit den EPF-Daten von 1949 wusste man, dass sich im Untersuchungsgebiet das grönländische Gletschereis am Abhang zur Westküste pro Jahr um durchschnittlich 33 cm absenkte. Die Gletscherfronten hatten um 1920 ein Maximum erreicht, waren danach zurückgegangen, jedoch seit 1949

Ergebnisse zur Wasserzirkulation und zur Schichtung der Wassersäule und damit wichtige Informationen zur Meereszone am Rande der Gletscher, die allerdings erst rund 30 Jahre später publiziert wurden.

Für die Gesamtexpedition erwies sich die Beteiligung der GAUSS am Ende auch logistisch als überaus hilfreich. Durch den Ausfall mehrerer »Weasel« und die begrenzten Flugzeiten der Hubschrauber war nämlich der fristgemäße Abtransport der Expeditionsteilnehmer vom Inlandeis gefährdet. Bei seinem Besuch an Bord der GAUSS bat der Expeditionsleiter Victor daher am

ziemlich stabil geblieben. Aber würde sich diese Tendenz generell und auch mit diesen Werten fortsetzen? Und welche Konsequenzen würde dies für den Meeresspiegel und das Weltklima haben? Wiederholungsmessungen mussten Aufschluss geben über Veränderungen des Eisschildes und seiner Massenbilanz.

Allen Beteiligten, auch den finanzierenden Wissenschaftsorganisationen, war von Anbeginn an klar gewesen, dass die Expedition der Periode 1959/1960 nur eine Momentaufnahme liefern würde. Dementsprechend schrieb Prof. Walther Hofmann, der nach dem plötzlichen Tod von Richard Finsterwalder (7.3.1899 – 28.10.1963) die Koordination des deutschen Anteils an der EGIG übernommen hatte, in seinem Antrag an die DFG vom 6. Dezember 1965: »Der Großteil der Arbeiten während der 1. Hauptkampagne erhält seinen eigentlichen Sinn erst durch eine Wiederholung. Auf eine solche Wiederholung ist der Gesamtplan der EGIG von vornherein abgestellt. Sie ist dadurch bedingt, dass es sich bei den Veränderungen des Inlandeises um sehr langsam ablaufende Vorgänge handelt, die nicht in einem Sommer, sondern erst in ihrer Integration über mehrere Jahre hinweg erfasst werden können. ... Das Direktionskomitee der EGIG hat daher beschlossen, die 2. Hauptkampagne in Grönland in den Sommern der Jahre 1967 und 1968 durchzuführen.« Nach durchweg positiver Begutachtung bewilligte die DFG am 19. Juni 1966 für Vorbereitung und Durchführung von »EGIG II« 1 215 780 DM sowie im Januar 1967 an Prof. Brockamp weitere 221 384 DM für eine neue seismische Apparatur.

Als Vorbereitung für »EGIG II«, wie dieser Teil genannt wurde, hatten die EPF im Jahr 1964, für das man zunächst die Wiederholungskampagne in Aussicht genommen hatte, eine kleine Expedition nach Grönland gesandt, deren wesentliche Aufgabe es war, die bei EGIG I gesetzten Messpegel zu finden. Diese Pegel hatten bei ihrer Errichtung 1959 7 m über die Oberfläche geragt, drohten nun aber im Schnee des Inlandeises zu verschwinden. Daher wurden sie 1964 um 4 bis 6 m aufgestockt, um auch später noch für Vergleichsmessungen verwendbar zu sein. Nur die Pegel östlich von »Depot 420« bis »Cecilia Nunatak« sowie diejenigen des nördlich der Station »Carrefour«

gelegenen Teils der Süd-Nord-Traverse waren nicht mehr auffindbar im Schnee versunken. Auf Grund der gemachten Erfahrungen und wegen Zeitknappheit wurde EGIG II um ein Jahr verschoben und auf zwei Kampagnen aufgeteilt. Wichtig war diese Teilung für die Geodäsie: 1967 sollte eine Gruppe im Polygonzugverfahren die Trasse von 1959 von West nach Ost und wieder zurück vermessen, um die zwischenzeitlichen Eisbewegungen festzustellen. Und 1968 sollten eine deutsche Gruppe unter Hansjörg Seckel von Ost nach West sowie eine französische Gruppe von West nach Ost ein erneutes Nivellement, also eine Höhenbestimmung, und damit eine Doppelbestimmung des gesamten Lageprofils durchführen – ein Plan, der schließlich auch in die Tat umgesetzt wurde.

Unter dem Vorsitz von Professor Dr. Einar Andersen, der als Däne auch über die nötigen Kontakte zu den zuständigen Landesbehörden verfügte, liefen die Vorbereitungen nun schon mit Routine. Erhebliche Unsicherheit verursachten allerdings die deutsche Luftwaffe und das Bundesverteidigungsministerium. Die französische Luftwaffe hatte 1959 und 1960 den Transport von Material und Teilnehmern nach Grönland sowie aufs Inlandeis kostenfrei durchgeführt, konnte oder wollte dies aber für EGIG II nicht mehr in gleichem Maße tun. So wurde die Idee geboren, dass diesmal die deutsche Luftwaffe diese Aufgabe zumindest zum Teil übernehmen sollte. Mitte 1964 begann eine intensive Korrespondenz zwischen der DFG und dem Verteidigungsministerium, dessen Spitze sich – unter Kai Uwe von

Antennen und Windgenerator bei der Überwinterungsstation »Jarl Joset«. (Foto: Fritz Brandenberger)

Bohrungen zur Vorbereitung der Überwinterungsstation. (Foto: Fritz Brandenberger)

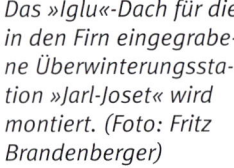

Das »Iglu«-Dach für die in den Firn eingegrabene Überwinterungsstation »Jarl-Joset« wird montiert. (Foto: Fritz Brandenberger)

Aus der Überwinterungsstation »Jarl-Joset« führte ein – hier noch offener – steiler Gang nach oben (rechts oben). (Foto: Klaus Schnädelbach)

Expeditionsarzt Henri-Georges Sypiorski nahm auch Zahnbehandlungen vor. (Foto: Fritz Brandenberger)

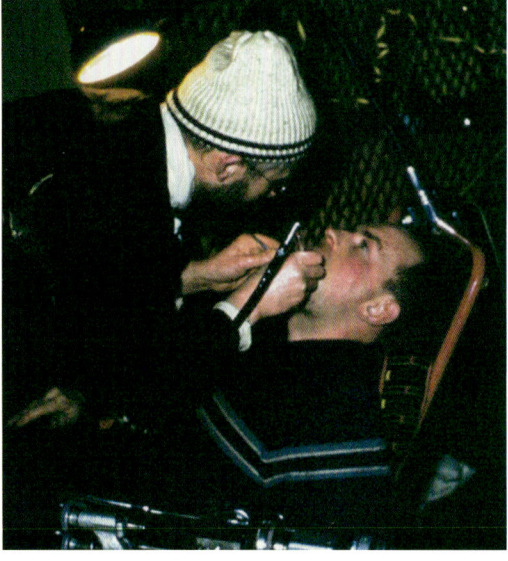

Hassel wie unter Gerhard Schröder – hinhaltend kooperativ zeigte. Erst am 6. Januar 1967 teilte Minister Schröder dem DFG-Präsidenten Professor Julius Speer endgültig mit, dass er keine Genehmigung erteilen könne. Begründung: Die Route zum grönländischen Flughafen Søndre Strømfjord führte einige Dutzende Kilometer weiter über offenes Meer, als es die Zulassung der deutschen Behörden für die Flugzeuge des Typs »Nord 2501« vorsah. Für die Wissenschaftler war diese Absage unverständlich, denn die Franzosen waren schon 1959 mit genau diesen Maschinen ohne Komplikationen nach Grönland geflogen und wollten sie auch 1967 wieder einsetzen. Die

Absage wurde auch nicht durch den – hinter den Kulissen gemachten – Hinweis nachvollziehbar, dass man angesichts der vielen Starfighter-Abstürze keinerlei Risiko eingehen wolle. Ein Grund könnte allerdings auch darin gelegen haben, dass man – 14 Jahre nach dem Weltkrieg – dänischer Sensibilität Rechnung tragen und eine Landung deutscher Militärmaschinen auf einem dänischen Flughafen vermeiden wollte.

Wie dem auch sei: Die Bestürzung bei EGIG und EPF war groß. EGIG-Generalsekretär Bauer sprach sogar von einem »unbegreiflichen Abtrünnigwerden der deutsche Luftunterstützung«, denn schließlich war damit die gesamte Expedition gefährdet. Wieder bewährte sich Paul-Émile Victor als Retter: Mit seinen Kontakten erreichte er nicht nur, dass die französische Luftwaffe mit ihren »Nord 2501« doch den gesamten Materialtransport, wenn auch gegen Kostenerstattung, übernahm, sondern er gewann Mitte März außerdem die amerikanische Air Force dazu, zusätzliche Transportflüge über Grönland durchzuführen. Dennoch stand die Expedition weiterhin unter keinem guten Stern. Noch vor Beginn der wissenschaftlichen Arbeiten zertrümmerte ein orkanartiger Schneesturm zwei Wohncontainer im Basiscamp bei der amerikanischen Station Dye 2,

wobei das Camp zudem unter einer 1,50 m hohen Schneeschicht versank. Ein weiterer Sturm ließ das Camp am 17. April 1967 erneut im Schnee verschwinden. Zum Glück kamen keine Personen zu Schaden, doch musste der Beginn der Expedition um eine Woche verschoben werden, sodass das erste Kontingent von 22 Teilnehmern, darunter Professor Brockamp und sein Mitarbeiter Dr. Franz Thyssen sowie der Österreicher Dr. Walter Ambach, erst am 19. April mit einer Linienmaschine der SAS von Kopenhagen nach Søndre Strømfjord abfliegen konnte. Von da an lief alles nach Plan. Die Amerikaner versorgten mit fünf Herkules-Maschinen neben den eigenen Stationen auch Dye 2. »Es war imponierend, wie sicher diese schweren Maschinen arbeiteten und alles wie auf dem Exerziergelände abwickelten. Auch der Bodendienst auf dem Inlandeis war mit schweren Greifern usw. von den Amerikanern ausgezeichnet organisiert«, berichtete Brockamp am 22. Mai an DFG-Präsident Speer. Ähnlich lobend äußerte er sich über den Einsatz der drei Noratlas-Maschinen der französischen Luftwaffe, die das Material zu den Arbeitsplätzen der Expedition weitertransportiert und dort abgeworfen hatten. Und er fuhr fort: »Der April war so kalt, wie ich ihn oben noch nicht erlebt hatte (bis −37 °C). Die Geophysiker haben mit ihren Arbeiten begonnen. Radarreflexion und Seismik sowie Gravimetrie und Magnetik klappten bei T 4.« Brockamp war 1967 trotz gesundheitlicher Probleme aus einer Mischung aus Polarfaszination, Pflichtbewusstsein gegenüber seinen Mitarbeitern und Verantwortung für den mitgeführten, von der Firma Dynamit Nobel gestifteten Sprengstoff nach Grönland mitgeflogen. Dort blieb er allerdings im Camp, ohne den Beginn der geophysikalischen Arbeiten vor Ort zu erleben. Brockamp flog Mitte Mai nach Deutschland zurück, seine Mitarbeiter führten die vorgesehenen Messungen in der grönländischen Kälte und der weißen Weite des Eises alleine durch.

Schon für EGIG I hatte Bernhard Brockamp ein überaus vielfältiges und anspruchsvolles Programm konzipiert. Im Rahmen der Gesamtexpedition sollten alle geophysikalischen Verfahren eingesetzt werden, die Aussagen über die Eismächtigkeit, die Bewegung und die Temperatur des Eises sowie die Topographie des Felsuntergrundes gestatteten. Für dieses Ziel wurden zunächst routinemäßig an ausgewählten Punkten des West-Ost- und des Nord-Süd-Profils Sprengladungen in meist etwa 2 m Tiefe unter der Firnoberfläche zur Detonation gebracht und anhand der vom Untergrund reflektierten Wellen die Eisdicke bestimmt. Mit ähnlichen seismischen Reflexionsmessungen ging man an fünf, zwischen 10 und 25 km^2 großen Testquadraten der Frage nach, inwieweit die Topographie der Eisoberfläche dem Relief des Felsuntergrundes entsprach. Neben weiteren Untersuchungen wurden außerdem Gravitationsmessungen vorgenommen. Wegen der immer wieder auftauchenden gesundheitlichen Probleme Brockamps lag die Durchführung all dieser Arbeiten vor allem bei den beiden Doktoranden Manfred Hochstein und Richard Hoisl (beide heute Emeriti der Universität in Auckland/Neuseeland bzw. der Technischen Universität München), die ihre Aufgabe erfolgreich durchführten.

Bei EGIG II, bei der die geophysikalischen Arbeiten in deren erstem Teil zwischen April und August 1967 stattfanden, konnte man auf den gemachten Erfahrungen aufbauen. Wieder wurde das Programm in Münster konzipiert und von Brockamp begleitet. Ziel war nun, die 1959 gewonnenen Daten zu überprüfen und die damals begonnenen Untersuchungen vertieft fortzuführen. Die Verantwortung für die Durchführung hatte nach der Abreise von Brockamp sein Mitarbeiter Franz Thyssen, der vor allem von Rüdiger

Proben aus dem Eis zu entnehmen, war eine mühsame Arbeit. (Foto: Fritz Brandenberger)

Jede Begegnung zwischen Gruppen wurde auch zu einer Lagebesprechung genutzt (oben). (Foto: Fritz Brandenberger)

Der Schweizer Fritz Brandenberger am Theodolit beim Vermessen eines Deformationsvierecks. (Quelle: Fritz Brandenberger)

Arndt unterstützt wurde. Eine besondere Schwierigkeit lag erneut in der Klärung, wie stark die Reflexion der seismischen Wellen von den physikalischen Eigenschaften des Firn bzw. des darunter liegenden Eises, also vor allem dessen Dichte, Elastizität, Korngröße und Luftgehalt, in den einzelnen Untersuchungsgebieten abhängig war. Diese vielfältigen Einflüsse erschwerten auch die Auswertung in hohem Maße. Dennoch hatten schon die seismischen Refraktionsmessungen bei EGIG I ergeben, dass – das vielleicht wichtigste damalige Ergebnis – die Erdkruste unter Grönland eine Dicke von etwa 37 km aufwies. Allein diese Daten wie die anderen Ergebnisse wurden letztlich kaum adäquat in den für die EGIG-Ergebnisse vorgesehenen »Meddelelser om Grønland« publiziert, wiewohl Franz Thyssen in seiner Habilitationsschrift 1979 die geophysikalischen Ergebnisse zu Zustand und Veränderungen des grönländischen Inlandeises darstellte. Bernhard Brockamp hatte sich nämlich vorbehalten, alle wesentlichen geophysikalischen Ergebnisse in einem von ihm selbst herausgegebenen, gesonderten Bericht zu veröffentlichen. Dessen Erstellung verzögerte sich bereits nach EGIG I durch wiederholte Erkrankungen von Brockamp und wurde schließlich durch seinen Tod am

20. Dezember 1968 endgültig unmöglich gemacht. Am 9. April 1969 überreichte Professor Karl Weiken als Vorsitzender der Deutschen Gesellschaft für Polarforschung Monika und Olaf Brockamp die Karl Weyprecht-Medaille – postum für ihren Vater Bernhard Brockamp und dessen Verdienste.

Alle Gruppen konnten ihr Programm, das im Wesentlichen aus den für das Gesamtbild essentiellen Wiederholungen der Messungen von 1959/1960 bestand, plangemäß abschließen. Lediglich der Abtransport der Teilnehmer verzögerte sich am Ende wegen andauernden schlechten Wetters an der grönländischen Westküste um einige Tage. Ende September trafen die Techniker als letzte in Frankreich ein. Die Expéditions Polaires Françaises konnte den Abschluss einer weiteren generalstabsmäßig vorbereiteten und abgewickelten Grönland-Expedition verbuchen. Die Wissenschaftler hatten wertvolle Daten zu den Eisbewegungen und dem Massenhaushalt Grönlands gesammelt und konnten sie zum Teil 1968 bei der zweiten Kampagne von EGIG II noch weiter vervollständigen. Diese Daten harrten nun der Auswertung, die sich zur Verärgerung der gastgebenden Dänen allerdings in einigen Fällen lange hinzog.

Speziell für die westdeutschen Polarwissenschaftler bedeutete bereits die Teilnahme an der ersten EGIG-Expedition einen ungeheuren Erfolg. Sie konnten zeigen, dass sie mit ihren Methoden international zum Teil sogar wieder eine Führungsrolle erreicht hatten (vgl. auch »Offen für Angebote«). Als Gesamtunternehmen verdankte die EGIG, also die »Expédition Glaziologique Internationale au Groenland«, bei der sich die teilnehmenden Länder in wissenschaftlichen und organisatorischen Aspekten überaus harmonisch ergänzten, ihren Erfolg sehr wesentlich dem Führungsgenie Victors. »Weil er Deutschland nach dem Kriege wieder in die aktive Polarforschung einbezogen hat«, wie Bernhard Brockamp als Laudator betonte, verlieh ihm die Deutsche Gesellschaft für Polarforschung bei ihrer 6. Internationalen Polartagung schon am 9. Oktober 1967 in Stuttgart – als Erstem – ihre höchste Auszeichnung, die Karl Weyprecht-Medaille. Paul-Émile Victor starb 1995 im Alter von 87 Jahren auf der Südseeinsel Bora-Bora.

EGIG I und II konnten als Modell für eine künftige europäische Polarforschung dienen, und zwar nicht nur als erfolgreiche internationale Expedition, sondern auch wegen ihrer Interdisziplinarität, mit der sie Alfred Wegeners Ideen in vorbildlicher Weise verwirklichten. Man hatte neue Methoden zur Erforschung der großen Eisschilde der Erde entwickelt, die sich auch bei späteren Expeditionen in Grönland wie in Antarktika bewährten. Dies galt vor allem für die präzisen Verfahren der Geodäsie mithilfe der elektronischen Entfernungsmessung und mit selbst horizontierenden Nivelliergeräten, die erstmals zuverlässige Daten über die Bewegung und Veränderung des Eisschildes für eine Trasse von über 667 km quer durch Grönland lieferten. Es galt aber auch für die Anwendung der Photogrammetrie zur Messung der Fließgeschwindigkeit unzugänglicher Eisströme sowie für die physikalisch-chemischen Methoden zur Bestimmung der Stratigraphie und des Alters des Eises. Und es galt schließlich für die durch seismische Messungen gewonnenen Vorstellungen über den unter dem Eis liegenden Felsgrund Grönlands. Diese Einschätzung wird auch nicht dadurch geschmälert, dass man heute derartige Daten vergleichsweise

Solange es Wind und Schneefegen erlaubten, kämpften sich die »Weasel« mit den Wohnschlitten von Messpunkt zu Messpunkt. (Foto: Klaus Schnädelbach)

Die Sprengungen für die seismischen Reflexionsmessungen erbrachten nicht immer so spektakuläre Schneefontänen. (Foto: Franz Thyssen)

Steile Bergformationen umrahmen den nur 3 bis 6 km breiten Kangerdlugssuaq-Fjord. (Foto: Hartwig Weidemann)

Der geodätische Messpunkt A 14, nahe der grönländischen Westküste auf Fels gelegen, diente auch den Geophysikern als Referenzpunkt. (Foto: Franz Thyssen)

einfach durch die Instrumente moderner Satelliten erhalten kann.

In einer Zeit, als man die Möglichkeit eines Abschmelzens der Eiskappen und eines Anstiegs des Weltmeeresspiegels erst in Ansätzen disku-

tierte, hatten die Wissenschaftler der EGIG darüber hinaus den Massenhaushalt des grönländischen Inlandeises und seine Veränderung untersucht und detaillierte Daten dazu geliefert.

Die Veröffentlichung der Ergebnisse zog sich, wie schon erwähnt, teilweise sehr in die Länge. Aus diesem Grunde wie auch im Hinblick auf eine angestrebte weitere Expedition wurde die EGIG als Organisation formal nicht aufgelöst und besteht daher eigentlich heute noch. Die geodätischen Arbeiten der EGIG wurden in den Jahren 1987 bis 1993 von Prof. Dr. Dietrich Möller, einem Teilnehmer bei EGIG I, und Mitarbeitern des Instituts für Vermessungskunde der Technischen Universität Braunschweig noch einmal weitergeführt. Schließlich standen auch Programme der European Science Foundation in der EGIG-Nachfolge.

Trotz der international sehr beachteten Ergeb-

nisse der Gesamtunternehmung blieb für die westdeutsche Forschungspolitik die EGIG-Beteiligung eine Episode, deren Erfolg einigen wenigen Männern zu verdanken war, die das Unternehmen mit Entschlossenheit und Weitsicht vorangetrieben hatten. Niemand verstand es danach aber, daraus »Kapital« zu schlagen. Die »alte Garde« mit Vorkriegserfahrungen stand vor der Emeritierung oder war – wie Richard Finsterwalder und Bernhard Brockamp (18.10.1902 – 20.12.1968) – schon verstorben. Die Nachwuchsforscher hatten in Grönland die Faszination der Arbeit unter extremen Bedingungen erfahren: Sie waren »vom Eis gebissen« und zu verschworenen Kameraden geworden. Aber sie waren damals noch nicht in

Positionen, aus denen sie auf einen Ausbau der Polarforschung oder gar auf ein Kontinuität versprechendes Polarinstitut drängen konnten. Die fehlende eigene Logistik machte die bundesdeutschen Polarwissenschaftler für ihre Forschungen weiterhin vom Wohlwollen ihrer Partner im Ausland und von deren Einladung zu Expeditionen abhängig (vgl. »Offen für Angebote«). Durch individuelle Initiativen erzielten sie in den folgenden Jahren zwar manche Erfolge, aber es fehlte nach EGIG II für mehr als ein weiteres Jahrzehnt ein Kristallisationspunkt, der eine programmatische Kontinuität ebenso wie eine, über die einzelnen Disziplinen hinausgehende Akzentsetzung abgesichert hätte.

Eisberg auf der Fahrt nach Søndre Strømfjord, von wo aus die Heimreise mit dem Flugzeug fortgesetzt wurde. (Foto: Klaus Schnädelbach)

Außen vor

Die Antarktis wird international

Deutschland – Außenseiter in einer weltumspannenden Zusammenarbeit

Die amerikanische Station am Ross-Meer wurde nach Archibald McMurdo benannt, dem ersten Offizier auf der TERROR, einem der Schiffe der Expedition von James Clark Ross 1840/1841.
(Foto: Heinz Kohnen)

Mittwoch, 5. April 1950, Silver Springs in Maryland/USA. Bei einem Abendessen zu Ehren von Dr. Sydney Chapman, dem damals 62-jährigen Nestor der englischen Geophysiker, der vor allem durch seine Arbeiten zur Variabilität des Magnetfeldes der Erde Ansehen erworben hatte, diskutierten einige Wissenschaftler im Haus des 36-jährigen Physikers Dr. James A. van Allen aktuelle Fragen der Geophysik. Das Gespräch kreiste um Probleme der Erforschung der Erde und ihrer Atmosphäre, vor allem aber um die Einflüsse von Arktis und Antarktis auf Wetter und Klima in anderen Zonen, den Verlauf des erdmagnetischen Feldes in Polargebieten und den Zusammenhang zwischen Erdmagnetismus und Sonnenaktivität. Es bestand Einigkeit: Zur Aufklärung dieser und anderer Phänomene fehlten fundierte Beobachtungen und damit Daten, Daten, Daten ... Beim Brandy erinnerte Dr. Lloyd V. Berkner, ein hoch geschätzter 45-jähriger Physiker und Ingenieur, der 1928 bis 1930 als Funker und Pilot an der Antarktisexpedition des Amerikaners Richard Byrd teilgenommen hatte, an die ertragreiche internationale Zusammenarbeit bei den Polarjahren von 1882 und 1932. Zu Chapman gewandt fuhr er fort: »Meinst du nicht, Sydney, dass es Zeit für ein weiteres Internationales Polarjahr wäre?« Angesichts der diskutierten, drängenden Probleme wollte keiner der Anwesenden den Rhythmus einhalten und bis 1982 warten. 25 Jahre Abstand waren für sie genug: 1957 erschien ihnen für ein solches »Drittes Internationales Polarjahr« geeignet.

Diese Diskussion gilt allgemein als Geburtsstunde für das bis heute größte wissenschaftliche Gemeinschaftsunternehmen. Es führte zu einer Zusammenarbeit von Tausenden von Wissenschaftlern in rund 70 Ländern und einem Datenaustausch nicht nur über die Grenzen von Ländern und Kontinenten, sondern auch über die Fronten des Kalten Krieges hinweg. Bis es dazu kam, bedurfte es jedoch noch umfangreicher inhaltlicher Präzisierungen ebenso wie immenser Geldmengen. Entscheidend auf dem Weg zur Realisierung war zunächst, dass die Idee in die Zuständigkeit des International Council of Scientific Unions (ICSU), einem für die Wissenschaft den UN gleichzusetzenden Gremium, überführt wurde. Wichtig war ferner eine thematische Erweiterung auf die »Erde als Planet« und die Einbindung der Erde in kosmische Vorgänge. Da für 1957/1958 eine der zyklisch wiederkehrenden Perioden verstärkter Energieausbrüche der Sonne anstand, denen – wenn auch noch ohne Beweise – vielfältige Auswirkungen auf die Erde zugeschrieben wurden, ergab sich auch eine wissenschaftlich überzeugende Begründung für die zunächst eher willkürlich gewählte Durchführungsperiode.

Mit dieser neuen Zielsetzung beschloss die Generalversammlung von ICSU am 1./2. Oktober 1952 in Amsterdam die Durchführung eines »Internationalen Geophysikalischen Jahres« (IGJ) für die Periode 1. Juli 1957 bis 31. Dezember 1958. An jeweils vier genau fixierten Tagen im Monat, an weiteren »regulären Welttagen« sowie an zusätzlichen, kurzfristig festgelegten Zeitpunkten sollten wissenschaftliche Messungen zu astronomischen und kosmischen Erscheinungen und irdischen Phänomenen, wie den Schwankungen des Magnetfeldes der Erde, Rundfunkstörungen, Polarlichtern und Witterungserscheinungen, vorgenommen werden. Messungen zur Gestalt der Erde standen darüber hinaus ebenso auf dem Programm wie meteorologische, ozeanographische und glaziologische Untersuchungen, immer zeitgleich an vielen Punkten der Erde. Insgesamt war dies ein gewaltiges Programm für die rund 2000, über die gesamte Welt verteilten Beobachtungsstationen, auch wenn einige von ihnen nur Teilaufgaben wahrnahmen.

Nach dem Beschluss der Generalversammlung

Von dieser Hütte am »Hut Point« bei »McMurdo« aus starteten Robert Falcon Scott, Edward Wilson und Ernest Shackleton 1902 zu ihrem Versuch, den geographischen Südpol zu erreichen. (Foto: Heinz Kohnen)

wurden alle ICSU-Mitglieder, also die führenden Wissenschaftsorganisationen in den verschiedenen Staaten, aufgefordert, ihre Beteiligungsbereitschaft zu erklären und, bci Bctciligungswunsch, die notwendigen Ressourcen auf nationaler Ebene abzusichern. Für die wissenschaftliche Vorbereitung und Durchführung setzte die Generalversammlung ein neues Gremium ein, das nach seinen französischen Initialen CSAGI – Comité Spécial de l'Année Géophysique Internationale – genannt wurde und zu dessen Vorsitzendem Sydney Chapman, mit Lloyd Berkner als Stellvertreter, gewählt wurde. In vier Sitzungen (1953 und 1955 in Brüssel, 1954 in Rom und 1956 in Barcelona) legten Wissenschaftler und Vertreter der nationalen Organisationen das Programm, das Netz der Beobachtungsstationen, die Termine und Parameter für die regelmäßig und zeitgleich durchzuführenden Messungen sowie ein Szenario für besonders starke Energieausbrüche der Sonne als Auslöser für »internationale Sonnenbeobachtungsintervalle« mit zusätzlichen, wiederum zeitgleichen Messungen fest. In kürzester Zeit wurde so eine großartige Logistik aufgebaut, die mithilfe von Funksprüchen und Telegrammen die gesamte Welt umspannte.

Der Aufbau eines solchen Systems stellte bereits hinsichtlich der Einbindung und Angleichung der (oft schon bestehenden) Messstationen und Observatorien eine bemerkenswerte Leistung dar. Noch viel mehr galt dies für die Errichtung von Stationen in den Polargebieten, an denen sich die Idee entzündet hatte und die nach wie vor ein Schwerpunkt des Unternehmens waren. Wissenschaftler aus USA, Kanada und der UdSSR bereiteten sich darauf vor, monatelang auf arktischem Eis durchs Meer zu schwimmen, um keine Lücken bei der Beobachtung etwa des Polarlichts entstehen zu lassen. Und in Antarktika wurden bestehende Stationen ausgebaut und in Rekordzeit neue Großstationen errichtet, um eine Überwinterung unter den lebensfeindlichen Bedingungen antarktischer Eisstürme und damit ganzjährige Messreihen zu ermöglichen. Schon im antarktischen Sommer 1954/1955 überprüfte der US-Eisbrecher ATKA an verschiedenen Anlegeplätzen, ob in deren Nähe Stationen aufgebaut werden könnten. Im Herbst 1955 begann dann das Unternehmen »Deep Freeze«, an das sich 1956/1957 »Deep Freeze II« anschloss: Der Standort »Little America« am Ross-Meer, den Byrd bei seinen Expeditionen als Stützpunkt gegründet hatte, wurde neu ausgebaut sowie, 600 km entfernt, ein Flugzeuglandeplatz in der

71

McMurdo-Bucht eingerichtet. Von »McMurdo« startende Flugzeuge warfen an Fallschirmen Baumaterial, Benzin und Lebensmittelvorräte für eine Station am geographischen Südpol ab, sodass dort innerhalb weniger Wochen die Station »Amundsen-Scott« aufgebaut und in Betrieb genommen werden konnte. Gleichzeitig errichteten die Amerikaner weitere Stationen wie »Ellsworth« auf dem Ronne-Schelfeis.

Doch nicht allein die westlichen Länder »besiedelten« damals Antarktika, auch die Sowjetunion als Führungsmacht des Ostblocks brachte ihre Wissenschaftler dort in Stellung. Im Herbst 1954 erklärte sie ihr Interesse an einer Beteiligung am Internationalen Geophysikalischen Jahr. Im folgenden Juli kündigte sie dann bei der Antarktis-Tagung in Paris die Entsendung einer großzügig ausgestatteten Südpolexpedition und die Errichtung von Stationen in Antarktika an. Da die USA sich zu diesem Zeitpunkt schon auf eine Station am geographischen Südpol festgelegt hatten und diese vorbereiteten, musste die Sowjetunion auf den geomagnetischen Südpol, zugleich Kältepol der Erde, und den »Unzugänglichkeitspol«, den küstenfernsten Punkt von Antarktika, ausweichen. Von ihrem Basislager »Mirny« aus, an der Australien zugewandten Seite Antarktikas gelegen, errichtete sie dort 1957 zu Beginn des Geophysi-

kalischen Jahres die Stationen »Wostok« bzw. »Sowjetskaja«.

Die USA und die – eher reagierende als agierende – Sowjetunion waren die treibenden Kräfte für Anlage und Durchführung des Internationalen Geophysikalischen Jahres. Deutschland spielte nur eine untergeordnete Rolle. Die westdeutschen Geophysiker waren auf Grund der Aufnahme ihrer Gesellschaft in die »Internationale Union für Geodäsie und Geophysik« (IUGG) im August 1951 zwar grundsätzlich über die Planungen für ein »Internationales Polarjahr 1957/1958« informiert und auch an einer Teilnahme interessiert. Wirklich handlungsfähig wurde die Bundesrepublik aber erst durch die Aufnahme der Deutschen Forschungsgemeinschaft (DFG) in die ICSU-Gemeinschaft im Sommer 1952 (der DDR gelang dieser Schritt erst Jahre später). Als dann im Oktober des gleichen Jahres ICSU die Zielsetzung für das Internationale Jahr erweiterte, musste sich die finanzschwache DFG zunächst in der ICSU Freunde suchen und auf Initiativen anderer warten. Um ihren Wissenschaftlern eine Teilnahme zu ermöglichen, richtete die DFG 1954 ein Schwerpunktprogramm »Internationales Geophysikalisches Jahr« ein, konzentrierte dieses aber auf die – inzwischen programmatisch in den Vordergrund des IGJ geschobene – Erforschung der Sonnenaktivitäten. Das Deutsche Hydrographische Institut (DHI) in Hamburg beteiligte sich darüber hinaus mit seinen Schiffen ANTON DOHRN und GAUSS, die sich bei diesem Einsatz in einem Sturm mit Orkanstärke bewähren mussten, jeweils acht Wochen lang an einem »Polar Front Survey«, wobei beide Schiffe aber außerhalb des nördlichen Polarkreises blieben.

Niemand forderte die DFG auf, sich an den Unternehmungen in der Antarktis zu beteiligen. Und da in Deutschland auch noch niemand an eine konzentrierte Polarforschung oder gar ernsthaft an ein »Polarforschungsinstitut« dachte (vgl. »Millionen-Flügel für die Phantasie«), entwickelte die DFG von sich aus keinerlei Ambitionen in Richtung Antarktis. Sie pries dies in ihrem Jahresbericht 1954/1955 sogar als Politik der Bescheidenheit und Konzentration: »Dabei wurden bewusst alle großen Expeditionspläne zurückgestellt, um die deutsche Beteiligung an dem Gesamtprogramm mit unseren personellen und finanziellen

»McMurdo« entwickelte sich im Laufe der Jahre zu einer kleinen Stadt. Hier das Gebäude der National Science Foundation. (Foto: Franz-Dieter Miotke)

Kräften in Einklang zu halten.« Ähnlich äußerte sich auch Professor Julius Bartels, der als Vorsitzender des Nationalkomitees die bundesdeutsche Beteiligung am IGJ koordinierte, im August 1955 gegenüber der Süddeutschen Zeitung: »Wir Deutschen beschränken uns auf Dinge, die wir wirklich leisten können. Wir können unsere Kräfte in anderen Unternehmen viel wirksamer einsetzen als bei einer Südpolexpedition.« Für den Göttinger Geophysiker, der 1940 zusammen mit Sydney Chapman ein grundlegendes, zweibändiges Buch über »Geomagnetismus« geschrieben hatte, stand hinter dieser Selbstbeschränkung auch das Streben nach Sicherung der Ressourcen für sein eigenes Spezialgebiet. Gefährdet sah er diese Ressourcen nicht zuletzt durch die Pläne des Münchener Arztes Dr. Karl Herrligkoffer, der sich für eine für 1957/58 geplante Antarktis-Expedition durch politische Kontakte auf die Schirmherrschaft von deutschen Bundesministern und bayerischen Staatsministern berief – Pläne, die auch der Deutsche Geographentag als eine »Gefahr für das Ansehen der deutschen Wissenschaft« abqualifizierte.

Wenn es dennoch »polarnahe« deutsche Forschung im Rahmen des IGJ gab, so ist dies »Mitnahme-Effekten« bei Unternehmungen zu verdanken, die thematisch eher am Rande des internationalen Forschungsprogramms angesiedelt waren: Die Sowjetunion erlaubte DDR-Forschern, mit ihrer Expedition zu Gletschern Zentralasiens zu fahren (vgl. »Im Kielwasser der Sowjetunion«), und Frankreich lud westdeutsche Wissenschaftler ein, sich an der Internationalen Glaziologischen Grönland-Expedition (EGIG) zu beteiligen (vgl. »Auf den Spuren Alfred Wegeners«). Bartels achtete dabei sehr darauf, dass die EGIG-Beteiligung die DFG-Mittel für das Geophysikalische Jahr nicht schmälerte.

Die koordinierten Anstrengungen der wissenschaftlichen Welt waren in diesen Jahren – nicht ausnahmslos, aber doch zu einem hohen Grad – auf die 18 Monate des Internationalen Geophysikalischen Jahres fokussiert, das mit der ICSU-Präsidentschaft von Berkner zusammenfiel. Der logistische und finanzielle Aufwand war immens, aber auch der wissenschaftliche Ertrag. Hierzu wurde 1963 in Los Angeles ein Abschlusssymposium veranstaltet, und über zehn Jahre hinweg

erschienen insgesamt 48 Bände der »Annals of the International Geophysical Year«. Zu einer darüber hinaus greifenden Zusammenschau aller Ergebnisse des IGY kam es jedoch nicht; dies hätte alle Beteiligten organisatorisch und gedanklich überfordert. Zudem war die Hoffnung, die gesamten Geheimnisse des Planeten Erde und seiner kosmischen Verflechtungen enträtseln zu können, von vornherein Illusion gewesen, denn in der Wissenschaft erzeugt eine Antwort meist zwei und mehr neue Fragen. Dennoch haben diese Forschungsarbeiten das Wissen um die Erde, die Bedingungen auf ihr sowie deren Abhängigkeit von kosmischen Ereignissen – auch dank der technischen Fortschritte mit zum Teil völlig neuen Messmethoden – ungeheuer vorangebracht.

Eines der damals wichtigsten Ergebnisse wurde nicht in den Polargebieten erzielt, sondern mithilfe der erstmals vielfältig und konzentriert eingesetzten Forschungsraketen und -satelliten: der die Erde in der Ionosphäre, also der Zone unserer Atmosphäre oberhalb etwa 80 km Höhe, umgebende Strahlungsgürtel, dessen Mechanismen van Allen entdeckte und der daher nach ihm benannt wurde. Dieser Strahlungsgürtel verdankt seine Existenz dem durch magnetische Ströme im Erdinnern erzeugten irdischen Magnetfeld. Er schirmt die Erdoberfläche in starkem Maße gegen die kosmische Strahlung ab, die als elektrisch geladene Partikel kontinuierlich auf die Erde einströmt. Insbesondere verstärkte Energieausbrüche der Sonne, dem uns nächsten Ursprung kosmischer Strahlen, können die Zustände von Ionosphäre und Strahlungsgürtel verändern und deren Wirkung selbst außerhalb der Polargebiete sichtbar machen. Teile der kosmischen Strahlung werden nämlich gezwungen, ihren Weg entlang der Kraftlinien des Erdmagnetfeldes zu nehmen, und strömen so vornehmlich von Norden und Süden her in die Hochatmosphäre ein. Sie erzeugen dadurch das als »Polarlicht« bezeichnete Leuchten, wie es mit hoher Intensität während des IGJ stattfand oder zuletzt im Oktober/November 2003 auch einmal in weiten Teilen Deutschlands beobachtet werden konnte.

Ein weiteres, zukunftweisendes Ergebnis: Gesammelte Daten aus der Erforschung des Meeresgrundes bestätigten 1958 die Annahme der Wissenschaftler, dass ein kontinuierliches System

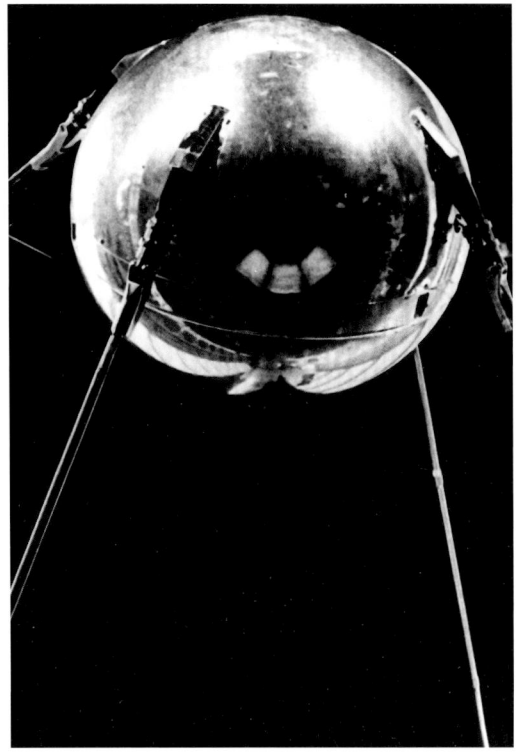

ge. Die Kosten schossen in die Höhe und verstörten die Leitung des Pentagon, sodass verschiedene Alternativentwicklungen aus Kostengründen gestoppt wurden.

Dann kam der 4. Oktober 1957. Die sowjetische Botschaft in Washington gab einen Abendempfang für die Teilnehmer an einer Konferenz zur Koordinierung der Satellitenpläne während des IGJ. Da platzte durch einen Anruf aus dem »New Times«-Büro die Nachricht herein: »Radio Moskau hat soeben verkündet, dass die Russen einen Satelliten im Weltraum, 900 km über der Erde, platziert haben.« Selbst die anwesenden sowjetischen Wissenschaftler waren von dieser Nachricht überrascht, denn Moskau war nach dem Motto »Erst gackern, wenn das Ei gelegt ist« verfahren.

Die Vereinigten Staaten waren als Nation geschockt. Der Start des ersten »Sputnik« hatte sie an einer überaus empfindlichen Stelle, nämlich in ihrem Selbstverständnis als technische Führungsmacht der Welt, getroffen. Die diversen, allerdings allgemein gehaltenen Hinweise der Sowjets auf laufende Arbeiten und Startvorbereitungen hatte man aus Überheblichkeit schlichtweg überhört. Aber es kam noch schlimmer: Bereits am 3. November sandten die Russen »Sputnik II« in den Weltraum, an Bord zahlreiche wissenschaftliche Experimente – und die Hündin »Laika«, die nach einer Woche wegen Sauerstoffmangels starb. Die Sowjets hatten damit auch den ersten Schritt zur bemannten Weltraumfahrt getan. Nach einem Fehlstart einer »Vanguard« der US-Navy am 6. Dezember gelang den Amerikanern erst am 31. Januar 1958 mit einer »Explorer I« der US-Army ihrerseits der Einstieg in das Satellitenzeitalter, in eine Technik also, die aus unserem Alltag nicht mehr wegzudenken ist und die auch der Polarforschung völlig neue Dimensionen eröffnet hat.

Die ersten Satellitenstarts ließen ein Spannungsfeld erkennbar werden, das das Internationale Geophysikalische Jahr mitbestimmte: das Spannungsfeld zwischen den Zwängen der militärisch-politischen Geheimhaltung und der für das IGJ einschränkungslos vereinbarten Offenlegungspflicht für alle wissenschaftlichen Daten. Die immensen Kosten der für die Starts erforderlichen Forschungen und technischen Entwicklungen

von submarinen ozeanischen Gebirgszügen den Globus umspannt. Doch erst in den 1960er-Jahren wurde diese Beobachtung in ihrer ganzen Tragweite für das Bild der Erde erkannt: Geomagnetische Messungen in der Tiefsee und die Rückbesinnung auf die Theorien Alfred Wegeners von 1915 ließen die Begriffe »Kontinentalverschiebung« und »Plattentektonik« zu selbstverständlichen Bestandteilen unserer heutigen Sicht der Erdentwicklung werden.

Weit über Wissenschaft und Forschung hinaus veränderten damals jedoch neu entwickelte Produkte die Welt: künstliche Satelliten, die mit starken Raketen in eine Umlaufbahn um die Erde gebracht wurden. Als das Weiße Haus am 29. Juli 1955 den Einsatz von Satelliten während des IGJ ankündigte, wurde dies in der Welt als Sensation aufgenommen. Weitere Informationen folgten ebenso wie internationale Diskussionen über die Radiofrequenzen, die die Satelliten ausstrahlen sollten, damit ihre Bahnen verfolgt und ihre Datensammlungen auf der Erde aufgenommen werden konnten. Ein erster Test mit einer »Viking«-Trägerrakete verlief am 1. Mai 1957 erfolgreich. Danach häuften sich die Rückschlä-

waren auf beiden Seiten aus dem militärischen Haushalt finanziert worden. Die ersten Ergebnisse kamen allerdings der Wissenschaft zugute und veränderten unser Wissen über die Erde und die sie umgebende Atmosphäre erheblich. Eines der nahe liegenden Forschungsziele betraf dabei das Verhalten der Satelliten selbst. Man darf getrost unterstellen, dass die Militärs in West und Ost der Einbeziehung ihrer Arbeiten in das IGJ-System nicht nur zugestimmt hatten, um die friedlichen Zwecke zu demonstrieren, sondern auch, um für die Verfolgung der gesamten Flugbahn der ersten Satelliten auf das Stationennetz des IGJ zurückgreifen zu können. Eine Nation hätte allein nur einen kurzen Abschnitt der Flugbahn erfassen und damit nur einen kleinen Teil der Daten des Satelliten abrufen können. Der freie Austausch von Messdaten war insofern für die militärische Weiterentwicklung dieser Technik in den Vereinigten Staaten wie in der Sowjetunion mehr als hilfreich, denn man gewann Daten, die sonst nicht zugänglich gewesen wären, sparte Ressourcen und konnte die eigenen Forschungen gezielter vorantreiben. Die Sowjetunion unterlief dabei allerdings den Datenaustausch dadurch, dass sie den Code für die Signale des Satelliten nicht preisgab und so die anderen Stationen zwang, die Aufnahmen »ungeöffnet« an die Sowjetunion weiterzuleiten. Am Ende gab der Erfolg den Militärs recht: Aus der Überwachung der Satellitenbahnen über das Stationennetz des IGJ ergab sich, dass die Luftdichte in größeren Höhen weitaus deutlicher abnahm, als man angenommen hatte. Satelliten konnten daher nicht nur länger fliegen, ihre Bahnen ließen sich von da an auch verlässlicher berechnen.

Die unbestreitbaren Erfolge des Internationalen Geophysikalischen Jahres weckten in den Wissenschaftlern das Verlangen, die internationale Kooperation über das Ende des Jahres 1958 hinaus fortzuführen. Doch die Militärs hatten den Anreiz verloren, ihren Haushalt für eine »Internationale der Wissenschaft« einzusetzen. Auch wenn es während des IGJ nur sieben erfolgreiche Satellitenstarts gab, genügte das neue Wissen über die atmosphärischen Bedingungen, um die Flugbahnen neu berechnen und die von den Satelliten registrierten Daten dank einer verbesserten Datenspeicherung ohne »externe« Umwege auf die eigenen terrestrischen Stationen transferieren zu können. Sofort dominierte wieder die militärisch-politische Geheimhaltung über die Offenheit der Wissenschaft. Zwar kam es noch zu einer anschließenden »Internationalen Geophysikalischen Kooperation«, doch wurde diese vor allem von der Sowjetunion propagiert, die über dieses Instrument die Ostblockstaaten stärker an sich band, während die westlichen Nationen daran wenig Anteil nahmen. 1964/1965 folgte – wirklich international – das »Year of the Quiet Sun«, 1965 bis 1975 die »International Hydrological Decade« und 1970 bis 1980 die »International Decade of Ocean Exploration«. Jede dieser Unternehmungen war ein weiterer Höhepunkt internationaler wissenschaftlicher Zusammenarbeit, doch keine erreichte Ausmaß und Bedeutung des Internationalen Geophysikalischen Jahres, das andererseits durch den anschließenden Antarktisvertrag für kaum einen Wissenschaftsbereich nachhaltiger wirkte als für die Forschungen in der Antarktis.

Ein einzigartiger Vertrag

Das Internationale Geophysikalische Jahr (IGJ) brachte für die Wissenschaft eine unüberschaubare Vielzahl wichtiger Erkenntnisse und war insgesamt ein unerwartet großer Erfolg. In ganz besonderem Maße galt dies für die in der Ferne der Antarktis durchgeführten Forschungsarbeiten. Dort zählten aber nicht nur die Ergebnisse selbst, sondern viel mehr noch die Atmosphäre, in der sie gewonnen worden waren: die Kooperation über die Grenzen von Nationen, Gesellschaftssystemen und Ideologien hinweg. So waren sich alle Beteiligten schnell in der Überzeugung einig, dass man diesen Geist zum Wohle der Wissenschaft erhalten sollte. Angesichts des immensen logistischen Aufwands ihrer Militärs und der hohen Investitionen insbesondere in den Aufbau der Stationen, mit denen eine dauernde Präsenz in Antarktika eingeleitet wurde, war die Überzeugung der Wissenschaftler ganz im Sinne der Regierungen der beteiligten Länder, die erzielte strategische Vorteile absichern wollten.

Den ersten – und im Rückblick gesehen: entscheidenden – Schritt machte die US-Regierung unter Dwight D. Eisenhower. Sie sah den Zeitpunkt gekommen, das amerikanische Konzept einer »Internationalisierung« von Antarktika zu aktualisieren. Beim ersten Versuch, 1948, hatte die Sowjetunion noch ein warnendes »Nicht ohne uns!« entgegengehalten. Diesmal wurde sie von Anfang an mit eingebunden, denn Präsident Eisenhower übermittelte am 2. Mai 1958, acht Monate vor Ende des Geophysikalischen Jahres, an alle elf Staaten, die neben den USA während des IGJ in der Antarktis aktiv waren, eine Einladung, gemeinsam einen Vertrag zur friedlichen Nutzung der Antarktis zu entwickeln. Die zunächst zufällig erscheinende Auswahl erwies sich als gut überlegt und wirkungsvoll, denn bis zum 4. Juni 1958 nahmen alle die Einladung an: die Großmacht Sowjetunion ebenso wie die sieben Staaten, die auf ihre teilweise sogar überlap-

penden Gebietsansprüche in der Antarktis pochten (Argentinien, Australien, Chile, Frankreich, Großbritannien, Neuseeland, Norwegen), und die drei »Mitläufer«-Staaten, die sich nicht zuletzt aus nationalem Prestige heraus im IGJ engagiert hatten (Belgien, Japan, Südafrika). Ohne Zeitverzug begann eine Serie von Treffen, auf denen die Verhandlungen informell und mit einem erstaunlich hohen Grad an Geheimhaltung geführt wurden. Mit großer Kompromissbereitschaft einigte man sich in diesen Monaten über die Wünschbarkeit eines Vertragswerkes zur Antarktis und über seine Grundzüge. Am 15. Oktober 1959 begannen die Minister und Botschafter der zwölf Staaten die formelle Konferenz in Washington. Nicht einmal sieben Wochen später, am 1. Dezember 1959, unterzeichneten sie nach intensiven und durchaus noch kontroversen Diskussionen den Text des Antarktisvertrages. Der kalte Kontinent Antarktika wurde endgültig zu einem Kontinent ohne Kalten Krieg.

Der »Antarctic Treaty«, der damals unter einer einfühlsamen und vorsichtig agierenden amerikanischen Sitzungsleitung ausgehandelt wurde, ist ein einzigartiger Vertrag ohne jedes Vorbild. Einzigartig einerseits, weil er die Grundlage für eine nun schon weit über 40 Jahre funktionierende wissenschaftliche Zusammenarbeit schuf, und andererseits, weil er kritische Punkte mit Zustimmung aller und ohne Schaden für Einzelne elegant in der Schwebe hielt. Sehen wir uns daher einmal die wichtigsten der nur 14 Artikel dieses Vertrages an:

Artikel I legt fest, dass die Antarktis – dies ist nach Artikel VI das gesamte Gebiet (einschließlich des Schelfeises) südlich des 60. Breitengrades – nur für friedliche Zwecke genutzt werden soll. Die Errichtung von Militärbasen, das Abhalten von Manövern sowie Waffentests sind verboten. Militärisches Personal und Gerät darf jedoch zur Unterstützung der wissenschaftlichen Forschung

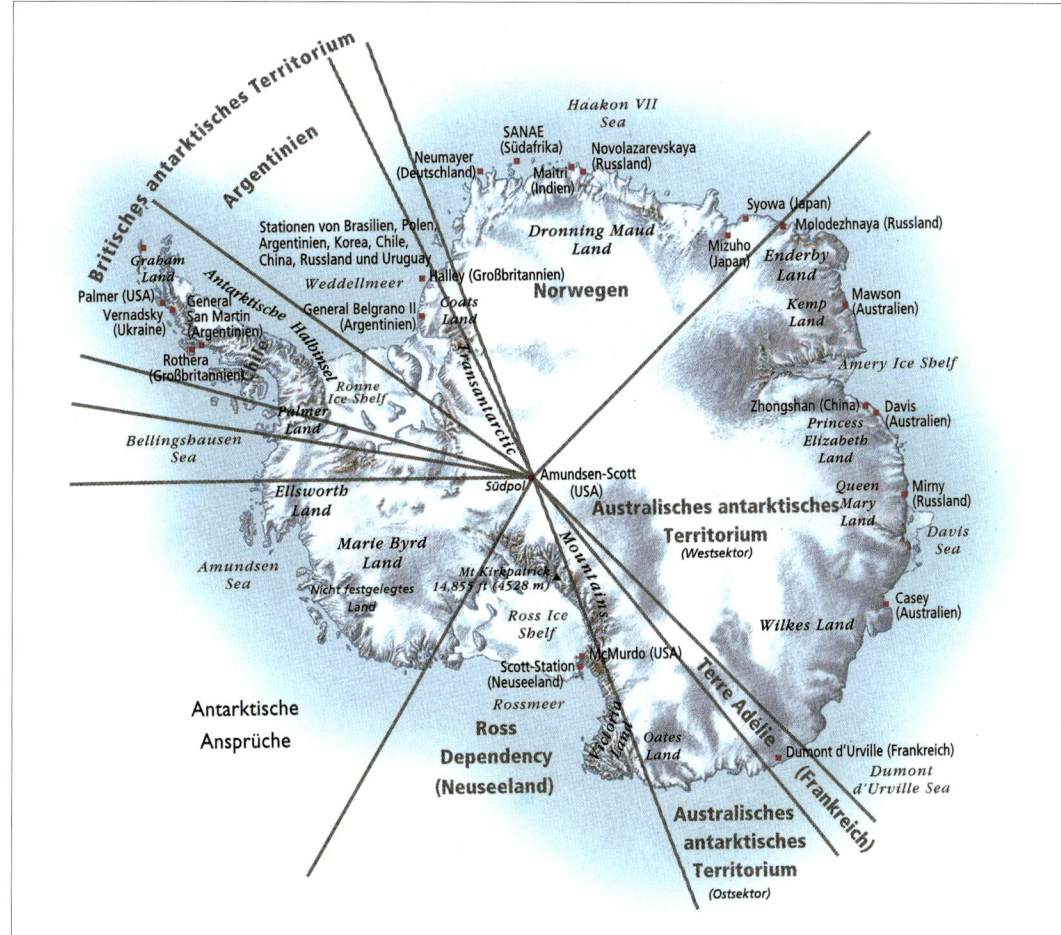

oder für sonstige friedliche Zwecke eingesetzt werden – eine Grundvoraussetzung für die Weiterführung der wissenschaftlichen Arbeiten, denn damals verfügten insbesondere bei den Großmächten nur die Militärs der Großmächte über die notwendige, sehr aufwändige Logistik. Artikel II knüpft explizit an das Internationale Geophysikalische Jahr an und schreibt die Freiheit der wissenschaftlichen Forschung fest.

Um die wissenschaftliche Zusammenarbeit zu unterstützen, wird in Artikel III eine gegenseitige Information über geplante wissenschaftliche Programme ebenso vereinbart wie ein Austausch von wissenschaftlichem Personal zwischen Expeditionen und Stationen und die freie Publikation der erzielten Ergebnisse und deren Austausch.

Das politische Meisterstück enthält Artikel IV: Alle bereits erhobenen oder durch Handlungen eventuell erworbenen Gebietsansprüche können aufrechterhalten werden, doch können während der Laufzeit des Vertrages daraus keine Rechte abgeleitet, allerdings auch keine neuen Ansprüche von anderer Seite begründet werden.

Umweltschutz, 1959 sonst noch kein Thema, ist Ziel von Artikel V: In der Antarktis dürfen weder nukleare Explosionen gezündet noch radioaktiver Abfall gelagert werden.

Eine im damaligen »Kalten Krieg« eigentlich unvorstellbare Regelung wurde schließlich in Artikel VII festgelegt: ein allseitiges, uneingeschränktes Inspektionsrecht. Jede Vertragspartei kann danach nationale Beobachter benennen. Diese haben freien Zugang zu allen Stationen, Einrichtungen und Ausrüstungen sowie zu allen Schiffen und Flugzeugen an Landepunkten und können dort jederzeit Inspektionen durchführen.

Der Antarktisvertrag ermöglichte allen Vertragspartnern einen freien Zugang zum eisigen Kontinent. (Foto: Heinz Kohnen)

Darüber hinaus informieren sich die Vertragsparteien gegenseitig vorab über jedwede Expedition zu oder in der Antarktis, über ihre Stationen sowie über militärisches Personal, das z. B. für die Logistik eingesetzt wird. Der Antarktisvertrag etablierte damit das erste ausgebaute Inspektionssystem nach dem Zweiten Weltkrieg.

Entsprechend den Usancen internationaler Verträge wurde keine supranationale Gerichtsbarkeit eingerichtet. Eingesetztes Personal untersteht gemäß den Artikeln VIII und XI dem jeweiligen nationalen Recht. Bei Streitigkeiten sollen die betroffenen Parteien einander »konsultieren, um zu einer für alle Seiten annehmbaren Lösung zu gelangen«.

Dementsprechend wurde auch keine neue Behörde etabliert. Die zwölf Vertragsparteien vereinbar-

ten in Artikel IX lediglich, dass sich ihre Vertreter in regelmäßigen Abständen (in der Praxis wurden daraus alle zwei Jahre) zur gegenseitigen Information und Konsultation treffen, aber auch zur Ausarbeitung weiterführender Empfehlungen, die unter anderem »zur Erhaltung und zum Schutz der lebenden Schätze in der Antarktis« dienen sollen. Den Vorsitz in der Konsultativrunde hat der jeweils einladende Staat; die Vereinigten Staaten sind lediglich Depositarstaat für den Vertrag.

Der Vertrag trat gemäß Artikel XII nach Zustimmung und Ratifizierung durch alle beteiligten Staaten in Kraft. Seine Laufzeit wurde zunächst auf 30 Jahre ab Ratifizierung durch die letzte Vertragspartei festgelegt; danach besteht eine Rücktrittsmöglichkeit mit einer Übergangszeit von vier Jahren. Da der Vertrag am 23. Juni 1961 in Kraft

Die Antarktis-Konferenz ist ein weiterer Beweis für die Tatsache, dass Staaten, wenn sie bereit sind zusammenzuarbeiten, durch Verhandlungen erfolgreich gegenseitig annehmbare Lösungen internationaler Probleme im Interesse weltumfassenden Friedens und Fortschritts erreichen können.

Vasili V. Kuznetsov, Erster stellvertretender Außenminister der UdSSR und Leiter der sowjetischen Delegation, in seinem Statement bei der Abschlusskonferenz am 1. Dezember 1959 in Washington

trat, galt in den Folgejahren 1991 als potentielles Vertragsende – ein Datum, das bei den deutschen Überlegungen zum Beitritt durchaus eine Rolle spielte (vgl. »Welcome to the Club!«).

Mit Artikel XIII öffnet sich der Zwölfer-Club, der über seine Konsultativtreffen im Grunde recht exklusiv die Antarktis verwaltet, sogar noch für andere: Jeder Staat, der Mitglied der Vereinten Nationen ist oder von den Zwölf im Konsens eingeladen wird, kann dem Antarktisvertrag beitreten. Die Teilnahme an den Konsultativtreffen hängt nach Artikel IX allerdings zusätzlich davon ab, dass die neue Vertragspartei »durch die Ausführung erheblicher wissenschaftlicher Forschungsarbeiten in der Antarktis wie die Errichtung einer wissenschaftlichen Station oder die Entsendung einer wissenschaftlichen Expedition ihr Interesse an der Antarktis bekundet«.

Mit seiner Präambel und den 14 Artikeln etablierte der Vertrag ein dezentrales, an Verfahrensabläufen orientiertes System, das kein ständiges Sekretariat benötigte. Mehr noch und ungewöhnlich: Der Vertrag löste keine Probleme, sondern legte die kritischen Punkte »auf Eis« und überließ sie damit dem Einfallsreichtum und Lösungswillen anderer Politiker und Juristen irgendwann in der Zukunft. Als die Vertragspartner Konsens und Einstimmigkeit vereinbarten und auf doch nicht umsetzbare Sanktionsmechanismen verzichteten, vertrauten sie darauf, dass alle an einer Konfliktbeseitigung interessiert bleiben würden und Probleme am besten zu lösen seien, wenn sie auftre-

ten. Und dieses Vertrauen hat sich bis heute bewährt.

Möglich wurde diese die Lösung aufschiebende Regelung 1959 vor allem dadurch, dass der Vertrag in einem relativ kurzen Zeitfenster verhandelt wurde, während dessen zwei Bedingungen galten: Zum einen hatte die Antarktis in den Augen der militärischen Führungen offensichtlich die ihr noch während und nach dem Zweiten Weltkrieg zugeschriebene strategische Bedeutung für eine Kontrolle der Verbindungswege zwischen den großen Ozeanen verloren, weil diese Kontrolle – eine durchaus richtige Vision – nach den technischen Fortschritten während des IGJ künftig mithilfe von Satelliten würde ausgeübt werden können. Für die beiden Großmächte USA und Sowjetunion genügte es, in der Antarktis durch vom Militär logistisch unterstützte wissenschaftliche Teams präsent zu sein und auf diese Weise einen möglichen Missbrauch des Gebietes durch andere zu verhindern. Nicht umsonst hatte Präsident Eisenhower in seiner Einladungsnote darauf hingewiesen, dass ein Übereinkommen über die Fortsetzung der wissenschaftlichen Zusammenarbeit des IGJ »den zusätzlichen Vorteil« haben könnte, sowohl »unnötige und unerwünschte politische Rivalitäten« in der Antarktis zu verhindern als auch »unwirtschaftliche Ausgaben für die Verteidigung nationaler Sonderinteressen und die wiederkehrende Möglichkeit internationaler Missverständnisse« zu vermeiden.

Zum anderen fanden die Verhandlungen in einer Periode des Kalten Krieges statt, in der sowohl die USA wie die UdSSR kurzzeitig ohne Gesichtsverlust ein Zeichen für Entspannungswillen und Kompromissbereitschaft setzen konnten und wollten. Dazu mussten allerdings auch die »Anspruchsstaaten« bewegt werden, auf (unbestimmte) Zeit einer Aussetzung der Rechte aus ihren Ansprüchen auf Teile dieses bevölkerungslosen unwirtlichen Gebietes zuzustimmen. Als Druckmittel diente dabei – ob offen ausgesprochen oder nur angedeutet, lässt sich nicht sagen – die übereinstimmende, wenn auch in sich nicht sonderlich konsistente Rechtsposition der beiden Großmächte: Vereinigte Staaten wie Sowjetunion erkannten bestehende Ansprüche anderer Länder nicht an, wiesen ihrerseits aber gleichzeitig nachdrücklich auf nicht näher definierte, mögliche, eigene Gebietsansprüche in Antarktika hin. Damit verfilzten sich all diese Ansprüche zu einem im Grunde unentwirrbaren Knäuel, denn es war zu erwarten, dass die Großmächte ihre Ansprüche einerseits auf ähnliche Prinzipien wie die bisherigen Anspruchsstaaten, andererseits aber auch auf ihre intensiven Forschungsaktivitäten während des Geophysikalischen Jahres gründen würden. Denn in dieser Zeit hatten sich die Vereinigten Staaten nicht nur im anspruchsfreien Sektor mit Stationen etabliert, sondern auch direkt am Südpol sowie in dem von Argentinien, Chile und Großbritannien überlappend beanspruchten Sektor; die Sowjetunion machte ihrerseits ebenfalls keine Anstalten, ihre Stationen im australischen Sektor wieder aufzugeben.

Der Antarktis-Vertrag war von Anfang an prinzipiell für den Beitritt anderer Staaten aus deren eigener Initiative offen. Dies galt im Grunde allerdings nicht für die Bundesrepublik und die DDR, denn diese waren noch nicht Mitglied der Vereinten Nationen. Die damals sonst übliche Klausel »Vereinte Nationen oder ihrer Sonderorganisationen«, die den Beitritt erlaubt hätte, war von der Sowjetunion verhindert worden – allerdings nicht mit Blick auf Deutschland, sondern um einen Beitritt der Volksrepublik China zu blockieren. Nach der Aufnahme der beiden deutschen Staaten in die UN (1973) entwickelte sich zwischen diesen schließlich ein Wettrennen um den Aufbau einer eigenen Station und damit die Erfüllung der Vo-

raussetzungen für eine Aufnahme in die Konsultativrunde (vgl. »Der verlorene Wettlauf« und »Welcome to the Club«).

Bei allen Zweifeln, die am Anfang bestanden: Das Vertragswerk hatte Bestand. Er war zu allen Zeiten des Kalten Krieges wie seither Grundlage einer friedlichen, wissenschaftlichen Kooperation – faktisch die einzig angemessene Möglichkeit angesichts der widrigen klimatischen Verhältnisse auf dem eisigen Kontinent. Die Konsultativtagungen bauten auf gegenseitigem Vertrauen auf und verliefen im Ergebnis letztlich immer konstruktiv. In ihren nicht öffentlichen Beratungen wurden – in der Regel auf der Basis von Vorschlägen des Scientific Committee on Antarctic Research (SCAR) – zahlreiche ergänzende Empfehlungen an die Adresse der Vertragsstaaten verabschiedet. 1964 wurden darüber hinaus spezifische Maßnahmen zur Erhaltung der antarktischen Fauna und Flora vereinbart, am 1. Juni 1972 das Übereinkommen zur Erhaltung der antarktischen Robben (abgekürzt: CCAS) unterzeichnet sowie am 20. Mai 1980 das Übereinkommen über die Erhaltung der lebenden Meeresschätze der Antarktis (CCAMLR), und zwar erstmals auch von der Bundesrepublik Deutschland und der DDR. Verschiedene Ziele zur Erhaltung der antarktischen Umwelt wurden schließlich Anfang Oktober 1991 in Madrid in den 27 Artikeln und fünf Anhängen des Umweltschutzprotokolls zum Antarktisvertrag zusammengefasst und festgeschrieben. Da ein Übereinkommen zur Nutzung der mineralischen Ressourcen vorher gescheitert war, legte Artikel VII dieses Umweltschutzprotokolls fest: »Jede Tätigkeit im Zusammenhang mit mineralischen Ressourcen mit Ausnahme wissenschaftlicher Forschung ist verboten.«

Gerade die vermuteten mineralischen Ressourcen waren es, die immer wieder die Begehrlichkeit derjenigen Länder wach riefen, die nicht an dem Vertrag beteiligt waren. Der Vertrag war letztlich allerdings auch erst dadurch möglich geworden, dass nur eine begrenzte Anzahl Staaten, und zwar mit jeweils unterschiedlichen eigenen Interessen in der Antarktis, am Verhandlungstisch gesessen hatte – genauer: weil der Vertrag nicht im Rahmen der Vereinten Nationen stand, auch wenn alle UN-Mitglieder ihm beitreten konnten. Misstrauen, das aus den geheim gehaltenen Verhandlungen

Nach dem Antarktisvertrag darf militärisches Personal und Gerät in der Antarktis nur zur Unterstützung der wissenschaftlichen Forschung eingesetzt werden. Von der amerikanischen »Air Force«-Logistik profitierten über die Jahre auch viele deutsche Forscher. (Foto: Franz Thyssen)

resultierte, hatte Indien bereits im Juli 1958 zu dem Versuch veranlasst, die Antarktis-Frage in die Vereinten Nationen einzubringen, doch wurde dies von den Verhandlungspartnern abgeblockt. Später übernahm Malaysia die Vorreiterrolle. Da jedoch die beiden Großmächte ebenso wie die andern zehn Vertragsstaaten entschlossen waren, sich auf keine Diskussion bei den UN einzulassen, scheiterte der malaysische Vorstoß ebenfalls. Immer neue Versuche folgten, ab den 1970er-Jahren meist unter dem Schlagwort »Antarktis als gemeinsames Erbe der Menschheit«, zeitigten aber immer das gleiche Ergebnis. Da die Vertragspartner durch verschiedene Maßnahmen mehr Transparenz schufen, wuchs andererseits das Verständnis der nicht beteiligten Staaten dafür, dass sinnvolle Entscheidungen zur Antarktis bis auf weiteres im Grunde nur in dem – nach 1978 immer größer werdenden – Kreis der Konsultativmitglieder des Antarktisvertrages erreichbar sein würden. So entwickelte sich in der Generalversammlung der Vereinten Nationen eine

Routine-Prozedur: Der Punkt »Antarktis« wurde immer wieder auf die Tagesordnung gesetzt – um dann sofort auf das Folgejahr vertagt zu werden. Auch heute ist noch zweifelhaft, dass in Antarktika tatsächlich interessante Lagerstätten vorhanden sind. Vermutet wird manches, doch bleiben viele Fragezeichen zu Umfang und Qualität und damit zur Wirtschaftlichkeit eines Abbaus auch unter normalen Bedingungen. Eben diese »normalen Bedingungen« bestehen jedoch in Antarktika nicht, sodass zusätzlich vor einem Abbau auch noch enorme technische Probleme gelöst werden müssten. Wenn dieses Stadium allerdings einmal erreicht ist, wird die Solidarität der Vertragspartner auf die Probe gestellt werden. Die dabei denkbaren Konflikte, bei denen es nicht zuletzt um eine Durchsetzung nationaler, wirtschaftlicher Interessen gehen kann, werden zum Härtetest für den Antarktis-Vertrag werden. Bis dahin werden aber noch unzählige Orkane über die antarktische Eiswüste und die dortigen wissenschaftlichen Stationen hinwegfegen.

Der Antarktisvertrag hat den Wissenschaftlern aller Nationen langfristige Sicherheit für ihre Arbeit gegeben. Gefährdet wird die Arbeit auch heute dagegen immer wieder durch zugewehte Gletscherspalten. (Foto: Heinz Kohnen)

Wachsende Eigenständigkeit

DDR-Forschung
in der Antarktis

(Foto: Joachim England)

Im Kielwasser der Sowjetunion

Forschung ist in ihrem Kern unpolitisch. Sie hängt jedoch von der Politik als Geldgeber für die Forschungsideen ab. Insbesondere in hierarchischen Gesellschaftssystemen entscheidet die Politik damit nicht nur über Forschungsrichtungen, sondern auch über die Intensität internationaler Kooperationen. Während des Internationalen Geophysikalischen Jahres (IGJ) hatte eine die Fronten des Kalten Krieges überspringende wissenschaftliche Zusammenarbeit durchaus den Segen aller Politiker. Während die westlichen Programme stark unter amerikanischem Einfluss konzipiert wurden, diente die Zusammenarbeit zwischen den Ländern des sozialistischen Systems nicht zuletzt der Festigung des sowjetischen Führungsanspruchs. Für die Wissenschaft der DDR eröffneten die Kooperationsanstöße aus der Sowjetunion dennoch ungeahnte neue Perspektiven. Da sie über keine eigene Logistik verfügte, musste sie sich zunächst zwar in die sowjetischen Programme einpassen, also gleichsam »im Kielwasser der Sowjetunion« fahren. Über die Jahre hinweg entwickelten die ostdeutschen Polarforscher jedoch immer mehr eigene Initiativen.

Nachdem im Frühjahr 1955 die Sowjetunion ihre Teilnahme am IGJ erklärt hatte, liefen auch in der DDR die Überlegungen für eine Beteiligung an diesem Programm an. Erste Vorschläge kamen von Prof. Dr. Horst Philipps (1895–1962), dem Direktor des damals dem Ministerium des Inneren unterstehenden Meteorologischen und Hydrologischen Dienstes (MHD). Nach einigen Verhandlungen, die in einen Beschluss des Präsidiums der Deutschen Akademie der Wissenschaften zu Berlin mündeten, konstituierte sich am 3. Juli 1956 das Nationale Komitee der DDR für das IGJ unter Akademie-Vizepräsident Prof. Dr. Hans Ertel (1904–1971) als Vorsitzendem und dem Meteorologen Philipps als wissenschaftlichem Sekretär. Zu diesem Zeitpunkt war wohl schon bekannt, dass das Nationale Komitee der Sowjetunion die DDR-Akademie zur Teilnahme an den Atlantik-Expeditionen des auf der Neptun-Werft in Rostock gebauten Forschungsschiffes Michail Lomonossow sowie zu Forschungen in den zentralasiatischen Gletscherregionen einladen würde. Offiziell beschlossen wurden diese Gemeinschaftsunternehmungen im Herbst 1956 auf der Moskauer Konferenz der Osteuropäischen Regionalvereinigung des IGJ.

Im Rahmen dieser Expeditionen sollten die ostdeutschen Wissenschaftler zunächst den Fedtschenko-Gletscher, mit rund 77 km der längste außerpolare Gletscher der Erde, terrestrisch-photogrammetrisch aufnehmen, um die Veränderungen gegenüber den Messungen zu ermitteln, die Prof. Dr. Richard Finsterwalder 1928 bei der deutsch-russischen Alai-Pamir-Expedition durchgeführt hatte. Seit der VEB Carl Zeiss Jena Anfang der 1950er-Jahre die Produktion von Phototheodoliten wieder aufgenommen hatte, hatte sich die Firma zum Marktführer im Ostblock entwickelt. Darüber hinaus gab es in der DDR auch einige Spezialisten, die mit diesen Geräten vertraut waren. Dies dürfte den Ausschlag für die Einladung gegeben haben. Sie eröffnete für die DDR-Forschung eine willkommene Chance, sich international sichtbar zu bewähren. Niemand wollte daher eingestehen, dass man in der schwierigen Gletscher-Photogrammetrie keinerlei Erfahrung hatte: Die jungen DDR-Wissenschaftler hatten bis dahin noch keine wirklichen Berge, geschweige denn einen Gletscher gesehen. Zum Glück waren die Fronten zwischen Ost und West noch nicht so verhärtet wie schon wenige Jahre später. So nahm man dankbar ein Angebot aus München an: Finsterwalder, der sich bis zur Spaltung der »Deutschen Gesellschaft für Photogrammetrie« (1960) sehr für intensive Kontakte zu den ostdeutschen Kollegen einsetzte, stellte die originalen Auswertepläne und Messbilder von 1928 mit der daraus entwickelten Karte des Gletschers im Maßstab 1:50 000 zur Verfügung. Da-

rüber hinaus sorgte er dafür, dass Dr.-Ing. Georg Dittrich, der vorgesehene Leiter der ostdeutschen Gruppe, im August 1957 an einem seiner renommierten »Kurse für Hochgebirgs- und Polarforschung« im österreichischen Obergurgl, in Fachkreisen nur »Gletscherkurse« genannt, teilnehmen durfte und die anderen Expeditionsteilnehmer im April/Mai 1958 eine Grundausbildung zum Verhalten im Hochgebirge erhielten. Ein im Ostberliner Akademie-Gebäude veranstaltetes Seminar über die Besonderheiten des Expeditionsgebietes – in der offiziellen Darstellung »Aussprache« genannt – und die Ausleihe eines besonders leichten Phototheodoliten TAF rundeten das Hilfsprogramm ab, das den Münchner Richard Finsterwalder – über seine Führungsrol-

le in der bundesdeutschen Gletscher-Photogrammetrie hinaus – zu einem Geburtshelfer auch für die ostdeutsche geodätisch-glaziologische Forschung machte.

Die vierköpfige Geodätengruppe unter Georg Dittrich vom Institut für Geodäsie der Bergakademie Freiberg erledigte ihre Aufgabe, den Fedtschenko-Gletscher topographisch aufzunehmen, mit Erfolg. Für die weitere Entwicklung noch wichtiger war die Teilnahme von ostdeutschen Wissenschaftlern an der Expedition zum Tujuksu-Gletscher rund 35 km oberhalb von Alma Ata, die von der Kasachischen Akademie der Wissenschaften organisiert wurde und ebenfalls von Juni bis September 1958 stattfand. Die sechs Mann starke Gruppe legte zum einen mit der Vermes-

Auf dem Fedtschenko-Gletscher im Pamir-Gebirge sammelten die jungen ostdeutschen Wissenschaftler während des Internationalen Geophysikalischen Jahres ihre ersten »Eis-Erfahrungen«. (Foto: Georg Dittrich)

Teilnehmer eines »Gletscherkurses« im österreichischen Obergurgl, der von Richard Finsterwalder (2. von rechts) veranstaltet wurde. (Foto: Georg Dittrich)

sung des an der Grenze zu Kirgisien liegenden Gletschers die Grundlagen für erste Karten dieses Teils des Tienschan, die danach – ebenso wie diejenigen des Fedtschenko-Gletschers – am Lehrstuhl für Kartographie der TH Dresden unter Prof. Wolfgang Pillewizer kartographisch gefertigt wurden. Zum anderen untersuchten sie unter ihrem Leiter Dr. Günter Skeib, damals Direktor des Hauptobservatoriums des MHD und als Fachmann wie wegen seiner guten Russischkenntnisse ausgewählt, mit Methoden der Meteorologie und der Hydrologie den Wärme- und Wasserhaushalt dieses für das wüstenreiche Kasachstan wichtigen Gletschergebietes. Diese Arbeiten und die insbesondere von Skeib in ihrem Verlauf geknüpften Verbindungen zu führenden Polarforschern der Sowjetunion zeitigten eine schnelle Reaktion: Die Akademie der Wissenschaften der Sowjetunion bot ihrer Schwesterakademie in Ostberlin an, schon im Herbst 1959 DDR-Wissenschaftler mit den Sowjetischen Antarktis-Expeditionen zu entsenden – ein Angebot, das die Grundlage für eine bis 1990 währende, fruchtbare Zusammenarbeit legte.

Innerhalb der DDR wurde die Teilnahme zunächst koordiniert durch das Nationale Komitee für das IGJ, das im April/Mai 1962 umstrukturiert und in »Nationalkomitee für Geodäsie und Geophysik« (NKGG) umbenannt wurde und als solches dann die Vertretung der DDR in zahlreichen internationalen wissenschaftlichen Gremien wahrnahm. Die Leitung des NKGG übernahm nach dem Tode von Philipps 1962 der Dresdner Geodät Prof. Dr.-Ing. Horst Peschel, der sich in den Folgejahren bei »Krisensituationen«, d.h. knappen Finanzmitteln, immer wieder erfolgreich für die Antarktisforschung einsetzen sollte. Das Nationalkomitee ent-

wickelte sich schließlich zur zentralen Schaltstelle für alle Polarexpeditionen der DDR – auch wenn über die jeweilige Teilnahme politisch und an höherer Stelle entschieden wurde.

Schon bei der Gründung des Nationalen Komitees war eine für alle Expeditionsvorhaben segensreiche Personalentscheidung getroffen worden, als man – zunächst nebenamtlich – dem Oberingenieur Bodo Tripphahn, damals Leiter der Abteilung Technische und Allgemeine Verwaltung des MHD, das Technische Büro des Nationalen Komitees übertrug. Bodo Tripphahn, von beeindruckender Gestalt – mit den Worten »ein Kleiderschrank« beschrieb ihn der Freiberger Geologe Joachim Hofmann –, war ein Energiebündel, kenntnisreich, zuverlässig, dabei redlich, jedoch von schlitzohriger Schläue im Umgang mit Bürokratie und Obrigkeit. Der am 13. November 1915 geborene Mecklenburger hatte während des Krieges als Flugzeugführer Einsätze in Norwegen und Russland geflogen, wo er zuletzt noch zahlreiche Leute aus dem Kessel von Stalingrad geholt hatte. Aus dieser Zeit hatte er sich eine gute Portion Wagnisbereitschaft bewahrt. Vor allem verstand er es mit den Jahren immer besser, ein auch für DDR-Verhältnisse ungewöhnliches Netz von Beziehungen aufzubauen. So bereitete Tripphahn, der selbst nie an einer Expedition teilgenommen hat, die Unternehmungen in Zentralasien und Spitzbergen oder auch Forschungsfahrten auf dem Ozean ebenso umsichtig und detailbesessen vor wie die Expeditionen in die Antarktis. Er wusste, welcher private Fleischermeister in Schwerin die schmackhaftesten und zugleich transportgeeigneten Dauerwürste herstellte, welcher Betrieb in Parchim vitaminreiche Obst- und Gemüsekonserven liefern konnte, welche Firma in Goldberg ihm zerlegbare Hütten oder auch einmal Holzcontainer anfertigte und wie notwendige wissenschaftliche Instrumente zu bekommen waren. Und er bekam immer alles, vollständig und termingerecht, und packte dann oben drauf noch die notwendigen Kisten »Radeberger Pilsener«, die den Antarktisfahrern an Festtagen Heimatgefühl vermittelten oder auch einmal als Dank eingesetzt wurden, wenn jemand Unmögliches möglich gemacht hatte. Je ausgefallener ein Wunsch, desto größer die Herausforderung, die von diesem »Tausendsassa« (Manfred Schneider) am Ende erfolgreich bewältigt wurde. Selbst der Zoll war für seinen Charme und Erfindungsreichtum kein Hindernis: »Obwohl er nicht russisch konnte, kam er mit den russischen Zöllnern besser zurecht als jeder andere«, erinnerte sich Günter Skeib. Kurz: Mit seinem von vielen bewunderten Organisationstalent und seiner Umsicht trug Tripphahn entscheidend zum Erfolg der Expeditionen wie zum Wohlergehen der Expeditionsteilnehmer in der Einsamkeit der Antarktis bei. Er war, wie es der Journalist Gert Lange, Autor einer informativen Sammlung von Berichten über die DDR-Teilnahmen an den SAE, 1981 ausdrückte, »die ›Vaterseele‹ vieler Expeditionen.«

Es konnte nicht ausbleiben, dass seine Erfolge Missgunst bei einflussreichen Leuten des Systems weckten. Sie ließen ihn schließlich über einen Beweis seiner organisatorischen Fähigkeiten stolpern: Bodo Tripphahn hatte – natürlich ohne die entsprechenden Genehmigungen, aber mit wohlwollender Billigung seiner Oberen – im mecklenburgischen Matzlow-Garwitz (bei Parchim) ein »Kinderferienlager« der Akademie einschließlich Zufahrtsstraße aufgebaut. Zu diesem Bungalowdörfchen aus mehreren Holzbaracken und zwei Steingebäuden pilgerten – wenn das Lager nicht für die Kindererholung oder Familienurlauber gebraucht wurde – die ostdeutschen Antarktisfahrer bis nach der Wende zu jährlichen Antarktika-Tagungen: Es war ihr »Mekka«, in dem sie sich gegenseitig informierten und Konzeptionen für die nächsten Unternehmen ausarbeiteten. Dennoch machte man Tripphahn Ende 1978 den Prozess, verurteilte ihn wegen »Schwarzbaus« zu einer »bedingten Haftstrafe«, d.h. auf Bewährung, sowie zu einer hohen Geldstrafe, entzog ihm den Titel »Direktor« und machte ihn zum wissenschaftlichen Mitarbeiter in der Abteilung »Polarforschung« in Potsdam. Auch wenn man ihn zwei Monate später wegen seiner Verdienste um die logistische Sicherstellung der Antarktisaktivitäten der Akademie mit dem Orden »Banner der Arbeit« auszeichnete, verwand Bodo Tripphahn diese Behandlung nie. Er behielt seine Aufgabe, denn keiner wollte diesen Job letztlich haben und hätte die enormen logistischen Probleme in dieser Zeit so perfekt beherrscht wie er. So blieb er über die Altersgrenze hinaus an seinem beeindruckend repräsentativen Schreibtisch mit

der großen Antarktikakarte dahinter. Es passt zum Engagement von Bodo Tripphahn, dass er am 28. Februar 1983 während eines Telefonats mit dem Arktischen und Antarktischen Forschungsinstitut in Leningrad starb – bis zuletzt fintenreich im Dienst der Wissenschaftler tätig. Für ihn hätte es wohl eher als Ironie geklungen, als ZIPE-Direktor Prof. Heinz Kautzleben in der offiziellen Todesanzeige der AdW schrieb: »Mit seinem Namen verbunden ist der Schulungs- und Ferienkomplex der Akademie der Wissenschaften in Matzlow-Garwitz«. Aber es war doch wenigstens ein Versuch der Wiedergutmachung an diesem genialen Organisator.

Wenige Monate nach Rückkehr der beiden erfolgreichen Expeditionsgruppen aus Zentralasien hatten für Bodo Tripphahn die Vorbereitungen für die erste Teilnahme von DDR-Wissenschaftlern an

Bodo Tripphahn, ein genialer Organisator, war die »Vaterseele« vieler Expeditionen. Penibel bereitete er alles vor und verschraubte die Kisten teilweise selbst. (Foto oben: Joachim England – Foto links: Georg Dittrich)

einer Sowjetischen Antarktis-Expedition (SAE) begonnen. Die Meteorologen Dr. Günter Skeib, Joachim Kolbig und Christian Popp sollten im Herbst 1959 mit dem Schiff ausreisen, Anfang 1960 die sowjetische Antarktis-Station »Mirny« erreichen, dort überwintern und im Frühjahr 1961 wieder zurückkehren. Auch wenn die Grundverpflegung über die sowjetische Expedition gesichert war, mussten doch auch eigene Lebensmittelvorräte für die lange Zeit überdacht, innerhalb der DDR bestellt und zentral gesammelt werden. Die wissenschaftlichen Instrumente waren an die unbekannten und eigentlich noch unvorstellbaren Bedingungen der antarktischen Kälte anzupassen, notwendige Ersatzteile auf Vorrat zu besorgen und sorgsam mit einzupacken. Bei der Polarkleidung griff man dagegen ganz auf die erprobte Ausrüstung der sowjetischen Polarniks

Die beiden sowjetischen Antarktis-Schiffe OB *und* ESTONZA *1963 am Meereis vor »Mirny«. (Foto: Joachim England)*

zurück. Mitte November flogen die drei Meteorologen über Moskau nach Leningrad, führten letzte Gespräche im dortigen Forschungsinstitut, genossen kurz die Schönheiten der Stadt und schifften sich schließlich mit ihrem Handgepäck am Morgen des 25. November 1959 auf der KOOPERAZIJA ein. Neu war das 1928 gebaute Schiff nicht mehr, aber nach der Nachkriegsmodernisierung auf den Werftanlagen von Wismar hatte es sich mehrmals in der Arktis sowie auf drei Fahrten in die Antarktis bewährt und flößte daher auf dem Weg ins Unbekannte das notwendige Vertrauen ein.

Bevor die KOOPERAZIJA durch den Nordostseekanal fuhr und auf hohe See ging, gab es noch einen Halt vor Kiel-Holtenau, denn von einem DDR-Kutter aus Wismar musste auf See das Expeditionsgepäck übernommen werden. Günter Skeib stellte diesen Vorgang mit seinen deutsch-deutschen Absonderlichkeiten anschaulich in seinem Buch »Orkane über Antarktika« dar: »Unsere Maschinen haben gestoppt, der Kutter kommt längsseits. Die Übernahme der Lasten kann beginnen. Es ist eine harte Arbeit für die Kutterbesatzung einschließlich Bodo Tripphahns. Eine Last von rund fünf Tonnen, aufgeteilt auf über siebzig einzelne Kisten, alles hochempfindliche Messinstrumente und sogar Glasgefäße, Flaschen

und Röhren für die chemischen Untersuchungen, wird nach und nach von dem Ladebaum der KOOPERAZIJA sanft über die Bordwand in einen der großen vorderen Laderäume befördert. Der westdeutsche Zollbeamte an Bord des Kutters, ein freundlicher junger Mann, reißt ab und zu eine der Zollplomben an unseren Kisten ab, wohl zum Zeichen dafür, dass er die Insignien seiner Kollegen in Potsdam nicht anerkennen darf; ansonsten hilft er aber fleißig mit beim Ausladen.«

Alles, was nun folgte, war für den damals 40-jährigen Skeib und seine beiden jungen Begleiter zunächst einmal Abenteuer: Der Weihnachtsabend in Kapstadt, das Anlanden der KOOPERAZIJA an der Eiskante einer antarktischen Bucht am 7. Januar 1960, der erste Flug zur sowjetischen Station »Mirny« am 19. Januar wie das mühsame Ausladen zahlloser Kisten mit Instrumenten, Proviant und anderen Vorräten an der Eisbarriere sowie der anschließende Trecker-Transport zur Station. Die Lagerleitung wies ihnen für ihr Laboratorium zwei aneinander gebaute »Schaposchnikow-Hütten« zu, die Skeib in seinem Buch beschrieb: »Diese nach ihrem Konstrukteur benannten Hütten hatten sich auf den driftenden Nordpolarstationen vielfach bewährt. Sie bestehen aus Fertigteilen, die in kürzester Frist zusammengebaut werden können. Ihre Grundfläche beträgt etwa drei mal fünf Meter und ihre Höhe zweieinhalb Meter. Die einzelnen Bauplatten sind aus mehreren wärmeisolierenden Schichten zusammengesetzt. Kleine, runde Fenster, die wie die Bullaugen eines Schiffes aussehen, befinden sich an Stirn- und Seitenwänden. Die ganze Hütte steht auf Schlittenkufen, sodass man sie im zusammengebauten Zustande transportieren kann.« Dies war bei den Laborhütten der ostdeutschen Wissenschaftler allerdings nicht mehr möglich, denn sie waren bereits so stark eingeschneit, dass nur noch ihre Dächer aus dem Schnee ragten.

Die erste Hälfte des Februars verging wie im Flug mit dem Auspacken der durchweg unbeschädigt gebliebenen Instrumente und dem Aufbau des Labors. Auch wenn zu Hause alles gut durchdacht und vorbereitet worden war, waren doch vor Ort des Öfteren Einfallsreichtum und Improvisationstalent gefragt. Nach Justierung der Geräte und entsprechenden Eichmessungen begann Mitte Februar schließlich die wissenschaftlich Arbeit, die schnell zu einer den Tag gliedernden Routine wurde. Die Meteorologen zeichneten regelmäßig die üblichen Wetterparameter auf und gaben sie an die anderen Stationen weiter, um durch Abgleich und Synopse der Daten Vorhersagen zu ermöglichen. Als spezielle Forschungsaufgaben standen luftchemische Untersuchungen, Messungen zum Strahlungs- und Wärmehaushalt sowie eine regelmäßige Beobachtung des Ozongehaltes der Atmosphäre auf dem Programm. Viele Geräte erledigten ihre Registrieraufgaben im Grunde selbständig und bedurften nur der täglichen Kontrolle und Wartung, an anderen mussten die Wissenschaftler die Messungen immer selbst durchführen. Routine war aber auch dies.

Wenn hier von »Routinemessungen« gesprochen wird, so ist dies keineswegs abwertend zu verstehen: Die Meteorologie ist eine Wissenschaft, die in starkem Maße auf der Auswertung von Beobachtungen beruht, die regelmäßig und über lange Zeiträume hinweg durchgeführt werden müssen, denn nur so lassen sich Norm und Abweichung bestimmen. Die Antarktis stellte damals für die Meteorologie – ebenso wie für Glaziologie, Geologie und auch Teile der Geophysik – theoretisch und experimentell Neuland dar. Die neuen Messreihen, mit denen die ostdeutschen Forscher 1960 begannen, waren daher wichtig als Einstieg in die Aufklärung des Beitrages, den die Antarktis zur Entwicklung des Erdklimas leistet.

Routine sorgt in der Abgeschiedenheit einer antarktischen Forschungsstation für einen streng geregelten, gleichmäßigen Arbeitsrhythmus, der wenig Zeit zum Sinnieren lässt. Denn Sinnieren kann lebensgefährlich werden, sobald es Unzufriedenheit weckt und dem »Polarkoller« und unüberlegten Ausbrüchen Vorschub leistet. Routine hilft dem Menschen in der Antarktis physisch und psychisch zu überleben. Alle sechs Stunden mussten die ostdeutschen Wissenschaftler die meteorologischen Instrumente ablesen. In bestimmten Abständen hatten sie die Registrierstreifen der im Freien aufgestellten Geräte zu wechseln. Und dies bei jedem Wetter, selbst bei Orkan, wenn der Gang ins Freie eigentlich untersagt war. Abwechslung bescherte nur die für alle selbstverständliche Beteiligung an den allgemeinen Lagereinsätzen.

Auf der Drygalski-Insel mussten die Überwinterer zunächst ihr Zelt aufbauen und einrichten (oben, Mitte). (Fotos: Günter Skeib)

Winterstürme ließen die Hütte in »Mirny« im Schnee verschwinden. (Foto: Günter Skeib)

Bei Kälte und Sturm

Die eiskalten Metallteile der Geräte kleben, wenn man sie einmal unvorsichtigerweise mit den bloßen Händen berührt, sofort an der Haut fest. Kniet man sich zum Ablesen der Thermometer an der Bodenoberfläche nieder, dann sticht der dichte Strom des Treibschnees wie mit tausend Nadeln ins Gesicht und verkrustet sofort die Augen.

Die Wetterhütten sind mit Fallschirmseide bespannt, um das Eindringen des Schnees in die Geräte zu verhindern. Doch der Sturm reißt oft die Bespannung in Fetzen herunter. Die Geräte sind dann gestrichen voll mit Schnee, müssen in die Station geschafft und gesäubert werden. Nach einem Schneesturm von zwei Tagen Dauer ist unser Messfeld nicht wiederzuerkennen. Hohe Schneewehen überall, Thermometer und Windmesser teilweise unter der Oberfläche verschwunden. Sie müssen ausgegraben und neu montiert werden.

Bei sehr kräftigen Stürmen ist der Treibschnee elektrisch aufgeladen. Aus den Anschlussklemmen meiner Strahlungsmessgeräte kann ich in solchen Fällen knisternde Funken ziehen. Kein Wunder, dass an diesen Tagen die Registrierung vollkommen gestört ist. Man muss tatsächlich einen verbissenen Kampf um jeden Messwert führen.

Zweimal am Tag werden Radiosonden gestartet. Es sind dies kleine, sehr leichte Messgeräte für Temperatur, Druck und Feuchtigkeit, die von einem Ballon bis in Höhen von zwanzig und dreißig Kilometer emporgetragen werden. Ein sehr einfacher kleiner Kurzwellensender übermittelt die Messwerte zur Bodenstation. Anfangs hatte man in Mirny große Schwierigkeiten beim Start der Radiosonden. Die Geräte wurden bei Windgeschwindigkeiten ab fünfzehn Meter pro Sekunde häufig von den Sturmwirbeln zu Boden gedrückt und dabei zerstört. Jetzt lässt man den Ballon von der Plattform eines etwa fünf Meter hohen Turmes starten, mit dem Erfolg, dass fast jeder Aufstieg gelingt. Bei Windgeschwindigkeiten um dreißig Meter pro Sekunde wird es allerdings auch hier kritisch. Mancher Start muss dann wiederholt werden. Ist der Ballon erst einmal in der Luft, dann atmen die Radiosondenleute an solchen Tagen erleichtert auf, denn nun läuft alles normal. In der meteorologischen Station sitzt einer von ihnen am Kurzwellenempfänger und entziffert die von der Sonde ausgestrahlten Zeichen, während ein zweiter den in der Nähe stehenden Funkpeiler bedient. Hiermit verfolgt er die Sonde während ihres Fluges. Aus ihrer Bahnkurve kann man die Windgeschwindigkeiten in den verschiedenen Schichten der Atmosphäre bestimmen.

Günter Skeib, Orkane über Antarktika (1961)

Trotz der widrigen Bedingungen in der freien Natur, die die Station »Mirny« umgibt, konnten Routinearbeiten auch zu einem Versinken in geregelter Selbstgenügsamkeit verführen. Als in den Lagerbesprechungen die Planung für drei meteorologische Außenstationen für die Zeit des antarktischen Winters diskutiert wurde, verstand Günter Skeib dies als eine mögliche Unterbrechung der Routine wie als persönliche Herausforderung. Er meldete sich freiwillig für die Station auf der Drygalski-Insel, einem seit Jahrtausenden auf dem Meeresboden aufsitzenden Eisblock, den Erich von Drygalski am 21. Februar 1902 entdeckte hatte und der daher nach ihm benannt worden war.

Skeib und zwei sowjetische Kollegen wurden von einem Flugzeug am 19. Mai 1960 auf dieser elliptischen »Insel«, deren Achsen 13 und 20 km betragen und die bis auf rund 300 m über den Meeresspiegel aufragt, abgesetzt. Danach waren sie auf sich gestellt, mussten bei – 20 °C das halbkugelförmige Zelt errichten und es mit Matratzen und Rentierfellen auslegen. Die Proviant- und Ausrüstungskisten wurden zu einem tunnelartigen Vorbau vor dem Zelteingang gestapelt. Ein weiteres Zelt diente zweimal am Tag der Aerologie zur Füllung ihrer Radiosondenballone. Die Beobachtungen der drei Stationen sollten ein genaueres Bild vom Wetterablauf im Küstenbereich von »Mirny« vermitteln. Regelmäßigkeit war daher nun unter teilweise noch härteren Bedingungen gefordert.

Alle sechs Stunden musste Skeib sogar bei Orkanstürmen die Geborgenheit des Zeltes verlassen, um die Wetterdaten festzuhalten: »Fest eingemummt in den Sturmanzug mache ich mich auf den Weg. ... Eiskalt peitscht der Sturm Schneekristalle ins Gesicht. Wie ein Maulwurf krieche ich an die Oberfläche, purzele die steile Schneewehe hinab in die vom Brüllen des Orkans erfüllte Finsternis. Es ist absolut nichts zu erkennen. Der Strahl der Taschenlampe dringt nur einen bis zwei Meter in die brodelnde Schneedrift ein. Das Leitseil entlang finde ich mühsam den Weg zur Wetterhütte, kriechend, stolpernd, von den mächtigen Windstößen hin und her geworfen. Mit aller Kraft klammere ich mich an das Eisengerüst der Wetterhütte. Erst nach vielen vergeblichen Versuchen gelingt es mir, die Messwerte abzulesen und aufzuschreiben.«

Die Überwinterung auf der Drygalski-Insel hielt trotz aller Strapazen und aller Routinearbeiten, die hier ebenfalls schnell den Tag strukturierten, auch positive Seiten bereit: Da die Insel im Gegensatz zur Station »Mirny« auf dem antarktischen Festland knapp außerhalb des südlichen Polarkreises liegt, erhielten die drei Zeltbewohner immer wenigstens einige Stunden Sonnenlicht am Tag und überstanden so etwas leichter den

Die Drygalski-Insel vor »Mirny«, fotografiert beim Anflug, sitzt als Eisblock seit Jahrtausenden auf dem Meeresboden auf. (Foto: Günter Skeib)

nervzehrenden Wechsel von ruhigem, klarem Wetter und orkanartigen Stürmen.

Nach einer kleinen Terminverschiebung konnten die Überwinterer am 6. August, zwölf Wochen nach ihrer Ankunft, die Kisten mit den Instrumenten und den restlichen Vorräten wieder in das kleine Transportflugzeug laden und nach »Mirny« zurückfliegen. Dort erwartete sie eine traurige Nachricht: In der Nacht vom 2. auf 3. August war der letzte Orkan dieses Polarwinters über »Mirny« hereingebrochen. Er zerrte einmal mehr an den Behausungen und allen Leitungen, die, durch die Eiseskälte schon längst brüchig, zu ihnen führten. In einer von ihnen löste der Sturm nicht nur kräftige Vibrationen der Hütten, sondern dadurch auch einen Kurzschluss aus, der die meteorologische Station in Brand setzte. Acht Stationsbewohner, unter ihnen der junge Deutsche Christian Popp, wurden von den Flammen in dem tief unter dem Schnee liegenden Wohnhaus eingeschlossen. Als der Brand im Geheule der Orkannacht entdeckt wurde, war es für eine Rettung bereits zu spät ...

Die Lähmung nach diesem Schicksalsschlag wurde bald durch neue Betriebsamkeit abgelöst: Günter Skeib und sein Kollege Joachim Kolbig setzten das meteorologische Labor, dessen automatische Registrierungen am 3. August 1960 um 5:48 Uhr abgeschaltet worden war, wieder in Betrieb. Skeib arbeitete sich in das Ozonspektrometer ein

und führte die Messungen von Christian Popp fort. Neue Routine half zwar nicht zu vergessen, aber immerhin zu verdrängen, zumal der einsetzende antarktische Sommer durch die Möglichkeit zu einigen Exkursionen Abwechslung brachte.

Am 31. Januar verließen Skeib und Kolbig an Bord des Eisbrechers OB den Umkreis der Station. An Bord halfen sie bis zur Rückkehr Anfang März bei meereskundlichen Arbeiten. Am 12. März fuhr die OB, damals das Flaggschiff der sowjetischen Antarktisflotte, endgültig von »Mirny« Richtung Europa ab. Nach 17 Monaten Expe-

Christian Popp wurde in der Nacht vom 2. auf den 3. August 1960 Opfer eines Brandes. (Foto: Günter Skeib)

Die ostdeutschen Meteorologen legten beim Bau ihrer Instrumentenhütte selbst Hand an. (Foto: Günter Skeib)

Gedenkstein für die Toten des Brandes vom August 1960 auf einem Hügel bei »Mirny«. (Foto: Joachim England)

Registriergeräte der Meteorologen (rechts). (Foto: Günter Skeib)

Einstiegsturm zur meteorologischen Station nach dem Brand (links). (Foto: Günter Skeib)

dition durften die beiden deutschen Polarforscher am 30. April 1961 im Hafen von Leningrad ihre Frauen endlich wieder in die Arme nehmen.

Wie viele ihrer Kollegen, in Ost und West, brachten Skeib und Kolbig bei ihrer Rückkehr keine Aufsehen erregenden Ergebnisse mit. Dennoch lieferte ihre Arbeit wichtige Beiträge zum Verständnis des Wettergeschehens in der ostantarktischen Davis-Bucht, an der »Mirny« liegt. Die während des Internationalen Geophysikalischen Jahres aufgenommenen meteorologischen Messungen waren von den ostdeutschen Wissenschaftlern im Rahmen der sowjetischen Antarktis-Expeditionen weiter vorangetrieben worden. Korrekturen an früheren Vorstellungen zeichneten sich dabei bereits ab und ließen eine deutliche Abhängigkeit der Luftdruckverteilung vom Oberflächenrelief des Inlandeises erkennen. Neue theoretische Überlegungen zum Ineinandergreifen der aus dem antarktischen Festland kommenden Hochdruckkeile (Antizyklone) und der vom Meer ins Festland eindringenden Tiefdruckgebiete (Zyklone) konnten auf dieser Basis entwickelt werden.

Offensichtlich waren die Berichte über die Arbeit von Skeib und seinen Kollegen – ähnlich wie schon bei den Messungen am Tujuksu-Gletscher – von Anfang an so positiv, dass die sowjetische Akademie die DDR sofort zur Entsendung einer weiteren Meteorologen-Gruppe ermunterte, wenn nicht sogar aufforderte. Während Skeib, Kolbig

und Popp noch im Eis Antarktikas überwinterten, liefen daher in der DDR die Vorbereitungen für eine Teilnahme an der 6. SAE auf vollen Touren. Die nächsten Wissenschaftler sollten nämlich bereits im Herbst 1960, also rund ein Jahr nach ihren Kollegen, aus der DDR abreisen und ebenfalls überwintern – ein Rhythmus, der die folgenden Jahre in ähnlicher Weise bestimmte.

Am Neujahrestag 1961 erreichte die OB die Packeisgrenze vor Mirny, an Bord Dipl.-Phys. Peter Glöde vom Observatorium für Atmosphärenforschung in Kühlungsborn, Stephan Klemm vom Meteorologischen Dienst in Potsdam und der Hydrologe Otto Schulze aus Berlin. Wie ihre Vorgänger Skeib und Kolbig, die sie im Januar ablösten, mussten diese drei – über die bei solchen Expeditionen selbstverständliche Beteiligung am gemeinschaftlichen Ausladen oder am Fräsen von Eisblöcken für die Trinkwasseraufbereitung hinaus – meteorologische »Dienstleistungen« für das sowjetische Programm erbringen. Sie hatten aber auch die Möglichkeit, eigene Forschungsideen zu verfolgen. Zum selbständigen Forschungsprogramm der Meteorologen aus der DDR gehörte vor allem die Messung der direkten Sonneneinstrahlung über dem Inlandeis und somit ein weiterer Beitrag zur Klärung von Strahlungsbilanz und Wärmehaushalt der Antarktis. Im Hintergrund stand – ähnlich wie bei der »Expédition Glaciologique Internationale au Groenland« (EGIG, vgl. »Auf den Spuren Alfred

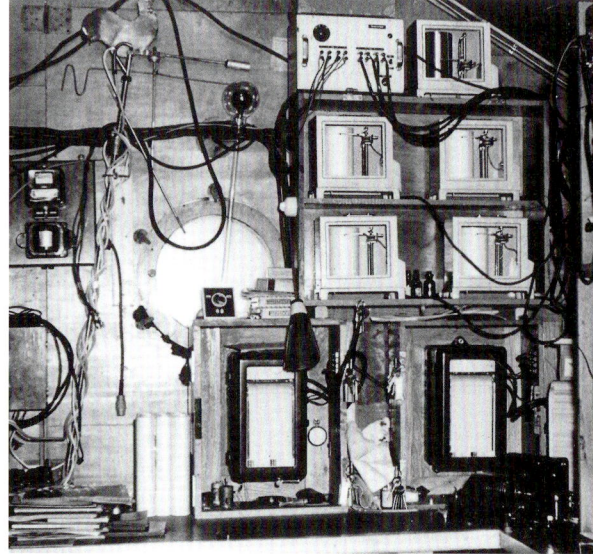

Wegeners«) – die Frage, ob das Festlandeis allmählich abschmilzt oder im Gegensatz zu den mitteleuropäischen Gletschern stetig zunimmt. Hierfür war es ein Glücksfall für Stephan Klemm, dass der sowjetische Chef-Meteorologe Wassili Schljachow sich vorgenommen hatte, während der Polarnacht von »Mirny« aus Flüge über das Inlandeis zu unternehmen, um so die effektive nächtliche langwellige Ausstrahlung von verschiedenen Höhenlagen aus zu messen – ein völlig neuer Ansatz, der bis dahin an keiner anderen Antarktisstation durchgeführt worden war. Klemm konnte durch Modifikationen an einem seiner Strahlungsmessgeräte das sowjetische Unternehmen wirkungsvoll unterstützen. Da die dabei ermittelten Werte ein Komplement zu den Bodenmessungen der ostdeutschen Wissenschaftler darstellten, bei denen eine unerwartet große Intensität der direkten Sonneneinstrahlung gemessen worden war, konnte man darüber hinaus weitere wichtige Stücke in das wissenschaftliche Puzzle »Wärmehaushalt der Antarktis« einfügen. Das vollständige Bild war allerdings damals nicht annähernd zu erkennen, denn noch fehlten viele Parameter, etwa die Wärmezufuhr durch ozeanische Luftmassen.

Dienstleistungen für die Gesamtexpedition standen auch für den Dresdner Meteorologen Joachim England bei seiner Teilnahme an der 7. SAE täglich im Vordergrund: Zu festgesetzten Zeiten musste er – in Zusammenarbeit mit seinen sowje-

tischen Kollegen, die sich auf andere Daten konzentrierten – die aus fremden Stationen übermittelten Wetterdaten analysieren und in Höhenwetterkarten umsetzen. Eine diffizile Routinearbeit, denn die Daten kamen auf Grund der schwierigen Funkverbindungen oft verstümmelt an, doch waren die Ergebnisse dieser meteorologischen Synoptik wichtig als Grundlage für die Aktivitäten der verschiedenen Expeditionsgruppen. Zwischen diesen Pflichtterminen verfolgte England mit einem Davoser »Frigorimeter« erste bioklimatische Forschungsideen und versuchte vor allem, über objektive physikalische Messungen von Lufttemperatur, Luftbewegung (Wind), Strahlung und Verdunstung dem subjektiven Phänomen der »gefühlten Temperatur« näher zu kommen – ein Ansatz, der von der DDR-Forschung erst viel später wieder aufgenommen wurde. Darüber hinaus widmete sich England der Wolkenbeobachtung und fotografierte regelmäßig mithilfe eines »Himmelsspiegels« den gesamten Himmel in der Hoffnung, so der Entstehung von Zyklonen und Antizyklonen nachspüren zu können.

An der nächsten, der 8. Sowjetischen Antarktis-Expedition nahmen mit Manfred Buttenberg und Peter Nitschke erneut zwei Meteorologen aus der DDR teil. In Zusammenarbeit mit ihren sowjetischen Kollegen erstellten sie die täglichen Wetteranalysen. Soweit ihnen diese Dienstleistung Zeit ließ, führten sie die Messreihen von 1960 zum

Winterräumdienst in »Mirny« (links). (Foto: Joachim England)

Um die ostdeutschen Meteorologen herum nahmen Messgeräte (dabei: Frigorimeter als Kugel an den Spitzen) die Wetterdaten auf und leiteten sie zu den Registriergeräten weiter (rechts). (Foto: Joachim England)

Noch liegt das sowjetische Versorgungsschiff an der Eisbarriere vor »Mirny«. (Foto: Joachim England)

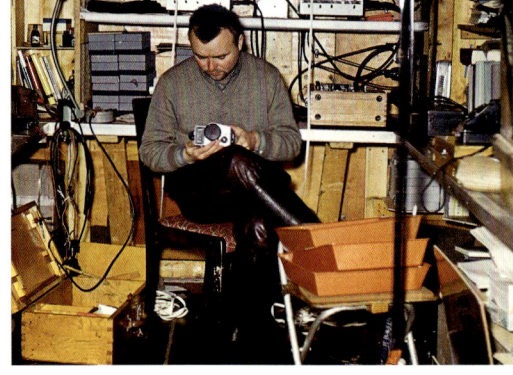

Der Meteorologe Joachim England an seinem Arbeitsplatz in der Messhütte ...

... und bei Strahlungsmessungen mit dem Panzeraktinometer im Freien. (Fotos: Joachim England)

Trübungsfaktor der Atmosphäre fort und beteiligten sich an Wetter- und Erkundungsflügen. Nitschke leitete außerdem aus den bei Radiosondenaufstiegen ermittelten Daten die Erkenntnis ab, dass sich die mittlere und die untere Schicht der Atmosphäre nicht, wie bis dahin geglaubt und wie in anderen Klimazonen gemessen, in ihren Temperaturen gegensätzlich verhalten, sondern dass sie sich im Sommer nahezu gleichzeitig erwärmen, um sich im Winter wieder gleichzeitig abzukühlen.

Mit den Jahren wurde von West und Ost das Beobachtungspotential der in ständig wachsender Zahl um die Erde kreisenden Satelliten immer intensiver genutzt. Einen entscheidenden Hightech-Schritt machte dabei Dr. Karl-Heinz Schmelovsky (damals in Kühlungsborn, nach 1968 Professor am Zentralinstitut für solarterrestrische Physik in Berlin): Er entwickelte die Wetterbild-Empfangsstation WES-1 und konnte einen Prototypen auf die Reise zur 13. SAE (1967–1969) mitsenden. Durch Anwendung einer speziellen Empfangstechnik ermöglichte er auch mit kleinen Antennen einen einwandfreien Empfang der schwachen Signale, die der amerikanische ESSA-Satellit aus 1000 km Höhe aussandte. Mit dem Prototypen im Gepäck konnten Dr. Peter Glöde, Dipl.-Phys. Hartwig Gernandt und der Funkmechaniker Ingo Nevermann schon während der Überfahrt mit der PROFESSOR WIESE dem sowje-

tischen Fahrtleiter jeden Morgen für die zu durchquerende Region Fotos mit den aktuellen Wetterbildern vorlegen. Schwierig wurde es jedoch in der Antarktis, denn die verfügbaren Landkarten zeigten die Konturen des Schelfeises von 1957. Seither waren jedoch im Zielgebiet rund 50 km Schelfeis abgebrochen und als Eisberge nach Norden in die Weltmeere gedriftet. Kein Wunder, dass es einige Zeit dauerte, bis den Landkonturen der Satellitenbilder einigermaßen richtige Koordinaten auf der Landkarte zugeordnet werden konnten und sich die Wetterbilder auch in der Antarktis zu einer willkommenen und verlässlichen Navigationshilfe entwickelten. Nach seiner Installation in der Station »Mirny« am 21. Januar 1968 stellte WES-1 schnell eine nicht mehr wegzudenkende Informationsquelle für die sowjetischen Meteorologen dar, durch die auch die Flugzeug- und Hubschrauberpiloten fundiert und frühzeitig vor nahenden Schlechtwetterfronten gewarnt werden konnten. Bei der Ablösung der 13. SAE konnte im antarktischen Frühsommer 1968 dank WES-1 darüber hinaus die einzige zu diesem Zeitpunkt passierbare, 7 km breite Durchfahrt durch das Packeis aufgespürt und vom Kapitän der OB auf seinem Weg nach »Mirny« genutzt werden.

Als technische Entwicklung war WES-1 wirtschaftlich weniger erfolgreich: Zehn Geräte wurden insgesamt gebaut, einige auch ins Ausland verkauft, aber mehr konnten aus Gründen, denen hier nicht nachgegangen werden kann, dann doch nicht abgesetzt werden. Auch für die Weiterentwicklung, nämlich die Empfangsanlage WES-2, gelang kein dauerhafter Übergang in die Produktion. Zwar wurden von ihr insgesamt sogar über 60 Stück hergestellt, viele davon für ausländische Abnehmer. Der Wissenschaft brachte WES-2 erhebliche Fortschritte, und zwar insbesondere nachdem sie 1976 in das neue »Basislaboratorium der DDR« bei der sowjetischen Station Nowolasarewskaja (vgl. »Eine Forschungsbasis entwickelt sich«) integriert worden war. Durch den nun möglichen Dauereinsatz und die zusätzlichen Infrarotbilder neuer Satelliten, die gerade nachts und im Winter auswertbare Bilder funkten, entstand bis 1989 eine wertvolle Bildreihe des Gebiets um die bei 70°46'S 11°51'E gelegene spätere »Georg-Forster-Station«. Auf Grund des etwa gleichzeitigen Übergangs auf den neuen sowjetischen Satelliten METEOR, der in einer Flughöhe von nur 800 km um die Pole lief, erhielt man Bilder mit weit besserer Auflösung. Damit eröffneten sich über die tägliche meteorologische Wetterbeobachtung hinaus wichtige zusätzliche Einsatzmöglichkeiten: Der Vergleich der Bilder über längere Zeiträume hinweg gab Aufschluss über Änderungen im Verlauf der Schelfeiskante ebenso wie über jahreszeitliche und jährliche Schwankungen in der Eisbede-

Letzter Blick von der »Deutschen Hütte« zur Station »Mirny«. (Foto: Joachim England)

Günter Skeib, der Nestor der ostdeutschen Polarforscher, war als erster Deutscher nach dem Krieg in der Antarktis. (Quelle: Günter Skeib)

ckung vor der Küste. Denn die Strömungsverhältnisse des Meeres und die kräftigen Fallwinde aus dem Kontinent führen zu großen jahreszeitlichen Modifikationen der Meereisgrenze wie zu plötzlichen Zonen eisfreien Wassers, die regelmäßig wiederkehren oder aber zufällige Einzelphänomene sein können. Der jeweilige Charakter der Erscheinung lässt sich nur mithilfe derartiger Bildreihen erschließen, wie sie an der Forschungsbasis der DDR noch bis in die 1980er-Jahre weitergeführt und dann erst langsam durch die von immer leistungsfähigeren Satelliten gelieferten Bilder ersetzt wurden. Gleichzeitig lassen sich aus der unterschiedlichen Verteilung von Meereis und offenem Meer wichtige Daten für die Strahlungsbilanz des jeweiligen Gebietes ableiten und so die Verbindung zu übergeordneten Klimadaten knüpfen.

Es begann als anstrengende Routine. Und es blieb im Grunde über lange Zeit eine Routinearbeit, die allerdings später in wachsendem Maße Computern übertragen werden konnte. Dank der technischen Entwicklung und der unermüdlichen Aus-

dauer der ostdeutschen Wissenschaftler in einer sowjetischen und später der eigenen Forschungsstation erwuchsen daraus jedoch die Grundlagen für eine immer bessere Aufklärung des Wettergeschehens in der Antarktis und damit auch fortschreitende Erkenntnisse zu ihrem Einfluss auf das Klima der Erde. Für seine Pionierleistung erhielt Günter Skeib, dessen wissenschaftliche Laufbahn vor allem durch Untersuchungen zum Wärmehaushalt der bodennahen Luftschicht gekennzeichnet war, nach seiner Pensionierung am 7. Oktober 1987 in Köln als Erster den von Johannes Georgi gestifteten Preis für Polarmeteorologie der Alfred-Wegener-Stiftung. Dies war mehr als eine persönliche Anerkennung: Die Wissenschaftler aus der DDR hatten sich über die Jahre hinweg durch die von ihnen geschickt und einfallsreich gesetzten Akzente aus dem Kielwasser der sowjetischen Polarforschung herausbewegt und erfolgreich eigene Fahrtrouten verfolgt.

Akribische Messarbeit bei Eiseskälte

Die OB, ein eigentlich für den nördlichen Seeweg gebauter Frachter mit Eisbrechereigen-

schaften, galt als das Flaggschiff der sowjetischen Antarktisflotte. (Foto: Siegfried Meier)

Bei den zentralasiatischen Expeditionen im Rahmen des Internationalen Geophysikalischen Jahres hatten nicht nur die Meteorologen um Günter Skeib erfolgreich und überzeugend gearbeitet, sondern gleichermaßen die am Fedtschenko-Gletscher tätigen Geodäten. Die Initiatoren in Moskau und vor allem am Arktischen und Antarktischen Forschungsinstitut in Leningrad konnten über ihre Einladungsentscheidung zufrieden sein. Kein Wunder also, dass die sowjetische Akademie für die 7. Sowjetische Antarktis-Expedition (SAE 7) die DDR zur Entsendung von Geodäten ermunterte. Dass sich unter den ostdeutschen Teilnehmern dann mit dem Freiberger Dr. Georg Dittrich der Leiter der Fedtschenko-Gruppe der DDR befand, ist vielleicht weniger verwunderlich: Dittrich hatte sich nicht nur als Wissenschaftler bewährt, er hatte am Fedtschenko-Gletscher darüber hinaus Gefallen an der Arbeit in der Kälte gefunden. Darüber hinaus konnte er mit den dort gewonnenen Erfahrungen am ehesten auch für das ihm unbekannte Antarktika ein überzeugendes Forschungsprogramm entwickeln, das auch für das Leningrader Institut wichtige Informationen zum Umfeld von »Mirny« versprach – Untersuchungen, die bei den Sowjets hatten zurückstehen müssen gegenüber den geodätischen Messungen entlang der Routen, die »Mirny« mit den innerkontinentalen Stationen »Komsomolskaja«, »Wostok« und »Sowjetskaja« verbanden. Für die Erlaubnis zur Realisierung der DDR-Pläne war das Interesse Leningrads entscheidend, denn Dittrich wollte nicht wie seine Vorgänger in der Station arbeiten und sich nur gelegentlich anderen Unternehmun-

97

Die dritte Gruppe der ostdeutschen Antarktis-Fahrer: Georg Dittrich, Joachim England, Georg Schwarz (von rechts). (Foto: Joachim England)

Die Geodäten errichteten auf ihrer Messstrecke trigonometrische Signalpunkte mit weithin sichtbaren Blechzylindern an der Spitze. (Foto: Joachim England)

gen anschließen. Er benötigte für sein Programm die volle logistische Unterstützung aus dem Fuhrpark der Station.

Bereits am 17. Februar 1962, wenige Wochen nach seiner Ankunft in der Antarktis, brach Dittrich mit seinem Leipziger Kollegen Georg Schwarz sowie dem Meteorologen Joachim England zum ersten selbständigen Schlittenzug deutscher Polarforscher in Antarktika auf. Zwei erfahrene sowjetische Traktoristen steuerten die beiden Kettenfahrzeuge, an die Wohn- und Last-

schlitten angehängt waren. Langsam kamen sie auf den geplanten 100 km Richtung Süden voran. Ungünstige Wetterbedingungen erschwerten immer wieder eine zügige Fahrt. Unterwegs bauten Dittrich und Schwarz ein Netz trigonometrischer Signalpunkte auf. Sie ließen an jedem ausgewählten Punkt vier bis acht Meter lange Aluminiumstangen ins Eis ein und verspannten sie mit Drahtseilen. An der Spitze befestigten sie schwarze Blechzylinder, um die Signale später auch über eine Entfernung von einigen Kilometern erkennen zu können. Aus der Entfernung zwischen zwei gesetzten Signalpunkten sowie aus Winkel und Entfernung zu einem dritten Punkt berechneten Dittrich und Schwarz die Lage der einzelnen Punkte zueinander und entwarfen mithilfe dieser vielen Messpunkte ein genaues Netz zwischen den – auf andere Weise exakt bestimmten – Anfangs- und Endpunkten der Traverse. Bei den Auswertungen – überschlägig vor Ort und detailliert später im Studierzimmer – war für mittlere und längere Entfernungen zudem die Refraktion, also die Brechung des Lichtstrahls über dem Eis, zu berücksichtigen. All dies war damals letztlich die normale Routinearbeit eines Geodäten: mühsam, zeitraubend, akribisch. Für unsere Geodäten allerdings zusätzlich erschwert durch die extremen Witterungsbedingungen mit Eiseskälte und schneidenden Winden.

Doch es gab noch ein Problem: Die Signalpunkte ihrer Traverse standen auf Gletschereis. Und Gletscher fließen, d.h. sie bewegen sich kontinuierlich, wenn auch mit unterschiedlichen Geschwindigkeiten talwärts. Die Vermessung eines Signalpunkts gibt deshalb immer nur eine Momentaufnahme, was auch für das Verhältnis der einzelnen Signalpunkte zueinander zutrifft. Für eine korrekte Vermessung verschiedener Signalpunkte einer Traverse kommt es darauf an, die Messperiode und damit die durch die Gletscherbewegung verursachten Fehler möglichst gering zu halten. Dittrich und Schwarz bestimmten daher die Koordinaten und Höhenlagen der Signalpunkte erst auf der Rückfahrt zur Station. Dafür sollte die gewählte Jahreszeit eigentlich recht günstig sein. Doch immer wieder behinderten und verzögerten Sturm und Schneefegen die Arbeiten. Eines Tages fiel sogar der eine, kurz darauf der andere Traktor aus. Dittrich befürchtete, dass sein Unternehmen vorzeitig und mit unvollständigen Messdaten abgebrochen werden müsste. Doch die Stationsleitung in »Mirny« schickte, wie immer in vergleichbaren Fällen, eine kleine Hilfsexpedition. Und deren Mechaniker entdeckten die Ursachen der Störungen und reparierten sie vor Ort: Die Traktoren begannen wieder zu röhren, Fahrt und Messungen konnten fortgesetzt werden. Als Dittrich und Schwarz Mitte April wieder in »Mirny« eintrafen, hatten sie mehr als 80 Signalpunkte vermessen: Sie hatten Aufschluss über Höhenlage und Oberflächengefälle des untersuchten Gletschergebietes erhalten.

Weitere Aussagekraft erhielten diese Messungen durch eine zweite Fahrt, die die beiden »Schorschs« nach dem Polarwinter vom 5. Oktober bis 13. November 1962 auf der gleichen Trasse unternahmen: Aus den Wiederholungsmessungen an den Signalpunkten errechnete Dittrich erste Werte für die Bewegung des Gletschers im Süden von »Mirny«: von Kilometer 100 aus nahm die Fließgeschwindigkeit des Eises, von einzelnen Schwankungen in Wellentälern und Wellenbergen abgesehen, fast kontinuierlich von 38 m auf maximal 88 m im Jahr zu. Im folgenden Abschnitt bis Kilometer 30, in dem das Eis seine Fließrichtung von Nord auf Nordost änderte, stieg die Geschwindigkeit sogar auf jährlich 100 m bis

zu höchstens 130 m, um sich im Küstenbereich, d.h. ab Kilometer 24, fast schlagartig auf Jahreswerte zwischen 25 m und 50 m zu verlangsamen. Diese Daten waren das Ergebnis eines Vergleichs der Messungen von Februar/April und von Oktober/November sowie einer Hochrechnung auf das gesamte Jahr. Bewegte sich der Gletscher jedoch im antarktischen Sommer wirklich mit der gleichen Geschwindigkeit wie im Winter? Und war das Jahr 1962 überhaupt repräsentativ, oder hatte man womöglich Maximal- oder Minimal-

Auf dem Weg zu »km 100«, dem Endpunkt der Messstrecke südlich von »Mirny«, wurden automatische Wetterstationen errichtet. (Foto: Joachim England)

Auf der Strecke wurden für den Schlittenzug kleine Tanklager eingerichtet. (Foto: Joachim Meier)

Immer wieder geriet der Schlittenzug in Schneestürme. (Foto: Georg Dittrich)

Nach größeren Pausen mussten eingefrorene Motoren wieder aufgetaut werden. (Foto: Joachim England)

Nach mehrmaligen Verzögerungen brachen sie schließlich am 19. Januar 1965 mit zwei sowjetischen Technikern, einem Traktoristen und einem Funker, auf. Sie kamen zügig voran, sodass der mächtige Kettenschlepper mit dem angekoppelten Wohnschlitten schon am ersten Abend Kilometer 50 erreichte. Doch plötzlich setzte die Funkverbindung zu »Mirny« einen Tag lang aus. Für diesen Fall schrieben die Verhaltensregeln zwingend eine Unterbrechung der Fahrt vor. Schon am Abend des zweiten Tages traf jedoch der sofort entsandte Hilfszug aus »Mirny« ein – und stellte fest, dass die Ausrüstung in Ordnung war und sie sich nur in einer größeren Senke befanden, aus der heraus auf Grund ungünstiger Wetterbedingungen keine Funkverbindung mehr zustande gekommen war. Schmidt und Mellinger konnten gegen Mitternacht beruhigt weiterfahren und trafen schon gegen Mittag bei Kilometer 100, ihrem Ziel, ein.

Damit konnte das Forschungsprogramm beginnen: Anfahren der alten Signalstangen, Überprüfung ihres Standes, Anzielen der nächsten Punkte. Trotz wechselnder Sicht und dadurch erzwungener Unterbrechungen ging die Arbeit zügig voran. Erst im mittleren Teil der alten Dreieckskette wurde es schwieriger: In dem stark verschneiten Gelände waren nur wenige alte Signale aufzufinden. Die Traverse musste an vielen Stellen neu aufgebaut werden, wobei aber manche alte Signale, von denen nur noch der Zylinder aus dem Schnee ragte, doch wieder entdeckt wurden. Für die eigentlichen Messungen und deren mögliche spätere Wiederholung wurden die Signale überall neu aufgestellt: Die beiden Geodäten und die Techniker steckten Aluminiumstangen ineinander, brachten rund 4 m über der Schneeoberfläche die (gegenüber 1962 vergrößerten) schwarzen Sichtzylinder an und zurrten das Ganze mit Stahlseilen an Holzpflöcken fest. Im Küstenbereich verließen sie wegen der Gefahr von Eisspalten den Raupenschlepper und suchten, gesichert durch Bergsteigerseile, die restlichen Signalorte zu Fuß auf. Mitte Februar begannen Schmidt und Mellinger die Vermessung der Traverse, wobei sie an jedem der 78 Dreieckspunkte die festgelegten Winkel- und Längenbestimmungen durchführten. Am 5. März war trotz zeitweiser Schneestürme und schlechter Sichtverhält-

werte gemessen? Wissenschaftlich tragfähig, das wussten die beiden Schorschs durchaus, wurden die Messungen erst durch eine Wiederholung einige Jahre später. Diese Überprüfung im Rahmen der 10. SAE (1965) machten dann allerdings nicht sie selbst, sondern Tankred Schmidt und Günter Mellinger, die an der Bergakademie Freiberg bzw. der Technischen Hochschule Dresden Geodäsie studiert hatten. Nach der Ankunft in »Mirny« mussten sie zunächst die üblichen Arbeiten erledigen: Mithilfe bei der Entladung der Schiffe, Überprüfung der Kisten mit dem Expeditionsgepäck, Umpacken für die Zwecke der Expedition selbst, Ergänzung der Ausrüstung aus Beständen der sowjetischen Expedition um die notwendigen Lebensmittel sowie um Treibstoff für das Fahrzeug, Propangas für den Kochherd und Steinkohle für den Hüttenofen.

nisse der letzte Triangulationspunkt termingerecht erreicht. Fünf Tage später wurden in »Mirny« die letzten vermessungstechnischen Arbeiten
vorgenommen. Am 13. März waren Tankred
Schmidt und Günter Mellinger an Bord der OB
und damit auf der Rückreise nach Deutschland.
In den heimischen Labors wurden die gemessenen Daten ausgewertet: Bei der Fließgeschwindigkeit des Eises zeigte der Vergleich mit den
Messungen von 1962 eine überraschend gute
Übereinstimmung, sodass sich diese als durchaus
repräsentativ erwiesen. In zwei anderen Punkten
wurden die Hochrechnungen von 1962 erheblich
korrigiert, nämlich bei der Absenkung des Eises
und dem Schneeauftrag. Die einzelnen Strecken-
abschnitte der Traverse wiesen hier ähnliche
Unterschiede pro Jahr wie die Fließgeschwindigkeit auf: im nördlichen Teil pro Jahr Absenkungen
zwischen 2 m und 4 m sowie ein Schneeauftrag
von knapp 1 m, zwischen Kilometer 55 und 25
Absenkungen bis über 6 m und Schneeauftrag von
rund 2,5 m, im Küstenbereich (ab Kilometer 25)
dagegen etwa gleiche Werte für beide Parameter.
Der Schneeauftrag im Mittelabschnitt mit kumu-
lierten 6 m über rund 27 Monate erklärte auch,
weswegen dort die meisten Signale eingeschneit
waren. Wie oft bei der Grundlagenforschung
waren diese Ergebnisse nichts umwerfend Neues,
lieferten aber die Basis für die Berechnungen der
Glaziologie zum Bewegungsmechanismus des
antarktischen Eises und zur Eismassebilanz in
dieser Region.

Geodäten kämpfen insbesondere unter extremen
klimatischen Bedingungen mit einem besonderen
Problem, das die Genauigkeit ihrer Messungen
immer wieder in Frage stellt und eine Hauptquel-
le für Messfehler ist: mit der Refraktion. Sie ist die
Ursache für die Krümmung der Lichtstrahlen und
damit für Spiegelungseffekte in der Atmosphäre,
wenn wir »Wasserflächen« über erhitzten Land-
straßen oder eine »Fata Morgana« in Wüstenge-
bieten sehen. Diese Erscheinungen lassen sich
auch in Antarktika beobachten. In der eisnahen
Luftschicht nimmt die Temperatur von der
Schneeoberfläche aus zunächst nach oben hin sehr
rasch zu, wodurch eine besonders starke Krümmung der Zielstrahlen bewirkt wird. Erste Untersuchungen dazu hatte Georg Dittrich schon während der 7. SAE 1962 angestellt. Erst im Rahmen

Mit größtmöglicher Akribie
Die irdische Refraktion des Lichtstrahls unter dem Einfluss einer sich
ständig verändernden thermischen Struktur der Luftschichten kann man
nur ergründen, wenn die Messungen mit absoluter Konsequenz, äußerst
gewissenhaft, ja geradezu stupide durchgeführt werden. Die Zeit der heroischen Expeditionen ist vorüber. Heute kommt es darauf an, in den Polargebieten mit größtmöglicher Akribie Ergebnisse so zu sammeln, dass sie
mit den in normalen Observatorien zu Hause gewonnenen Ergebnissen
vergleichbar sind.

Georg Dittrich, nach Abschluss der Refraktionsmessungen von 1965

der 19. SAE konnte er, inzwischen in Berlin tätig,
diesem Problem systematisch nachgehen – nun in
enger Zusammenarbeit unter anderem mit dem
Meteorologen Dr. Alfred Helbig von der Humboldt Universität zu Berlin. Nach einem ausge-
klügelten System wurden rund 10 km südlich der
sowjetischen Station »Molodjoshnaja« drei Messpunkte in Abständen von 3 bis 5 km errichtet,
davon einer als Fixpunkt auf Felsen, die anderen
beiden auf dem Gletschereis. An jedem Punkt
stand eine Hütte für zwei Personen (jeweils für
einen meteorologischen und einen geodätischen
Beobachter), autark mit Lebensmittelvorräten,
Stromaggregat, Ölofen und natürlich den notwendigen Messeinrichtungen. Soweit es die Witterungsbedingungen erlaubten, wurden vom Februar 1974 bis Februar 1975 jeden zweiten Tag mit
dem Theodolit in unterschiedlichen Höhen gleich-

Um die nivellitische Refraktion bestimmen zu können, musste oft erst ein sicherer Standplatz für den Beobachter gegraben werden. (Foto: Georg Dittrich)

zeitige, gegenseitige Messungen der Höhenwinkel zwischen den drei Messpunkten vorgenommen und parallel dazu die meteorologischen Einflussfaktoren erfasst: Lufttemperatur in den Höhen zwischen 0,75 m und 6,00 m, Windgeschwindigkeit, Luftfeuchte, Luftdruck, Windrichtung, horizontale Sichtweite, Bewölkung. Es ergaben sich unerwartet hohe Extremwerte, die geodätische Messungen zum Teil unmöglich machten. Am Ende hatte man aber reiches Material über die

Antarktische Fata Morgana

Schönste Fata Morgana bisher. Auf der Gegenstation in 1,2 km Entfernung erschien hoch über dem GT-T, unserem Kettenfahrzeug, eine große Flagge oder Rauchfahne, die sich nach unten ausdehnte, bis der GT-T plötzlich dreifach überhöht erschien, ebenso wie alle anderen Gegenstände. Durchs Fernrohr sah ich Artur ein zweites Mal über sich selbst, aber auf dem Kopf stehend und mitunter so lang gestreckt wie in einem Zerrspiegel. Der Abendberg hatte senkrechte Seitenflanken wie der Lilienstein in der Sächsischen Schweiz, bis er über sich wiederum umgekehrt schwebte, manchmal beide Bilder ineinander übergehend, manchmal mit einem Streifen Himmel dazwischen. Gegenstände, sonst nicht sichtbar, kamen über dem Horizont zum Vorschein! Besonders schön: die roten und schwarzen Tafeln der Landebahnmarkierung. Sie waren sonst hinter einem Schneerücken verborgen, jetzt tauchten sie in ihrer normalen Größe etwa 10 m über der Oberfläche auf. Dann verwandelten sie sich in schlanke Säulen. Der eigenartigste Effekt war, dass die Traktoren, Bulldozer und anderen Geräte für die Flugplatzwartung, sonst in derselben Entfernung deutlich sichtbar, zeitweise ganz verschwanden. Alle diese Erscheinungen wechselten langsam innerhalb von ein bis fünf Minuten. Ein Zustand ging in den anderen über.

Klaus Dreßler, Tagebucheintragung im März 1972

terrestrische Refraktion und die Temperaturverhältnisse in der eisnahen Luftschicht der antarktischen Hangzone – und nach weiteren zwei Jahren Auswertung Formeln zur Abschätzung der Refraktion über Eisflächen in Abhängigkeit von wenigen meteorologischen Parametern, die nachfolgenden Geodäten die Planung ihrer Messungen erleichterten und ihre Messungen genauer machen. Mehr nicht. Aber auch nicht weniger.

Eine akribische Vermessung anderer Art hatten die Geodäten Joachim Liebert und Günter Leonhardt im Jahre 1963 während der 8. SAE geleistet: die genaue astronomische Ortsbestimmung der sowjetischen Stationen »Mirny« und »Wostok«. Ihr ursprünglicher Auftrag hatte sich nur auf die Station »Wostok« bezogen. Doch diese war ein Jahr lang nicht benutzt worden und musste erst wieder aktiviert werden. Schlechtes Wetter reduzierte die Zahl der Flüge, mit denen Material von »Mirny« nach »Wostok« transportiert werden konnte. Dies hatte zur Konsequenz, dass Liebert und Leonhardt in der kurzen Zeit zwischen ihrer Ankunft am 16. Januar 1963 und dem Beginn des Polarwinters nicht mitfliegen durften und in »Mirny« festsaßen. Sie nutzten diese Zeit für eine Bestimmung des »Astropunktes« Mirny. Zwar hatten ihre sowjetischen Kollegen bei der 1. SAE eine erste astronomische Bestimmung 1956 durchgeführt, doch sollte nun die Präzision der Koordinaten, d.h. der geographischen Länge und Breite, erhöht werden. Hierfür musste mit einem für den Einsatz bei extrem tiefen Temperaturen vorbereiteten »Passageinstrument« der Firma Carl Zeiss Jena jeweils der genaue Zeitpunkt bestimmt werden, zu dem ausgewählte Sterne das Gesichtsfeld eines Fernrohrs passierten, das exakt auf die Linie Ost – Zenith – West eingestellt war. Höchste Präzision war zunächst für die Justierung des Instruments und seines Fernrohrs, dann aber vor allem für die Beobachtung der Sterne auch am Taghimmel und für die Feststellung des Durchgangsmoments der Sterne gefordert. Bei dieser Arbeit konnte immer einer am Chronometer in der warmen Hütte bleiben, während der Kollege auch bei extremen Minustemperaturen zu vorher bestimmten Zeitpunkten zur Verfolgung des Sternendurchgangs in die Messhütte im Freien musste. Nach wochenlangen Messungen, immer wieder unterbrochen durch Schlechtwetterperioden, hatten die beiden die notwendigen Daten zusammengetragen. Mit einer Handkurbelmaschine – elektronische Taschenrechner gab es 1963 noch nicht – wurden schließlich die Koordi-

naten für den Astropunkt, der in »Mirny« auf Felsgestein mit einem Dreibock markiert wurde, mit einer Genauigkeit von ± 0,06 Bogensekunden (entspricht etwa ± 2 m) berechnet: 66°33'06«,11 südliche Breite und 93°00«55,73 östliche Länge – Daten, die vor allem für die Kartographie des Umlandes von Bedeutung waren. »Mirny«, damals noch Dreh- und Angelpunkt aller sowjetischen Forschungsaktivitäten, war damit die am genauesten bestimmte Küstenstation in Antarktika.

Da die Umsiedelung nach »Wostok« nicht mehr möglich war, flogen Liebert und Leonhardt am 6. März 1963 nach »Molodjoshnaja«. Die sowjetischen Geographen hatten schon während der 7. SAE Luftaufnahmen von Teilen des Enderby-Lands, des sich von dieser 1962 eröffneten Station aus nach Osten hinziehenden Küstengebiets, gemacht und ein lokales Messpunktnetz angelegt. Die beiden ostdeutschen Forscher sollten

Die antarktische Wintersonnenwende wurde in »Mirny« mit einem Feuerwerk gefeiert. (Foto: Siegfried Meier)

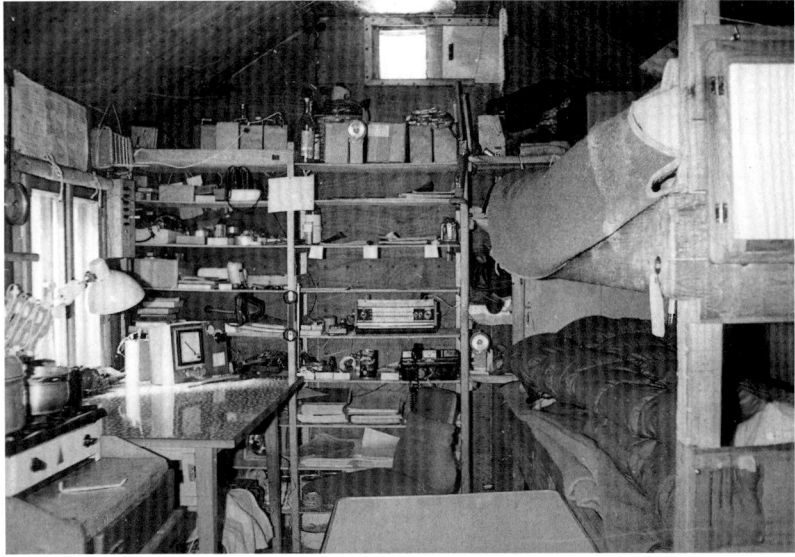

Während der Messungen zur terrestrischen Refraktion diente diese Hütte 1974/1975 ein Jahr lang als Wohn- und Arbeitsstätte. (Fotos: Georg Dittrich)

nun die Koordinaten von acht günstig verteilten Punkten ermitteln, sodass mithilfe dieser Astropunkte und der Luftaufnahmen eine exakte Kartierung des Küstenverlaufs und der Stationsumgebung vorgenommen werden konnte. Die zu vermessenden Punkte waren auf den Luftaufnahmen gut identifizierbare und für die Geologen interessante »Nunatakker«, d.h. aus dem Eis ragende Felsstrukturen. Da für sie eine deutlich geringere Genauigkeit als in »Mirny« gefordert wurde, war der Messaufwand erheblich geringer. Dafür erwiesen sich jedoch die physischen Strapazen als umso größer, denn die Messungen mussten jeweils innerhalb weniger Stunden im freien

Gelände abgeschlossen werden. Und man wusste nie, ob das mitgeführte Notzelt nicht womöglich wegen eines Schlechtwettereinbruchs als Unterkunft für einen oder auch mehrere Tage dienen musste.

Bereits am 12. März hätte ein solcher Wetterumsturz beinahe zur Katastrophe geführt: Sturmwarnung aus »Molodjoshnaja«. Die Zeit reichte gerade noch für eine Verankerung des Zeltes und der beiden Flugzeuge, die nicht mehr abfliegen konnten. Dann toste der Orkan mit Windgeschwindigkeiten bis zu 210 km/h und riss eine der »Anuschkas« (AN-2) aus der Verankerung. Mühsam wurde das Flugzeuge wieder verankert und mit Benzintonnen schwerer gemacht. Der Orkan machte zwei Zelte unbewohnbar und nahm das unbewohnte Küchenzelt mit sich fort. Gewaltige Böen verletzten zwei Leute bei den unerlässlichen Außenarbeiten, nur eines der Flugzeuge war noch einigermaßen einsatzbereit. Eine weitere Nacht im Zelt, jetzt bei nachlassendem Sturm. Vier Leute, darunter Leonhardt und Liebert, konnten nach »Molodjoshnaja« geflogen werden, bevor sich das Wetter wieder verschlechterte. In der folgenden Nacht verwüstete ein erneuter Orkan das Zeltlager und zerstörte das bisher noch einsatzfähige zweite Flugzeug. Die acht im Lager verbliebenen Leute waren dem Sturm von da an schutzlos ausgeliefert. Sobald es die Wetterlage gestattete, startete eine Iljuschin IL-14 von »Mirny« aus. Nach einer Zwischenlandung bei der australischen Station »Mawson« landete sie schließlich nach einem Blindflug durch dichte Wolkenbänke, aus »Molodjoshnaja« von einem Piloten über Funk »ferngesteuert«, an den Ausläufern des Mt. Riiser-Larsen-Massivs. Alle acht Lagerinsassen, zwei von ihnen allerdings mit schweren Verletzungen, wurden gefunden und wohlbehalten ausgeflogen. Die Katastrophe war in letzter Minute durch den mutigen Einsatz der Piloten vermieden worden. Die astronomischen Messungen konnten danach ohne weitere gravierende Zwischenfälle fortgesetzt werden und ergaben, dass »Molodjoshnaja« sich weiter nördlich befand, als man bis dahin angenommen hatte.

Nach ihrer unvorgesehenen Überwinterung in »Mirny« konnten Liebert und Leonhardt schließlich am 27. November, also fast ein Jahr später als geplant, das Flugzeug für einen fünfstündigen

»Mirny« zwar immer mehr als nationale Leitstelle der SAE auf dem antarktischen Kontinent ab, doch blieb »Mirny« als Basisstation für die Versorgung der Inlandsstation »Wostok« weiterhin unverzichtbar. Nach den Arbeiten von Liebert und Leonhardt sowie durch die Schwerkraftmessungen von Claus Elstner im Jahr 1965 (vgl. »Einblicke in die Entwicklungsgeschichte der Erde«) dauerte es noch einige Jahre, bevor die Region um »Molodjoshnaja« auch in den Fokus der DDR-Forschung rückte. Die von einigen Wissenschaftlern aus der DDR praktizierte Verbindung von Geodäsie und Glaziologie eröffnete Anfang der

Bei der Vermessung der Traverse am Hays-Gletscher mussten die Geodäten bei Schneefegen auch auf das Dach des Wohnschlittens ausweichen. (Fotos: Siegfried Meier)

Umfeld der Station »Molodjoshnaja«. (Quelle: IfAG/BKG)

Flug, den ersten nach neun Monaten, zum »Gletscherflugplatz« von »Wostok« besteigen. Die astronomischen Messungen dort erwiesen sich als recht kompliziert, denn der Firn übertrug selbst geringe Erschütterungen kilometerweit, sodass fahrende Schlepper leicht die Messdaten unbrauchbar machen konnten. Dennoch konnten die Messreihen erfolgreich und termingerecht abgeschlossen werden, lieferten aber – im Gegensatz zu den Messungen in »Mirny« – nur eine Momentaufnahme. Ihren eigentlichen Wert erhielten sie erst aus ihrer Wiederholung während der 17. SAE im Jahr 1972: Durch den Vergleich mit den Koordinaten von 1963/1964 ließ sich folgern, dass sich das Stationsgebiet mit einer Geschwindigkeit von jährlich etwa 3,6 m mit dem Kontinentaleis in südöstlicher Richtung bewegte. Dies war für die damalige Glaziologie ein sehr wichtiges Ergebnis. Die physische und wissenschaftliche Leistung der beiden Geodäten wird auch dadurch nicht geschmälert, dass sich Vergleichbares heute mithilfe der Satelliten-Altimetrie einfacher und schneller ermitteln lässt.

Die Station »Molodjoshnaja« löste mit den Jahren

Vorbereitung für die Verankerung eines Signalpunktes (oben).

Mithilfe eines kleinen Flugzeugs wurden spaltenfreie Fahrtrouten erkundet und für die Fahrzeuge Signalpunkte zur Orientierung gesetzt (unten).
(Fotos: Siegfried Meier)

1970er-Jahre neue, alternative Forschungsmöglichkeiten, wie sie vom Arktischen und Antarktischen Forschungsinstitut in Leningrad so nicht hätten wahrgenommen werden können. Insbesondere der östlich von »Molodjoshnaja« in die Spooner-Bucht mündende Hays-Gletscher wurde ab der 17. SAE zum bevorzugten Forschungsobjekt der ostdeutschen Wissenschaftler. Während Dipl.-Ing. Rolf Eger im antarktischen Sommer 1972/1973 den Brechungskoeffizienten des Lichts über der Eiskappe von »Molodjoshnaja« untersuchte und damit wichtige Grundlagendaten auch für seine Kollegen erarbeitete, richteten die Dresdner Dr. Siegfried Meier und Geodäsie-Student Reinhard Dietrich zusammen mit Dr. Klaus Dreßler als Leiter der ostdeutschen Gruppe Mitte Januar 1972 ein Außenlager ein. Als Standort hatte Dreßler eine eisfreie, windgeschützte Fläche am Nordhang des Abendbergs, 12 km östlich von »Molodjoshnaja« und 40 m über dem Meeresspiegel gelegen, ausgesucht. Um die dazwischen liegenden Hänge und Spaltenzonen zu umgehen,

musste ihr Kettentraktor mit seinem hoch beladenen Lastschlitten eine Strecke von rund 20 km bewältigen.

Nach wenigen Tagen richteten Dreßler und Meier den Phototheodoliten für die ersten photogrammetrischen Aufnahmen auf die Gletscherfront aus. Vom Küstenfelsen des Abendbergs ausgehend, wurden zügig geeignete Standorte für die Signale erkundet und die 5 m hohen Aluminiumrohre mit den roten Zylindern an ihrer Spitze im Eis verankert. So bauten sie in Abständen von 2 bis 5 km zwischen den Signalen zunächst am Westrand des Hays-Gletschers eine Traverse auf, um dann das Gletschertal zu queren. Ende Januar konnte Signal 9 gesetzt werden: in 600 m Höhe und 25 km von der Küste entfernt. Nach der Vermessung dieses Abschnitts änderte sich wegen der wachsenden Entfernung das Vorgehen. In einem Konvoi mit zwei Traktoren, einer davon gesteuert von ihrem Mechaniker Artur Zielke, bewegten sie sich ab 8. April über km 25 hinaus auf dem Gletscher weiter nach Süden – mit einer Tagesleistung von maximal vier neuen Signalen pro Tag. Am 2. Mai erreichten sie die als Nunatak 1422 bezeichnete Berggruppe und damit den Endpunkt ihrer geodätischen Traverse sowie am 13. Mai schließlich wieder die Station »Molodjoshnaja«. Wie bei glaziologischen Arbeiten üblich, wurde die Traverse ein zweites Mal vermessen, und zwar im antarktischen Frühjahr vom 9. November bis 6. Dezember 1972. Erneut eine Zeit harter Arbeit, zahlreicher Entbehrungen und vieler zu bewältigender unvorhergesehener Probleme. Am Ende hatten die ostdeutschen Wissenschaftler den Hays-Gletscher von 25 Basen aus aufgenommen und damit die 1962 erstellte sowjetische Karte im Maßstab 1:200 000 um 700 km² ergänzt. Darüber hinaus hatten sie für 160 km² Gletscheroberfläche die Geschwindigkeitsvektoren ermittelt. Derartige, genaue Daten über Oberflächentopographie, Eisbewegung und Akkumulation eines antarktischen Ausflussgletschers waren für die damalige Fachliteratur neu.

Da die Fahrt nur wenige wetterbedingte Unterbrechungen gehabt hatte, konnte Siegfried Meier noch einen zusätzlichen Programmpunkt einschieben: An einer etwa 3 m tiefen Grube führte er Untersuchungen zu den oberen Firn- und Eisschichten des Gletschertales sowie zur Schneeak-

kumulation am Hays-Gletscher durch. Am 5. März 1973, wenige Tage vor der Rückfahrt nach Deutschland, konnte er zusammen mit einem sowjetischen Fachmann für Eisdickenmessungen darüber hinaus eine weitere Lücke in der geodätisch-glaziologischen Erfassung dieses Gletschers schließen: Sie vermaßen – wegen des dichten Spaltennetzes mit Hubschrauberunterstützung – die Eisdicke der Gletscherzunge. Dass dieser Zwerg unter den antarktischen Ausflussgletschern das Eis des Inlandes mit hoher Geschwindigkeit zu seiner etwa 7 km langen Kalbungsfront transportierte, war durch Beobachtungen schon erkannt worden. Durch die Messungen bis nahe der Eiskante und die anschließenden Berechnungen wurden nun verlässliche Zahlen ermittelt: Danach betrug die Eisdicke am östlichen Rand etwa 670 m und in der Talmitte rund 1000 m, sodass dort das 10 000 Jahre alte Grundeis etwa 900 m unter dem Meeresspiegel lag. Bis zu 1000 m schob sich, so ein weiteres Ergebnis, die Zunge des Gletschers pro Jahr zur Küste und erreichte, nachdem sie den Kontakt zum Untergrund verloren hatte und zu Schelfeis geworden war, sogar eine Geschwindigkeit von rund 1400 m pro Jahr. Meier und seine Kollegen waren, wie sich später ergab, bei diesen Arbeiten am Hays-Gletscher vom Glück begünstigt, denn die Jahre 1970 bis 1972 waren sehr niederschlagsreich gewesen, sodass viele Spalten von tragfähigen Schneebrücken überdeckt waren. Eger und Zielke gelangen 1976 Wiederholungsmessungen nur dank ihrer Ortskenntnisse, und eine weitere Gruppe unter Dr.

Rainer Hoyer sah sich 1977/1978 noch weit größeren Schwierigkeiten gegenüber.

Auf Vorschlag Dreßlers hatten die ostdeutschen Wissenschaftler nach Erreichen des Nunatak 1422 innerhalb von fünf Tagen diese Nunatak-Gruppe auch noch topographisch vermessen und deren höchste Erhebung auf genau 1422,4 m bestimmt. Zu Hause lieferten ihre Messungen die Grundlage für eine Karte des Gebietes im Maßstab 1:10 000 und mit zum Teil deutlichen Korrekturen gegenüber bisherigen Karten. Wegen dieser Leistungen fühlten sie sich zu einem Schritt besonderer Art berechtigt: Sie gaben – ein bleibendes Zeichen ihrer dank der logistischen Unterstützung der SAE erfolgreichen Forschungsanstrengungen – der Nunatak-Gruppe den Namen »Berge der deutsch-sowjetischen Freundschaft«.

Als Dank für die langjährige sowjetische Unterstützung ihrer Arbeit gaben die ostdeutschen Forscher 1972 der Gruppe des »Nunatak 1422« den Namen »Berge der deutsch-sowjetischen Freundschaft«.

Diese Eisberge vor dem Hays-Gletscher hatten Durchmesser von 1 km und eine Eisdicke von 300 bis 500 m. (Fotos: Siegfried Meier)

Einblicke in die
Entwicklungsgeschichte der Erde

Der antarktische Kontinent ist zu weit über 95 Prozent von Eis bedeckt. Im Laufe seiner Entdeckung war man nur in Randgebieten – vor allem im Bereich der Südamerika zustrebenden antarktischen Halbinsel und im Westen des Rossmeeres – auf Bergmassive gestoßen, denen sich die Antarktisfahrer meist mit Schlitten näherten. Erst ab Mitte der 1930er-Jahre standen mit Flugzeugen und später auch Hubschraubern zuverlässige Transportmittel mit großer Reichweite zur Verfü-

gung, um – wie etwa Kapitän Ritscher bei der »Schwabenland-Expedition« 1938/1939 – weiter ins Innere von Antarktika vorzustoßen. Die unendliche Weite von Eisflächen blieb der vorherrschende Eindruck. So wirkte das Ergebnis eines Erkundungsflugs, den die Amerikaner während der Operation »High Jump« 1949 an der ostantarktischen Küste unternahmen, als kleine Sensation: Sie sichteten südlich des Amery-Schelfeises, zwischen 65° und 75° östlicher Länge, ein

Gebirge, das tief in das endlos scheinende Weiß hineinreichte. Im Polarsommer 1954/1955 erkundete eine australische Expedition von ihrer westlich des Amery-Schelfeises gelegenen Küstenstation »Davis« aus als Erste den nördlichen Teil dieses Gebirges. In mehreren Vorstößen klärten sie bis 1963 in groben Zügen die Geographie und Topographie der »Prince Charles Mountains« und der sie umgebenden Eislandschaft. Bei geologischen Untersuchungen stieß man zunächst auf die erwarteten sehr alten, d.h. präkambrischen und hochmetamorphen Gesteine, die den »Antarktischen Schild« aufbauen. In den südlichen Prince Charles Mountains entdeckte der australische Geologe D. S. Trail 1963 jedoch auch schwachmetamorphe jungpräkambrische Gesteine, die die hochmetamorphen Gesteine überlagerten. Dieser jüngere, aus Sedimenten bestehende Gesteinskomplex wurde unter niedrigeren Druck- und Temperaturbedingungen überprägt und zu metamorphem Schiefer verwandelt. In anderen Regionen der Erde, etwa in Südamerika und Australien, hatte man bei vergleichbaren Konstellationen umfangreiche, gut zugängliche Eisenlagerstätten entdeckt. Die antarktische Entdeckung erregte deshalb einiges Aufsehen, weil nun auch auf dem letzten präkambrischen Schild der Erde gebänderte Eisenerze (»banded iron formations«) nachgewiesen wurden.

Die sowjetische Antarktisforschung hatte sich seit dem Polarsommer 1956, also unmittelbar vor dem Internationalen Geophysikalischen Jahr sowie in den folgenden Jahren, weitgehend auf geodätische Grundlagenarbeit und meteorologische Faktenerkundung im Umfeld ihrer Stationen in Ostantarktika konzentriert. Glaziologie zur Erfassung des Zustandes und der Dynamik der antarktischen Eismasse kam als Nächstes ins Spiel. Vermutlich veranlasst durch die Nachricht vom australischen Fund am Mount Ruker, entsandte die Sowjetunion 1964/1965, also bei der elften Sowjetischen Antarktis-Expedition (SAE), eine Geologengruppe in die Prince Charles Mountains. Sie entdeckte und benannte nicht nur den »Pik Komsomolski«, den am weitesten südlich gelegenen Ausläufer des Gebirges. Sie fand darüber hinaus am Mount Ruker Jaspilite, ein »gebändertes« Eisenerz.

Kurze Zeit vor diesem Fund hielt Prof. Michail G.

Ravich, Nestor der damals noch jungen sowjetischen Antarktis-Geologie, 1964 auf dem traditionellen »Berg- und Hüttenmännischen Tag« der Bergakademie Freiberg in Sachsen einen Vortrag über die Ergebnisse der geologischen Arbeiten der SAE. Seine Darlegungen waren für die ostdeutschen Zuhörer völliges Neuland, sodass sie ihm mit großem Staunen folgten. Bei einer anschließenden Exkursion ins Erzgebirge, bei der die Freiberger ihre Arbeitsmethoden demonstrierten, bemerkte Ravich, dass diese Methoden das etwas einseitig ausgerichtete geologische Programm der SAE ergänzen und erweitern könnten. Da sich die DDR ja schon seit 1959/1960 mit anderen The-

Nordflanke des Mt. McDummet, Südliche Prince Charles Mountains; im Vordergrund eine »Anuschka« AN-2. (Foto: Joachim Hofmann)

Die Prince Charles Mountains waren 1973/74 das Arbeitsgebiet des Freiberger Geologen Joachim Hofmann. (Quelle: IfAG/BKG)

Blick über die Westflanke des Mount Ruker, Südliche Prince Charles Mountains, auf den Lambert-Gletscher.

Hubschrauber-Unterstützung erleichterte zeitweise die Feldarbeit in den Südlichen Prince Charles Mountains. (Fotos: Joachim Hofmann)

men an den SAE beteiligte, war dies fast eine Aufforderung. Doch diese konnte nicht aus der DDR heraus umgesetzt werden: Die laufenden Antarktis-Kontakte hatten als »Endpartner« das Arktische und Antarktische Forschungsinstitut (AANII) in Leningrad und die Akademie der Wissenschaften der DDR (AdW). Der zwischen diesen Partnern liegende Instanzenweg erfasste nicht die geologischen Institute. Diese unterstanden nämlich dem jeweiligen Ministerium für Geologie.

Ravich, Direktor des Forschungsinstituts zur Geologie der Arktis und Antarktis (NIIGAA) in Leningrad, hatte allerdings seinen Besuch in Freiberg im Gedächtnis behalten. Von seinem Institut aus überwand er die Hürden und initiierte schließlich erfolgreich die Mitarbeit eines ostdeutschen Strukturgeologen in der geologischen SAE-Gruppe. Über das Nationalkomitee für Geodäsie und Geophysik (NKGG) und das Zentralinstitut für Physik der Erde (ZIPE) erreichte die entsprechende Einladung des Antarktischen Komitees der UdSSR schließlich Ende 1971 das Institut für Geologie der Bergakademie Freiberg. Unter den dortigen Wissenschaftlern kam eigentlich nur einer ernsthaft in Frage, nämlich der damals knapp 40-jährige Dr. Joachim Hofmann, der mit Ravich seit dessen Vortrag von 1964 in fachlicher Verbindung stand: Er sprach dank eines Zusatzstudiums in Leningrad fließend russisch, entsprach fachlich den Anforderungen und kannte aufgrund eigener Arbeiten in Karelien und aus Besuchen in Sibirien und Südindien die geologischen Verhältnisse alter Schilde, also der Gesteine, um die es auch in Ostantarktika ging.

Die politischen Verhältnisse setzten der Geologie in der damaligen DDR einen engen Rahmen und hatten sie stark auf Lagerstätten ausgerichtet. So begriff Hofmann die Einladung auch als eine Chance zu mehr wissenschaftlicher Freiheit. Zur

Vorbereitung konnte er am NIIGAA in Leningrad die Berichte und Karten der SAE sowie die Publikationen der australischen und der frühen norwegischen Expeditionen einsehen. Fachlich musste er sich selbstverständlich – ebenso wie etwa der auch als Gast teilnehmende amerikanische Petrologe Prof. E. S. Grew – in das sowjetische Programm einordnen, das dafür den Transport in Flugzeug und Hubschrauber in Antarktika garantierte.

Zusammen mit Leonid L. Fedorow, dem Leiter der sowjetischen Geologen-Gruppe bei der 19. SAE, und weiteren sowjetischen Kollegen saß Hofmann schließlich am 30. Dezember 1973 in einer einmotorigen »Anuschka« AN-2. Mit diesem von den Sowjets in der Antarktis vielfach eingesetzten robusten Anderthalbdecker flogen sie von der sowjetischen Station »Sodrushestwo«, die zwei Jahre vorher am östlichen Rand des Amery-Schelfeises errichtet worden war und vornehmlich den Geologen als Sommerbasis diente,

in die südlichen Prince Charles Mountains. Der Flug führte über den Lambert-Gletscher nach Süden. Im Westen begrenzte eine lange Reihe von Bergmassiven, die den Westrand des Gletschers bildeten, den Blick. Im Osten erstreckte sich der über 200 km lange Mawson-Abbruch: eine imposante Steilstufe, die das Niveau des Gletschers um 600 bis 800 m überragte und sich aus einer Vielzahl bruchtektonisch begrenzter Blöcke zusammensetzte. Schließlich erreichten sie das Gebiet der südlichen Prince Charles Mountains, vor denen sich in etwa 1100 m Höhe mehrere Inlandgletscher zum Lambert-Gletscher, dem mit rund 500 km längsten Gletscher der Erde, vereinigten.

Unterhalb der fast senkrecht abfallenden Nordseite des Mount Maguire wurde das Zelt zum ersten Mal aufgeschlagen. Das Lager war der Ausgangspunkt für eine vorher festgelegte Reihe von Standorten. Sie bildeten die Route, auf der die Geologen in den folgenden Wochen vom Mt.

1977/1978 arbeitete Joachim Hofmann in der Shackleton Range, einem westantarktischen Gebirge. (Foto: Joachim Hofmann)

Abdruck des Farns Glossopteris, eines Zeugen aus der Zeit des großen Gondwana-Kontinents. (Quelle: AWI)

1984/1985 kehrte Hofmann wieder in die Prince Charles Mountains zurück und arbeitete in der Jetty-Oase am Nordwestrand des Lambert-Rifts. (Foto: Joachim Hofmann)

Maguire zum Mt. Ruker und zum Mt. Stinear zogen. Jedes Lager bestand für 10 bis 14 Tage. Zu Fuß, mit Marschleistungen zwischen 15 und 35 km pro Tag, unternahmen sie in Zweiergruppen eine geologische Bestandsaufnahme des jeweiligen Nunatak. So wollten sie die Lagerung des »anstehenden«, also des offen liegenden Gesteins aufklären, dessen Alter und Verformung feststellen und daraus die geologische Entwicklungsgeschichte des Gebietes ableiten. Hofmanns Aufgabe waren strukturgeologische Beobachtungen, d.h. die Aufnahme und die zugehörige »richtungsanalytische« Fixierung der beobachteten Falten- und Bruchstrukturen. Hofmann studierte zunächst aus ein bis zwei Kilometern Abstand die steilen Flanken der Nunatakker, um die Lagerungsverhältnisse insgesamt zu erfassen, und dokumentierte diese sodann in Skizzen und Fotos – oft im Wettlauf mit der Zeit und den sich häufig verändernden Sicht- und Beleuchtungsverhältnissen. Einzelne Bereiche am Fuß der Nunatakker wurden wegen unklarer oder besonders interessanter Lagerungsverhältnisse ausgewählt und zu Fuß begangen. Vor Ort bestimmte er die Raumlage von flächenhaften und linearen Gefügeelementen mit dem Kompass. Er nahm Gesteinsproben, notierte genau deren Lage und Ausrichtung, schlug sie zurecht, etikettierte und verpackte sie sorgfältig, damit sie später im heimischen Labor gefügeanalytisch, petrographisch, geochemisch und geochronologisch untersucht werden konnten.

Das war klassische Geologie, Feldarbeit pur, die heute gerne als »Hämmerchen-Geologie« bespöttelt wird. Aber sie ist unverzichtbar in einem unbe-

kannten Gelände, in dem als Erstes eine Bestandsaufnahme an der Oberfläche gemacht werden muss. Die Geologen beginnen so ihre »Lektüre« der Zeugnisse, die uns die Erdgeschichte hinterlassen hat. Schritt für Schritt werden aus dem Feldbefund die beobachteten Gesteine beschrieben (Petrographie) sowie ihr relatives Alter, ihre Veränderungen im Laufe der Erdgeschichte (Metamorphose) und Hinweise auf Magmatismus abgeleitet. Erst aus der Synopse der Felddaten und der späteren Laborergebnisse können endgültige Schlüsse über die Entwicklung des betreffenden Gebietes gezogen werden – oder die Lücken identifiziert werden, die neue Feldarbeit erforderlich machen.

Am Ende erlaubten die bei der Expedition im Sommer 1973/1974 gewonnenen Erkenntnisse Rückschlüsse auf die jüngere Geschichte dieses Gebirgszuges: Er hatte seine gegenwärtige Form einerseits durch starken Seitendruck auf das darüber liegende, jüngere, schwachmetamorphe Sedimentgestein und andererseits durch vertikale Bewegung der Gneise des alten kristallinen Fundaments erhalten. Aufgrund von allgemeinen Vergleichen mit Faltenzonen ähnlichen Typs in anderen Kontinenten konnte man daraus die Erwartung auf Lagerstätten ableiten – ein Gedanke, dem gerade damals die Politik in vielen Ländern nachhing, der sich aber weder in den offiziellen geologischen Programmen noch in den Veröffentlichungen der ostdeutschen Wissenschaftler niederschlug.

Joachim Hofmann konnte noch zweimal in die Antarktis zurückkehren. Zunächst arbeitete er bei der 23. SAE (1977/1978) von »Drushnaja« aus in den westantarktischen Gebirgen, d.h. den Herbert Mountains am Nordrand der Shackleton Range, sowie in den zum Transantarktischen Gebirge gehörenden Schmidt Hills. 1984/1985 vervollständigte er bei der 30. SAE seine Vorstellungen von der geologischen Struktur Ostantarktikas. Gemeinsam mit sowjetischen Kollegen konnte er durch strukturgeologische Feldarbeiten in der Jetty-Oase, am Nordwestrand des Lambert-Rifts, Bau und Entwicklung der westlichen Riftrandstörung klären und daraus Schlussfolgerungen für die Entwicklung des gesamten Rifts ableiten. Bei seinen Arbeiten fand Hofmann – in den bereits von früheren australischen und sowjeti-

Hans-Jürgen Paech nahm im Februar 1977 eine Gelegenheit wahr, auch in die Pensacola Mountains zu fliegen. (Foto: Heinz Kohnen)

Teil der Shackleton Range in der Westantarktis. (Foto: Heinz Kohnen)

Die sowjetische Station »Nowolasarewskaja« im Januar 1984. (Foto:

Das »Domik« diente im Westtteil der Schirmacher-Oase den Geologen als Unterkunft. (Fotos: Werner Stackebrandt)

schen Expeditionen kartierten und in der Jetty-Oase großflächig anstehenden Gondwana-Sedimenten und den darin auftretenden Kohleflözen – Abdrücke des Gondwana-Farns *Glossopteris* sowie zentimeterdicke, senkrecht stehende Stängel und Wurzelstöcke von Schachtelhalmgewächsen. Damit ließen sich die in der Jetty-Oase offen liegenden Sedimente dem Perm zuordnen, also einer Periode vor 295 bis 250 Millionen Jahren. Zusätzliche Funde in Sandsteinen waren »Dropstones«, d.h. kopfgroße, gerundete, grünliche Quarzite, die anstehend aus dem schwachmetamorphen Komplex der südlichen Prince Charles Mountains bekannt waren und, eingefroren in Eisschollen, in einem Flusssystem, das im Perm dem Lambert-Rift folgte, transportiert worden waren. Einen Hochschulangehörigen direkt zu einer Antarktis-Expedition einzuladen, hatte eigentlich nicht den Umgangsgepflogenheiten zwischen den Akademien entsprochen, denn für die Auswahl und Finanzierung der ostdeutschen Teilnehmer war die Akademie der Wissenschaften in Ost-Berlin zuständig. Zudem war das Zentralinstitut für Physik der Erde in Potsdam Leiteinrichtung für die Polarforschung. So begann das ZIPE, Antarktika auch für die eigenen Geologen zu entdecken, nominierte aber mit Dr. Hans-Jürgen Paech einen Mann aus dem Geotektonischen Institut in Berlin-Adlershof als »Ersatzkader« für Hofmann. Nachdem sich durch Hofmanns SAE-Teilnahme die Wege in die Antarktis für die ostdeutschen Geologen geöffnet hatten, konnte Paech schließlich 1976 bei der 22. SAE mit einem neuen Programm, das wie bei anderen vor und nach ihm in den SAE-Rahmen eingepasst war, in die Antarktis fahren.

Ausgangspunkt für die geologischen Untersuchungen bei Paechs Expedition war die sowjetische Sommerstation »Drushnaja I«, die erst

Bekehrung eines Zweiflers

Diese Stunde am Mount Faraway hat auf mich einen unauslöschlichen Eindruck gemacht. Ich war aus der Fachliteratur durchaus über den Aufbau der Schichtenfolge informiert. Aber der Augenschein ist doch einprägsamer. Bei minus 15 Grad stand ich vor einem Felsen mit einer Sedimentfolge, der in hinreichender Anzahl zum Teil abbauwürdige Kohlenflöze eingelagert sind. Kohlen gleicher geologischer Entstehung und gleichen Alters kommen in Afrika, zum Beispiel in Moçambique, aber auch in Indien, Australien und Südamerika vor. Drängt sich da nicht der Gedanke an eine Drift der Kontinente auf? Über eine Nord-Süd-Ausdehnung von mehr als 10 000 km konnte sich wohl keine gleiche Klimazone herausbilden, die Kohlenakkumulationen ermöglichte. Bestärkt wird die Vorstellung von der Kontinentaldrift noch durch das Vorkommen basischer Lagergänge, die am Mount Faraway fast bis zu hundert Meter mächtig sind. Sie zeugen von einer Aufspaltung des ehemaligen Gondwana-Superkontinents, die den Aufstieg der basischen Magmen aus dem Erdmantel begünstigte. So brachte der Besuch der Theron Mountains für mich die endgültige Bekehrung zur Drift-Theorie der Kontinente, die ehemals (1914) von Alfred Wegener aufgestellt und in den letzten Jahren mit vielen neuen Forschungsergebnissen aus Ozeangebieten unter gewissen Modifikationen gestützt wurde.

Hans-Jürgen Paech im Rückblick über die Exkursion zu den Theron Mountains

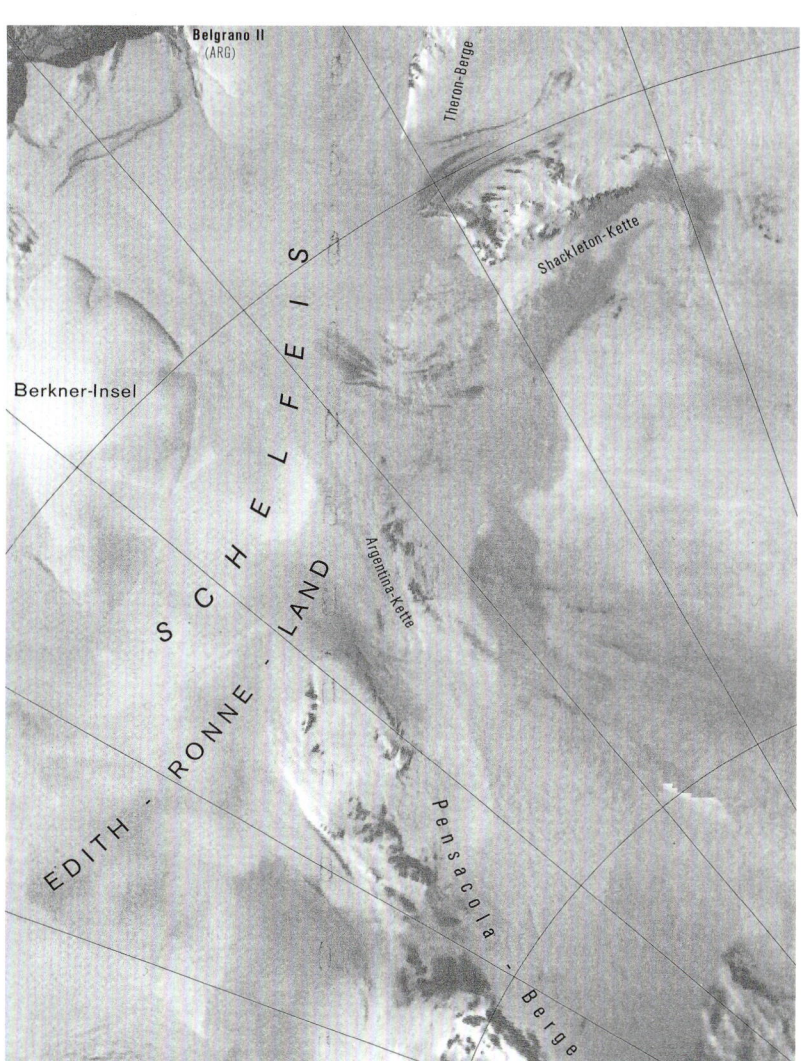

Blick auf die Schirmacher-Oase mit einigen ihrer Seen. (Foto: Werner Stackebrandt)

Gebirgsketten südöstlich des Filchner-Ronne-Schelfeises. (Quelle: IfAG/BKG)

1975 am schwer erreichbaren Südufer des Weddell-Meeres errichtet worden war und dann vornehmlich von Geowissenschaftlern genutzt wurde. Im Rahmen des umfangreichen geowissenschaftlichen SAE-Forschungsprogramms sollten zunächst Eisdicke sowie Magnet- und Schwerefeld der Schnee- und Eisgebiete des Filchner-Schelfeises erkundet und geodätische Messungen des Gesamtgebiets vorgenommen werden. Noch vor Beginn der eigentlichen Arbeiten bot sich Paech am 30. Dezember 1976 allerdings die Gelegenheit, einen Astronomen im Flugzeug zu den rund 300 km östlich von »Drushnaja I« gelegenen Theron Mountains zu begleiten – für den damals 41-jährigen Geologen persönlich ein Ausflug von großer Tragweite (vgl. S. 114).

Für das weitere vorgesehene geologische Forschungsprogramm legten Paech und seine sowjetischen Kollegen auf Skiern dann insgesamt 500 km durch die Shackleton-Range hinter den erstmals von den Sowjets eingesetzten Motorschlitten Buran (Schneesturm), im Westen Ski-Doos genannt, zurück. In 1300 m Höhe wurde ein Platz für das erste Zeltlager ausgewählt und mit den Untersuchungen begonnen. Der Kern der Read Mountains am Südrand der Shackleton Ran-

ge, das Untersuchungsgebiet, erwies sich als weit älter als der schwach metamorphe Komplex der südlichen Prince Charles Mountains in der Ostantarktis: Für die Granitoide, die aus dem unter den Sedimentablagerungen hervortretenden kristallinen Fundament der Shackleton Range mitgenommen worden waren, ergab später die geochronologische Analyse in den Freiberger Labors ein Alter von 1,5 Milliarden Jahren.

Bevor Paech sein geologisches Programm abschloss, nach »Drushnaja« zurückkehrte und sich am 25. Februar 1977 pünktlich auf der PENGINA einschiffte, konnte er noch an einem weiteren Erkundungsflug – Vorbereitung für eine Expedition im Folgejahr – zu den weitere 400 km südlich gelegenen Pensacola Mountains teilnehmen. Eine notwendige Zwischenlandung wurde zur Sammlung zusätzlicher Gesteinsproben genutzt. Am

Die Anfahrt zum Wohlthat-Massiv im Hinterland der Schirmacher-Oase war mit Tonnen markiert. (Foto: Werner Stackebrandt)

Der »Untersee« (oben) in einer Aufnahme der »Schwabenland-Expedition« von 1938/1939. Werner Stackebrandt und Horst Kämpf kartierten dieses Gebiet 1983/1984. (Quelle: Bundesamt für Kartographie und Geodäsie)

Dufek-Massiv wurden, wie bei ähnlichen »geschichteten Intrusionen« in anderen Teilen der Erde, Hinweise auf Nickel-Mineralisationen beobachtet, die von amerikanischen Expeditionen bereits früher nachgewiesen worden waren.

Mit der Teilnahme von Hans-Jürgen Paech an der 22. SAE begann für die Antarktis-Geologie der DDR eine Periode relativer Kontinuität, wobei Wissenschaftler aus der Freiberger Bergakademie und dem ZIPE in Potsdam in den Folgejahren als Teilnehmer alternierten. Nach Paech und Hofmann (1977/1978) hatte Alexander Frischbutter, gebunden an die Logistik der 24. SAE, erneut »Drushnaja I« als Ausgangsbasis, um von dort in die Pensacola Mountains, ein Teilgebiet des Transantarktischen Gebirges, zu gelangen. Im Folgejahr arbeitete dort auch der Freiberger Geologe Wolfgang Weber. Untersuchungen von anderen sowjetischen Stationen aus folgten. Daraus entstanden bis 1985 an der Bergakademie Freiberg durch Klaus-Peter Stanek die erste Dissertation sowie durch Weber die erste »Promotion B«, das ostdeutsche Äquivalent zur bundesdeutschen Habilitation, über geologische Probleme Antarktikas.

Die Direktion des ZIPE nutzte schließlich die Existenz des 1976 eingerichteten »Basislaboratoriums« in der Schirmacher-Oase (vgl. »Eine Forschungsbasis entwickelt sich«) und wählte sie als Ausgangsbasis für ein eigenständiges, kaum noch von der sowjetischen Logistik abhängiges Vorhaben. So erhielten die Geologen Werner Stackebrandt und Horst Kämpf den Auftrag, 1983/1984 eine detaillierte geologische Kartierung der Schirmacher-Oase im Maßstab 1:10 000 zu erarbeiten, und zwar auf der Basis russischer topographischer Karten und Luftbilder sowie diverser Einzelbeobachtungen. Ihre Untersuchungen starteten sie vom »Domik«, einer äußerst spartanisch ausgestatteten Hütte im Westteil der Oase, die einen unvergleichlich schönen Blick auf Oase, See, Gletscher und Schelfeis bot. Gesteinseinheiten abzugrenzen, Lagerungsverhältnisse zu bestimmen, Gesteinsproben zu nehmen – das war Routine, wenn auch erschwert durch die komplizierten Orientierungsmöglichkeiten. Stackebrandt und Kämpf waren bei ihren Arbeiten frei, auch eigenen Ideen nachzugehen. So nahmen sie die Chance wahr, in einer gemisch-

ten Mannschaft den Leningrader Geographen Dr. Simonow und seine Kollegen in das weiter südlich gelegene Zentrale Wohlthat-Massiv zu begleiten und die dortige »Untersee-Oase« als Zusatzaufgabe ebenfalls zu kartieren. Für die erste Orientierung und die Auswahl zur Profilbearbeitung geeignet erscheinender Punkte in der Umrandung der Untersee-Oase gingen sie von den Bildern und Ergebnissen der »Schwabenland-Expedition« von Kapitän Ritscher 1939 aus, als das gesamte Gebiet bei Inlandsflügen entdeckt worden war. Mit Kettenfahrzeugen näherten sie sich, so weit wie möglich, den umliegenden Gebirgen, in denen die geologischen Detailaufnahmen vorzunehmen waren. Durch den »Ausflug« zur Untersee-Oase war allerdings für den Abschluss der Arbeiten zur Schirmacher-Oase ein deutlicher Zeitdruck entstanden, der aber durch Umstellungen auf Einzelkartierung noch aufgefangen werden konnte.

Die geologischen Kartierungen im Wohlthat-Massiv wurden in den Folgejahren, vor allem Anfang Januar 1987 durch Werner Stackebrandt und Dr. Knut Hahne, ebenfalls vom ZIPE, als langfristig geplante, eigenständige ostdeutsche Unternehmung fortgesetzt. Stackebrandt und Hahne fuhren – begleitet von Günter Stoof als Funker und Koch, dem Techniker Gerald Müller und dem Leipziger Chemiker Peter Kowski – mit einer schweren Zugmaschine, einem wendigeren Kettenfahrzeug und einer »geo-mobile« getauften Wohnhütte auf der drei Jahre vorher markierten Trasse zur Untersee-Oase. Die alten Markierun-

Das Camp der gemeinsamen sowjetisch-deutschen Forschergruppe in der Untersee-Oase, Wohlthat-Massiv. (Foto: Werner Stackebrandt)

Mit dem »geo-mobile«, einer beweglichen Wohnhütte, fuhren die Geologen im Januar 1987 erneut in die Untersee-Oase. (Foto: Werner Stackebrandt)

Ein Teil der sowjetischen Station »Wostok« am Kältepol der Erde, auf der Manfred Schneider 1969/1970 überwinterte und bei Temperaturen unter –40 °C seine Messhütte aufbauen musste. (Fotos: Manfred Schneider)

gen waren nur schwer erkennbar, vielfach erschwerten neue Spaltengebiete die Fahrt zwischen ihnen. Auf dem Anutschin-Gletscher, mit Blick auf den Obersee und die umgebende Bergwelt, schlugen sie ihr Lager auf. Von dort aus wurden in mühsamer geologischer Feldarbeit Gesteinsproben mit dem Kompass eingemessen, gesammelt, markiert, nummeriert, um daraus Hinweise auf die Deformationsgeschichte des Gebietes abzuleiten. Immer wieder tauchte zwischen den Anorthositen, einer frühen, 2,4 Milliarden Jahren alten Gesteinsart, auch Titanerz (Ilmenit) auf, wenn auch meist sehr fein im Gestein verteilt. Zeitweise wurden sie von eleganten Schneesturmvögeln fasziniert, deren Absonderungen in der späteren isotopenchemischen Analyse enthüllen, dass sie hier seit wohl über 32 000 Jahren nisteten. Jahre später – nach 1990 – wurde das Gebiet erneut Ziel einer deutschen Expedition, nämlich der von Prof. Hans-Jürgen Paech

für die Bundesanstalt für Geowissenschaften und Rohstoffe (BGR) organisierten »Geo-Maud-Expedition«.

Die Geschichte der geowissenschaftlichen Aktivitäten der DDR in der Antarktis wäre unvollständig, wenn nicht zumindest noch eine Expedition erwähnt würde: die Teilnahme des Freiberger Geophysikers Dr. Manfred Schneider an der 14. SAE. Schneider, dessen Teilnahme über die üblichen Akademie-Wege und nicht über die Geologie arrangiert wurde, war zwar nicht der erste ostdeutsche Wissenschaftler, der in der sowjetischen Inlandstation »Wostok« arbeitete (vgl. »Akribische Messarbeit bei Eiseskälte«), aber der erste (und insgesamt auch einzige), der dort überwinterte. »Wostok« ist auch heute noch »Antarktis extrem«. Manche Antarktisfahrer behaupteten damals sogar: »Wer nicht den Schlittenzug von »Mirny« nach »Wostok« mitgemacht hat und wer nicht in »Wostok« überwintert hat, war nicht in der Antarktis.« Was aber machte Wostok so extrem? Zum einen natürlich die Lage am Kältepol der Erde: 1960 wurden dort minus 88,3 °C gemessen – bei Schneiders Aufenthalt waren es »nur« minus 82,8 °C mit einer Höchsttemperatur im Sommer von minus 23 °C. Zum anderen die Höhenlage: »Wostok« liegt in einer Höhe von 3488 m, entsprechend schwierig ist vor allem in den ersten Tagen das Atmen, zumal bei einer Luft, die angewärmt werden muss, um die empfindlichen Schleimhäute nicht zu zerstören.

Schneider trat am Morgen des 21. Januar 1969 den knapp sechsstündigen Flug von »Mirny« nach »Wostok« an. Dort baute er zunächst mithilfe sowjetischer Stationskollegen die ihm zugewiesene Hütte als Wohn- und Arbeitsraum aus – Schwerstarbeit, denn bei der Kälte wurde bereits das Einschlagen von Nägeln in zerspringende Holzbalken zum Problem. Als endlich mit dem Schlittenzug von »Mirny« auch die 30 Kisten mit der Ausrüstung und den wissenschaftlichen Geräten kamen und alles installiert war, konnte Schneider Ende Februar mit der Arbeit beginnen. Schneider wollte die »Erdgezeiten« messen; dies sind periodisch wiederkehrende, vertikale Bewegungen der Erdoberfläche, die durch die unterschiedliche Stellung von Sonne und Mond verursacht werden und sich auch in Schwankungen der Schwerkraft auswirken. Für die Schwerkraftmessung wurden Gravimeter, hochempfindliche Federwaagen, eingesetzt. Aus dem Verhalten des Erdkörpers schloss man auf die stofflichen und physikalischen Eigenschaften im Inneren der Erde, denn die Wirkung der Erdgezeiten wird nicht zuletzt durch die elastische wie auch die plastische Nachgiebigkeit des Erdkörpers an der jeweiligen Stelle beeinflusst. Auf der Südhalbkugel waren die Erdgezeiten bis dahin erst an wenigen Orten gemessen worden. »Wostok«, zentral in

Ankunft in Wostoks Höhenluft

Wir sind die beiden letzten Wostotschniki, die mit dem Flugzeug ankommen, der Arzt Witja Bashanow und ich. Die anderen empfangen uns mit herzlichem Hallo und nehmen uns das Gepäck ab. Wir wundern uns über so viel Höflichkeit, merken aber nach Minuten schon, dass es nicht nur eine Geste ist. Wir wissen, Wostok liegt 3488 m hoch. Die Luft ist dünn, im Durchschnitt 620 mbar. Wir sollten die Höhe gleich spüren. Es sind keine 150 m bis zum Stationsgebäude. Als Witja und ich dort ankommen, fliegt uns der Atem. Sauerstoffmangel; damit hat jeder fertig zu werden. Aber man muss vorsichtig Luft holen. Wir befinden uns am Kältepol der Erde. Es gibt nur wenige Winter, in denen nicht minus 80 °C erreicht werden. Jetzt, im Hochsommer, beträgt die Mittagstemperatur minus 38 Grad. Also keinesfalls hastig atmen! Das Tragen eines wollenen Gesichtsschutzes, der nur die Augen freilässt, ist vorgeschrieben. Sonst besteht die Gefahr, sich die Atmungsorgane zu erkälten. Wie lange hat mich später ein unbedachtes Schnappen nach Luft mit geöffnetem, ungeschütztem Mund geplagt! ...

Uns wird Ruhe verordnet, damit wir uns an den geringen Luftdruck gewöhnen. Anzeichen der Höhenkrankheit treten bei jedem Neuankömmling auf. Zunächst ist das körperliche Leistungsvermögen erheblich herabgesetzt. Schon nach unbedeutender Anstrengung ringt man nach Luft, der Puls hämmert in den Schläfen, bisweilen stellen sich Verdauungsbeschwerden und Nasenbluten ein. Schlimm ist die quälende Schlaflosigkeit trotz völliger Ermüdung. Nach einigen Tagen, bei manchen erst nach Wochen, hat sich der Organismus an die neuen Lebensumstände angepasst. Jetzt versteht man die Notwendigkeit gründlicher ärztlicher Untersuchung vor dem Überwintern im Herzen der Antarktis.

Manfred Schneider, Wostok – Ein Jahr im Inneren des Kontinents

Gesichtsmasken waren im Freien unverzichtbar. Hier verließ Schneider nach den Messungen der Erdgezeiten die im Firn vergrabene Messhütte. (Foto: Manfred Schneider)

Antarktika gelegen, erschien für solche Untersuchungen besonders günstig, weil hier die systematischen Verfälschungen durch tägliche Temperatur- und Luftdruckschwankungen sowie die Gezeiten der Meere, die Messungen an küstennahen Plätzen zusätzlich erschwerten, keine allzu große Rolle spielten. Dennoch dauerte es bis Ende Juli, bis all die unerwarteten Störungen, wie Spannungsschwankungen des Stationsstromnetzes und elektrostatische Aufladungen durch Schneestürme, ausgeschaltet waren und die ersten brauchbaren Registrierungen vorlagen. Die Arbeiten, die im Übrigen regelmäßig von Einsätzen zur Sicherung der Versorgung der gesamten Überwinterungsmannschaft begleitet waren, wurden durch immer neue Überraschungen unterbrochen. So ließ die Kälte irgendwann in der Polarnacht ein Kabel brechen und Stromversorgung und Heizung ausfallen, sodass während der stundenlangen Fehlersuche die Temperatur in der Hütte stark absank und über mehrere Tage Neujustierungen der Messapparate erforderlich wurden.

»Die gesamte Arbeit bis zum Ende der Expedition wird ein Ringen um jeden einzelnen Messwert. Wie groß ist die Freude, wenn eine auswertfähige Messreihe vorliegt!«, stellte Schneider später zu seinem bis 1. Januar 1970 dauernden Aufenthalt in »Wostok« fest. Am Ende ergaben die zwischen Juli und Dezember 1969 gewonnenen Messreihen eine Zahl, nämlich 1,20, als mittleren »Gravimeterfaktor« für »Wostok«. Dieser Faktor gibt das Verhältnis der tatsächlich beobachteten zu den theoretisch zu erwartenden Schwerevariationen wieder. Ein einziger Wert – das mag als mageres Ergebnis eines Jahres angestrengter Arbeit erscheinen. Aber damit war nachgewiesen, dass Messungen der ganztägigen Erdgezeiten im zentralen Antarktika möglich waren und dass sich die Erdkruste dort ebenso wie auf anderen Erdteilen verhielt. Leider hat sich seinerzeit niemand gefunden, diese von der Bergakademie Freiberg initiierten Arbeiten auf der Grundlage der gewonnenen Erkenntnisse fortzusetzen und zu vervollkommnen.

Die Anbindung an die Standorte und vor allem die Logistik der SAE brachte für die ostdeutschen Geowissenschaftler viele lokal und regional wichtige Einzelergebnisse – weit mehr natürlich, als in diesem Rahmen vorgestellt werden konnten. Doch konnte erst relativ spät längerfristige Kontinuität für die Arbeiten erreicht werden. Als es nach der »Wende« auch um den Weiterbestand der ostdeutschen Geowissenschaften ging, sollten sich die durch die Teilnahme an den SAE erworbenen Kenntnisse unterschiedlicher antarktischer Regionen allerdings positiv für die beteiligten Wissenschaftler auswirken (vgl. Kapitel »Die Vereinigung der beiden Flussarme«).

Allen Problemen zum Trotz

Augenblickskonstellationen und damit auch Zufallselemente bestimmten vor allem in den Anfangsjahren in hohem Maß das Zustandekommen der Projekte, mit denen sich die Akademie der Wissenschaften der DDR an den Sowjetischen Antarktis-Expeditionen (SAE) beteiligte. Zwar zeitigten zahlreiche Unternehmungen Folgeprojekte, was in der Rückschau den Eindruck von konsequenter Planung und wissenschaftlicher Kontinuität erwecken kann. Aber es gab in der damaligen DDR – genauso wie in der Bundesrepublik in diesen Jahren (vgl. »Offen für Angebote«) – für die Polarforschung keine langfristige Planung, geschweige denn eine Art »Antarktisprogramm«. Darüber hinaus konnte sich kein Wissenschaftler gewiss sein, ob und wann er seine Forschungsideen würde verwirklichen können. Erst ab 1976, nach der Eröffnung des Forschungslaboratoriums in der Schirmacher-Oase (vgl. »Eine Forschungsbasis entwickelt sich«), hatten die ostdeutschen Wissenschaftler eine günstigere Ausgangsposition zur Realisierung ihrer Forschungspläne.

Um dies besser zu verstehen, muss man sich etwas mit der Struktur der Polarforschung der DDR auf der einen und der Entwicklung der Rahmenbedingungen, denen sie unterworfen war, auf der anderen Seite befassen. Im Rückblick auf die Anfangsjahre stellte Günter Skeib, der bis Anfang der 1970er-Jahre im Referat »Expeditionen« beim Nationalkomitee für Geodäsie und Geophysik (NKGG) die Antarktisvorhaben betreute, fest: »Es gab kein Institut, das alles zusammengehalten hätte. Alle Leute verstreuten sich nach einer Expedition wieder in ihre Einzelinstitute.« Die Antarktisforschung der DDR wurde lediglich durch dieses Büro, das seinen Sitz im Zentralinstitut für Physik der Erde (ZIPE) in Potsdam hatte, koordiniert – und das war schon mehr als die Bundesrepublik in der Zeit bis Ende der 1970er-Jahre aufweisen konnte. Die Aufgabe, die Kontakte zum Arktischen und Antarktischen Forschungsinstitut in Leningrad (AANII) sicherzustellen und für die logistischen Voraussetzungen der jeweiligen DDR-Beteiligung an einer SAE zu sorgen, lag bei der »Verwaltungs- und Dienstleistungseinrichtung« (VDE) in Potsdam. Die Ideen und Initiativen für Forschungsprogramme mussten dagegen aus den Instituten der Akademie und der Hochschulen kommen. Aber die Ideen entstanden nur ganz selten von allein. Dr. Manfred Schneider, selbst Teilnehmer an einer Antarktis-Expedition (vgl. »Einblicke in die Entwicklungsgeschichte der Erde«) und de facto Nachfolger von Skeib, konstatierte in einem Gespräch: »Das Schwierigste bei dieser Konstellation war, die Programme überhaupt auf die Beine zu stellen.« Als Koordinator der wissenschaftlichen Programme musste er immer wieder überlegen, wo denn Potenzial für interessante Antarktis-Projekte vorhanden sein könnte. Und dann musste er in die Institute gehen, animieren und Überzeugungsarbeit leisten.

Gerade bei den Institutsleitern stießen Vorhaben in der Antarktis meist auf wenig Begeisterung, denn sie konnten dafür nicht auf zusätzliche Forschungsmittel hoffen: Alle nicht unmittelbar expeditionsbezogenen Aufwendungen innerhalb der DDR und damit vor allem die Kosten der anschließenden Auswertungsarbeiten mussten aus den laufenden Mitteln des betreffenden Instituts getragen werden. Spätestens nach der Akademiereform Ende der 1960er-Jahre wurde Grundlagenforschung in der Antarktis darüber hinaus vor allem an höherer Stelle als »Hobbyforschung« eingestuft. Der Spielraum, der ihren Anhängern in einem Institut eingeräumt wurde, hing somit entscheidend vom Wohlwollen und der Weitsicht des jeweiligen Vorgesetzten oder des Institutsdirektors ab: Er musste die Freistellung eines Überwinterers genehmigen, er musste gegenüber den Behörden eine Garantieerklärung für dessen Rückkehr in die DDR abgeben, und er musste für ihn anschließend Zeit und Mittel für

Die DDR-Forscher waren Teilnehmer der Sowjetischen Antarktis-Expeditionen und erhielten wie alle Ehrenabzeichen als Anerkennung (hier von Manfred Schneider, 1969/1970). (Quelle: Manfred Schneider)

Die Einsamkeit war groß, denn die Entfernung zur Heimat war weit: von der Station »Mirny« bis Berlin 14 952 km. (Foto: Georg Dittrich)

die Auswertung seiner Daten verfügbar machen. Hierzu fanden sich – man ist versucht zu sagen: begreiflicherweise – nur wenige Institutsdirektoren bereit. Erstaunlich ist unter diesen Umständen andererseits, dass nicht nur Direktoren von Akademieinstituten, deren zentrale Aufgabe ja die Forschung war, Angestellte ihrer Einrichtungen für Expeditionen in die Antarktis freistellten, sondern auch zahlreiche Hochschulprofessoren vor allem aus der Technischen Hochschule Dresden und der Bergakademie Freiberg sowie der Humboldt-Universität zu Berlin diese Verantwortung übernahmen.

Wenig Probleme bereiteten demgegenüber die reinen Expeditionskosten für die Wissenschaftler und ihre Institute. Anfang der 1960er-Jahre, als die ersten ostdeutschen Wissenschaftler sich in die SAE eingliedern konnten, war die DDR noch von wenigen Staaten diplomatisch anerkannt. In der Teilnahme an den SAE sah die Staatsführung ein Instrument, um als gleichberechtigter Partner in der internationalen wissenschaftlichen Gemeinschaft auftreten zu können. Sie bewilligte daher der Akademie der Wissenschaften per Ministerratsbeschluss die notwendigen Mittel. Dies betraf insbesondere die sonst heiß umkämpften Devisen, denn die Sowjetunion stellte der

DDR ihre Logistikleistungen, wenn auch meist sogar unterhalb der Selbstkosten, in Rechnung. Als es diesen »Titel« im Haushalt einmal gab, wurde er natürlich beibehalten – auch wenn die ZIPE-Direktoren Prof. Dr. Heinz Stiller und Prof. Dr. Heinz Kautzleben bei den jährlichen Haushaltsverhandlungen sich immer aufs Neue für die Antarktisforschung einsetzen und sich im Präsidium der Akademie für deren Weiterführung stark machen mussten. Wirklich kritisch wurde es erst viel später, als es um die Kosten für die geplante eigene DDR-Station ging (vgl. »Der verlorene Wettlauf«).

War in einem Institut der Beschluss zur Teilnahme an einer SAE einmal gefasst, so war der weitere Weg zur wissenschaftlichen Akzeptanz des Projektes in der Regel nicht allzu problematisch. Zwar musste ein Antrag mit Zielen und Forschungsplänen geschrieben werden, doch waren die Gremien, die den Antrag zu prüfen hatten, im Grunde froh, den sowjetischen Partnern eine DDR-Beteiligung anbieten zu können. Der Antrag wurde daher nach einer kurzen Überprüfung der wissenschaftlichen Qualität meist zügig und ohne wesentliche Änderungen nach Leningrad weitergeleitet, wo die ostdeutschen Wissenschaftler ihr Projekt noch in persönlichen Gesprächen vorstellen mussten. Wenn das Vorhaben in die Logistik der sowjetischen Expedition eingepasst werden konnte, wurde der Ostberliner Akademie die offizielle Zustimmung über die Sowjetische Akademie der Wissenschaften in Moskau mitgeteilt.

Die Zustimmung betraf aber nur das vorgesehene Programm. Die Entscheidung über die durchführenden Wissenschaftler lag bei den DDR-Behörden – und dort sprach das »Ministerium für Staatssicherheit« das entscheidende Wort, denn dem Betreffenden musste für die Zeit des Auslandsaufenthalts ein Status zuerkannt werden, der ihm die Aus- und Wiedereinreise erlaubte. Für die Wissenschaftler begann damit eine Zeit der Unsicherheit und des Wartens, die oft erst ziemlich kurz vor dem vorgesehenen Ausreisetermin ihr Ende fand – durch eine Genehmigung oder ein Ausreiseverbot. Wenn ein paar Wochen vor dem Termin ein Ausreiseverbot mitgeteilt wurde, war dies allerdings nicht unumstößlich: Eine Intervention des Institutsleiters oder eine zusätzliche

Bürgschaft zur »Verlässlichkeit« des Betroffenen konnten das Verbot zuweilen noch in eine Genehmigung umwandeln. So erhielten manche Teilnehmer ihre Genehmigung schließlich gerade noch rechtzeitig vor Abflug auf dem Flughafen. Die potentiellen Eingriffe von oben bereiteten darüber hinaus gelegentlich Probleme bei der Zusammenstellung der Expeditionsgruppe, denn diese musste insbesondere bei Überwinterungen, bei denen die Teilnehmer monatelang auf engstem Raum zusammenlebten, harmonieren – eine Notwendigkeit, die den Funktionären in ihren warmen Amtsstuben letztlich kaum zu vermitteln war. Zudem war es wichtig, einen Mann mit Expeditionserfahrung in der Gruppe zu haben: Er musste Hinweise zum Verhalten unter den Extrembedingungen der Antarktis geben, aber auch sich aufbauende Konflikte innerhalb der Gruppe frühzeitig erkennen und sie rechtzeitig entschärfen. Nahezu unverzichtbar für eine Expeditionsteilnahme waren gute Russischkenntnisse,

um in der sowjetischen Station nicht in die Isolation zu geraten. Andererseits wurde keine Parteimitgliedschaft gefordert. Warum auch: »Linientreue« und ähnliche Begriffe spielten in der Antarktis nicht einmal im Verhältnis zu den sowjetischen Gastgebern eine Rolle. Man sprach im Grunde nie über Politik. Jeder wollte arbeiten und überleben. Und dafür brauchte man keine Linientreue, sondern Kameradschaft und Verlässlichkeit.

De facto gab es gerade in den ersten Jahren wohl nicht allzu viele Fälle, bei denen die Ausreisegenehmigung endgültig verweigert wurde und daher der Ersatzmann, der bei allen Anträgen mit nominiert wurde, sich kurzfristig reisefertig machen musste. Dies hing vermutlich auch mit den besonderen Reisemodalitäten zusammen, die kaum Möglichkeiten zu Eskapaden boten: Das Heimatinstitut beurlaubte den Wissenschaftler mit einer Reisegenehmigung für die sozialistischen Länder an das Forschungsinstitut in Leningrad, und alles

Von Büros im Zentralinstitut für Physik der Erde (ZIPE), ab 1971 offiziell »Leiteinrichtung«, wurde die Antarktisforschung der DDR koordiniert. (Foto: Hannemann)

weitere wurde von dort geregelt und überwacht. Für die Fahrt in die Antarktis erhielten die ostdeutschen Teilnehmer in den ersten Jahren ein »Seefahrtsbuch«, mit dem alle zur See fahrenden Angestellten einer Reederei auf See ausgestattet wurden und das bei Landgängen als Passersatz galt. Erst als mehr und mehr Staaten die DDR anerkannten, erhielten die ostdeutschen Antarktisfahrer für die Expeditionsfahrten Pässe.

Landgänge fanden im Übrigen regelmäßig während der Fahrt in die Antarktis statt, da keines der meist von Leningrad auslaufenden sowjetischen Schiffe die mindestens 12 000 km lange Strecke ohne Ergänzung seiner Vorräte bewältigen konnte. Las Palmas auf den Kanarischen Inseln, Dakar in Afrika, Montevideo in Südamerika oder Häfen in Australien und Neuseeland gehörten zu den am häufigsten angesteuerten Plätzen für einen Zwischenstopp. Und nur bei einem solchen Zwischenstopp hätte die Möglichkeit bestanden, sich über das Gastland in die Bundesrepublik abzusetzen. Lange Zeit hat dies niemand genutzt, denn unter den ostdeutschen Wissenschaftlern galt der unausgesprochene »Ehrenkodex«, den Weg in die Antarktis im Interesse der Sache und der Kollegen nicht als »Tür in den Westen« zu

benutzen. Verletzt wurde er erstmals 1971 bei der Ausreise zur 17. SAE von einem Wissenschaftler, der einen Zwischenstopp vor Las Palmas zur Flucht in die Bundesrepublik nutzte. Prompt erhöhte sich danach für einige Zeit die Zahl der Ausreiseverweigerungen.

Auch wenn ein beantragender Wissenschaftler in aller Regel sein geplantes Forschungsvorhaben selbst durchführen durfte und es nicht dem Ersatzmann überlassen musste, wirkte sich die immer vorhandene Unsicherheit doch auf die Bereitschaft der Institute und ihrer Wissenschaftler zu Forschungen in der Antarktis aus. Im Grunde wurde die Antarktisforschung der DDR lange Zeit vom Enthusiasmus Einzelner getragen. Manfred Schneider, von 1973 bis 1979 Antarktis-Koordinator im Potsdamer Büro, erinnert sich heute noch lebhaft an seine Bettelreisen durch die Republik: »Ich musste Leute finden, die zur Fahrt in die Antarktis und zur Überwinterung dort bereit waren, denn es war bequemer, am Sessel kleben zu bleiben und auf den nächsten frei werdenden, besseren Sessel zu warten. Hatte ich jemanden gefunden, musste ich seinen Chef überzeugen. Das war manchmal noch schwieriger. Insbesondere wenn es darauf ankam, ein längerfristiges Programm zu erstellen, zuckten die übergeordneten Dienststellen zurück.« Doch es gab – vor allem gegen Ende von Schneiders Amtszeit und in den Jahren danach – auch die anderen Fälle: Institutsleiter, die an ihren Instituten längerfristige Projekte entwickeln ließen, ihre Mitarbeiter freistellten und ihnen nach der Rückkehr die Zeit zur Auswertung ihrer Daten ließen. Und es gab die jungen Wissenschaftler und Techniker, die geradezu darauf brannten, an einer Expedition in die unbekannte Antarktis teilzunehmen.

Eine solche Teilnahme an einer Antarktis-Expedition konnte im Übrigen auch Vorteile mit sich bringen und damit unter den damaligen Lebensbedingungen durchaus attraktiv sein. Zunächst zog manchen Wissenschaftler die sonst sehr eingeschränkte Möglichkeit an, legal ausreisen und die Welt »da draußen« kennen lernen zu können. Auch für die Familien nicht nur jüngerer Expeditionsteilnehmer ergaben sich zuweilen handfeste Vorteile: Die Aufbesserung der Finanzlage durch Erschwerniszuschläge zu dem weiterlaufenden Gehalt sowie Unterstützung und bessere Wartelis-

tenpositionen bei Wohnraumbeschaffung und Autobestellung erleichterten sicherlich einigen Ehefrauen die Zustimmung zur bis zu 20-monatigen Abwesenheit ihres Mannes. Und diese Zustimmung war letztlich für die Ausgeglichenheit des Mannes während der Überwinterung entscheidend, denn, wie es ein Teilnehmer formulierte: »Es fuhren immer zwei in die Antarktis.« Ein Überwinterer musste jederzeit sicher sein, dass es zu Hause ohne ihn keine Katastrophen geben würde. Schließlich konnte er in keiner Weise helfend eingreifen, zumal die Kommunikation gerade in den Anfangsjahren auf das eine oder andere Telegramm und ein seltenes, schwieriges und durch heftiges Knistern gestörtes Telefongespräch beschränkt war – Telefongespräche, bei denen Probleme darüber hinaus auf keinen Fall angesprochen werden sollten, weil dies nur die Psyche des Überwinterers destabilisiert hätte. Bei allen möglichen Vorteilen: Ausschlaggebend für eine Teilnahmeentscheidung war bei jedem Forscher immer der Wille, sich den physischen und psychischen Herausforderungen zu stellen und neue wissenschaftliche Erkenntnisse in der Antarktis zu gewinnen.

Für die wissenschaftliche Entwicklung gab es ebenfalls einen Pluspunkt, der vielen aber wohl erst nach der Rückkehr bewusst wurde: Die Expeditionsergebnisse wurden in den »Geodätischen und Geophysikalischen Veröffentlichungen« des NKGG veröffentlicht. Das Technische Büro des NKGG und später die Abteilung »Expeditionen« des ZIPE betreuten diese Publikationen – eine Hilfe, die gerade bei umfangreicheren Arbeiten und Berichten in den Zeiten knapper Papierkon-

tingente und Druckkapazitäten manche Wissenschaftlerkarriere förderte. Die wenigsten der sowjetischen Kollegen konnten allerdings diese lange Zeit nur deutsch abgefassten Texte und damit die detaillierten Ergebnisse im Original lesen; die anderen mussten sich mit übersetzten »Summaries« oder mit einer russischen Zusammenfassung der wichtigsten Ergebnisse im »Informations-Bulletin der SAE« begnügen. Auch in der Bundesrepublik wurde die ostdeutsche Literatur, da meist als nicht begutachtete »graue Literatur« eingestuft, nur selten zur Kenntnis genommen. Dennoch: Allein die Möglichkeit, die Expedition auf diese Weise detailliert dokumentieren zu können, war gerade für die jungen ostdeutschen Wissenschaftler wichtig. Zudem unterlagen diese Veröffentlichungen kaum den in vielen anderen Bereichen geltenden peniblen Geheimhaltungsvorschriften des DDR-Staates, denn der Antarktis-Vertrag sieht ja explizit die Veröffentlichung aller Daten vor.

Mit den Jahren wuchsen bei den ostdeutschen Wissenschaftlern die Kenntnisse über die spezifischen Bedingungen der Antarktis wie über die dortigen Forschungsmöglichkeiten und -notwendigkeiten. Immer mehr eigenständige Projekte wurden entwickelt.

So entstand im Laufe der Zeit ein bunter Strauß antarktischer Forschungsthemen, dem man allerdings ansah, dass er nicht an übergeordneten Forschungszielen orientiert war. Thematische Kontinuität und wissenschaftliche Kohärenz entwickelten sich erst, nachdem die DDR 1976 ihre eigene Forschungsbasis in der Schirmacher-Oase eingerichtet hatte.

Auch bei klirrender Kälte entschädigten nicht nur wissenschaftliche Ergebnisse, sondern auch manche faszinierenden Stimmungen für die Entbehrungen. (Foto: Georg Dittrich)

Eine Forschungsbasis entwickelt sich

Der Schlittenzug verließ am 14. Februar 1976 die Eisbarriere bei Kap Ostry an der Prinzessin-Astrid-Küste. Schon am 20. Oktober des Vorjahres waren der Physiker Dr. Hartwig Gernandt und seine fünf ostdeutschen Kollegen auf dem Frachter KAPITAN MARKOW von Leningrad aus in die Antarktis gestartet. Das Schiff hatte auf seinem Weg am Filchner-Schelfeis Versorgungsgüter für die sowjetische Station entladen und sodann seine eigenen Treibstoff-, Wasser- und Lebensmittelvorräte in Westaustralien ergänzt. Um den deutschen Kollegen vor Wintereinbruch einige zusätzliche Wochen für ihre Arbeit zu geben, hatte der Kapitän danach, in Absprache mit dem sowjetischen Fahrtleiter, den »Fahrplan« abgeändert und schon am 9. Februar vor Kap Ostry festgemacht – ungewöhnlich früh im Jahr, denn sonst wagten sich die Schiffe wegen der schwierigen Eisverhältnisse immer erst im März in diese Gegend. So arbeiteten sich die ostdeutschen Wissenschaftler und Techniker aber schon Mitte Februar auf vier großen russischen ATT-Schleppern, deren Ketten durch Stahlstollen verstärkt waren, und auf zwei kleineren Raupenschleppern 100 km weit über Eis und Schnee nach Süden vor. Ziel war die eisfreie Schirmacher-Oase. Auf ihr sollten sie in rund 1000 m Entfernung von der sowjetischen Station »Nowolasarewskaja« eine eigene Forschungsbasis der DDR errichten, die erste ständig besetzte deutsche Station in Antarktika.

Nach vielen Jahren einer nahezu völligen Abhängigkeit von den logistischen Möglichkeiten der Sowjetischen Antarktis-Expeditionen (SAE) hatten sich die zuständigen Stellen in Ost-Berlin durchgerungen, ihrer Antarktisforschung mehr Sichtbarkeit zu verleihen. Lange genug hatten sie wegen der zu erwartenden Folgekosten wie wegen möglicher politischer Verärgerungen ängstlich gezögert. Vor dem weiter gehenden Schritt zu einer unabhängigen DDR-Station schreckten sie allerdings noch zurück – vermutlich, weil die Signale aus der Sowjetunion Mitte der 1970er-Jahre nur eine »Forschungsbasis« zu erlauben schienen. Darüber hinaus gab es für den Transport der Versorgungsgüter und der wissenschaftlichem Geräte wie auch des Personals von Europa in die Antarktis keine preiswertere und politisch gangbare Alternative zur Kooperation mit den SAE, sodass die Nähe zu einer sowjetischen Station unverzichtbar war. Der Standort Schirmacher-Oase bot die Möglichkeit, das ostdeutsche Laboratorium auf felsigem Untergrund zu bauen, so wie es die Sowjets 1960 vorgemacht hatten, als sie entschieden, »Lasarewskaja« an der Eisbarriere (Station von März 1959 bis Februar 1961) aufzugeben und die Station durch »Nowolasarewskaja« in der Schirmacher-Oase zu ersetzen (Eröffnung am 18. Januar 1961).

Schirmacheroase

Die Schirmacheroase, mit einer Fläche von etwa 35 km², gehört zu den typischen Oasen des Küstenbereiches, die vollständig vom Eis umgeben sind und keinen direkten Zugang zum Meer haben. Seit mindestens fünf- bis sechstausend Jahren sind diese Felsen nicht mehr vom Eis bedeckt. Die mittleren Lufttemperaturen liegen im Juli bei minus 18,4 °C und erreichen im Januar Werte von minus 1,2 °C. Die mittleren Windgeschwindigkeiten liegen bei 10,1 m/sec, und die relative Luftfeuchtigkeit schwankt zwischen 10 und 60 Prozent. Das sind für Antarktika recht angenehme klimatische Bedingungen. ...

Am Südrand der Oase erhebt sich steil das Inlandeis, das bereits 50 km weiter südlich eine Höhe von 1000 m erreicht. Im Norden wird die Oase etwa 100 km breit vom Schelfeis eingeschlossen. Wie sich bei Thermobohrungen zeigte, ist dieser Eispanzer über 400 m mächtig. Das Lasarewmeer im Norden ist fast ständig vom Treibeis bedeckt, sogar zum Ende des Winters kommt es vor, dass das Randeis 10 bis 15 km breit ist. Frühestens im März ist mit dem Eisaufbruch zu rechnen, doch ob das Eis völlig aufbricht, ist jedes Jahr aufs Neue ungewiss.

Hartwig Gernandt, Erlebnis Antarktis

Entscheidend für die Standortwahl der DDR war die wissenschaftliche Eignung und Attraktivität des Gebietes. Als das Zentralinstitut für solarterrestrische Physik (ZISTP) in Berlin-Adlershof ein umfangreiches ionosphärisches Beobachtungsprogramm im Rahmen der Internationalen Magnetosphären-Studie (1976–1978) plante (vgl. »Rätsel der polaren Ionosphäre«), wählte es von den verschiedenen sowjetischen Stationsstandorten die Schirmacher-Oase aus, weil diese am Rande des so genannten Polarlichtovals der Antarktis lag, einer für die geplanten Untersuchungen besonders interessanten Übergangszone. Als eine Option für die Zukunft bot das Umland darüber hinaus ergiebige Forschungsmöglichkeiten auch für Geologen und Geophysiker sowie für Wissenschaftler weiterer in Antarktika aktiver Disziplinen.

Der genaue Standort wurde vor allem von der Technik diktiert: Ein von der sowjetischen Station deutlich abgesetzter Platz und eine unabhängige Stromversorgung waren erforderlich, um Störungen der empfindlichen funktechnischen Anlage für die Ionosphären-Untersuchungen zu vermeiden. Dies hatte Dr. Hartwig Gernandt 1968 bei

Die Container mit der Ausrüstung für das neue Forschungslabor wurden an der Eisbarriere ausgeladen. (Foto: Hartwig Gernandt)

Die 1961 eröffnete sowjetische Station »Nowolasarewskaja« liegt in der Schirmacher-Oase in »Dronning Maud Land«. (Quelle: IfAG/BKG)

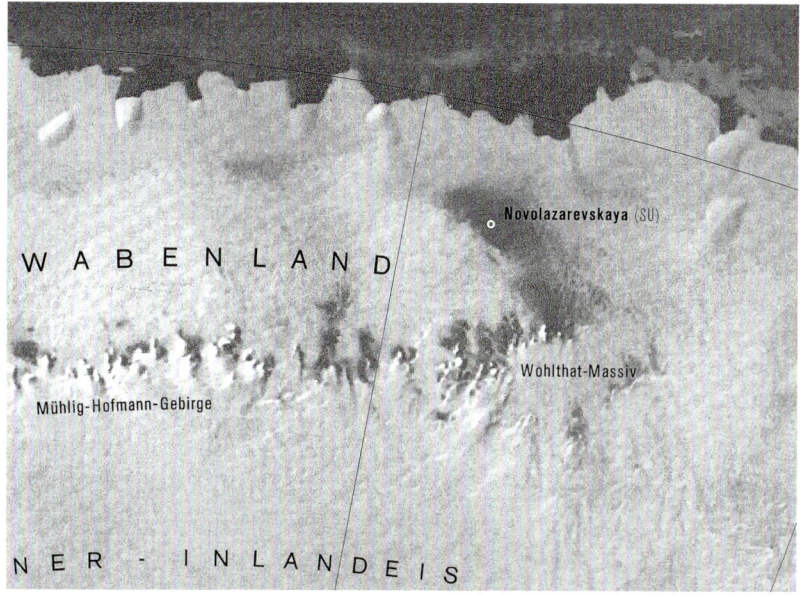

127

Russische ATT-Schlepper zogen die Container und die Ausrüstung den rund 100 km langen Weg über das Schelfeis zur Schirmacher-Oase. (Foto: Hartwig Gernandt)

seinem Aufenthalt in »Mirny« gelernt. Da der eigentlich vorgesehene Leiter des Programms wegen gesundheitlicher Probleme ausfiel, war Gernandt von ZISTP-Direktor Prof. Lauter beim Meteorologischen Dienst angefordert und von diesem für die Expedition freigestellt worden. In Zusammenarbeit mit dem ZISTP entwickelte er die Idee, Container zu verwenden und diese bereits zu Hause als Laboratorien auszustatten. Dieses neuartige Konzept, das in Antarktika bis dahin noch an keiner anderen Stelle zu Grunde gelegt worden war, sollte zunächst einen effizienten Transport über das Schelfeis und dann die wegen des nahen Winters notwendige rasche Montage des »Containerkomplexes« ermöglichen.

Der Errichtung dieser Station waren umfangreiche Arbeiten vorangegangen. Schon im August 1975 hatte man in der DDR unter der bewährten Leitung von Bodo Tripphahn in vier metallene Industriecontainer, rund 6 m lang und 2,5 m breit, sowie in drei Holzhütten mit gleichen Maßen Fenster und Türen eingepasst. Zusätzlich waren die Container und Hütten in Potsdam gegen die antarktische Kälte isoliert und Heizkörper und elektrische Anlagen in ihnen vorinstalliert worden. Für den Transport wurden die Container fest auf robusten Stahlschlitten verankert. Am ausgewählten Standort angekommen, sollten die Schlitten als Fundament dienen. Tripphahn arbeitete bei allen Schritten eng mit dem Stationsleiter der Ionosondenstation des ZISTP in Juliusruh und seinen Mitarbeitern zusammen. In Juliusruh auf

der Insel Rügen wurden die Container auch probeweise aufgebaut, mit den zusätzlichen messtechnischen Anlagen ausgestattet und dann für den Transport verpackt.

Die Fahrt über 100 km von der Eiskante in das Gebiet der Schirmacher-Oase erwies sich allerdings als schwieriger, als man sich dies zu Hause vorgestellt hatte. Als die KAPITAN MARKOW sich Anfang Februar durch Packeis und immer noch bis zu zwei Meter dickes Meereis zur Schelfeisbarriere vorgekämpft hatte, hatte der antarktische Sommer seinen Höhepunkt zwar bereits überschritten. Aber die Sonne hatte das rotbraune Gestein der Oase kräftig aufgeheizt und die so erwärmte Luft den Firn der umgebenden Gletscheroberfläche noch in einem Umkreis von 40 km geschmolzen. Auch wenn die Luft sich inzwischen vor allem nachts wieder abkühlte, so konnte die neue Eisoberfläche die schweren Fahrzeuge und Schlitten doch noch nicht tragen. So tastete man sich auf einem Gelände vorwärts, das mit seinen weitverzweigten Schmelzwasserrinnen, Flüssen und Seen immer wieder zu Umwegen zwang. Mehr als einmal befürchteten die Fahrer und ihre Begleiter bei der Überquerung einer wassergefüllten Spalte, dass ein Schlitten umkippen könnte. Doch nicht zuletzt dank der Routine der sowjetischen Traktoristen erreichten alle Container ohne Unfall und nennenswerte Verluste »Nowolasarewskaja«. Dennoch: Die Fahrt über das von Schmelzwasser zerfurchte Gelände war auch im Nachhinein so schwierig, dass die SAE später in dieser Jahreszeit keine Fahrten von der Eisbarriere nach »Nowolasarewskaja« mehr durchführten.

Am Tag nach der Ankunft wurden die elf Container auf einem Eisfeld im Ostteil der Schirmacher-Oase, dieses zwischen 1 und 4 km breiten und 20 km langen eisfreien Streifens im zentralen Dronning-Maud-Land, abgestellt. Die Suche nach einem entsprechend ebenen Standort, der auch die Kriterien für Treibstofflagerung und Wasserversorgung erfüllen sollte, begann. Schließlich wurde 800 m östlich von »Nowolasarewskaja«, dem technisch notwendigen Mindestabstand von der sowjetischen Station, eine Fläche ausgewählt. Rund 40 m mussten nun die Container vom Eisrand über Geröll zu dieser Fläche geschleppt und dort zentimetergenau zusammengestellt werden. Zwischen den sechs Containern entstand ein Korridor, der anschließend überdacht wurde und sowohl als Verbindung zwischen Wohnräumen, Aufenthaltsraum und Messlabor wie als Lager

diente. Am Ende dieses Korridors bildete eine Schleuse aus zwei Türen den Haupteingang, von dem eine Brücke zum fünf Meter entfernten Energie-Container mit den Dieselaggregaten führte. Über eine 60 m lange Leitung wurde die Diesel-Elektrostation mit dem Tanklager verbunden. Eine überaus mühsame, zuweilen qualvolle Arbeit bei Temperaturen unter dem Gefrierpunkt. Trotz minutiöser Vorbereitung zu Hause musste immer wieder improvisiert werden, waren Lösungen für nicht vorhergesehene Detailprobleme zu entwickeln. Parallel zum Aufbau der 120 m^2 großen Station wurde der 30 m hohe Stahlgittermast für die Delta-Antenne aufgestellt und befestigt sowie die Errichtung der anderen Antennen und wissenschaftlichen Messanlagen im Außenbereich in

Transportprobleme

22 Uhr. Wieder ein Traktor eingebrochen. Diesmal steht er völlig im Wasser. Der Graben etwa 1,20 m tief. Die Traktoren sind nicht mehr in der Lage, einen Lastschlitten mit Container zu ziehen. Nun werden die beiden Lastschlitten auch noch an die ATT-Schlitten gehängt. Die Traktoren fahren allein weiter. Überall sehr gefährliche Spalten und immer wieder Spalten und überfrorenes Wasser. Die Schlitten tauchen tief ein. Das Wasser dringt in einen Container. Zum Teil haben sich unsere Messgeräte aus den Verankerungen gelöst, alles purzelt durcheinander. Hoffentlich hält sich das Wetter. Immer wieder Aufenthalte, da Traktoren und Schlepper festsitzen.

23:30 Uhr. Eislöcher und Rinnen, die schwach zugefroren sind. Wieder und wieder müssen Umwege gesucht werden. Unsere Traktoren kommen kaum noch durch. Es sind noch 25 km bis zur Station.

Hartwig Gernandt,
Tagebucheintragung vom 15. Februar 1976

Auch die kleineren T-100-Schlepper mussten immer wieder Schmelzwasserrinnen durchqueren, bei denen sie oft gefährlich einbrachen. (Fotos: Hartwig Gernandt)

Die Schirmacher-Oase wurde früher nicht zu Unrecht »Schirmacher-Seenplatte« genannt (oben).

Als Erstes musste ein ebenes Gelände für den Stationsaufbau gesucht und vermessen werden (Mitte).

Die 30 m hohe Antenne wurde mit Stahlseilen fest im Felsen verankert (unten).
(Fotos: Hartwig Gernandt)

Angriff genommen. Die Zeit drängte, denn der Winter mit seinen Orkanen stand unmittelbar bevor. Als Ende März der erste große Schneesturm über die Schirmacher-Oase fegte, waren die Zinkbleche auf dem Holzdach des Korridors festgenagelt und alle Ritzen abgedichtet. Die folgenden Tage gehörten der Fertigstellung der Außenanlagen, darunter der Sicherung des Fußwegs zur Station »Nowolasarewskaja«. Mitte April, nach nur zwei Monaten, konnten die sechs ostdeutschen Antarktisfahrer aufatmen: Sie hatten es geschafft. Die blau, mandarin und weiß gestrichenen Containern setzten einen neuen Farbakzent in die Schirmacher-Oase. Gemeinsam mit der 20-köpfigen Besatzung der sowjetischen Nachbarstation wurde am 21. April 1976 das neue deutsche Forschungslabor in Antarktika feierlich eingeweiht. Telegramme verkündeten dies auch in der Heimat. Es vergingen allerdings noch einige Wochen, bis alle wissenschaftlichen Geräte an ihrem Platz waren und wunschgemäß funktionierten. Endlich begannen Mitte Juni 1976 aber auch die wissenschaftlichen Beobachtungen, die die Polarnacht und die Einsamkeit während der Überwinterung weniger belastend machten.

Über den Namen wurde in der DDR längere Zeit diskutiert, denn man wollte in keines der tatsächlich oder vermutet herumstehenden »Fettnäpfchen« treten. Schließlich entschied man sich für das komplizierte »DDR-Basislaboratorium in der Nähe der sowjetischen Station Nowolasarewskaja« als offizielle und amtliche Bezeichnung. Trotz des zurückhaltend gewählten Namens markiert die Errichtung dieser Überwinterungsstation

einen Wendepunkt in der Antarktisforschung der DDR: Sie wandelte, ja emanzipierte sich innerhalb kurzer Zeit. Die Existenz der Station erlaubte die Ausarbeitung neuer, eigenständiger Vorhaben. Da die SAE weiterhin den Transport von Personal, Versorgungsgütern und Geräten in die Antarktis übernahm, war naturgemäß die wissenschaftliche Zusammenarbeit mit dem sowjetischen Arktischen und Antarktischen Forschungsinstitut besonders eng. Die Vorhaben wurden daher weiterhin in Leningrad vorgestellt, mussten aber nicht mehr von dort »abgesegnet« werden. Nach innen übte die Station darüber hinaus einen positiven Zwang aus: Sie musste durch solide wissenschaftliche Projekte »gefüllt« werden und erlaubte auch mehrjährige Programme. Kontinuität und längerfristige Planung waren möglich geworden.

Anfangs war der »Containerkomplex« allerdings nur Stützpunkt für das Ionosphärenforschungsprogramm, das aber bereits auf mehrere Jahre angelegt war. Einige Komponenten wie die Registrierung des erdmagnetischen Feldes oder die Riometermessungen wurden sogar bis zum Ende des Stationsbetriebes fortgesetzt. Wissenschaftler anderer Disziplinen ergriffen die Möglichkeit, ihre Forschungsideen von dem »Basislaboratorium« aus in Angriff zu nehmen, zunächst nur zögerlich. Bodo Tripphahn berichtete daher mit Brief vom 5. August 1976 Prof. Stiller, dem Leiter des Forschungsbereichs »Geo- und Kosmoswissenschaften«, dass noch keine weiteren Programmanmeldungen für die 23. SAE (1977–1979) vorlägen. Und er wies darauf hin, dass der »große Aufwand« von insgesamt rund 3,1 Mio. Mark sich nur dann rechtfertige, wenn, wie vereinbart, für die Zukunft alle Forschungsarbeiten auf die »von der DDR errichtete Messstelle« konzentriert würden. Seine Intervention hatte offenbar Erfolg. Denn im Januar 1978 konnte Manfred Schneider, sein Kollege im Büro im Zentralinstitut für Physik der Erde (ZIPE), erstmals ein Langfristprogramm für die SAE-Teilnahme bis 1985 und darüber hinaus vorlegen. Die Station entwickelte sich für die ostdeutschen Antarktisforscher zum ganzjährig betriebenen Observatorium und zur logistischen Basis für Sommeraktivitäten. Eine Formalität blieb jedoch erhalten: Gegenüber den Mitgliedern der Konsultativrunde des Antark-

tisvertrages wurden die Projekte auch des DDR-Basislaboratoriums im Rahmen der SAE-Programme ausgewiesen. Aber dies war eben eine Formalität, sodass schon wenig später einige westliche Länder die DDR über die diplomatischen Kanäle auch direkt um Übermittlung ihrer Programme baten.

Zu den Disziplinen, die – aus eigenem Antrieb oder auf Drängen des Koordinators in Potsdam – neue Antarktisprojekte entwickelten, gehörte in erster Linie die Isotopenphysik. Bei der 21. SAE (1975–1977) hatte der Physiker Dr. Detlef Hebert auf Schlittenzügen über den Hays-Gletscher und in der Umgebung von »Molodjoshnaja« unter anderem Schnee- und Eisproben für Tritium-Messungen sammeln, in Freiberg auswerten und dadurch glaziologische Aussagen zu diesem Gletscher präzisieren können. Und er bewies, dass die Tritium-Methode zur Messung der Akkumulationsrate von Schnee in Antarktika geeignet war. Über Guanoproben belegte er mithilfe von C-14-Messungen darüber hinaus, dass Pinguine an ein und derselben Stelle des nahen Abendberges seit etwa 1500 Jahren brüteten.

Nicht zuletzt diese Erfolge veranlassten Prof. Dr. Wetzel, den Direktor des Zentralinstituts für Isotopen- und Strahlenforschung (ZfI) in Leipzig, gemeinsam mit der Bergakademie Freiberg ein langfristig angelegtes Programm »Isotope in der Natur« für das neue Basislaboratorium ausarbeiten zu lassen. Bereits bei der 23. SAE wurde in einem Container der ostdeutschen Station ein neues chemisch-analytisches Labor aufgebaut, um in Antarktika Umweltnuklide beproben zu können. Luft, die in Eiskernen seit Jahrhunderten

Nachdem die Fundamente für die Schlitten bereitet und diese auf gleicher Höhe justiert waren, wurden die Container zentimetergenau zusammengebaut. (Fotos: Hartwig Gernandt)

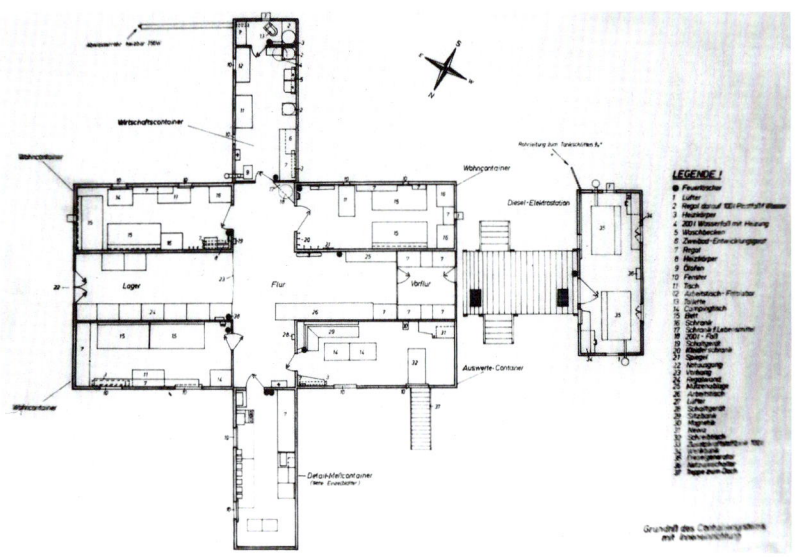

*Plan der zunächst »DDR-Basislaboratorium« genannten neuen Antarktis-Forschungsstation.
(Foto: Hartwig Gernandt)*

*Über die Jahre erarbeiteten die ostdeutschen Wissenschaftler die bisher einzige umfassende Darstellung einer Antarktis-Oase, aus der diese Karte der Schirmacher-Oase entnommen ist.
(Quelle: Schirmacher-Oase, Perthes-Verlag)*

oder Jahrtausenden eingeschlossen war, oder Spuren kosmischen Staubes im Schnee sollten Aufschluss über die Klimageschichte oder außergewöhnliche Ereignisse geben. Untersuchungen dieser Art machten Wissenschaftler zu dieser Zeit bereits bei Tiefenbohrungen in der Nähe der sowjetischen Station »Wostok« und der amerikanischen Station »Byrd«. Die Leipziger Forscher Dr. Gerhard Strauch und Diedrich Fritzsche konzentrierten sich demgegenüber auf die Seen der Schirmacher-Oase. Einige von ihnen haben unter dem Eis Verbindung mit dem Meer, denn die Schirmacher-Oase liegt nur wenige Meter über dem Meeresspiegel. Durch isotopenphysikalische und chemische Untersuchung von Wasserproben wollte man Aufschluss über die Vermischung des

Schmelzwassers mit dem Meerwasser erhalten. Ein Jahr später ermittelten Dr. Wilfried Richter und Ralf Der, beide aus dem ZfI, dass zwei der Seen Süßwasserseen waren, die am Grund Verbindung zum Ozean hatten und dadurch die Gezeiten des Meeres mit vollzogen. Wichtiger aber war noch der Nachweis, dass die Schirmacher-Oase im Laufe der Erdgeschichte eine »isostatische Hebung« vollzogen hatte: Das Eis, das sie noch vor 10 000 oder 12 000 Jahren bedeckt hatte, war geschmolzen; sein Gewicht belastete daher die Erdkruste hier nicht mehr. Darüber hinaus begannen sie, die Isotopenmessungen auch auf biologisches Material (Algen, Flechten, Moose) und die geochronologische Bestimmung anhand von Gesteinsproben auszudehnen.

Die Isotopenphysik war – neben der Ionosphärenforschung, die den Anstoß zum Bau der Station gegeben hatte – die wohl wichtigste Disziplin, die auf Grund der Existenz der Station in Antarktika ein faszinierendes neues Arbeitsfeld entdeckte. Mehrfach wurden darüber hinaus zwischen 1978 und 1982 in der Schirmacher-Oase die Variationen und die Mikropulsation des erdmagnetischen Feldes gemessen. Und in den Sommermonaten zog es dann vor allem Geowissenschaftler und Glaziologen dorthin, um das gebirgige Hinterland sowie das Eis der Umgebung zu studieren.

Wegen der sich erhöhenden Ansprüche baute man die Station schrittweise aus. Bereits 1977 wurde die Elektrostation vergrößert, um zwei weitere Dieselaggregate aufnehmen zu können. Zusätzliche Container schufen in den Jahren nach 1980

Die »Georg-Forster-Station« Ende des ersten antarktischen Winters.

Die »Messe« war Treffpunkt und Arbeitsraum der Wissenschaftler (Mitte).

Hartwig Gernandt (2. v. l.) lud am 20. April 1976 den Stationsleiter von »Nowolasarewskaja« (2. v. r.) und seine Kollegen zur Eröffnung ein (unten). (Fotos: Hartwig Gernandt)

weitere Wohn- und Arbeitsplätze für Wissenschaftler und Techniker, sodass schließlich zehn Wissenschaftler während einer Überwinterung hier leben und arbeiten konnten. Ende der 1980er-Jahre war die Station ein Komplex aus einer Vielzahl von Gebäuden, die Laboratorien, Personalunterkünfte und Energieversorgung beherbergten, zu dem aber auch Messcontainer, Funkstation, Werkstatt und verschiedene Lager als Außenstellen gehörten. Ein Fahrzeugpark mit unterschiedlichen Raupenfahrzeugen, Kränen, Tank- und Lastschlitten für die Unterstützung der wissenschaftlichen Feldeinsätze und der logistischen Stationsarbeiten machten die »Georg-Forster-Station«, wie das Basislaboratorium am 10. Oktober 1987 getauft wurde, im Grunde autark. Nur hinsichtlich ganz weniger Faktoren – etwa der Transportlogistik in die Antarktis, der Treibstoffversorgung oder der medizinischen Betreuung – war die Station noch von der sowjetischen Station »Nowolasarewskaja« abhängig. Allein durch ihre Existenz sowie dann durch die verschiedenen Erweiterungen hat die »Georg-Forster-Station« der Antarktisforschung der DDR neue Möglichkeiten eröffnet und damit auch eine neue Dimension gegeben. Internationale Aufmerksamkeit fiel auf sie in den 1980er-Jahren durch die dort durchgeführten Ozonstudien (vgl. »Faszination Polare Ionosphäre«). Darüber hinaus war sie Voraussetzung dafür, dass die DDR 1987 in die Konsultativrunde zum Antarktisvertrag aufgenommen wurde (vgl. »Der verlorene Wettlauf«).

Da der Komplex immer wieder erweitert worden

In den Arbeitscontainern wurde jeder freie Raum zur Unterbringung von Messgeräten genutzt (links).

Die deutsche Fahne, nach den Winterstürmen ohne die DDR-Embleme, wehte schon 1976 über der Station (rechts).

war, entsprachen wichtige Teile Mitte der 1980er-Jahren nicht mehr den Anforderungen. Ein Team unter dem damaligen Leiter der Abteilung »Polarforschung« im ZIPE, Prof. Dr. Rudolf Meier, arbeitete nach einer Bestandsaufnahme vor Ort auch entsprechende Vorschläge aus. Wegen der Wende kamen die Pläne für eine neue Station am gleichen Ort nicht mehr zur Ausführung. Der wissenschaftliche Betrieb wurde zwar noch bis 1992 fortgesetzt. In der Jahren 1993 bis 1996 wurde die Station jedoch vom Alfred-Wegener-Institut in Zusammenarbeit mit der Russischen Antarktis-Expedition im Rahmen eines gemeinsamen Projektes abgebaut (vgl. »Die Vereinigung der beiden Flussarme«) – ein erfolgreiches Kapitel angewandten Umweltschutzes in Antarktika.

Bereits 1986 war der Entschluss in ZIPE gefasst worden, die Arbeiten in der Schirmacher-Oase und ihrer Umgebung in einem Bericht zusammenzufassen. Erscheinen konnte er allerdings erst nach der Wende, doch seine Herausgeber Peter Bormann und Diedrich Fritzsche machten aus dieser »Abschlussdokumentation der Forschungsaktivitäten ostdeutscher Wissenschaftler«, wie ein Rezensent bemerkte, »ein gelungenes Kompendium von Ergebnissen interdisziplinärer geowissenschaftlicher und biologischer Forschung in einem hochsensiblen Ökosystem«. Mehr noch: Es wurde als bisher einzige umfassende Darstellung einer Antarktis-Oase in all ihren Facetten ein später Ausweis der Leistungen der ostdeutschen Polarforschung in der DDR-Zeit.

Das Team, das 1976 die erste deutsche Station in der Antarktis errichtet hat, vor der Abreise von Leningrad (3. von rechts: ihr Leiter Hartwig Gernandt). (Fotos: Hartwig Gernandt)

Faszination »Polare Ionosphäre«

Am 3. August 1960, morgens um 5:48 Uhr, schaltete Joachim Kolbig die automatischen Registrierungsgeräte in dem meteorologischen Labor ab, das die drei ostdeutschen Wissenschaftler bei ihrer ersten Teilnahme an einer Sowjetischen Antarktis-Expedition (SAE) in der Station »Mirny« eingerichtet hatten. Alles schien sinnlos geworden. Wenige Stunden vorher hatte ein verheerender Brand, ausgelöst durch einen Kurzschluss während eines der heftigsten Orkane jenes antarktischen Winters, das unter dem Eis liegende Meteorologenhaus der Station zerstört. Acht Überwinterer fanden den Tod, unter ihnen der 32-jährige Deutsche Christian Popp (vgl. auch »Im Kielwasser der Sowjetunion«). Popp, gelernter Rundfunkmechaniker und studierter Meteorologe, hatte das DDR-Labor in einer selbst gebauten Hütte mit aufklappbarem Dach, deren Teile von einem geschickten Tischler in der Heimat vorgefertigt worden waren, mit Geräten ausgestattet. Mit einem Dobson-Spektrometer, einem komplizierten, elektrisch-optisch arbeitenden Gerät, hatte er aus dieser Hütte seit Mitte Februar den Gesamtozongehalt der Atmosphäre in der Luftsäule über dem Messgerät gemessen. Damals war bereits bekannt, dass in den Höhen zwischen 20 und 50 km die kurzwellige ultraviolette Strahlung der Sonne absorbiert wird und aus den Sauerstoffmolekülen der Luft Ozonmoleküle gebildet werden, sodass in der oberen Stratosphäre die höchsten Ozonkonzentrationen bestehen. Man kannte somit die Schutzfilterfunktion des Ozons in der Atmosphäre für das Leben auf der Erde. Dieses Wissen war insbesondere durch zahlreiche Messungen in den mittleren und polaren Breiten der Nordhalbkugel belegt. In der Antarktis aber hatte es noch kaum Messungen gegeben. Man hoffte nun, aus den Messungen der Ozonsäulendichte die großräumigen Luftbewegungen in der Stratosphäre der Südhalbkugel und damit auch die Wirkungen auf die Troposphäre besser verstehen und damit nicht zuletzt die Wettervorhersagen verbessern zu können.

Mit Popps Tod schien das Projekt gescheitert, bevor es richtig begonnen hatte. Dr. Günter Skeib wollte dies aber, auch um des Gedenkens an seinen Kameraden willen, nicht akzeptieren. So setzte der Leiter der kleinen ostdeutschen Gruppe bei der 5. SAE (1959–1961) das Labor wieder in Betrieb, arbeitete sich selbst mühsam in das Dobson-Spektrometer ein und führte die Ozonmessungen von Popp bis Mitte Januar 1961 fort. Dennoch hatte dieses Programm durch den Tod von Popp einen entscheidenden Rückschlag erlitten, weil nur er mit der wissenschaftlichen Zielsetzung vertraut war und nach der Expedition niemand mehr für die Auswertung der Messergebnisse zur Verfügung stand.

In der DDR hatte damals die Wetterwarte in Dresden-Wahnsdorf als eines der ersten Observatorien eine Zunahme des bodennahen Ozons in Mitteleuropa registriert und war sehr an Vergleichsmessungen in der Antarktis interessiert. Die Wetterwarte und das Meteorologische Hauptobservatorium Potsdam veranlassten daher gemeinsam,

Hartwig Gernandt bereitete die Ozonsonde vor dem Aufstieg mit einem Ballon im Labor seiner Station vor. (Foto: Hartwig Gernandt)

Polarlicht über der »Georg-Forster-Station« in der Schirmacher-Oase. (Foto: Hartwig Gernandt)

dass der Hydrologe Otto Schulze bei der folgenden SAE (1960–1962) – neben seinen glaziologischen Untersuchungen – die Messung des bodennahen Ozons an der Station Mirny durchführte. Wenn man die weiteren Beteiligungen der DDR an den SAE betrachtet, müsste man eigentlich zu dem Schluss kommen, dass nach Schulze die Idee der Ozonmessungen – und atmosphärischer Untersuchungen im Allgemeinen – in der Antarktis in Vergessenheit geraten war. Dies war jedoch keineswegs der Fall. Initiator dieser ersten meteorologischen Forschungen war Prof. Dr. Ernst-August Lauter gewesen, der damalige Leiter des Observatoriums für Ionosphärenforschung in Kühlungsborn. Mit Nachdruck hatte er sich über die Jahre hinweg immer wieder für meteorologische Arbeiten in der Antarktis – mit Blick auf die polare Ionosphäre – eingesetzt, nicht zuletzt weil in jenen Jahren die polare Hochatmosphäre mit ihren komplexen physikalischen Wechselwirkungen ein Schwerpunkt der internationalen Antarktisforschung war. Vor allem aber schickte er

immer aufs Neue junge Leute in die Antarktis und gab ihnen anschließend genügend Freiraum für die Auswertung ihrer Daten. Lauter konnte seine Ziele, deren eigentliche Bedeutung erst viel später erkannt wurde, auch deswegen mit der notwendigen Beharrlichkeit und Kontinuität verfolgen, weil er nach dem Tode von Prof. Dr. Horst Philipps, dem Direktor des dem Ministerium des Innern unterstehenden Meteorologischen Dienstes und Präsidenten der Akademie, ab Anfang 1963 Vizepräsident der Akademie der Wissenschaften der DDR (AdW) und schließlich von 1968 bis 1972 deren Generalsekretär war.

Wichtiger, weil aktueller als die Ozonmessungen wurde für Lauter Anfang der 1960er-Jahre ein anderes Thema: Sein Interesse richtete sich zunächst auf den Einfluss der Ionosphäre auf den Funkwellenempfang im Lang- und Mittelwellenbereich – eine Frage, die das Observatorium auch von seinem Standort in Kühlungsborn aus untersuchte. Lauter hoffte jedoch, in der Antarktis weiter gehende Erkenntnis zu erzielen, denn auf der

Südhalbkugel waren die Frequenzbänder nicht von so vielen Sendern belegt wie in Europa. In der Tat machte Dr. Peter Glöde, zusammen mit Otto Schulze, in »Mirny« interessante Beobachtungen zur direkten wie zur verzögerten Wirkung von Sonneneruptionen auf die Fähigkeit der Ionosphäre, Funkwellen zu reflektieren.

Noch bevor er als Direktor zum neuen Akademie-Institut für solarterrestrische Physik (ZISTP) wechselte, leitete Lauter ein, dass einer seiner Doktoranden, der Diplom-Physiker Hartwig Gernandt, zusammen mit einem Techniker während der 13. SAE (1967–1969) an der Station »Mirny« überwinterte. Mit den in Kühlungsborn erarbeiteten Methoden untersuchten sie in »Mirny« erneut das Verhalten der Ionosphäre in den tieferen Schichten zwischen 60 und 110 km Höhe. Darüber hinaus registrierten die beiden Überwinterer erstmals von einer sowjetischen Station aus die Signale der geophysikalischen Satelliten S 66 und Explorer 37, mit denen die Gesamtelektronenkonzentration der polaren Ionosphäre berechnet werden konnte. Dass sie bei dieser Expedition auch zum ersten Mal die ostdeutsche Wetterbild-Empfangsanlage WES-1 einsetzten, ist an anderer Stelle schon erwähnt worden (vgl. »Im Kielwasser der Sowjetunion«).

Die Untersuchung der unteren Ionosphäre (D-Region) mit Funkwellen im Längst-, Lang- und Mittelwellenbereich war jedoch die wichtigste Aufgabe und wurde von Dr. Hans Driescher im folgenden Jahr, und damit über die gesamte Zeit eines Sonnenfleckenmaximums, fortgesetzt. Driescher sollte – zusätzlich zu den von den Sowjets routinemäßig eingesetzten optischen Beobachtungsgeräten – mit einem in der DDR entwickelten neuen Gerät, nämlich einem auf elektronischer Basis funktionierenden Spektralphotometer, die Nachthimmelsstrahlung beobachten. Dabei handelt es sich um eine auch in unseren Breiten merkbare diffuse Leuchterscheinung am Nachthimmel, die in Höhenbereichen zwischen 80 und 110 km ausgesandt wird und deren Veränderung Rückschlüsse auf dynamische Vorgänge in diesen Höhenlagen gestattet.

Nach diesen beiden Überwinterungen setzten die Ionosphärenuntersuchungen in der Antarktis für einige Jahre aus. Der Meteorologische Dienst war an der Antarktis nicht mehr interessiert, und für

das ZISTP standen andere Aufgaben im Vordergrund. Zudem wurde sein Direktor auch durch die Aufgaben als Generalsekretär der Akademie verstärkt in Anspruch genommen. Als er sich ab 1973 wieder mehr auf die Arbeit seines Institutes konzentrieren konnte, überredete wohl Bodo Tripphahn, der technische Direktor im Antarktis-Büro im ZIPE, Prof. Lauter, sich wieder in der Antarktis zu engagieren. Auf Lauters Veranlassung wurde daher ein neues, erstmals auch längerfristig angelegtes Programm entwickelt. Damit konnte die DDR aus ihrer Isolation hervortreten und einen Beitrag zu der von 1976 bis 1978 durchgeführten »Internationalen Magnetosphärenstudie« leisten. Mit diesem Argument konnten auch

Nächtlicher Blick über die Station nach Südosten (oben).

Antennenmast in der »Georg-Forster-Station« zur Registrierung der kosmischen Radiostrahlung (unten). (Fotos: Hartwig Gernandt)

Mit dieser Antennen-anlage wurde an der Station die kosmische Radiostrahlung aufgenommen. (Foto: Hartwig Gernandt)

die hohen Kosten für das Projekt gesichert werden, die die bisherigen Aufwendungen signifikant überstiegen. Voraussetzung für seine Durchführung war nämlich die Einrichtung einer eigenen, ständig besetzten Messstation in der Antarktis: So entstand 1976 das »Basislaboratorium« bei der sowjetischen Station »Nowolasarewskaja«, das elf Jahre später zur »Georg-Forster-Station« wurde (vgl. »Eine Forschungsbasis entwickelt sich«) und eine neue Ära in der Antarktisforschung der DDR einleitete.

Als Leiter des Projektes hatte Lauter einen Mitarbeiter des ZISTP vorgesehen. Als dieser wegen gesundheitlicher Probleme ausfiel, forderte er Hartwig Gernandt, inzwischen promoviert, beim Meteorologischen Dienst an und ließ ihn für die Expedition freistellen. Auf Grund seiner Antarktis-Erfahrungen erhielt Gernandt nicht nur die Aufgabe, die Basisstation aufzubauen, sondern vor allem auch die Messapparaturen einzurichten und die Überwinterung während der 21. SAE (1975–1977) zu leiten. Ziel von Lauters Programm war es, physikalische Prozesse in der gesamten polaren Hochatmosphäre zwischen 70 und 150 km Höhe zu untersuchen. Zum Programm gehörten erneut Registrierungen der Feldstärkevariationen weit entfernter Längstwellen- und Langwellensender (Frequenzbereich zwischen 10 kHz und 100 kHz bzw. bis etwa 800 kHz), mit denen empfindliche Änderungen des Ionisationszustandes in der Ionosphäre (D-Region) erfasst werden konnten. Daneben wurden verschiedene andere Messverfahren angewendet.

So wurde eine Delta-Antenne mit einem 30 m hohen Mittelmast errichtet, über die ein leistungsfähiger Kurzwellensender Impulse senkrecht in die Ionosphäre ausstrahlte, sodass aus der Amplitude der empfangenen Echoimpulse die Absorption der Funkwellen und aus der Laufzeit die jeweilige Reflexionshöhe in der Ionosphäre bestimmt werden konnten.

Nachdem die neue Station bis Ende April 1976, also gerade noch vor Beginn der Winterstürme, fertig gestellt war, zog sich die Installation der Geräte und deren Inbetriebnahme über zwei Monate hin. Ab Mitte Juni lief dann aber das geplante Messprogramm in vollem Umfang an, bei dem mit Sorgfalt und viel Kleinarbeit kontinuierliche Messungen sichergestellt und die gewonnenen Daten unmittelbar ausgewertet werden mussten. Mit den sehr empfindlichen Messmethoden konnten die Stromsysteme in der unteren Ionosphäre in hoher zeitlicher und räumlicher Auflösung untersucht werden. Mit diesen Beobachtungen wurden wichtige Erkenntnisse über die Wechselwirkungen zwischen der Magnetosphäre und der polaren Ionosphäre gewonnen. Insbesondere gelang es, die Wirkungen der durch die Sonne induzierten magnetosphärischen Störungen auf die Dynamik der unteren Ionosphärenschichten, bis hinunter in 80 km Höhe, zu beweisen.

Die bei diesen Messungen gewonnenen Daten und Erkenntnisse waren, wie schon erwähnt, ein Beitrag der DDR zu einem internationalen Programm. Hartwig Gernandt hatte beim Meteorologischen Dienst, seiner eigentlichen Dienststelle, durchgesetzt, dass er während der Überwinterung auch zwei Ozonsonden testen konnte, um die Möglichkeiten für ein langfristiges Programm zu prüfen – ein Ansatz, den auch Ernst-August Lauter sehr unterstützte. Technisch erwiesen sich die Ozonsonden, die in den Werkstätten der Akademie produziert und am Aerologischen Observatorium Lindenberg erprobt worden waren, unter den antarktischen Extrembedingungen als einsatzfähig. Die ersten Ozonprofile wurden auch publiziert und regten die Diskussion für ein langfristiges Messprogramm an.

Mit einer längerfristigen Perspektive konnte das Programm erst nach der Aufnahme der Akademie als DDR-Repräsentantin in das Scientific Com-

*Die Ozonsonde wurde zunächst
noch einmal am Boden getestet,
bevor sie mit dem Ballon in Höhen
von zunächst rund 18 km, später
aber bis zu 30 km emporstieg.
(Fotos: Hartwig Gernandt)*

mittee on Antarctic Research (SCAR) im Jahre 1981 etabliert werden. Da man für die Aufnahme auch auf die Ozonmessungen eingegangen war, konnte grundsätzlich deren Fortsetzung angestrebt werden. Hartwig Gernandt ergriff daher 1984 die Gelegenheit einer SCAR-Tagung im Bremerhavener Weserforum, um in der Sitzung der Arbeitsgruppe »Physik der oberen Atmosphäre« darauf hinzuweisen, wie notwendig kontinuierliche Ozonmessungen seien. Das interessierte damals – so Gernandt heute – eigentlich niemanden. Doch sein protokolliertes Votum blieb unwidersprochen. Damit sicherte die »internationale Anerkennung« den Beginn der kontinuierlichen ballongetragenen Ozonsondierungen ab dem Jahr 1985 an der Forschungsbasis, denn, wie Gernandt anfügte: »Wenn man einmal etwas bei SCAR angegeben hatte, dann war es zu Hause auch finanzierbar.«

Nach Rückkehr erarbeitete Gernandt für den Meteorologischen Dienst Potsdam die wissenschaftliche Konzeption für die Ozonsondierungen; die technischen Vorbereitungen für die Expedition übernahm das Aerologische Observatorium Lindenberg. Die Durchführung in Antarktika wurde Peter Plessing vom Meteorologischen Hauptobservatorium in Potsdam übertragen: Am 15. Mai 1985 startete er bei heftigem Wind den ersten der 100 teuren Totexballone mit der elektrochemischen Ozonsonde. In den ersten Wochen platzten die mit rund 6,3 m^3 Wasserstoffgas gefüllten Ballone immer wieder in einer Höhe von etwa 18 km. Dann fanden Plessing und seine Kollegen eine besondere Behandlung der Naturkautschukhüllen und erreichten ab Anfang Juli Aufstiegshöhen zwischen 25 und 30 km. Die Frequenz von mindestens einem Aufstieg pro Woche wurde während des antarktischen Frühlings, d.h. zwischen September und Dezember, auf alle zwei Tage erhöht. Plessing erhielt eine über ein gesamtes Jahr reichende Messreihe. Auffällig war ein signifikantes Ozonminimum zwischen 14 und 22 km Höhe, welches sich Anfang September entwickelte und bis Ende November bestehen blieb. Erst im Dezember stellte sich dann die normale vertikale Verteilung des Ozons wieder ein. Diese Messungen von 1985 waren die erste detaillierte Erfassung der Frühjahrsanomalie in der stratosphärischen Ozonschicht über der Antarktis über den gesamten Zeitraum ihres Bestehens.

Eine Teilnahme an internationalen Tagungen war für ostdeutsche Wissenschaftler nicht nur abhängig von der Qualität ihrer Forschungsergebnisse, sondern in starkem Maße von der Verfügbarkeit von Devisen für die Reisekosten. Und hier hatte Gernandt wieder einmal Glück. Der Meteorologische Dienst stellte 1986 aus seinem Kontingent Geld für einen Vortrag von ihm bei der SCAR-Tagung in San Diego bereit. In der AdW kämpften gleichzeitig mehrere Wissenschaftler angesichts eines erschöpften »Reisefonds« erfolglos um die Fahrkosten für eine Teilnahme. Da sie keinen eigenen Teilnehmer finanzieren konnte, beauftragte die Akademie schließlich Gernandt, in der zweiten Tagungswoche die Funktion des SCAR-Delegierten der DDR zu übernehmen. Dass er dabei, da nicht mit anders lautender Weisung versehen, sich zusammen mit dem westdeutschen Vertreter, dem AWI-Direktor Prof. Hempel, gegen eine Erhöhung des SCAR-Beitrags einsetzte, sei hier nur am Rande vermerkt. Wirkliche internationale Anerkennung erzielte Hartwig Gernandt jedoch für sich und für die ostdeutsche Ozonforschung durch seinen Vortrag bei dieser Tagung. In der Arbeitsgruppe »Physik der oberen Atmosphäre« berichtete er über die Messungen des Jahres 1985. Deren Ergebnisse stützten die damals revolutionären Berechnungen des Engländers Dr. Joe Farmann, der aus anderen Daten eine Abnahme des Gesamtozons seit Beginn der 1980er-Jahre abgeleitet hatte. Nach Gernandts Vortrag wusste die Fachwelt mit einem Schlag von der Existenz dieser ostdeutschen Messstelle, die 1987 offiziell als Antarktisstation eröffnet wurde und den Namen »Georg-Forster-Station« erhielt (vgl. »Eine Forschungsbasis entwickelt sich«).

Die Fortsetzung der Ozonsondierungen in den folgenden Jahren zeigten deutlich die zunehmende Ozonreduktion im Frühjahr. Auf Grund dieser Ergebnisse wurde das Programm nach erneuter Begutachtung der wissenschaftlichen Notwendigkeit gemäß der ursprünglichen Planung in der Schirmacher-Oase fortgesetzt. Dabei ergab sich ein Problem bei der Beschaffung der speziellen Totexballone, die nur gegen Devisen zu bekommen waren. Hier war die internationale Zusammenarbeit innerhalb von SCAR zum ersten Mal auch für die ostdeutsche Polarforschung hilfreich. Auf der SCAR-Tagung in San Diego hatte Gernandt engen Kontakt mit Prof. Takeo Hiraswawa vom japanischen Polarforschungsinstitut (NIPR) aufnehmen können: Hiraswawa veranlasste daraufhin, dass das japanische Institut für ein weiteres Jahr die erforderlichen Totexballone lieferte. Mit dieser internationalen Unterstützung gelang die Fortsetzung der Ozonsondierungen, die so in ihrer Kontinuität zu einer wertvollen Datenreihe wurden. Die Entwicklung der Frühjahrsanomalie der Ozonkonzentration und ihrer Höhenverteilung in der Stratosphäre konnte so weiter verfolgt werden. Insbesondere der Einfluss dynamischer Prozesse in der polaren Stratosphäre auf die räumliche Verteilung und die zeitliche Variation des »Ozonlochs« wurde sehr detailliert untersucht.

Von der »Georg-Forster-Station« starteten die letzten Ballone mit Ozonsonden im Januar 1992. Ab März 1992 wurden die Arbeiten in die neue, rund 800 km westlich des ehemaligen »Basislaboratoriums« gelegene Station »Neumayer« übernommen, die für stratosphärische Messungen vergleichbare Bedingungen bot. Trotz des Standortwechsels konnte so eine kontinuierliche Messreihe zur Untersuchung der wichtigen Ozonschicht bis heute gewahrt werden.

Das erste, von Hartwig Gernandt am 19. Januar 1977 gemessene Ozonprofil.
(Quelle: Hartwig Gernandt)

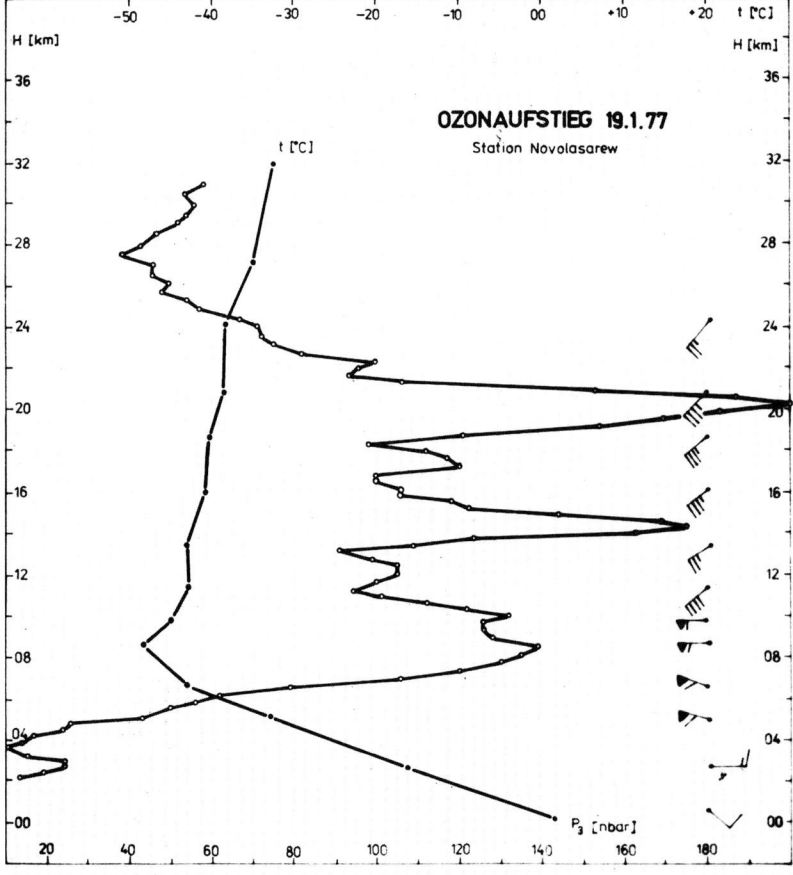

Vom Flug der Pinguine

Ein Blick durch das Fernglas erweckte in den beiden ostdeutschen Biologen den Drang, es genau wissen zu wollen: Auf der Nachbarinsel schien es wie auf einem Ameisenhaufen zu wuseln. Lauter kleine schwarze Punkte – vermutlich Pinguine. Diese Insel war bei den früheren sowjetischen Erhebungen nicht erfasst worden. Daher wollten Prof. Dr. Klaus Odening und Diplom-Biologe Rudolf Bannasch, die die Pinguine glaubten gesichtet zu haben, unbedingt feststellen, welche der insgesamt 18 Pinguinarten dort brütete und wie groß die Kolonie war. Am 27. Januar 1980 saßen sie schließlich in einem knallroten Ruderboot mit Heckmotor, an dessen Bug in kyrillischen Buchstaben »Makarik« gemalt war, und hielten sich krampfhaft an Bordwand und Sitzen fest, während ihr sowjetischer Kollege Alexander Petrov das Boot durch die Strudel steuerte. Die Meteorologen der sowjetischen Station »Bellingshausen« hatten die Zeit bis zum nächsten Tiefdruckgebiet auf etwa 24 Stunden veranschlagt. Dennoch war es mehr als waghalsig, in einer solchen Nussschale zwischen bis zu zehn Meter hohen Felsklippen in die offene Drake-Straße vordringen zu wollen, denn diese Meerenge zwischen Kap Horn und der Antarktischen Halbinsel war für ihre plötzlich aufkommenden Stürme berüchtigt. Odening und Bannasch hatten Glück: Es setzte kein unerwarteter Sturm ein. Die beiden Berliner Zoologen konnten sich mit einiger Ruhe auf Nelson Island, von den Russen »Leipzig« genannt, sowie auf den Felsinseln in der Drake-Straße umsehen. Und sie entdeckten riesige Kolonien mit je 10 000 bis 30 000 Zügelpinguinen: auf dem vor der Küste liegenden Whithen Island, auf anderen, etwas größeren Inseln, außerdem kleinere Kolonien auf der Küste vorgelagerten Inselchen und auf verschiedenen Felsen an der der Drake-Straße zugewandten Seite von Nelson Island. Den Gesamtbestand in diesem Gebiet schätzten Odening und Bannasch auf über 100 000 Zügelpinguine – eine kleine Sensation, denn bis dahin wusste man hier nur von rund 450 Zügelpinguinen vor allem auf der vor »Bellingshausen« liegenden Insel Ardley!

Die DDR hatte erst ziemlich spät mit biologischen Forschungsarbeiten in der Antarktis begonnen. Geologen und andere Wissenschaftler hatten zwar bei ihren Arbeiten »nebenbei« auch biologische Beobachtungen angestellt und diese in Einzelfällen sogar publiziert. Zu einem richtigen biologischen Programm kam es aber eher durch Zufall. Wieder einmal hatte Manfred Schneider von der Koordinierungsstelle beim Zentralinstitut für Physik der Erde (ZIPE) in Potsdam durch ein Rundschreiben zu Forschungen in der Antarktis animiert. Dieses Mal aber gab Prof. Dr. Heinrich Dathe seinen Brief in der »Forschungsstelle für Wirbeltierforschung (im Tierpark Berlin) der Akademie der Wissenschaften der DDR« (offi-

Antarktische Namenskonfusion

Die meisten [der Süd-Shetland-Inseln] haben englische und russische und auch spanische [Namen]; letztere von den Argentiniern und Chilenen. Sie sind dann entweder spanische Übersetzungen der englischen Namen oder aber auch Neubenennungen. Wobei die argentinischen und chilenischen Namen nicht immer übereinstimmen! Unsere Stationsinsel, die im mittleren Bereich der Südshetlands liegt, heißt englisch King George Island (König-Georg-Insel), russisch Waterloo, argentinisch Isla 25 de Mayo und chilenisch Rei Jorge. Und die Nachbarinsel englisch Nelson und russisch – Leipzig! Obwohl den russischen Namen die Priorität zukommt, sind gegenwärtig die englischen am weitesten verbreitet. Die russischen Bezeichnungen stammen von der ersten russischen Antarktisexpedition, die von 1819 bis 1821 unter dem Kommando des Seeoffiziers Fabian Gottlieb von Bellingshausen stattfand. Sie sollten an siegreiche Schlachten gegen Napoleon erinnern.

Klaus Odening, aus: Warum Robben und Pinguine gezählt werden

Abbruchkante eines Gletschers bei King George Island. (Foto: Klaus Odening)

Eselpinguin. (Foto: Klaus Odening)

ziell abgekürzt: FWF) in den Umlauf. In dem jungen Rudolf Bannasch erwachte daraufhin das Fernweh: Er überzeugte zunächst Odening, der die Nachbarabteilung »Ökologie« leitete, von seiner Idee, in der Antarktis zu forschen. Gemeinsam gingen sie zu Prof. Dathe, dem Gründungsdirektor des Tierparks Berlin und in Personalunion Leiter der Forschungsstelle, des einzigen zoologischen Instituts innerhalb der Berliner Akademie der Wissenschaften (AdW). »Dathe hat zunächst etwas geschluckt, dann aber dem Wunsch zugestimmt, die Sache gefördert und in der Folge viele Wege geebnet«, erinnerte sich Klaus Odening. Es folgten Sondierungsgespräche im Arktischen und Antarktischen Forschungsins-titut in Leningrad. Die beiden ostdeutschen Biologen hatten Glück: Es gab kein sowjetisches Programm, in das sie sich hätten eingliedern müssen. Und so überließ man es den Deutschen, welche der sowje-

142

*Ein Zügelpinguin
(vorne) gewährt sei-
nem Nachwuchs wieder
Unterschlupf. Im Hinter-
grund Adélie-Pinguine
(oben).*

*Kolonie von Adélie- und
Zügelpinguinen auf der
Felsküste von King
George Island (links).
(Fotos: Klaus Odening)*

tischen Stationen sie als Stützpunkt wählen wollten. Die Berliner zogen – als Alternative zu einer
sowjetischen Station – auch die 1977 eröffnete
polnische Station »Arctowski« auf King George
Island in Erwägung, doch hätten sie sich dort bei
der Nutzung der örtlichen Logistik mit der starken
polnischen Biologengruppe abstimmen müssen.
So fiel ihre Wahl schließlich auf »Bellingshausen«, in der Nachbarbucht von »Arctowski« und
damit in einem Gebiet gelegen, das für Biologen
wegen der Vielfalt der Möglichkeiten überaus
interessant war.

Die Berliner Biologen entwarfen ein eingängig
formuliertes wissenschaftliches Programm, das
von allen involvierten Stellen problemlos akzep-
tiert wurde. Am 20. Oktober 1979 schifften sie
sich, nach einem vorangegangenen kurzen Aufenthalt in Leningrad, in Odessa zur Teilnahme an
der 25. Sowjetischen Antarktis-Expedition (SAE)

ein. Ihr vorrangiges Ziel war – wie so oft bei
Antarktisexpeditionen selbst noch in dieser Zeit –
umfangreiche Feldarbeit, um als Erstes den
Bestand vor allem der Vögel und Robben in der
Umgebung von »Bellingshausen« so genau wie
möglich zu erfassen. Darauf sollten dann erste
ökologische, ethologische und parasitologische
Untersuchungen aufbauen – mit dem Fernziel
eines Modells des Ökosystems im Bereich der
Süd-Shetland-Inseln.

Nach ihrer Ankunft am 28. November 1979 fuhren Odening und Bannasch tagtäglich, soweit es
die Wetterbedingungen zuließen, von der Station
»Bellingshausen« mit dem Boot zu den nahe gelegenen Vogelinseln, insbesondere zu den direkt
vor »Bellingshausen« gelegenen Inseln Albatros
und Ardley. Zu Fuß erkundeten sie daneben die
große Halbinsel Fildes nördlich der Station. Die
Vögel und ihre Nester wurden von ihnen gezählt

Eselspinguin mit Jungem.
(Foto: Klaus Odening)

Bald wird sich der junge Adélie-Pinguin mausern und eine schmucke weiße Weste bekommen.
(Foto: Klaus Odening)

oder, wenn die Brutstätten nicht entsprechend zugänglich waren, geschätzt. Sie fanden bis dahin unbekannte größere Brutplätze vor allem des Südlichen Riesensturmvogels. Darüber hinaus begannen sie, den Brutablauf und die Jungenaufzucht der dort vorkommenden Esels-, Zügel- und Adéliepinguine sowie anderer Vögel, etwa der Großen Raubmöwe (Skua) und der Antipoden-Seeschwalbe, zu studieren. Zur Vervollständigung ihrer Studien hielten sie typische Verhaltensweisen mit dem Fotoapparat fest. Schließlich beringten sie im Laufe des Aufenthalts insgesamt 866 Exemplare dieser und weiterer Vogelarten mit Marken der ostdeutschen Vogelschutzwarte Hiddensee – eine Voraussetzung, um über längere Zeiträume hinweg durch einen internationalen Informationsaustausch Aufschluss über die oft Zehntausende Kilometer über das Meer führenden Wanderungen der Vögel zu erhalten.

Bei diesem Forschungsprogramm war die Entdeckung der großen Zügelpinguinkolonien auf und um Nelson Island ein wichtiges Ergebnis – wohl gemerkt: die Entdeckung dieser speziellen Kolonien. Denn dass diese mit rund 50 cm Standhöhe mittelgroße Pinguinart vor allem in der maritimen Westantarktis brütet, war im Grunde schon seit 1781 bekannt, als der deutsche Cook-Begleiter Johann Reinhold Forster die Art erstmals beschrieb. Dennoch waren 100 000 Pinguine auch bei einem geschätzten Vorkommen von über 1,5 Mio. Exemplaren auf den Süd-Shetland-Inseln eine nicht zu vernachlässigende zusätzliche Menge. Darüber hinaus bedeutete die Kenntnis weiterer Brutplätze eine wichtige neue Information für das Studium von Ausbreitung und Wachstum dieser geschickten Kletterer, für die selbst steile Hänge und hohe Kliffränder keine unüberwindlichen Hindernisse auf dem Weg zu ihren felsigen Brutplätzen darstellen. Die Zügelpinguine ernähren sich vor allem von antarktischen Leuchtkrebsen. Dass die Bestände nicht nur dieser Pinguinart in den letzten Jahrzehnten deutlich angewachsen waren, könnte – so vermuteten nicht nur die beiden Biologen – mit den ebenfalls immer größer werdenden Schwärmen etwa des Krills zusammenhängen. Doch Krillforschung ist ein anderes Kapitel biologischer Antarktisforschung, zu dem die DDR nur recht geringe Beiträge geleistet hat, weil sie nicht über geeignete Forschungsschiffe verfügte. Nach ihrer Rückkehr in die Heimat erfuhren die beiden Berliner Zoologen zu ihrer Freude, dass während ihrer Expedition die SCAR-Arbeitsgruppe »Biologie« dazu aufgefordert hatte, gerade im Bereich der Antarktischen Halbinsel besonderes Augenmerk auf die Bestandsentwicklung des Zügelpinguins zu richten. Die SCAR-Ökologen stuften den Zügelpinguin nämlich als eine bedeutende Indikatorart für Veränderungen im Gesamtökosystem ein und sahen daher in der Untersuchung seiner Populationsdynamik eine vorrangige Aufgabe internationaler biologischer Forschung in der Antarktis. Die Entdeckung von Klaus Odening und Rudolf Bannasch erhielt so eine unerwartete Aktualität.

Odening und Bannasch beschränkten ihre Beobachtung der Vogelkolonien nicht auf Bestandszählungen und das Registrieren von Verhaltensweisen der einzelnen Arten. Klaus Odening führte, zunächst eher stichprobenartig, auch parasitologische Untersuchungen an einzelnen verendeten Tieren durch, wobei bereits die ersten Befunde eine Weiterführung und Vertiefung dieser Arbeiten sinnvoll erscheinen ließen. Die eben-

In der Paarungszeit bekommen die Blauaugenscharben oder Antarktis-Kormorane orangefarbene Hautanhänge am Schnabelansatz. (Foto: Klaus Odening)

falls durchgeführte Zählung der Robbenpopulationen erbrachte ein für die Ökologen erfreuliches Ergebnis, denn sie ergaben insbesondere bei den Seebären für das Gebiet von King George Island zunehmende Bestandszahlen: Ein weiteres Anwachsen der gegen Ende des 19. Jahrhunderts

Die sowjetische Station »Bellingshausen« liegt gut geschützt in der Maxwell-Bucht. (Quelle: Institut für Physische Geographie, Universität Freiburg)

145

Eine junge Dominikanermöwe sucht Schutz in einer Felsenecke. (Foto: Klaus Odening)

fast ausgerotteten Bestände ließ sich erkennen. Bodo Tripphahn, in der Abteilung »Polarforschung« des ZIPE für die Logistik zuständig, arrangierte für die beiden Ostberliner Biologen und ihre Helfer eine »außerplanmäßige« Rückkehr. So wurden sie unabhängig von den sowjetischen Forschungsschiffen und mussten nicht wochenlang auf dem Ozean herumschippern. Stattdessen schifften sie sich am 29. Februar 1980 auf einem Fischereifahrzeug der DDR ein, das in dieser Region seine Netze nach Krill und Eisfischen ausgeworfen hatte, und flogen, nach zweimaligem Umsteigen auf hoher See, von Montevideo in die Heimat zurück. Diese im Vergleich zu anderen Expeditionsteilnahmen recht schnelle Rückreisemöglichkeit war wichtig, denn die Zeit drängte: Odening und Bannasch hatten ein langfristiges Programm konzipiert, sodass bereits für den Herbst 1980 die nächste Biologengruppe in die

Antarktis reisen musste. Dass ein solches Programm für eine Station außerhalb des Forschungslabors bei »Nowolasarewskaja« damals genehmigt wurde, zeigte den hohen Stellenwert, der der Antarktisforschung in der DDR-Politik nach dem Scheitern der Pläne für eine eigene Station (vgl. »Der verlorene Wettlauf«) zugebilligt wurde.

In diesem forschungspolitisch günstigen Klima und mithilfe überzeugender wissenschaftlicher Begründungen erreichten es Klaus Odening und Rudolf Bannasch, dass für die zweite Expedition die Ausrüstung der Biologengruppe vor allem um ein eigenes, seefestes Schlauchboot sowie eine Beobachtungshütte auf der Insel Ardley ergänzt und damit entscheidend verbessert wurde. Darüber hinaus durfte Rudolf Bannasch – ein bis dahin einmaliger Vorgang – sofort wieder in die Antarktis reisen, wo er mit seinen neuen Kollegen dies-

Blick auf die Fildes Strait, die Meerenge zwischen Nelson Island und King George Island. (Foto: Klaus Odening)

mal auch überwinterte. Gegenüber den Entscheidungsgremien diente das Stichwort »Kontinuität über mehrere Jahre« als wichtiges Argument. Daher wurde die Zählung der Robben, der Pinguine und der anderen Vögel über das gesamte Jahr hinweg fortgesetzt, um jahreszeitliche Veränderungen der Bestände registrieren zu können. Da Prof. Odening anwendungsbezogene und Forschungsgelder einbringende Arbeiten in der Forschungsstelle im Tierpark aufnehmen musste, führten Klaus Feiler und Holger Lorenz von der Pädagogischen Hochschule in Güstrow seine parasitologischen Untersuchungen weiter. Hierbei ging es vor allem um Darmhelminthen (Würmer). Da diese ebenso wie die von Odening erstmals in der Antarktis nachgewiesenen Sorcocystis-Protozoen einen komplizierten Lebenszyklus mit einer genau definierten Abfolge von mehreren Wirtstieren haben, ergaben sich aus den Funden auch Aufschlüsse über die Nahrungsketten der Tiere. Für die Parasitologie eröffnete sich ein neues Forschungsfeld, da die Tiere der Antarktis bis dahin noch kaum auf Parasiten untersucht worden waren.

Gemäß dem eingereichten Forschungsprogramm zählte Rudolf Bannasch Pinguine und andere Vögel, untersuchte Nestbau und Nistverhalten sowie Nahrungsaufnahme vor allem der Pinguine und erforschte das Mikroklima und die Siedlungsstruktur in verschiedenen Kolonien dieser antarktischen Vogelart. Um die Arbeiten in einen internationalen Rahmen, nämlich das von SCAR verabschiedete BIOMASS-Programm, einzubinden,

Der Südliche Riesensturmvogel, hier auf King George Island brütend, kann eine Spannweite von mehr als zwei Metern entwickeln.

So wie diesen Albatros beringten Rudolf Bannasch und die anderen Biologen 1979/1980 insgesamt 866 Vögel mit Marken der Vogelschutzwarte »Hiddensee«.

Ein Kapsturmvogel behütet sein Küken im Nest auf King George Island. (Fotos: Klaus Odening)

Südlicher Riesensturm-vogel auf King George Island (oben). (Fotos: Klaus Odening)

Südliche See-Elefanten suchen im Südsommer auch die Küste von King George Island auf.

verfolgten er und seine Kollegen darüber hinaus die jahreszeitlichen Veränderungen des Robben-bestandes im Untersuchungsgebiet. Dies waren sinnvolle und durchaus notwendige Arbeiten. Aber im Grunde fand Bannasch das alles nicht besonders spannend. Er kam aus der Abteilung »Leistung und Struktur« in der AdW-Forschungs-stelle und hatte dort bereits über die Biophysik des Vogelflugs gearbeitet. Kein Wunder also, dass ihn schon bei der ersten Expedition die extreme Anpassung der Riesensturmvögel an das Hoch-seesegeln fasziniert hatte. An verendeten Tieren hatte er in einer anatomisch-morphologischen Studie damals den Mechanismus untersucht, mit dem diese mit dem Albatros verwandten Vögel unter geringem Krafteinsatz der Muskeln ihre Schwingen für ihre enormen Segelflugleistungen über hoher See »feststellen« konnten. Diese Stu-dien vertiefte er während der zweiten Expedition, um zu neuen Erkenntnissen über das Zusammen-spiel zwischen Muskelapparat und Skelett zu gelangen.

Dann fesselte jedoch eine andere Beobachtung seine Aufmerksamkeit noch stärker: Auf ersten Filmaufnahmen mit Unterwasserkameras ver-folgte Bannasch, wie die Pinguine im Wasser ihre kleinen Flügel als »Schlagflügelpropeller« ein-setzten und so den nötigen Vortrieb erzeugten: Die Pinguine »flogen« durch das Wasser. Dies war im Grundsatz schon bekannt, obwohl das Interesse der Wissenschaft bis dahin in erster Linie dem Leben der Pinguine während ihrer Fortpflan-zungsperiode an Land gegolten hatte. Unter einem ähnlich eingeschränkten Blickwinkel waren auch die Untersuchungen zu ihrer Anato-mie und ihrer Fortbewegung an Land geführt wor-den. Bannasch wollte nun jedoch Filmaufnahmen benutzen, um die Mechanik des »Unterwasser-flugs« der Pinguine mit dem Flug der Vögel in der Luft zu vergleichen. Dazu musste er neue Unter-suchungen zur Anatomie der Pinguine und ihrer Funktionsweise anstellen. Auf dieser Grundlage wollte Bannasch dann aus einer genauen Kennt-nis auch der kinematischen Abläufe im Wasser Bewegungsmodelle erarbeiten, diese energetisch berechnen und die Ergebnisse anschließend mit – ebenfalls noch zu messenden – Stoffwechselpa-rametern zu einem Modell des Energieumsatzes zusammenfügen.

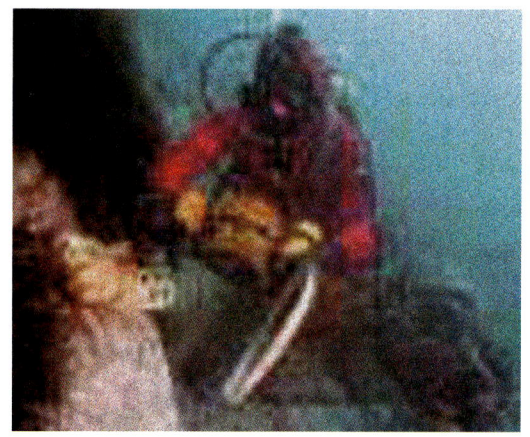

Bei der Überwinterung 1981/1982 stand er mit diesen Untersuchungen natürlich noch ganz am Anfang und musste zunächst mit erheblichen Problemen kämpfen, die Pinguine bei ihren Schwimm- und Tauchausflügen überhaupt verfolgen zu können. Da er jedoch die Untersuchungen auch bei den folgenden Expeditionen fortführen durfte, erschloss Bannasch für sich ein neues und faszinierendes Forschungsgebiet, das ihn nach der Wende an das Institut für Bionik und Evolutionstechnik der Technischen Universität Berlin brachte und der TU schließlich sogar zu einer Ausgründung, nämlich der Firma Evologics, verhalf.

Die ersten Unterwasseraufnahmen der »fliegenden« (Adélie-)Pinguine hatte Martin Rauschert für Bannasch geschossen. Rauschert, selbst Biologe, hatte seinen Berufsweg als Taucher bei der Arbeitsgruppe »Unterwasserforschung« begonnen und im Zuge der Akademiereform Ende der 1960er-Jahre zur Unterwasserarchäologie wechseln müssen. Dabei hatte er eine Vorliebe für das Eistauchen entwickelt, das ihm in den heimischen Gewässern gute Sichtweiten bescherte. Als ihn Bannasch eines Tages fragte, ob er im antarktischen Polarmeer Pinguine unter Wasser fotografieren wolle, stimmte Martin Rauschert sofort und mit Freuden zu. Denn dieser Vorschlag eröffnete ihm die Chance einer Rückkehr zur Biologie – und vor allem die Erfüllung eines seit vielen Jahren gehegten Traums: Tauchen im Eismeer der Antarktis. Als erster Deutscher nach dem Zimmermann der GAUSS im Jahr 1901 stieg Rauschert am 31. Januar 1981 in das eiskalte Wasser. Und er schwamm nicht nur in den restlichen Wochen des

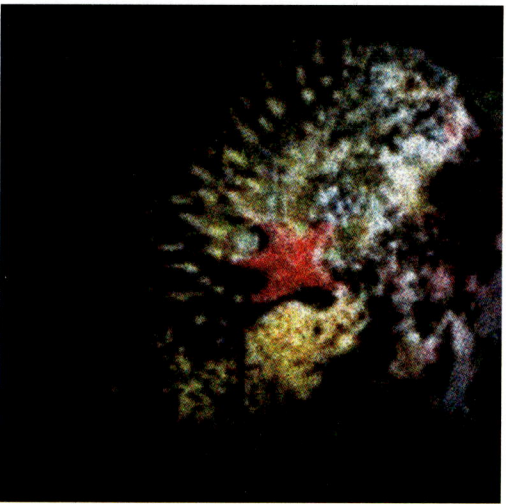

Lieblingsobjekt: Flohkrebs

Mir fällt nun die große Zahl von Flohkrebsen auf, die überall auf dem Grund sitzen. Verschiedene Arten haben sich in den Boden eingewühlt, andere hängen in gewaltigen Massen zwischen den Algenbüscheln. Offensichtlich stellen die Flohkrebse hier die Beute der Pinguine dar. Tausende dieser Krebse (Cheirimedon femoratus), die mich später, im Zusammenhang mit Eutrophierungserscheinungen noch sehr beschäftigen sollten, entdecke ich unter einem lose dem Grund aufliegenden Brett. In Klumpen scharen sie sich um abgesunkene Kotreste von Vögeln, fressen auch an den abgestreiften Häuten der südpolaren Riesenwasserassel (Glyptonotus antarcticus). Auch Räuber gibt es unter ihnen. Im Vorbeigleiten fällt mir immer wieder eine Art (Pariphimedia integricauda) mit einer ganz charakteristischen Zeichnung auf, die andere Flohkrebse frisst.

Martin Rauschert, aus: Tauchen unterm Eis

Martin Rauschert nach erfolgreichem Tauchgang.(Fotos: Martin Rauschert)

Nahrung kämpften. Oder er durfte auch einmal an der Unterseite des Eises dem Hochzeitstanz kleiner Flügelschnecken zusehen.

Eine gewisse Delikatesse dieser Forschungsarbeiten bestand darin, dass es sich, soweit nicht Fische ins Spiel kamen, bei den Organismen durchweg um wirbellose Tiere handelte, für die die »Forschungsstelle für Wirbeltierforschung« eigentlich nicht zuständig war. Da aber die »Amphipoden« (Flohkrebse) an zweiter Stelle in der Nahrungskette für die antarktischen Fische und einige Pinguinarten standen, konnte sich Rauschert anstandslos mit ihnen beschäftigen.

Martin Rauschert und Rudolf Bannasch führten ihre jeweiligen Untersuchungen gemeinsam durch und tauchten auch meist gemeinsam, wobei sie zusätzlich immer vom Boot oder vom Eisloch aus durch lange Leinen vom »Signalgast« abgesichert wurden. In den Wintermonaten ging den Tauchgängen eine mühsame Arbeit voraus, denn sie mussten zunächst die recht dicke Eisschicht stückchenweise aufschlagen und die Eisstücke mit einer Schaufel aus dem Loch holen, bis sie durch dieses Loch, das nicht zufrieren durfte, in das rund −2 °C kalte Wasser hinabgleiten konnten. Rauschert erkor sich bei seiner Arbeit die Flohkrebse zu seinen Lieblingstieren. Manche eigene Arten hatten sich in der Meeresumgebung der Station »Bellingshausen« durch Anpassung an ökologische Nischen herausgebildet. Sie waren zuweilen nur 1 bis 3 mm groß und daher bei früheren Fängen durch die Maschen der Netze geschlüpft. Rauschert beschrieb bereits nach der ersten Überwinterung und verstärkt nach seinem zweiten Aufenthalt (30. SAE, 1984–1986) zahlreiche bis dahin unbekannte Arten und Gattungen – eine Arbeit, die er nach 1990 an der Potsdamer Forschungsstelle des Alfred-Wegener-Instituts für Polar- und Meeresforschung und bis in den Ruhestand hinein fortsetzte.

Auf Grund ihres langfristig konzipierten Forschungskonzepts erhielt die Forschungsstelle im Tierpark Berlin offiziell die Federführung für die biologischen Antarktis-Aktivitäten der DDR. Zudem wurde 1986 am Institut eine Abteilung »Polarbiologie« unter Prof. Dr. Hans Oehme eingerichtet. Das Programm lief kontinuierlich bis 1991, wobei immer die sowjetische Antarktissta-

Sommers 1980/1981, sondern darüber hinaus während der folgenden Monate der Überwinterung in bis zu 40 m Tiefe über den Meeresboden. Dort sammelte er aus der überraschend reichen und immer aufs Neue faszinierenden Artenwelt exemplarisch Tiere unterschiedlichster Art und begann taxonomische Untersuchungen neuer Spezies. Derartige Proben waren, wenn auch kaum in Ufernähe, schon früher von Schiffen aus mit mechanischen Greifern oder mit Netzen eingeholt worden, doch wurden die Organismen von diesen Sammelgeräten wild durcheinander geworfen. Durch seine Taucheinsätze, wie sie auch international in der Antarktis erst seit 1970 gelegentlich geübt wurden, konnte Rauschert demgegenüber vor Ort das lebendige Nebeneinander der Tiere beobachten, die Symbiosen ebenso wie die anderen Lebensgemeinschaften. Er konnte verfolgen, welche Organismen anderen Organismen oder Tieren als Nahrung dienten und wie verschiedene Organismen um die gleiche

tion »Bellingshausen« als Stützpunkt genutzt wurde. In dieser Zeit wurden zehn Expeditionen durchgeführt, etwa 20 Wissenschaftler aus Hochschulen, Zoologischen Gärten, Museen und anderen Einrichtungen nahmen an ihnen teil. Ein erheblicher Teil der Arbeit war jeweils der routinemäßigen Zählung der Pinguine, Vögel und Robben gewidmet, doch durften die Forscher daneben immer auch ihren individuellen Interessen und Neigungen nachgehen. Über die Jahre hinweg konnten die ostdeutschen Wissenschaftler durch ihre Arbeit nicht nur das Vorkommen von 27 (der insgesamt 28) auf den Süd-Shetland-Inseln bekannten Vogelarten bestätigen und deren Lebensweise studieren. Sie lieferten zudem einen beachtlichen und beachteten Beitrag zu den dortigen Lebensgemeinschaften des Litoral, d.h. der Strandzone, und vor allem zu denjenigen des Benthos, d.h. des ufernahen Meeresgrundes.

Rauschert und Bannasch hatten – über die übliche Publikation von Artikeln in Zeitschriften hinaus – vor 1990 eine zusammenfassende Dokumentation ihrer Arbeiten vorbereitet. Doch dann kam die »Wende«, und der vorgesehene Verlag wurde »abgewickelt«. Die Dokumentation blieb ein unveröffentlichtes Manuskript.

Der Haarstern war eines der faszinierenden Lebewesen, denen die ostdeutschen Taucher in den Gewässern vor »Bellingshausen« begegneten. (Foto: Martin Rauschert)

Rohstoffe locken

Die Bundesrepublik Deutschland entdeckt die Antarktis

(Quelle: AWI)

Offen für Angebote

Die Anregung kam aus den Vereinigten Staaten. James H. Zumberge, damals Professor für Geologie and Glaziologie und Leiter des Glacial Geology and Polar Research Laboratory an der University of Michigan in Ann Arbor, hatte zwischen 1957 und 1961 glaziologische Untersuchungen auf dem Ross-Schelfeis in der Ostantarktis durchgeführt. Da er von der erfolgreichen Vermessung markierter Punkte auf großen strukturlosen Eisflächen während der »Expédition Glaciologique Internationale au Groenland« von 1959 (EGIG, vgl. »Auf den Spuren Alfred Wegeners«) erfahren hatte, beantragte er im November 1961 bei der National Science Foundation (NSF), der zentralen amerikanischen Forschungsförderungsorganisation, ein neues Projekt: die »Ross Ice Shelf Studies« (RISS), die in der Folge in das U.S. Antarctic Research Program (USARP) einbezogen wurden. Er wollte den »Dawson-Trail« exakt vermessen. Auf dieser 1958 erkundeten und inzwischen mehrfach befahrenen Route, die zwischen den amerikanischen Stationen »McMurdo« und »Little America V« verlief und parallel zur Eiskante 700 km quer über das Ross-Eisschelf führte, sollten mit den während der EGIG erstmals eingesetzten Tellurometer-Messverfahren die Koordinaten markierter Punkte bestimmt werden. Durch Wiederholungsmessungen nach zwei oder drei Jahren wollte Zumberge die Veränderung der Punktkoordinaten feststellen und daraus die absolute Bewegung des Eises ableiten. Um dies sicherzustellen, strebte er eine Zusammenarbeit mit denjenigen westdeutschen Polarforschern an, die bei der EGIG für diese Messungen verantwortlich gewesen waren.

Die Deutsche Forschungsgemeinschaft hatte in den vorausgegangenen Jahren die »Stauferland-Expedition« des Würzburger Professors Julius Büdel (vgl. »Das Eis ist da!«) und den deutschen Anteil an EGIG-I mit erheblichen Mitteln finanziert. In beiden Fällen zeichneten sich Nachfolgeexpeditionen ab und damit erneut größere Aufwendungen zur Förderung der Polarforschung. Angesichts ihres begrenzten Etats winkte die DFG daher schon bei den ersten Vorkontakten ab: Sie wollte eine Ausdehnung der westdeutschen Polarforschungsaktivitäten auf die Antarktis nicht unterstützen, denn dies hätte die Förderung von

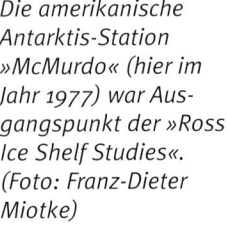

Die amerikanische Antarktis-Station »McMurdo« (hier im Jahr 1977) war Ausgangspunkt der »Ross Ice Shelf Studies«. (Foto: Franz-Dieter Miotke)

Projekten anderer Disziplinen unverhältnismäßig stark beeinträchtigt. Da es für die Wissenschaftler damals keine Alternative zur DFG gab, bestand letztlich keine Aussicht, dass die Personalkosten der deutschen Teilnehmer während der Expeditionsdauer von einer deutschen Stelle getragen würden. Schließlich erklärte sich die NSF bereit, im Rahmen von USARP die Kosten für die deutschen Wissenschaftler zusätzlich zu den Aufwendungen für Transport und Logistik sowie für die amerikanischen Teilnehmer zu übernehmen – ein überzeugender Beleg für die Kompetenz vor allem des Geodäten Dr. Walther Hofmann, der zudem von den Amerikanern die Leitung der ersten Expedition im Südsommer 1961/1962 übertragen bekam. An ihr nahmen neben zwei Briten und einem Amerikaner zwei weitere Deutsche teil: der EGIG-erfahrene Physiker Dr. Klemens Nottarp und der Geodät Egon Dorrer. Mit Dorrer hatte bei RISS-II (1965/1966) erneut ein Deutscher die Leitung. Begleitet wurde Dorrer von zwei Amerikanern sowie Klemens Nottarp, dem ebenfalls EGIG-Überwinterungsmeteorologen Oskar Reinwarth und dem Geodäten Dr. Wilfried Seufert als weiterem deutschen Kollegen.

Bei der RISS-Traverse lag – anders als beim 800 km langen EGIG-Profil – nur ein Endpunkt auf Fels, nämlich auf dem Gipfel des Observation Hill oberhalb »McMurdo«, der auch das Gedenkkreuz für R. F. Scott und seine Südpolmannschaft trägt. Alle anderen Punkte der Messstrecke von 1000 km (Dawson Trail sowie zusätzlich 300 km Nord-Süd-Profil) befanden sich auf dem Schelfeis und wurden daher während der Messperiode kontinuierlich mit bewegt, woraus sich für die geodätischen Messungen wie für deren spätere Analyse besondere Anforderungen ergaben. Die in München vorgenommene Auswertung, bei der die Daten auf einen fixen Zeitpunkt bezogen werden mussten, lieferte durch eine genaue Bestimmung der Geschwindigkeitsvektoren den Verlauf der Eisbewegung im nördlichen Randbereich des Ross-Schelfeises. Ergänzend waren entlang der geodätischen Traverse auch Schnee-Akkumulationsdaten ermittelt worden. Mit verhältnismäßig geringen finanziellen Mitteln wurden so bei RISS-I und RISS-II Resultate erzielt, die von erheblicher Bedeutung für die damalige glaziolo-

Die deutschen Antarktisforscher durften in den amerikanischen Militärmaschinen mitfliegen. (Foto: Franz-Dieter Miotke)

gische Forschung waren: denn man konnte zum ersten Mal die vom Schelfeis transportierten Eismassen angeben. Außer für einige, die den wichtigen deutschen Anteil daran kannten, waren diese Ergebnisse Belege für eine erfolgreiche amerikanische Forschungsarbeit, denn die Amerikaner hatten diese Expeditionen finanziert und die Ergebnisse selbstverständlich in einer eigenen Serie publiziert. Auch ein, zudem erst 1971 erschienenes, Heft der bei der Bayerischen Akademie der Wissenschaften in München angesiedelten »Deutschen Geodätischen Kommission« konnte diesen Eindruck gegenüber der wissenschaftlichen Gemeinschaft nicht korrigieren.

RISS-I und RISS-II waren mit jeweils sechs Teilnehmern im Grunde ziemlich kleine Unternehmen. Aber auch solche Unternehmen wären in der Weite Antarktikas ohne die Unterstützung durch die amerikanische Logistik nicht durchführbar gewesen. Sie hatte nicht nur den Transport in die Antarktis ermöglicht, sondern darüber hinaus mit den Flugzeugen der U.S. Navy die Versorgung mit Treibstoff, Verpflegung und Vermarkungsrohren an vier Depots auf der insgesamt 1000 km langen Profilstrecke gesichert. Dieses Beispiel zeigt, wie sehr vor allem für die Antarktisforschung eine gesicherte Transport- und Versorgungslogistik zu einem alles entscheidenden Faktor geworden war. Den Aufbau einer eigenen Logistik, die Arbeiten in Antarktis oder Arktis unterstützen konnte, zog damals niemand ernsthaft für die westdeutsche Forschung in Betracht.

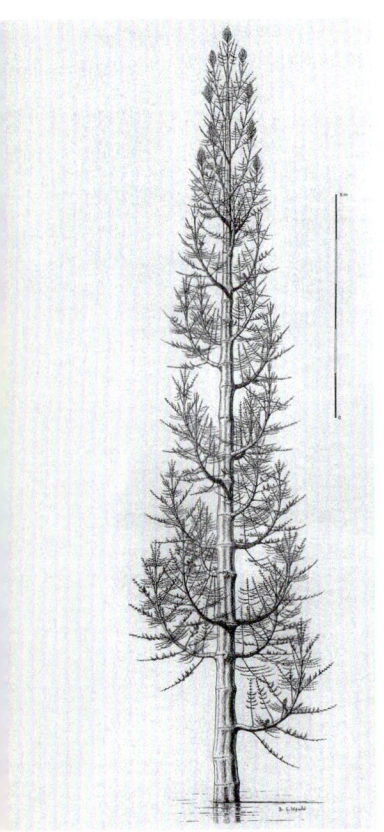

Dafür fehlten zum einen ein zentrales Polarfor-schungsinstitut als Träger und zum anderen (noch) ein nationales, politisches Interesse als Antriebskraft. Zwar teilte der Würzburger Julius Büdel am 12. November 1962 auf eine Umfrage der DFG mit, dass er von schwedischen Kollegen und in Norwegen von Tore Gjelsvik gefragt wor-den sei: »Warum tut Deutschland nichts in der Antarktisforschung?« Und am 13. November berichtete der Münchener Richard Finsterwalder der DFG von ähnlichen Erfahrungen, dass man es international »der Bundesrepublik bis zu einem gewissen Grad verübelt, weil sie sich von jenen Forschungsarbeiten ausschließt«. Auch als Dr. Dietland Müller-Schwarze am 22. Mai 1965 der DFG »Empfehlungen für eine offizielle deutsche Beteiligung an den internationalen Bemühungen um die Erforschung des Antarktischen Kontinents in Form einer permanenten wissenschaftlichen Station« übersandte, war die Reaktion dort sehr zurückhaltend. So zweifelte etwa Erwin Gentz, einer der zuständigen Referenten, am Bedarf, da alle bisherigen »Anträge im allgemeinen ganz bestimmte und fest umrissene arktische Gebiete im Auge« hätten. Müller-Schwarze selbst konnte

nicht nachhaken: Er ging wenige Monate später in die USA und war damit für die deutsche Wissen-schaft ebenso verloren wie zum Beispiel der EGIG-Teilnehmer Manfred Hochstein, der bei neuseeländischen Antarktis-Expeditionen mitfuhr und schließlich einen Ruf an die University of Auckland annahm.

Bei dieser Grundstimmung wundert es wenig, dass die Beitrittseinladung des 1958 gegründeten »Scientific Committee on Antarctic Research« (SCAR) 1958 wie 1962 zwar bei den dazu gehör-ten Wissenschaftlern vorsichtigen Beifall fand, dann aber irgendwie in den Akten verschwand – vielleicht aber auch, weil SCAR als Beratungs-gremium für die Konsultativrunde nach dem Antarktis-Vertrag letztlich keine zusätzlichen Mitglieder haben durfte.

Wie viele andere Disziplinen war die Polarfor-schung darüber hinaus »individualistisch« orga-nisiert: Jeder war sich sozusagen selbst der Nächste. Soweit die von der Universität zur Ver-fügung gestellte »Grundausstattung« nicht reich-te (was sie normalerweise schon damals nicht tat), musste der einzelne Wissenschaftler sich die finanzielle Grundlage seiner Arbeit selbst beschaffen. Dazu konnte er einen Förderantrag bei der Deutschen Forschungsgemeinschaft (DFG) stellen, musste gerade für Expeditionen aber nicht nur seine wissenschaftliche Qualifika-tion und seinen Ideenreichtum belegen, sondern darüber hinaus die Durchführbarkeit des Projek-tes selbst. Mit anderen Worten: Wenn Logistik ein entscheidender Faktor für die Durchführbarkeit war, musste der Wissenschaftler sich selbst seine Logistik beschafft haben. Und dies ging in der Regel nur über Partner, die ihn an ihren Logistik-möglichkeiten partizipieren ließen.

Als einfachste Möglichkeit einer solchen Logis-tikteilhabe boten sich für die westdeutschen Wis-senschaftler Aufenthalte in bestehenden und leicht zugänglichen Stationen anderer Nationen an, insbesondere also auf dem schon seit Sommer 1951 mit regelmäßig verkehrenden Schiffen erreichbaren Spitzbergen. Diesen Weg ging etwa Dr. Hans-Joachim Schweitzer vom Institut für Geologie und Paläontologie der Universität Bonn von 1961 bis 1971 für fünf Vorhaben. Auf West-Spitzbergen spürte er zunächst der Entstehung und dem sehr vage geschätzten Alter der dortigen alttertiären Kohlenlagerstätten nach. Mit weiterer DFG-Förderung wandte er sich dann den stammesgeschichtlich bedeutsamen Floren des Devon zu, also der Periode vor etwa 350 bis 410 Millionen Jahren, und zwar erneut auf Spitzbergen wie außerdem auf der nahe gelegenen Bären-Insel.

1963 arbeiteten Gruppen des Zoologischen Instituts der Universität Erlangen-Nürnberg auf der Insel. Büdel-Mitarbeiter Dr. Ulrich Glaser reiste 1968 mit seinem Würzburger Kollegen Dr. Gerhard Stäblein sowie 1969 mit Dr. Winfried Hofmann (Schweinfurt) und Dr. Dietbert Thannheiser vom Institut für Geographie und Länderkunde in Münster zu geomorphologischen und botanischen Untersuchungen nach Spitzbergen. Auf dieser Grundlage erarbeitete Thannheiser in den 1970er-Jahren vegetationskundliche Vergleichsuntersuchungen der Auftauflächen über den Permafrostböden in Spitzbergen und im westkanadischen Arktis-Archipel. Nach Vorarbeiten im Jahr 1968 finanzierte die DFG Dr. Manfred Bonatz vom Bonner Institut für Theoretische Geodäsie ein Vorhaben »Erdgezeitenregistrierungen in der Arktis«. Diese Arbeiten standen im Rahmen des »International Astro-Geo-Project« und waren von Prof. Melchior in Brüssel, dem damaligen Sekretär der »Kommission für Erdgezeiten«, initiiert worden. Bonatz überwinterte 1969/1970 zur Registrierung eines Jahreszyklus auf Spitzbergen – also etwa zur gleichen Zeit, als der ostdeutsche Geophysiker Dr. Manfred Schneider in der sowjetischen Station »Wostok«, dem antarktischen Kältepol, Erdgezeiten unter Extrembedingungen, maß (vgl. »Einblicke in die Entwicklungsgeschichte der Erde«).

Andere westdeutsche Wissenschaftler wählten Grönland oder Kanada als Forschungsgebiet. So führte Professor Wilhelm Dege, der während des Krieges die Station »Haudegen« im Nordostland von Spitzbergen geleitet hatte (vgl. »Millionenflügel für die Phantasie«), im Sommer 1963 auf Grönland – ziemlich ungewöhnlich für die damalige Zeit – kulturgeographische Studien zu den Inuits durch. Und Dr. G. Sommerhoff vom Geographischen Institut der Universität München arbeitete drei Jahre später auf dem Südostgrönland-Schelf.

Wichtige Kontakte zu ihren kanadischen Kollegen an der Brock University in St. Catherines knüpf-

Kanadische Station in der Arktis.
(Foto: Heinz Kohnen)

Das Arbeitsgebiet für das »Canadian Arctic Channel Project« lag in der kanadischen Arktis-Inselwelt.
(Quelle: Heinz Kohnen)

Kanadische Eiswelten.
(Foto: Heinz Kohnen)

Die deutschen Kosten bei diesem deutsch-kanadischen Gemeinschaftsunternehmen finanzierte das Bundesministerium für Bildung und Wissenschaft (BMBW) in Bonn. Die wissenschaftliche Verantwortung lag auf deutscher Seite natürlich bei Thyssen. Das Programm sah die Erfassung der für die Konstruktion eines Schiffes und der für seine Navigation in stark vereisten Gewässern erforderlichen Parameter vor Ort sowie durch die damals neuen Remote-Sensing-Verfahren vor. Der Schwerpunkt der Untersuchungen lag verständlicherweise auf den für den Schiffbau wichtigen eisphysikalischen Fragen wie Festigkeit, Elastizität, Reibung des Eises auf Metall, im Eis auftretende Drücke und elektrische sowie elektromagnetische Eigenschaften, die besondere Bedeutung bei der Vorhersage der Eisverhältnisse durch Remote-Sensing-Verfahren hatten. Die gewonnenen Erkenntnisse gingen allerdings nicht unmittelbar in die praktische Anwendung ein, denn die AG Weser setzte auf Grund ihrer wirtschaftlichen Entwicklung schon bald andere Prioritäten.

Daneben gab es aber schon früh junge Wissenschaftler, die – meist auf Grund glücklicher Fügungen – Antarktika kennen lernen und dort arbeiten durften. So war Dr. Hubert Miller im Herbst 1963 im Rahmen des entsprechenden Programms des Deutschen Akademischen Austauschdienstes (DAAD) von München aus als Gastdozent an die Universidad de Chile gereist. Da Miller vorher an einem der renommierten »Gletscherkurse« im österreichischen Obergurgl teilgenommen hatte, schickte ihn sein chilenischer Institutsdirektor sofort in die Antarktis. In der Station »O'Higgins«, bei der rund 25 Jahre später das Deutsche Zentrum für Luft- und Raumfahrt (DLR) seine ERS-Radar-Satelliten-Empfangsstation aufbaute, sollte er auf Grund dieser Erfahrungen Gletscherforschung mit den im Institut vorhandenen, aber bis dahin nicht genutzten Geräten betreiben. Miller nutzte seinen Aufenthalt, um daneben von Januar bis März 1964 acht Wochen lang auch als Strukturgeologe auf der Antarktischen Halbinsel zu forschen – und entdeckte dabei seine Liebe für die Antarktis.

Diese Aufzählung, die nur einige exemplarische Fälle nennt und keinen Anspruch auf Vollständig-

ten die Münsteraner Geophysiker. Der Chefkonstrukteur der »AG Weser« in Bremen gewann um 1970 die Überzeugung, dass Deutschland im Schiffsbau auf Dauer nur mit Spezialschiffen erfolgreich sein könne. Er nahm deshalb 1971 Verbindung zu Professor Dr. Franz Thyssen auf, dem Leiter der Abteilung für Geophysik der Polargebiete und Angewandte Geophysik der Universität Münster, und gewann ihn für die Idee, durch eine Untersuchung des Meereises im kanadischen Archipel bessere Grunddaten für die Konstruktion eisbrechender Großraumschiffe zu erarbeiten. Gemeinsam entwickelten daraufhin der Kanadier J. Teresmae und der Münsteraner Thyssen das »Canadian Arctic Channel Project«. An seiner Durchführung beteiligten sich von April bis Juni 1972 25 Wissenschaftler und Techniker, die zu etwa gleichen Teilen aus Deutschland (Münster und Karlsruhe) und aus Kanada kamen.

Auf der Antarktis-Station »O'Higgins« (Bild links, im Jahr 1994) betrieb Hubert

Miller (Bild oben, in der Mitte stehend) 1964 im Auftrag der Chilenen Gletscher-

forschung und für sich daneben Strukturgeologie. (Fotos: Hubert Miller)

Grönland (hier ein Eisberg im Kangerdlugssuaq-Fjord) schlug Walther Hofmann bei den Beratungen der Europarat-Arbeitsgruppe immer wieder als alternatives Ziel für eine europäische Polarexpedition vor. (Foto: Herbert Lüthje)

*Nunatakker am Inland-eisrand des Haskell Ridge, South Victoria Land, Antarktika.
(Foto: Franz-Dieter Miotke)*

*Hannoveraner-Treffen Ende 1976 auf der Antarktis-Station »McMurdo«: Franz-Dieter Miotke, TU Hannover (links, mit Team), und Franz Tessensohn, BGR (rechts).
(Foto: Franz-Dieter Miotke)*

keit erhebt, soll vor allem eines deutlich machen: In der Bundesrepublik der 1960er- und auch noch der 1970er-Jahre erschöpfte sich Polarforschung in zufälligen Aktivitäten, bestimmt von den Neigungen des einzelnen Wissenschaftler und seinen persönlichen Beziehungen sowie den Chancen, die sich ihm boten. Es gab keine Programme und keine übergreifende Konzeption, wie sie für eine Forschungsrichtung, bei der Logistik einen wichtigen Faktor darstellte, notwendig gewesen wäre. Nur an wenigen bundesdeutschen Universitäten machten Institutsdirektoren junge Wissenschaftler gezielt mit den Problemen von Arktis und Antarktis vertraut und führten sie so an die Polarforschung heran. Am nachdrücklichsten geschah dies am Institut für Geophysik der Universität Münster, wo nach dem Tode von Professor Bernhard Brockamp 1970 eine »Abteilung für Geophysik der Polargebiete und Angewandte Geophysik« eingerichtet worden war. Auch an der Technischen Universität München entwickelte sich, bedingt nicht zuletzt durch die Nähe zu den Alpen und die Einrichtung der »Kommission für Glaziologie« bei der Bayerischen Akademie der Wissenschaften (1962), eine leistungsfähige alpine Gletscherforschung. Ebenso versuchte Prof. Dr. Walther Hofmann, zunächst in Braunschweig und später in Karlsruhe, den wissenschaftlichen Nachwuchs für Forschungsarbeiten vor allem auf Grönland zu interessieren. Aber dies waren letztlich immer nur kleine Inseln in einem weiten Meer. Die westdeutsche Polarforschung war, trotz punktueller, guter Einzelergebnisse, in keiner Weise konkurrenzfähig mit finanzstarken Förderstrukturen in den USA und den Zentren in Großbritannien oder anderen Staaten, für die ihre Polarstationen Anreiz und Verpflichtung zugleich waren.

In dieser Situation verbreitete eine Initiative des Europarates einen Hoffnungsschimmer. Am 3. November 1970 hatten sich einige Wissenschaftler, unter ihnen Klemens Nottarp, in den Räumen der »Expéditions Antarctiques Belges« in Brüssel zu einem informellen Gedankenaustausch darüber getroffen, wie man durch gemeinschaftliche Anstrengungen die europäische

Miotke-Mitarbeiter Janke untersucht eine Gesteins-verwitterung durch Salze, die aus dem Boden ausge-waschen wurden (links).

Verwitterungsformen galt das besondere Interesse von Franz-Dieter Miotke: Hier eine »Kugelverwit-terung« am Matterhorn im Taylor Valley (unten). (Fotos: Franz-Dieter Miotke)

Das Raster-Elektronen-Mikroskop in Hannover machte die Nadelstrukturen eines erstmals entdeckten NaCa-Sulfats sichtbar. (Aufnahme: Hodenberg; Quelle: Franz-Dieter-Miotke)

Antarktisforschung auf das Niveau der USA und der Sowjetunion heben könne. Bereits fünf Monate später, am 19./20. April 1971, trat auf Beschluss der Beratenden Versammlung des Europarates in Straßburg eine »Study Group on Glaciology« (in der Folge »Working Party on European Polar Research« genannt) mit profilierten Polarforschern aus sieben Ländern zu ihrer ersten Sitzung zusammen. Professor Walther Hofmann vom Institut für Photogrammetrie und Kartographie der TU Braunschweig berichtete darüber seinen Kollegen Thyssen, Reinwarth und Heinrich Lichte (Karlsruhe) sowie der DFG am 17. Mai: »Als Arbeitsgebiet einer selbständigen europäischen Expedition wurde der Eis-Dom von Queen Maud-Land in Aussicht genommen. Ein wesentlicher Programmpunkt sollte dabei die einmalige oder mehrfache Durchbohrung des Eis-Domes bis auf den Felsuntergrund sein.« Noch in der Sitzung wurden zwei gravierende logistische Probleme moniert: das Fehlen von Geräten und Erfahrung für die Tiefbohrung und der Mangel von »für eine moderne Antarktis-Expedition unerlässlichen Großflugzeugen derzeit in Europa«. Aus diesem Grund sowie »im Hinblick auf die notwendigen finanziellen Mittel, die für eine Antarktis-Expedition ein Vielfaches der Kosten für ein Unternehmen in der Arktis, etwa in Grönland, betragen«, wurde nach einem Vorschlag der Vertreter Deutschlands, Frankreichs und der Schweiz »Grönland als mögliches Arbeitsgebiet« mit in die weiteren Überlegungen einbezogen. Hofmann resümierte seinen Eindruck: »Ich selbst glaube, dass es infolge des eklatanten Mangels an logistischen Hilfsmitteln und wegen der hohen Kosten, die zu ihrer Beschaffung aufzubringen wären, in

nächster Zeit nicht zu einer europäischen Antarktis-Expedition kommen wird.«

Hofmann sollte Recht behalten, wobei sich aber auch seinen Hoffnungen auf ein gemeinsames Forschungsunternehmen in Grönland nicht verwirklichten. Das Hauptproblem: Der Europarat verfügte selbst über keine Forschungsgelder, so dass es Sache der einzelnen Staaten war, die notwendigen Mittel für ihre Beteiligung zur Verfügung zu stellen. In den folgenden Monaten schrieben die Mitglieder der Arbeitsgruppe dicke Papiere, diskutierten, modifizierten und verwarfen sie wieder. Sie entdeckten Schwierigkeiten und machten Vorschläge zu deren Überwindung. Mitten in die Beratungen kam am 2. Juni 1972 eine Erklärung des »British National Committee on Antarctic Research« bei der Royal Society, in der es diplomatisch, aber unmissverständlich hieß: Großbritannien sympathisiere sehr mit einem gemeinsamen europäischen Projekt, sehe sich jedoch leider nicht zu einem substantiellen Beitrag in der Lage, da es über das laufende »British Antarctic Survey Programme« hinaus keine zusätzlichen Mittel bereitstellen könne. Damit fiel ein möglicher und als gewichtig einkalkulierter Beitrag weitgehend aus. Dennoch gingen die Beratungen weiter. Programme wurden entwickelt und mit Alternativen versehen. Erste Priorität erhielt Dronning Maud Land als Arbeitsgebiet – aber mit Grönland, von Hofmann als Wortführer der Deutschen immer wieder ins Spiel gebracht, als Vergleichsgebiet. Im Oktober 1972 wurden die Kosten von 22,6 Mio. $ für einen Zeitraum von fünf Jahren beziffert, danach auf 17,0 Mio. $ gesenkt. Davon sollte die Bundesrepublik über 3,0 Mio. $ des inzwischen auf sieben Jahre gestreckten Programms tragen – nach Einschätzung der DFG zu viel für ihren laufenden Etat, und auch das Auswärtige Amt sah keine Veranlassung, sich zu engagieren. Andere Länder zeigten sich ebenfalls zurückhaltend. Noch einmal wurde der Rotstift angesetzt. Aber die Zeit war für eine solche Kooperation auf europäischer Ebene noch lange nicht reif, der nationale Egoismus an allen Orten noch zu stark. Das »Committee of Ministers« des Europarates schloss am 4. April 1975 die Akten: Es »fühle, dass die hohen Kosten eine zu hohe Last für das Europarat-Budget darstellen würden«; kein Wort zu einer möglichen Kostenteilung über individuelle Beiträge. Der Berg hatte gekreißt und schließlich die tote Maus einer von den Norwegern angebotenen »Pilotstudie« in Spitzbergen geboren.

Die westdeutsche Polarforschung hatte während der Beratungen auf europäischer Ebene keinen erkennbaren Aufschwung genommen. Wie sollte sie auch? Die Polarforscher kannten sich zwar alle untereinander, innerhalb Deutschlands und über seine Grenzen hinweg. Leute mit Polarerfahrung waren auch durchaus gesucht und nahmen gerne Einladungen zu Expeditionen und ähnlichen Unternehmungen an. Schwieriger war es unter diesen Umständen für die westdeutschen Forscher, eigene Ideen zu entwickeln und umzusetzen, denn diese mussten bei einer Teilnahme an einer fremden Unternehmung in dessen Gesamtkonzept und dessen Logistik eingepasst werden. Und je mehr Geräte man für die Feldarbeit, etwa in der Geophysik, brauchte, umso problematischer wurde die Logistik. Nur Wissenschaftler, die sich durch ihre Arbeit eine Sonderstellung erarbeitet hatten, durften darauf hoffen, auf Grund ihrer Spezialisierung Einfluss nehmen und Bedin-

gungen stellen zu können. Darüber hinaus behinderten in dieser Zeit auch die Strukturen der DFG eine kraftvolle Entwicklung der Polarforschung. Die daran beteiligten Disziplinen, vor allem die Geowissenschaften, wurden von verschiedenen Referaten betreut – beispielsweise im Jahre 1960 die Geographie (mit der Geomorphologie) von Erwin Gentz, die Geodäsie als Teil der Mathematik und die Geophysik (einschließlich EGIG) als Teil der Physik von Erich Kirste, und Geochemie, Geologie und Mineralogie von Dr. Arwed Meyl. Diese Aufspaltung der Zuständigkeiten, die sich auch in den begutachtenden Fachausschüssen widerspiegelte, blieb letztlich noch über viele Jahre erhalten. Weder eine Wissenschaftlergruppe noch ein DFG-Referent fanden bei diesen Strukturen den Antrieb, wenigstens ein Schwerpunktprogramm für die Polarforschung oder ihre Logistik zu entwickeln.

Die wenigen westdeutschen Forscher, die in Polarregionen forschen wollten, waren damit weiterhin auf sich gestellt. Wurden sie eingeladen, fanden sie in der Regel zwar immer abenteuerlustige Nachwuchsleute, die sie begleiten wollten. Doch wechselten diese danach schnell wieder zu anderen Themen, bei denen sie bessere Berufs- und Karriereaussichten hatten, denn außer an der Universität Münster gab es kein Institut, dessen längerfristiger Schwerpunkt in der Polarforschung lag. Der einzelne Forscher musste so bis in die 1970er-Jahre hinein offen sein für Angebote von außen oder sich aktiv auf die Partnersuche begeben. Und manche hatten damit Glück.

So wandte sich Anfang 1976 die University of Kansas an das Bundesministerium für Forschung und Technologie (BMFT) und bot Arbeitsplätze für deutsche Geologen in Antarktika an. Ihr Department of Geology wollte sein Projekt im Rahmen des »Antarctic International Radiometric Survey« durch eine internationale Beteiligung aufwerten. Auf Anfrage des Bonner Ministeriums entsandte die Bundesanstalt für Geowissenschaften und Rohstoffe (BGR) in Hannover Dr. Franz Tessensohn, seit 1972 ihr Mitarbeiter und gerade von einem deutsch-französischen Projekt der Uransuche in der Sahara zurückgekehrt. Tessensohn arbeitete 1976/1977 von der am Ross-Eisschelf gelegenen amerikanischen Station »McMurdo« aus im Süd-Victoria-Land und erlebte dort zum ersten Mal einen antarktischen Sommer in all seiner Faszination, die ihn bereits im folgenden Jahr zu Folgearbeiten im Marie Byrd Land zurückkehren ließ. Sein Aufenthalt war zudem der Beginn einer bis 1983 dauernden Zusammenarbeit zwischen der University of Kansas und der BGR, die für »Radiometrische Untersuchungen zur Abschätzung des Uranpotentials in der Antarktis« auf deutscher Seite auch vom BMFT gefördert wurde.

Auf »McMurdo« traf Tessensohn Ende 1976 drei deutsche Kollegen vom Geographischen Institut der Technischen Universität Hannover. Dr. Franz-Dieter Miotke hatte eine Einladung der NSF bekommen, an einer von ihr geförderten Antarktis-Expedition teilzunehmen. Die DFG musste nur die Kosten für den Transport der Teilnehmer und ihrer Geräte nach Los Angeles finanzieren – »eine fast einmalige günstige Möglichkeit für die Beteiligung eines deutschen Wissenschaftlers an einem internationalen Forschungsprojekt in der Antarktis«, wie ein Gutachter zu Recht feststellte. Dennoch wurden die Kosten penibel unter die Lupe genommen, einer kleinen Geräteerweiterung zugestimmt und im Juli 1976 schließlich 18 444 DM bewilligt. Dies ermöglichte Miotke und seinen Mitarbeitern, an Hand von Marmor und anderen Gesteinen die »Relieformung im extrem arktischen Taylor Valley und bei Point Marble, Süd-Viktoria-Land, Antarktis« zu untersuchen. Miotke fuhr in der Folge noch zweimal, nämlich 1978/1979 und 1980/1981, in die Antarktis, um dort seine geomorphologischen Studien fortzuführen, die er im Sommer 1975 an Permafrosthängen in Alaska begonnen hatte. Sein besonderes Interesse galt – neben den Abschleifprozessen durch Wind – den chemischen Einflüssen bei der Gesteinsverwitterung. Er konnte dabei nachweisen, dass auch in der Antarktis Gesteinsverwitterung durch Salze, die aus dem Gestein ausgewaschen wurden, stattfand, wiewohl diese Vorgänge durch die langen Frostperioden weit langsamer vor sich gingen als in wärmeren Regionen.

Ebenfalls in »McMurdo« begegnete Tessensohn Anfang 1977 dem Münsteraner Heinz Kohnen. Dieser hatte sich nach dem deutsch-kanadischen Arktis-Projekt 1972 zweimal für kurze Zeit im Geophysical and Polar Research Center in Madison aufgehalten. Von dort hatte er nun die Einla-

dung erhalten, mit Finanzierung durch die NSF glaziologische und geophysikalische Untersuchungen im Rahmen des »Ross Ice Shelf Project« durchzuführen. Tessensohn und Kohnen waren sich einig in der Einschätzung, dass sich das Umfeld für die Polarforschung in Deutschland verbessert habe und die Wissenschaft Pläne und Visionen bräuchte, um diesen Moment zu nutzen. Um eine solche Bewegung selbst anzustoßen, reichte jedoch ihr Einfluss nicht aus. Aber ihre Einschätzung erwies sich als richtig: Krillforschung hatte Interesse in der Öffentlichkeit geweckt, und die BGR plante bereits eine Expedition zum Weddell-Meer. Was sie nicht ahnen konnten: Die Politik entdeckte rund ein Jahr später, dass Forschungsaktivitäten in der Antarktis wichtig für das internationale Prestige der Bundesrepublik Deutschland und vielleicht auch einmal für deren Wirtschaft sein könnten (vgl. den Abschnitt »Endlich dabei – Polarforschung wird nationale Aufgabe«). Erst hierdurch lohnte es für die Wissenschaftler, Träume und Visionen zu haben ...

Bei ihrem Gespräch Anfang 1977 in »McMurdo« waren sich Franz Tessensohn und der Münsteraner Geophysiker Heinz Kohnen (links) einig: »Die Polarforschung in Deutschland hat Chancen und braucht Visionen, um sie nutzen zu können.« (Quelle: Franz Tessensohn)

Unentbehrlicher Krill

Die Befürchtungen waren groß, als sich die von der Generalversammlung der Vereinten Nationen eingesetzte »Dritte Seerechtskonferenz« 1974 in Caracas konstituierte. In dem umfangreichen und überaus komplizierten Problempaket stand nämlich – für die Öffentlichkeit der spektakulärste und am ehesten verständliche Punkt – der seit dem 17. Jahrhundert geltende Grundsatz der »Freiheit der Meere« zur Disposition: Insbesondere die Staaten mit langen Küsten wollten ihre Wirtschaftszonen auf 200 Seemeilen ausdehnen, beanspruchten also Hoheitsrecht über die natürlichen Ressourcen in diesen Gebieten. Fischerei innerhalb dieser Wirtschaftszonen – nur eine von vielen Konsequenzen – sollte damit für Fahrzeuge anderer Nationen abhängig von der Zustimmung des jeweiligen Küstenstaates werden. Die deutsche Hochseefischerei bangte um ihre traditionellen Fanggründe – mehr noch: Sie bangte um ihr Überleben, zumal ihre traditionellen Fangplätze sowieso in ihrer Ergiebigkeit nachließen. In wiederholten Gesprächen zwischen der Unterabteilung »Fischwirtschaft« des Bundesministeriums für Ernährung, Landwirtschaft und Forsten (BML), Wissenschaftlern der Bundesforschungsanstalt (BFA) für Fischerei und Vertretern der Fischwirtschaft, besonders des Verbandes der Deutschen Hochseefischereien, kam die Idee auf, zum Beispiel durch Krill- und Fischforschung in den antarktischen Meeren alternative und zukunftsträchtige Aktionsräume für die deutsche Hochseefischerei zu erschließen. Das BML wies daher die ihm unterstellte Bundesforschungsanstalt in Hamburg an, für die deutsche »Fernfischerei« intensiver als bisher nach Ausweichmöglichkeiten in von Territorialansprüchen freien Ozeangebieten zu suchen und so neue Fanggebiete und Nutztierarten zu erschließen.

»Krill« wurde zu einem Zauberwort. Mit Krill, so hoffte man, würde man den Eiweißbedarf der weiterhin wachsenden Weltbevölkerung decken können und zudem der deutschen Fischwirtschaft neue Märkte erschließen. Dies führte auch die BFA für Fischerei rückblickend in ihrem Expeditionsbericht als Grund für ihr Engagement an: »Mit einer gewissen Wahrscheinlichkeit kann davon ausgegangen werden, dass die Gesamtproduktion von Krill bei wenigstens 200 Mill. t im Jahr liegt. Danach könnten jährlich sicher 50 – 60 Mill. t oder sogar mehr gefischt werden, d.h. etwa ebensoviel wie der augenblickliche Weltfischereiertrag (65 – 70 Mill. t).« Die Sowjetunion hatte sich schon seit 1961, hauptsächlich im atlantischen Sektor, mit systematischen Untersuchungen zum Krillvorkommen in der Antarktis beschäftigt; auf speziellen Fabrikschiffen wurde Krill gepresst und aus den festen Rückständen Fischmehl sowie aus den flüssigen Eiweißpasten Brotaufstrich und Suppenzutaten produziert. Japan hatte seit 1972/1973 in jedem Südsommer, also der Zeit von November bis April, im Bereich des Indischen und des Pazifischen Ozeans ein entsprechendes Forschungsprogramm in den antarktischen Gewässern durchgeführt. Länder wie Polen und Chile wurden ebenfalls in dieser Richtung aktiv. Politik und Ministerialverwaltung in der Bundesrepublik wollten sich daher nicht vorwerfen lassen, in einer kritischen Situation eine Chance zu verschlafen. So vereinten das Landwirtschaftsministerium und das Bundesministerium für Forschung und Technologie (BMFT) schließlich 1974 ihre Kräfte, um eine

Vom Antarktischen Krill (Euphausia superba) erhoffte man sich Mitte der 1970er-Jahre die Deckung des Eiweißbedarfs einer wachsenden Weltbevölkerung. (Foto: Volker Siegel)

Krill

Das Wort Krill bedeutet Walnahrung und wurde durch norwegische Walfänger schon vor weit mehr als 100 Jahren geprägt, denn verschiedene Arten von Leuchtgarnelen kommen auch in nördlichen Gewässern, selbst im warmen Mittelmeer vor. Der Antarktische Krill (Euphausia superba) wird etwa 6 cm lang und 1 bis 2 g schwer. Die Tiere werden nach frühestens zwei Jahren geschlechtsreif und erreichen ein für Planktonorganismen ungewöhnlich hohes Alter von sechs Jahren. Sie leben meist in Schwärmen von rund 40 m Durchmesser, doch wurden auch »Superschwärme« von 20 km beobachtet. Krilltiere ernähren sich überwiegend von Phytoplankton (Mikroalgen etc.), aber auch von kleinen Ruderfußkrebsen. Sie halten sich meist in Tiefen zwischen 100 und 300 m auf. Ihr Energiebedarf ist groß, denn ihre Ruderbeine sind ständig in Bewegung, um ein Absinken im Wasser zu verhindern. In ihrem ersten Winter ist für die Jungtiere (»Rekruten«) eine dicke Meereisdecke überlebenswichtig, weil sie an deren Unterseite Eisalgen abweiden können und/oder diese als Schutz davor dient, selbst gefressen zu werden. Denn der Krill ist seinerseits ein wichtiges Nahrungsmittel vor allem für Wale, einige Robbenarten und die Pinguine. Die Krillbestände in der Antarktis werden heute auf mindestens 100 bis 200 Mio. Tonnen geschätzt.

Schleppnetze an Bord der WALTHER HERWIG zum Fang von Krill im Januar 1978. (Foto: Volker Siegel)

deutsche Fischereiexpedition in die Antarktis zu entsenden. Herbst 1975 bis Frühjahr 1976 wurde als Zeitraum in Aussicht genommen.

Träger dieser Expedition sollte die BFA für Fischerei sein, die seit 1963 in den Gewässern um Grönland, einem traditionellen Fanggebiet der deutschen Hochseefischer, geforscht hatte. In den Jahren 1966, 1968 und 1971 hatte sie erstmals auch Fahrten in die südatlantischen Fanggebiete vor Argentinien unternommen, ohne allerdings in die Gebiete südlich der »antarktischen Konvergenz«, auch als »antarktische ozeanische Polarfront« bezeichnet, vorzustoßen. In dieser Zone, die teils um den 50., teils um den 60. Breitengrad Süd verläuft, sinkt das kältere antarktische Oberflächenwasser infolge größerer Dichte unter das wärmere subantarktische Wasser ab – und bildet so eine für die Tierwelt wichtige, »biogeographische« Grenze aus, die sich durch die Südteile aller drei Ozeane verfolgen lässt. Die Überschreitung dieser Grenze war das erklärte Ziel der geplanten Expedition.

Eine intensive Vorbereitungszeit begann. Als Erstes wurden in Hamburg die verfügbaren Veröffentlichungen, besonders auch Literatur aus der Sowjetunion, ausgewertet. Auch griff man auf die Ergebnisse der wissenschaftlichen Begleituntersuchungen zu den deutschen Walfangexpeditionen aus der Zeit kurz vor und nach dem Zweiten Weltkrieg zurück. Die Studien, die sich mit dem vorhandenen Wissen über die Biologie und Verwertbarkeit der kommerziell wichtigen antarktischen Tierarten befassten, kamen zu dem Ergebnis, dass die Antarktis ein großes Potential insbesondere im Hinblick auf Krill, in einigen Gebieten außerdem auf Fisch habe, dass aber für dessen Nutzung eine solidere wissenschaftliche Grundlage sowie neue Technologien entwickelt werden müssten. Entscheidend wurde die Studie durch eine Kooperation mit Dr. A. Baker vom Institute

Ein kleiner Zügelpinguin wollte sich 1976 die Arbeit der Wissenschaftler einmal aus der Nähe ansehen. (Foto: Manfred Stein)

of Oceanographic Science in Wormsley sowie mit dem Fischereibiologen Dr. Inigo Everson und einigen seiner expeditionserfahrenen Kollegen vom British Antarctic Survey in Cambridge gefördert, womit zugleich die Grundlage für eine lange Zusammenarbeit gelegt wurde.

Innerhalb Deutschlands wandte sich die BFA an das zu 50 % vom BMFT finanzierte Institut für Meereskunde an der Universität Kiel. Prof. Dr. Gotthilf Hempel, der Leiter von dessen Abteilung für Fischereibiologie, hatte schon 1967 für die Welternährungsorganisation eine Studie über die lebenden Ressourcen des Südpolarmeeres erstellt und nun mit viel Spürsinn erkannt, dass die jungen Wissenschaftler seines Instituts hier in ein bis dahin ziemlich abseits liegendes neues Forschungsgebiet einsteigen und dieses mit erschließen könnten. Er wurde daher zum wichtigsten Partner der BFA für Fischerei. Dass Hempel und Prof. Dr. Dietrich Sahrhage, der Direktor des Instituts für Seefischerei der BFA für Fischerei, seit längerem befreundet waren, förderte die Zusammenarbeit auf der Basis einer gegenseitigen Wertschätzung erheblich. So fand denn auch die erste Sitzung zur Vorbereitung der Expedition im Gebäude des Instituts für Meereskunde am Düsternbrooker Weg in Kiel statt. Hier wurde

unter Gotthilf Hempel die Strategie ausgearbeitet und festgelegt.

Für das gemeinsame Projekt zur »Erforschung und wirtschaftlichen Erschließung der Krillbestände und Nutzfische in der Antarktis« beseitigte das BMFT durch die Bewilligung von rund 10 Mio. DM schließlich die letzten Hürden. Die Mittel dienten vor allem der Charterung eines kommerziellen Fischereifahrzeugs, der Beschaffung wissenschaftlicher Geräte und Materialien sowie der Einstellung zusätzlichen wissenschaftlichen und technischen Personals in den beteiligten Einrichtungen in Hamburg und Kiel. Zur Projektbegleitung bildete die BFA eine »Projektgruppe Krill« mit Vertretern der Industrie, der beteiligten wissenschaftlichen Einrichtungen und der finanzierenden Bundesministerien.

Nachdem die weiteren wissenschaftlichen und organisatorischen Vorarbeiten abgeschlossen und die notwendigen umfangreichen Ausrüstungen beschafft bzw. instand gesetzt und erprobt worden waren, erreichten das Fischereiforschungsschiff (FFS) WALTHER HERWIG (2250 BRT) der BFA für Fischerei und das gecharterte Fischereimotorschiff (FMS) WESER (2176 BRT) der Hanseatischen Hochseefischerei, die am 20. Oktober 1975 von Bremerhaven nach Montevideo ausgelaufen waren, Mitte November ihr Zielgebiet zwischen der Südspitze Südamerikas und den östlich davon gelegenen South Orkney Islands. Nach ersten längeren Fahrten, bei denen in biologisch-hydrographischen Schnitten die Verbreitungsgrenzen von Krill-Verwandten und verschiedenen Fischarten in Abhängigkeit von den ozeanischen Bedingungen erfasst wurden, begannen ab Ende November die ersten fangtechnischen Versuche. Zur Vorbereitung hatte man im Sommer östlich der Azoren spezielle Schleppnetze mit kleinmaschigem Netzwerk und großer Netzöffnung erprobt, die trotz geringer Geschwindigkeit dicht unter der Wasseroberfläche geschleppt werden konnten. Diese Schleppnetze erfüllten die in sie gesetzten Erwartungen. Da Krill und andere Krustentiere mit den damaligen Fischereiloten nur bedingt geortet werden konnten, waren die Echoloteinrichtungen der Schiffe durch Speziallote ergänzt worden, mussten nun aber noch den Bedingungen der antarktischen Gewässer angepasst werden. Erste Erfolge stellten sich bei »Hols« mit Mengen ein, die für einen kommerziellen Fischfang durchaus interessant waren. Mit diesen Fängen wurden an Bord sofort verarbeitungstechnische Versuche unternommen – ein besonders kritisches Problem, denn der dünne und sehr flexible Panzer des Krill ist mit der darunter liegenden Fleischschicht fest verwachsen.

Am 20. Januar 1976 begann, wieder von Montevideo aus, der zweite Fahrtabschnitt. Die Route führte diesmal zunächst mit weiteren biologisch-hydrographischen Schnitten und ähnlichen, wenn auch in manchen Punkten modifizierten und ergänzten Untersuchungen wie beim ersten Fahrtabschnitt über die Drake-Passage nach Süden an die Antarktische Halbinsel. Als argentinische Meldungen ergaben, dass das Weddell-Meer teilweise eisfrei sei, nutzte die WALTHER HERWIG die Gelegenheit und suchte ab 10. Februar auch dort nach Krillvorkommen. Wegen dichter werdenden Treibeises musste das Schiff, dessen Rumpf zwar gegen Eis verstärkt, das aber kein Eisbrecher war, schon zwei Tage später nach Norden abdrehen und das Weddell-Meer mit Fahrtrichtung Südgeorgien wieder verlassen. Dennoch: Man hatte, allerdings nur im nördlichen Teil und in geringen Mengen, vorwiegend jugendlichen Krill gefunden. Parallel dazu arbeitete FMS WESER an der

Fangfrischer Krill. (Foto: Volker Siegel)

Nordseite der South Orkney Islands, der South Shetland Islands und der Westseite der Antarktischen Halbinsel. Bei den South Shetland Islands und westlich der Antarktischen Halbinsel wurden kaum Fischkonzentrationen angetroffen. Darüber hinaus erwies sich das Gebiet der Antarktischen Halbinsel wegen des rauen Meeresbodens als schwer befischbar.

Wieder wechselten in Montevideo die wissenschaftlichen Fahrtteilnehmer und ein Teil der Besatzung. Reparaturen wurden durchgeführt und neue Vorräte gebunkert, bevor die Schiffe am 18. März zum dritten Fahrtabschnitt ausliefen. Dessen Fahrtleiter, Dietrich Sahrhage, schrieb dazu in seinen privaten Erinnerungen: »Die Forschungsarbeiten mit Planktonfanggeräten und ozeanographischen Sonden sowie dem neu entwickelten Schwimmschleppnetz für den Fang von Krill wurden bald Routine. Es gelang uns, große Mengen dieser Krebse zu fangen und umfangreiche biologische Proben zu untersuchen, während sich unsere Kollegen vom Institut für Biochemie und Technologie bemühten, den Krill zu schmackhaften Gerichten zu verarbeiten. Zwischendurch setzten wir auch das Grundschleppnetz ein und entdeckten dabei etliche

Die von der BFA für Fischerei eingesetzten Schiffe FFS WALTHER HERWIG und FMS JULIUS FOCK im Oktober 1977 im Hafen von Buenos Aires. (Foto: Manfred Stein)

Bei den Krill-Expeditionen der BFA für Fischerei wurden diese RMT (Rectangular Midwater Trawl)-Planktonnetze im Packeis zum Fang von Krillproben von der POLARSTERN aus eingesetzt. (Foto: Volker Siegel)

Als die Schiffe am 14. Juni 1976 feierlich in Bremerhaven empfangen wurden, hatten sie insgesamt rund 47 000 Seemeilen zurückgelegt. Die Wissenschaftler hatten für den Krill umfangreiche Daten zu seiner horizontalen und vertikalen Verteilung im Wasser wie zu Wachstum, Reife und Fruchtbarkeit erhoben und für die wichtigsten kommerziell interessanten Fischarten ebenfalls Daten über Alterszusammensetzung, Wachstum, Fortpflanzung, Produktivität und Nahrung gesammelt. In ihren Labors machten sich die Forscher umgehend an die Auswertung: Die Daten sollten nicht nur möglichst bald veröffentlicht werden, sondern vor allem auch als Grundlage für die Planung einer Folgeexpedition dienen. Denn natürlich konnte dieses erste große Unternehmen zur Frage nach den lebenden Ressourcen der antarktischen Meere und ihrer ökologisch tragbaren Nutzung nur Teilantworten liefern – auch für die internationale Diskussion, insbesondere im »Scientific Committee on Antarctic Research« (SCAR).

Noch während WALTHER HERWIG und WESER in der Antarktis kreuzten, gab die Bundesforschungsanstalt für Fischerei Ende Dezember 1975 bekannt, »noch wenigstens zwei weitere Expeditionen in die reichen Krill-Gründe der Südpolarkappe« (Frankfurter Rundschau) unternehmen zu wollen. Parallel zu den Auswertungsarbeiten am gesammelten Material der ersten Expedition begannen daher die Vorbereitungen für die Nachfolgeexpedition, die im antarktischen Sommer 1977/1978 stattfinden sollte. Das Forschungsprogramm musste – in Zusammenarbeit mit der »Projektgruppe Krill« – entwickelt und zwischen den nationalen Partnern wie auch in vielfältigen Kontakten zu Forschern anderer Länder abgestimmt werden. Im Frühjahr 1977 konnte schließlich ein Antrag beim BMFT gestellt werden, das daraufhin im August 4,8 Mio. DM bewilligte und diesen Betrag 1979 auf 5,5 Mio. DM aufstockte. Darüber hinaus finanzierte das BMFT die Charterung des Fischereimotorschiffes (FMS) JULIUS FOCK (1568 BRT) der Hamburger Reederei Pickenpack, während das BML den erneuten Einsatz von FFS WALTHER HERWIG genehmigte. Wie schon 1975/1976 beteiligten sich auch diesmal Wissenschaftler aus verschiedenen anderen Ländern an der Expedition, in deren Verlauf zudem

ertragreiche Fischfangplätze, auf denen bisher wohl noch niemand gefischt hatte.« Die wissenschaftlichen Untersuchungen liefen mit der notwendigen Routine weiter. Dabei konzentrierten sich die Arbeiten mit der FFS WALTHER HERWIG in der Regel auf wissenschaftliche Fänge, während FMS WESER unter semikommerziellen Bedingungen fischte.

wieder einige antarktische Forschungsstationen besucht wurden.

Nachdem die beiden Schiffe die Wissenschaftler sowie Proviant und Ersatzteile an Bord genommen hatten, liefen sie, mit Prof. Dr. Rolf Steinberg (BFA) als Fahrtleiter, am 31. Oktober 1977 von Buenos Aires zum ersten Fahrtabschnitt aus. Zwei weitere, ebenfalls etwa siebenwöchige Fahrtabschnitte – der zweite mit dem Kieler Gotthilf Hempel, der zum ersten Mal selbst an diesen Expeditionen teilnahm, und der dritte erneut mit Dietrich Sahrhage als Fahrtleiter – folgten. Das Untersuchungsgebiet war für die gesamte Expedition gegenüber 1975/1976 etwas nach Westen ausgedehnt, dabei aber räumlich begrenzt worden. Ergänzend zur Aufnahme der großräumigen Verbreitung und des Vorkommens während der ersten Expedition sollten jetzt die zeitliche Variabilität des Vorkommens von Krill und Fischen in einzelnen Gebieten, vor allem in der Scotia-See, aufgenommen werden; Ziel war es, jahreszeitliche Veränderungen zu erfassen und systematisch biologische und ozeanographische Informationen zu sammeln. Starkes Packeis veranlasste allerdings Änderungen der Routen, Stürme unterbrachen mehrere Male die Forschungsarbeiten.

Dennoch konnte das vorgesehene Programm weitgehend durchgeführt werden. Auf FFS WALTHER HERWIG standen Detailuntersuchungen an Krill und Fischkonzentrationen sowie ozeanographische Messungen in einigen ausgewählten Seegebieten im Vordergrund. FMS JULIUS FOCK wurde vor allem für eine großräumige Suche nach Krill und Fisch eingesetzt, wobei man auch ermitteln wollte, welche Krill- und Fischmengen realistisch innerhalb eines bestimmten Zeitraums von einem modernen Trawler gefangen und verarbeitet werden könnten. Am 10. April 1978 erreichten beide Schiffe wieder Buenos Aires. Da WALTHER HERWIG für ein Forschungsprojekt im Rahmen des deutsch-argentinischen Fischereiabkommens in Argentinien blieb, fuhr JULIUS FOCK mit allen wissenschaftlichen Proben des Schwesterschiffs allein nach Hamburg zurück.

Die Feststellung, dass der Fang von kommerziell interessanten Krillmengen keine Schwierigkeiten darstellen würde, war eines der wesentlichen Ergebnisse der ersten Expedition gewesen. Nun ergab die zweite Expedition jedoch, dass in den 1975/1976 ergiebigen Gebieten diesmal deutlich geringere Fangerträge erzielt wurden, kommerziell interessante Mengen dafür in anderen Berei-

insgesamt aber noch gewöhnungs- und verbesserungsbedürftig.

Die Erfolge stimmten die Forscher zuversichtlich, wurden jedoch durch andere Entwicklungen in Frage gestellt: Man entdeckte, dass Krill im Panzer eine sehr hohe Fluoridkonzentration aufwies. Da Fluorid beim Menschen zur Knochenerweichung führt, kamen Zweifel an der Eignung von Krillprodukten für die menschliche Ernährung auf; in der Folge gelang es allerdings, den Übergang des Fluorid in das Fleisch durch eine schnellere Verarbeitungstechnik zu verhindern. Dennoch verflüchtigte sich die Euphorie, die noch Anfang der 1970er-Jahre geherrscht hatte, langsam: Die Stimmen der Biologen wurden immer lauter, die – nach den Erfahrungen mit dem Raubbau bei Walen und Robben – vor einem plötzlichen und unkontrollierten Ausufern der Krillfischerei warnten.

Krill, so argumentierten sie, spiele in den antarktischen Meeren eine wichtige, wenn nicht entscheidende Rolle als Zwischenglied in der extrem kurzen Nahrungskette Phytoplankton–Krill–Warmblüter. Wenn zu viel Krill abgefischt werde, könnte dies das ökologische Gleichgewicht stören und andere Tierarten, die direkt oder indirekt vom Krill abhängen, in ihrer Existenz gefährden. Anders ausgedrückt: Auf die scheinbar unerschöpfliche Eiweißquelle für den Menschen musste vielleicht verzichtet werden, weil Krill im Ökosystem unentbehrlich war.

Die vereint und international vorgebrachte Forderung der Biologen zusammen mit den ersten Ergebnissen der beiden deutschen Expeditionen veranlassten SCAR zur Entwicklung eines neuen Forschungsprogramms, das den Namen BIOMASS erhielt: »Biological Investigations of Marine Antarctic Systems and Stocks« (vgl. Kapitel »Hochkomplexe Systeme«). Darüber hinaus diskutierten die Mitglieder der Konsultativrunde des Antarktis-Vertrages in diesen Jahren eine Weiterentwicklung der bisherigen Regelungen. Sie verständigten sich schließlich 1980 auf ein neues Abkommen, die »Konvention zum Schutz der lebenden Meeresschätze der Antarktis« (CCAMLR), das 1982 in Kraft trat. Zu den Gründungsmitgliedern dieser Konvention gehörte sowohl die DDR wie die Bundesrepublik Deutschland, in der das Bundesministerium für

chen. Die Krillschwärme waren demnach keineswegs gleichmäßig auf die Gewässer verteilt, sie waren aber auch in ihrem Auftreten nicht konstant. Diese Erkenntnisse warfen neue Probleme auf: Gab es Gesetzmäßigkeiten für die jährlichen Fluktuationen in Verbreitung und Dichte? Und wodurch wurden diese Fluktuationen des Krills gegebenenfalls verursacht? Wie lange ist die Fangsaison? Offen blieb auch die Frage, in welchem Ausmaß eine extensive Krillfischerei ökologisch überhaupt tragbar wäre – eine Frage, deren Beantwortung den Dauerertrag gegebenenfalls in starkem Maße bestimmen könnte. Weitere Fortschritte wurden bei der zweiten Expedition in der Ortung von Krillschwärmen, die in unterschiedlichen Größen und Formen auftraten, sowie in der Fangtechnik erzielt: Man hatte nun Schwimmschleppnetze, die es ermöglichten, Krill fast in beliebiger Menge zu fangen. Auch für manche Probleme der Verarbeitung und Konservierung zeichneten sich Lösungsmöglichkeiten ab, wiewohl beim Einfrieren ein relativ hoher Wasseranteil nicht vermieden werden konnte. Insbesondere für die Verarbeitung, die wegen der schnellen Verderblichkeit des Krill sofort nach dem Fang an Bord geschehen musste, hatte man brauchbare, wenn auch nicht zur Massenproduktion geeignete Verfahren gefunden. Der Geschmack der Produkte wurde in Tests zwar als »gut« beurteilt, erschien wegen einer süßlichen Note und einer mehlig-kreidigen Komponente

Ernährung, Landwirtschaft und Forsten die nationale Federführung übernahm.

Die Krillforschung, in die die Bundesrepublik – durchaus einem internationalen Trend folgend – aus fischereiwirtschaftlichen Erwägungen eingestiegen war, erreichte damit eine neue Qualität. Sie wurde – im Gegensatz zum »normalen« Weg der Forschung, der von den Grundlagen zur Anwendung führt – in wachsendem Maße Grundlagenforschung mit deutlich biologisch-ökologischen Fragestellungen. Der Forschungsschwerpunkt verlagerte sich dadurch auch bei der BFA für Fischerei von der Suche nach neuen Fang- und Verarbeitungsmöglichkeiten auf eine Erfassung und Überwachung der Fisch- und Krillvorkommen in der Antarktis, wie es die Mitgliedschaft in CCAMLR verlangte. Die neuen Möglichkeiten wurden allerdings von der deutschen Hochseefischerei, also den vorgesehenen Nutznießern und Anwendern der Forschungsarbeiten, nicht aufgenommen und unterstützt, denn sie ließ sich nicht von ihren traditionellen Fanggründen im Nordatlantik weglocken. Der Südatlantik erschien zu entlegen, der Krill nichts für den deutschen Markt und antarktische Fische wie der Marmorbarsch (Notothenia rossii) oder der Bändereisfisch (Champsocephalus gunnari) zu exotisch, um sich damit zu befassen.

Das deutsche Engagement in der marinebiologischen Antarktisforschung wurde international rasch anerkannt: Im Januar 1979 fand unter dem Vorsitz von Dietrich Sahrhage die erste Sitzung einer internationalen Arbeitsgruppe für die Biologie antarktischer Fischbestände in Hamburg statt. Diese Arbeitsgruppe, die von der »Group of Specialists on Living Resources of the Southern Ocean« des SCAR eingesetzt worden war, entwickelte Vorschläge für Forschungsziele auf dem Gebiet der antarktischen Krill- und Fischforschung –

Vorschläge, die nicht nur für die BFA für Fischerei bei ihren weiteren Forschungen auf diesem Gebiet, sondern auch für die Bundesrepublik Deutschland und ihr Antarktisforschungsprogramm eine Orientierungshilfe auf dem Wege zur Erreichung des Konsultativstatus im Rahmen des Antarktisvertrages wurden.

Die Bundesrepublik, zu diesem Zeitpunkt ein »Newcomer« unter den Mitgliedern der Konsultativrunde (vgl. »Welcome to the Club!«), hatte sich innerhalb kurzer Zeit ein Ansehen erarbeitet, sodass ihre Wissenschaftler, an deren Spitze Gotthilf Hempel und Dietrich Sahrhage, mit ihren Überlegungen gestaltenden Einfluss auf internationale Programme nehmen konnten. Darüber hinaus führten die erzielten Erfolge auf diesem Gebiet ab 1980 dazu, dass das dann neu gegründete Institut für Polarforschung, das »Alfred-Wegener-Institut«, zunächst eine starke marine Ausrichtung erhielt (vgl. Kapitel »Ein Juwel wird geschliffen«) – ein Profil, das es vorteilhaft von Instituten anderer Länder unterschied.

... und dem Bändereisfisch (Chamsocephalus gunnari), das besondere Interesse der deutschen Fischereibiologen bei den Fahrten 1975/1976 und 1977/1978. (Fotos: Karl-Hermann Kock)

171

Zurück zur Grundlagenforschung

Politik, Öffentlichkeit und auch Wissenschaft waren in den 1950er- und 1960er-Jahren erfüllt von dem Gedanken an ein letztlich ungehemmtes Wachstum in allen Bereichen des Lebens und von einer rasanten Technologieentwicklung, die eventuelle Hindernisse problemlos überwinden würde. Der »Club of Rome« versetzte sie daher im Sommer 1972 mit seinem ersten großen Bericht »Die Grenzen des Wachstums« in einige Aufregung: In allgemein verständlicher Form (die wissenschaftlichen Details folgten ein paar Monate später) veröffentlichte er die Ergebnisse von Forschungsarbeiten, die unter Prof. Dennis Meadows am Massachusetts Institute of Technology (MIT) in Boston durchgeführt und von der Stiftung Volkswagenwerk in Hannover gefördert worden waren. Der Bericht, den der »Club of Rome« als einen »mutigen ersten Schritt zu einer umfassenden

Analyse der gegenwärtigen Situation auf der Erde« erachtete, wollte in erster Linie den »exponentiellen Charakter aller menschlichen Wachstumserscheinungen innerhalb eines geschlossenen Systems« deutlich machen. Insbesondere in den hoch entwickelten Industrienationen wurde die Politik allerdings weniger durch die Berechnungen über ein sich beschleunigendes Wachstum der Weltbevölkerung alarmiert als vielmehr durch die Daten über begrenzte Rohstoffvorräte der Erde: Erdöl und Erdgas würden, so der Bericht, noch für rund 50 Jahre zur Verfügung stehen, Gold für 29, Kupfer für 48, Aluminium für 55 Jahre usw. Hinzu kam 1973 die »Ölkrise«, als die OPEC-Staaten ihre Erdölproduktion schlagartig drosselten, sodass sich auf den Autobahnen der Bundesrepublik eines Sonntags die Radfahrer tummelten. Die Abhängigkeit der Industrienationen gerade von diesem Rohstoff wurde der Öffentlichkeit dadurch ebenso massiv wie plakativ vor Augen geführt.

In allen Ländern wurde damals mit einem Schlag die Suche nach neuen Rohstoffquellen intensiviert. So forderte auch das Bundesministerium für Wirtschaft (BMWi) in Bonn Ende 1973 die ihm unterstehende Bundesanstalt für Geowissenschaften und Rohstoffe (BGR) in Hannover auf, Vorschläge zur Rohstoffforschung zu machen. Die BGR-Wissenschaftler hatten schon vorher, nämlich 1969, begonnen, vor allem die Kontinentalränder des nördlichen Atlantiks einschließlich der Labrador-See zu erforschen. Aus diesen Arbeiten, die sie bis 1977 weiterführten, entwickelten sie Vorstellungen über das Kohlenwasserstoffpotential dieser Meeresgebiete, durch die Explorationsaktivitäten der Industrie mit initiiert wurden.

Ständige Gespräche zwischen Ministerialverwaltung und Wissenschaft bereiteten schließlich den Boden dafür, dass die BGR für den antarktischen Sommer 1977/1978 »im Rahmen der Erkundung KW-höffiger Gebiete geophysikalische Untersuchungen in den antarktischen Seegebieten« (so das BMWi am 3. Februar 1977 an das Auswärtige Amt) vorbereiten konnte; Zielgebiet war das Weddell-Meer, das als »für künftige KW-Exploration hochinteressant« eingestuft wurde. Klartext: Auf der Basis der »Gondwana-Theorie« (vgl. S. 181) extrapolierte man, dass im Weddell-Meer

---

»Club of Rome«

Im »Club of Rome« schlossen sich 1968 Wissenschaftler, Vertreter von Wirtschaft und Industrie sowie aktive und ehemalige Staatsführer mit dem Ziel zusammen, durch Bündelung ihrer verschiedenartigen Erfahrungen zu einem vertieften Verständnis der Weltprobleme zu gelangen. Nachhaltigen Einfluss übte 1972 »Limits of Growth«, der erste Bericht »zur Lage der Menschheit«, aus. Der »Club of Rome«, dessen Präsident seit 1999 der jordanische Prinz El Hassan bin Talal ist, hat inzwischen 30 nationale Gesellschaften. Die deutsche Gesellschaft wurde 1978 gegründet von Prof. Dr.-Ing. Eduard Pestel (Hannover), der in der Anfangsphase den Club wesentlich mit geprägt hat. Vorsitzender der Deutschen Gesellschaft ist Uwe Möller, zugleich Generalsekretär des internationalen »Club of Rome«.

Die Bundesanstalt für
Geowissenschaften und
Rohstoffe (BGR) ent-
sandte Ende 1977 die
gecharterte MS EXPLORA
in das antarktische
Weddell-Meer.
(Foto: Karl Hinz)

riesige Erdölvorkommen vorhanden sein müssten. Das Ministerium sah diese Aktion zudem als
Beitrag im Hinblick auf eine Aufnahme der
Bundesrepublik in die Konsultativrunde zum
Antarktisvertrag (vgl. »Vorhut DFG« und »Welcome to the Club!«). Es stellte daher in den Haushaltsverhandlungen sicher, dass die BGR nicht
nur über den Haushaltstitel »Kontinentalrandfor-
schung«, sondern auch über einen weiteren Titel
»Polarforschung« die notwendigen Finanzmittel
erhielt. Und dass nicht verausgabte Mittel aus
diesen Titeln – durchaus nicht alltäglich im
Bundeshaushalt – nicht etwa am 31. Dezember
eines Jahres verfielen, sondern in das folgende
Haushaltsjahr übertragen werden durften: Eine
entscheidende Voraussetzung für Expeditionen,
die nur im antarktischen Sommer, also über den
Jahreswechsel hinweg, durchgeführt werden
konnten.
Ende 1977 startete die Bundesanstalt ihre Schiffs-
expedition in das Weddell-Meer, die erste deutsche geowissenschaftliche Forschungsunternehmung großen Stils in diesem Gebiet seit Filchner
(1911) und Ritscher (1939). Mitte Januar 1978
erreichte das von der Prakla Seismos GmbH für
die BGR gecharterte Motorschiff (MS) EXPLORA
das Zielgebiet. Hier sollte die EXPLORA zwischen

Unter Fahrtleiter Karl
Hinz (BGR) führte ein
deutsches Team
Anfang 1978 erstmals
marine geophysikali-
sche Untersuchungen
an den Kontinental-
rändern des Weddell-
Meeres durch.
(Foto: Karl Hinz)

30° W und 20° E bis zum Rand des Schelfeises
vorstoßen, dessen Dicke an der Front zwischen
150 und 230 m betrug und zum Inland hin auf
über 1000 m zunahm. Das Gebiet vor dem Schelfeis sollte dabei mit modernen geophysikalischen
Methoden vermessen werden. Das geplante
Unternehmen ließ sich allerdings nicht an allen

Das Basislager der GANOVEX-Geologen (Punkte oberhalb des dreieckigen Schneefeldes in der unteren Bildmitte) wurde am Rande einer breiten schneefreien Mulde am Mount Dockery, an der Flanke des Lillie-Gletschers errichtet. (Foto: Franz Tessensohn)

Punkten umsetzen, weil insbesondere südlich 68 °S trotz der Sommermonate immer wieder kleinere und größere Treib-Packeisfelder dem Schiff den Weg versperrten. Als die unter der wissenschaftlichen Leitung von Prof. Dr. Karl Hinz stehenden Arbeiten am 15. Februar abgeschlossen wurden, hatte die EXPLORA aber doch auf 24 Profilen mit insgesamt 5850 km Länge digitale reflexionsseismische Messungen durchführen können. Mit dieser Methode konnte man Einblick in die verschiedenen Sedimentlagen am Meeresboden und damit auch deren Entstehung gewinnen. Ergänzend hatte man parallele magnetische und gravimetrische Messungen vorgenommen. Darüber hinaus waren auf 24 Stationen mit »Sono-Bojen« refraktionsseismische Sondierungen eingesetzt worden, mit deren Hilfe die Dicke der Erdkruste ermittelt werden konnte, was

Rückschlüsse auf die Grenze zwischen Kontinent und Ozean zuließ.

Die Auswertung all dieser Daten ergab, dass im Ostteil des Weddell-Meeres vor Neuschwabenland der Meeresboden vom äußeren Schelfrand aus meist relativ steil zu einem Plateau mit Wassertiefen von etwa 2000 bis 3000 m abfiel. Das Plateau wurde dann im Norden und, wie man weiter vermutete, auch im Osten durch eine weitere Steilstufe begrenzt. Diese deutete man als Grenze zwischen dem Kontinent Antarktika und dem Ozean und gab ihr den Namen »Explora Escarpment« – ein für die Grundlagenforschung wichtiges neues Ergebnis. Unter Explorationsgesichtspunkten war die Erkenntnisausbeute dagegen eher mager: Das Resümee hätte man in die Worte »wenig Aussicht auf besondere Erdöl- oder Erdgasvorkommen« kleiden können. Wichtig wurde diese Erkenntnis erst Jahre später, weil sie – nach der Aufnahme der Bundesrepublik in die Konsultativrunde – Bundeswirtschaftsminister Jürgen Möllemann die Zustimmung zum internationalen Explorationsmoratorium für die Antarktis erleichterte.

Ein Jahr später unternahm die BGR eine weitere Antarktis-Expedition, diesmal zur entgegengesetzten Küste Antarktikas und auf das dortige Festland, das Nord-Victoria-Land. Sie erhielt den Namen »German Antarctic North Victorialand Expedition« (GANOVEX). Die relativ gut zugängliche Felsregion zwischen der polaren Eiskappe und dem Ross-Meer ist geologisch nicht zuletzt deshalb interessant, weil sich durch sie mehrere wichtige Strukturgrenzen hinziehen, unter anderem die Grenze zwischen ostantarktischem Schild und westantarktischem Faltengebirge – Zeugnissen vergleichsweise jüngerer Bewegungen der Erdkruste. Das geowissenschaftliche Studium dieses Grenzgebietes hatte sich inzwischen auch als eines der Hauptziele der Geologie für ein deutsches Antarktis-Forschungsprogramm herauskristallisiert – ein Kompromiss zwischen denjenigen Hochschulgruppen, die sich, von Südamerika kommend, für die atlantische Seite der Antarktis interessierten, und der BGR und den mit ihr assoziierten Hochschulgruppen, die mehr durch die eisfreien Gebiete des Nord-Victoria-Landes angezogen wurden.

Für die GANOVEX-Fahrt wollte man ein neues logistisches Konzept erproben: Ein vor der Küste liegendes Schiff sollte als mobile Basis dienen, von der aus Hubschrauber die Wissenschaftler und ihre Helfer bis zu 200 km landeinwärts zu ihren Feldarbeitseinsätzen fliegen sollten. Das 20köpfige Expeditionsteam, dem auch zwei deutsche Hochschulforscher sowie je ein Wissenschaftler aus Neuseeland und den USA angehörten, sollte auf diese Weise unabhängig von einer festen Station und sogar in sonst schwer zugänglichen Gebieten forschen können.

Als Basisschiff wurde – teilweise mit Mitteln des Bundesforschungsministeriums (BMFT) – MS SCHEPELSTURM gechartert, ein eisverstärkter Offshore-Versorger mit 1500 BRT, der mit Hubschrauberdeck, einem Hangar und zwei Wohn-Containern ausgerüstet wurde. Zusätzlich zum eigenen großen Transporthelikopter »Sikorsky

S-58« mietete die BGR in Neuseeland noch zwei Hubschrauber »Hughes 500« zur Unterstützung der geologischen Feldarbeit. Am 12. Dezember 1979 um 9:00 Uhr stoppte der Kapitän der SCHEPELSTURM im Ross-Meer 25 Seemeilen südlich von Cape Hallett die Maschinen. Bei Sonnenschein und leichtem Wind wurden die Hubschrauber erstmals einsatzbereit gemacht. Nach einigen Testflügen flogen die ersten vier Mann, darunter der Kieler Glazialgeologe Professor Dr. Klaus Duphorn, zum nahen Tucker-Gletscher. Vier Stunden später startete der Darmstädter Professor Georg Kleinschmidt mit drei Begleitern zur Robertson Bay. Warmes und ruhiges Wetter bescherte den Geologen für die nächsten beiden Tage ideale Bedingungen für ihre Feldarbeit, während das Schiff um das Kap Adare herumfuhr und im eisfreien Wasser der Robertson Bay vor Anker ging.

Das Team von GANOVEX I im Dezember 1979 vor der Abreise von Neuseeland an Bord der SCHEPELSTURM, als 3. von links Georg Kleinschmidt, in der 2. Reihe Mitte Franz Tessensohn (mit blauem Anorak). (Quelle: Franz Tessensohn)

Der BGR-Hubschrauber »Sikorsky S-58« transportierte Treibstofffässer vom Deck der SCHEPELSTURM zu den Geologen-Camps in den Gebirgen von North Victoria Land. (Foto: Franz Tessensohn)

Zwischen Angst und Hoffnung

19.12. bis 21.12.79: Wir verlieren jedes Zeitgefühl, da sowieso kein echter Helligkeitsunterschied zwischen Tag und Nacht herrscht und der normale Biorhythmus nicht mehr eingehalten werden kann. Etwa am Vormittag des 19. schauen wir nochmals aus dem Zelt: das große Küchenzelt hat sich gefährlich gelockert. ... Kurz darauf muss das große Küchenzelt samt 3 großen Metallkisten mit Gerät und Vorräten für 4 Mann und 14 Tage weggeflogen sein: es fehlt! Unser Schlafzelt bricht peu à peu in sich zusammen: Zuerst birst die Mittelrippe, dann die Streben an meiner Seite. ... Inzwischen ist das Zelt völlig zusammengebrochen. Wir »leben« in einem nur noch 10 cm hohen Zelt-Rest. Steine schlagen uns auf den Kopf, sodass wir uns dagegen mit den Händen schützen müssen. ... Hauptbeschäftigung: warten. Angst! Wir gestehen sie uns aber nicht ein, sondern sprechen uns immer wieder Mut zu. ... Der Sturm scheint abzunehmen. Warum holt man uns jetzt nicht 'raus? Wo bleiben die Hubschrauber? Wir glauben, zwischen den Böen Motorengeräusche zu hören. ... Depression innerlich und äußerlich. ... Mein Zeltkumpan Dave gibt zu, so etwas während seiner siebenjährigen Antarktiserfahrung noch nicht mitgemacht zu haben. ... Schließlich: nach ? Tagen erster Kontakt zum 20 m entfernten Nachbarzelt: dort hatten sie nichts zu essen, dafür ein Funkgerät. Wir bringen den Rest unserer Verpflegung hinüber ... Zuruf vom Nachbarzelt: Aufforderung vom Schiff, zu Fuß zur Küste zu gehen. ... Schließlich sind wir im Boot. Die See geht noch hoch! Es stürmt wieder heftiger. Aber kurz darauf sind wir an Bord. ERLÖSUNG!

Georg Kleinschmidt, Auszüge aus den Tagebuchnotizen

Diese friedliche Stimmung störte am 17. Dezember ein leichter Sturm, der zu einer Unterbrechung der Feldarbeit veranlasste. Die Hubschrauber wurden an Deck festgezurrt. In kürzester Zeit saß die Schepelsturm in Packeis fest. Gegen 4:00 Uhr am nächsten Morgen verstärkte sich der leichte Sturm innerhalb einer Stunde zu einem Orkan mit Windgeschwindigkeiten von bis zu 144 km/h. Es war zu spät, die Rotorflügel der Hubschrauber noch abzumontieren. Plötzlich flogen Teile einer Hütte aus ihrem Container aufs Eis hinaus und beschädigten auf ihrem Weg die Hubschrauber. Als die Besatzung versuchte, die Hubschrauber besser zu sichern, riss der Orkan einen Seemann von Deck auf das umliegende Eis. Er konnte zum Glück schnell gerettet werden, wenn auch mit einem schweren Beinbruch, der noch auf dem Schiff notdürftig gegipst wurde. Die Orkanböen erreichten inzwischen bis zu 180 km/h. Kapitän Udo Rieck manövrierte das Schiff mühsam in eine besser geschützte Zone im Windschatten des Kaps, wo aber die Klippen nur 10 bis 50 m entfernt lagen und kaum noch Wasser unterm Kiel war. Doch der Sturm trieb es wieder hinaus in die Bucht. Nur mit großer Mühe konnte die Besatzung zwar einen Totalverlust der Hubschrauber verhindern, nicht aber deren nachhaltige Beschädigung. Der Orkan zerstörte zudem alle Radioantennen der Schepelsturm und knickte einen Mast am Vorderschiff.

Noch dramatischer erging es vor allem der zweiten Gruppe an Land. Keine 5 km vom Schiff entfernt, musste sie den Orkan in Zelten überdauern. Über ein kleines, tragbares Funksprechgerät konnten die vier Männer zwar Verbindung zum Schiff halten, aber keiner wagte mehr, die wenigen Meter zum Vorratszelt zu gehen. Irgendwann riss der Orkan dieses Zelt mit seinen schweren Aluminiumkisten mit sich fort in die nahe Bucht. Unter der Gewalt des Orkans brachen gegen Ende des ersten Tages die beiden kleinen Schlafzelte zusammen. Seine Bewohner verbrachten unter der Zeltplane drei schreckliche, endlos sich hinziehende Tage in ihren Schlafsäcken. Georg Kleinschmidt erinnerte sich: »Wir wussten nicht, ob wir am nächsten Tag, ja wenigstens in der nächsten Stunde noch leben würden. Hunger und Durst bedrängten uns. Auch die kleinste Bewegung wurde zur Qual. Wir konnten nur hoffen, dass der Orkan endlich nachlassen würde ... Es war wirklich eine dramatische Situation, die uns an die Kante des Lebens brachte.« Am Vormittag des 21. Dezember beruhigte sich der Orkan, nachdem er vier Tage gewütet hatte. Die Gruppe um Kleinschmidt konnte unversehrt mit einem Boot an Bord geholt werden. Die andere Gruppe wurde mit dem Hubschrauber vom Gletscher zurückgebracht. Danach nahm die Schepelsturm sofort Kurs auf die amerikanische Station »McMurdo« am südlichen Ross-Meer. Bei Erreichen des Eises transportierte der »Sikorsky«-Hubschrauber das verletzte Besatzungsmitglied nach »McMurdo«, von wo aus es nach Neuseeland ausgeflogen wurde. Mit tatkräftiger Unterstützung der neuseeländischen Antarctic Division wurden die schwer beschädigten Hubschrauber an den folgenden Tagen repariert. Am 3. Januar 1980 gegen 10 Uhr gab Kapitän Rieck das Kommando zur Weiterfahrt: Die Voraussetzungen für eine Fortsetzung

der Expedition, an die manche Teilnehmer schon kaum noch geglaubt hatten, waren dank der – in der Antarktis zum Glück üblichen – Hilfseinsätze von der neuseeländischen Station »Scott Base« und von »McMurdo« aus wieder hergestellt. Während einige Geologen ihrer Feldarbeit mit Einsätzen entlang der Küste nachgingen, wurde der zweite Teile des Logistikkonzepts in Angriff genommen: von der 120 km entfernt liegenden SCHEPELSTURM wurden die Bauteile für eine Schutzhütte in eine weite, nach Norden offene Felsmulde geflogen, die gut gegen die Schnee bringenden Fallwinde aus dem Landesinneren geschützt war. Auf einer schneefreien Stelle eines Geröllhanges wurde dort ein Stahlgerüst errichtet und darauf die Unterkunft aus mit Schaumstoff isolierten Polyester-Elementen zusammengesetzt. Inspiriert vom benachbarten Lillie-Gletscher taufte man sie »Lillie-Marleen-Hütte«. Am 14. Januar 1980 meldete die Expeditionsleitung an den BGR-Präsidenten per Funk die »Errichtung der ersten deutschen Hütte« in Antarktika. Dass die ostdeutschen Kollegen schon seit vier Jahren ihre »Basislaboratorium« genannte ständige Station bei »Nowolasarewskaja« nutzten, wurde geflissentlich übersehen ...

Das geologische Programm für GANOVEX sah zunächst eine übersichtsmäßige Kartierung der ANARE Mountains vor, die weiter im Norden das Gebiet der »Lillie-Marleen-Hütte« vom Meer trennten. Mit Hubschrauber-Unterstützung wurden hier zunächst 10 000 km² erfasst, danach dehnte man das Untersuchungsgebiet, von der Hütte gesehen in den Westen, in die Bowers Mountains aus. Einsetzender Schneefall beende-

te am 15. Februar die Feldarbeit. Die »Lillie-Marleen-Hütte« wurde für den Winter abgedichtet. Expeditionsleiter Dr. Franz Tessensohn kehrte am 20. Februar mit dem letzten Hubschrauberflug zur SCHEPELSTURM zurück. Er meldete der BGR den erfolgreichen Abschluss der ersten Antarktisexpedition, die nach dem Weltkrieg von einer bundesdeutschen Einrichtung durchgeführt worden war.

Das neue Logistikkonzept hatte sich bewährt. Die Wissenschaftler kehrten mit vielen neuen Daten zu bisher unbesuchten Gebieten Antarktikas über Neuseeland nach Deutschland zurück. Die Daten stützten die bis dahin allgemein geltende Ansicht, dass das Nord-Victoria-Land durch zwei Gebirgsbildungen oder »Orogenesen« entstanden sei, in keiner Weise. Die Existenz der zweiten Gebirgsbildung im Osten konnte durch die Gesteinsunter-

Bei der »Lillie-Marleen-Hütte«, der ersten bundesdeutschen Sommerstation in der Antarktis, wurde zeitweise ein Treibstofflager für Hubschrauberflüge zu geologischen Erkundungen angelegt. (Foto: Franz Tessensohn)

Einige Geologen führten seismische Untersuchungen im Treibeis des Ross-Meers durch – eine Arbeit, die großes navigatorisches Können von der Schiffsführung verlangte, um das geschleppte Instrumentarium vor Beschädigungen zu bewahren. (Foto: Franz Tessensohn)

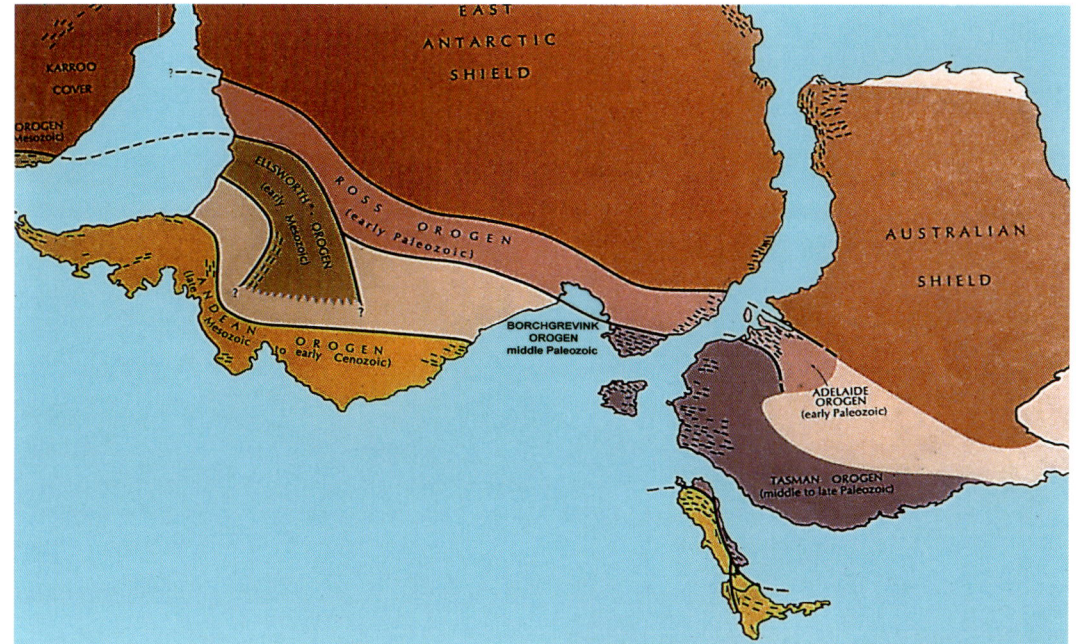

Antarktika war früher ein Teil des Super- kontinents Gondwana (hier im Ausschnitt einer Rekonstruktion von Craddock von 1972). Das für Antarktika postulierte »Borchgrevink Orogen« (violett) konnte von GANOVEX I allerdings nicht bestätigt werden. (Quelle: Franz Tessensohn)

suchungen widerlegt werden! Mit erheblichen Folgen für das »Gondwana-Konzept«, nach dem Antarktika ja einmal das Zentrum des Urkontinents »Gondwana« war. Die Forschung stand damit vor der Aufgabe, mit neuen Ansätzen und weiteren Untersuchungen zu rekonstruieren, wie sich Australien und Antarktika voneinander gelöst haben und auseinander gedriftet sein könnten – ein bis heute ungelöstes Problem. Wie bei der ersten Fahrt der EXPLORA waren keine Hinweise auf Rohstofflagerstätten – den Hauptanstoß für die Politik, nicht nur in der Bundesrepublik, derartige Expeditionen zu veranlassen und zu finanzieren – gefunden worden. Vielmehr hatten sich neue Fragen für künftige Grundlagenforschung ergeben – mit der Konsequenz, dass diese und nicht etwa Ressourcenforschung in der Antarktis vorangetrieben werden musste.

Noch während die geologische Feldarbeit der GANOVEX in vollem Gang war, verließ die SCHEPELSTURM am 20. Januar 1980 für kurze Zeit ihren Ankerplatz in Yule Bay, um MS EXPLORA bei Cape Andare zu treffen. Die EXPLORA war auf dem Weg zum Ross-Meer, wo andere Wissenschaftler der BGR wieder seismische Messungen, also ein ähnliches Programm wie bei der ersten Fahrt 1978, durchführen sollten. Sie kartierten zwei große sedimentäre Becken unter dem

Ross-Meer mit Sedimentmächtigkeiten von lokal mehr als 6000 m. Wieder ein interessantes Ergebnis der Grundlagenforschung, aber keine Hinweise auf ein lohnendes Kohlenwasserstoffpotenzial.

Dennoch fielen wenig später in Bundesregierung und Bundestag die noch ausstehenden letzten Entscheidungen in Richtung auf den Beitritt der Bundesrepublik Deutschland zum Antarktisvertrag und die Bewerbung um die Aufnahme in die

In mühsamer Feldarbeit untersuchten die Geologen die Gebirge des Nord-Victoria-Landes, um deren Entstehungsgeschichte zu enträtseln. (Quelle: BGR)

In den Schären von Missen Ridge entdeckten die BGR-Geologen den »Yule-Bay-Granat« als neuen Gesteinstyp. Im Hintergrund links das kegelförmige, vulkanische Unger Island. (Quelle: BGR)

Konsultativrunde (vgl. »Welcome to the Club!«). Geologische Forschungsarbeit in der Antarktis wurde zu einer Daueraufgabe der BGR, die daher 1980 ein eigenes Referat »Antarktis« in ihrem Haus einrichtete. »GANOVEX« wurde gleichsam zu einer ständigen Einrichtung (vgl. »Eldorado für Geologen«): Und soweit sie an der Antarktis interessiert waren und von der BGR eingeladen wurden, nutzten Hochschulgeologen diese Expeditionen in ein attraktives Gebiet gerne, denn durch die über die Jahre gewachsene Aufgabenteilung können hier universitäre und außeruniversitäre Forscher mit Vorteilen für beide Seiten fruchtbar und erfolgreich zusammenarbeiten.

Gondwana

Der südliche Großkontinent Gondwana (ursprünglich der Name einer vom Volk der »gond« bewohnten Landschaft in Zentralindien) entstand vor 600 bis 500 Mio. Jahren nach dem Zerfall des Superkontinents »Rodinia« im Präkambrium (vor 1000 bis 750 Mio. Jahren). Gondwana lag lange Zeit um den Südpol herum gruppiert. Es vereinigte sich im frühen Karbon (vor 360 Mio. Jahren) für rund 180 Mio. Jahre mit dem nördlichen »Laurasia« zu »Pangäa«. Danach begann Gondwana in mehreren Schritten zu zerbrechen, zunächst zwischen Afrika und Madagaskar (vor rund 180 Mio. Jahren), zuletzt zwischen Australien und Antarktika (vor rund 90 Mio. Jahren). Gondwanas Teile bildeten sich zu den Landmassen der heutigen Südhalbkugel mit den Kontinent(teil)en Südamerika, Afrika, Vorderindien, Australien und Antarktika aus. Alfred Wegener hat bereits 1912 diesen Bildungsprozess durch »Kontinentalverschiebung« in den Grundzügen erkannt.

Die Wissenschaftler versuchen die einzelnen Schritte dieses Prozesses einerseits durch die geologische und geophysikalische Analyse von Großstrukturen (Faltengebirgen und ihren Elementen, charakteristische Gesteinstypen) und deren Orientierung auf die jeweiligen magnetischen Pole, andererseits mithilfe der fossilen Reste von Pflanzen und damals lebenden Tieren zu enträtseln, der Vergleich gleichartiger Funde in verschiedenen Kontinenten spielt dabei eine wichtige Rolle. Da Antarktika das Herzstück Gondwanas war, liegt auf dem weißen Kontinent auch ein Schlüssel für die Rekonstruktion des Zerfallsprozesses.

Der Superkontinent Gondwana mit den Anwachs- und Schweißnähten seiner Teilstücke.
(Aus: Kleinschmidt, Die plattentektonische Rolle der Antarktis)

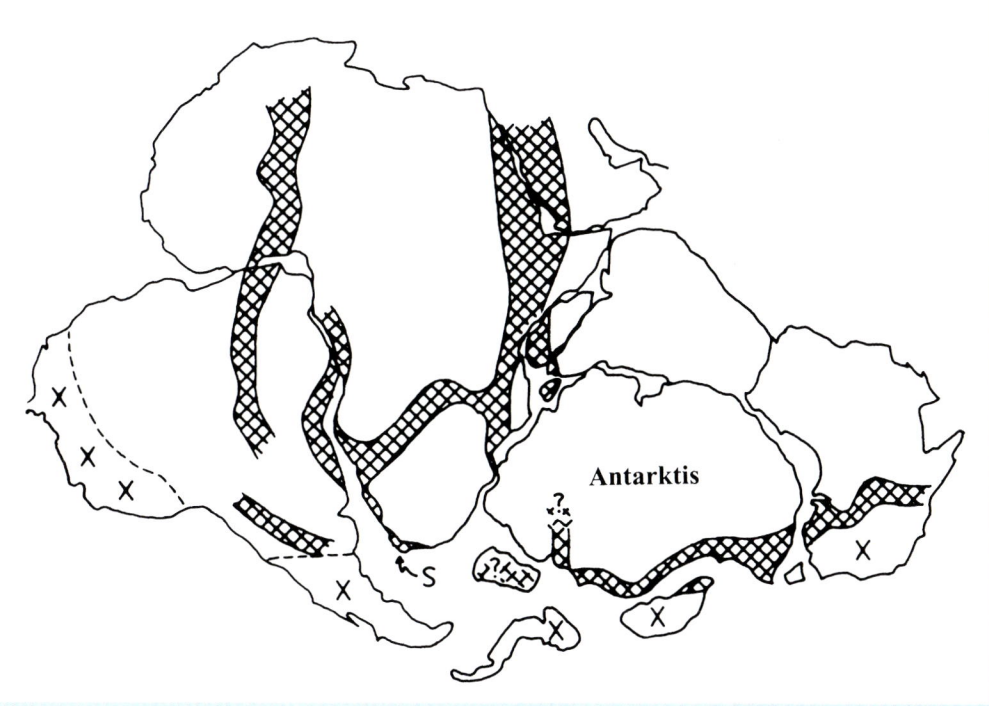

Endlich dabei

Polarforschung wird
nationale Aufgabe

(Foto: Eberhard Drescher/AWI)

Vorhut DFG

Der Bremerhavener SPD-Abgeordnete Horst Grunenberg forderte als erster deutscher Politiker 1975 den Beitritt der Bundesrepublik zum Antarktisvertrag. Seine Hartnäckigkeit führte schließlich zum Erfolg. (Foto: J.H. Darchinger)

Für die Regierung der Deutschen Demokratischen Republik war es eine Prestigeangelegenheit: Nachdem sie 1973 zusammen mit der Bundesrepublik Deutschland in die Vereinten Nationen aufgenommen worden war, suchte die DDR einen zügigen Beitritt zu anderen Organisationen und Vertragswerken, die ihr bis dahin verschlossen geblieben waren. Hierzu zählte auch der Antarktisvertrag, der bei Abschluss 1959 bewusst außerhalb des Zuständigkeitsbereichs der Vereinten Nationen gehalten, bei dem für einen Beitritt aus eigener Initiative aber die UN-Mitgliedschaft zur Bedingung gemacht worden war (vgl. »Ein einzigartiger Vertrag«). Die DDR ratifizierte daher den Beitritt zum Antarktisvertrag schon 1974: Es war für sie ein weiteres Symbol internationaler Anerkennung, auch wenn sie nur den Status eines »einfachen« Mitglieds bekommen konnte. Schon bald nutzte man dies, um die eigenen Forschungsarbeiten in der Antarktis sichtbarer zu machen und sie aus dem Schatten der Sowjetunion, deren Logistik man allerdings weiter in Anspruch nehmen musste, heraustreten zu lassen. Man meldete sie unter eigenem Namen an die Konsultativmitglieder des Antarktis-Vertrages. In einer Darstellung der Akademie der Wissenschaften der DDR, der einem solchen Bericht des Außenministeriums der DDR vom 5. Juli 1978 beigefügt wurde, klang dies staatstragend so: »Der Beitritt der DDR zum Antarktis-Vertrag im Jahre 1974 war die logische Konsequenz, um ihre Position, unter anderem, im Hinblick auf die Freiheit und die internationale Zusammenarbeit in der wissenschaftlichen Erforschung der Antarktis, deren Einsatz allein für friedliche Zwecke und den Schutz der polaren Umwelt zu bekunden.«

Für die Bundesrepublik war ein Beitritt Mitte der 1970er-Jahre noch kein Thema. Als Horst Grunenberg 1972 als Abgeordneter der SPD für Bremerhaven in den Bundestag einzog, spezialisierte er sich nach kurzer Zeit auf die Bereiche Fischerei und Seerecht. Ab 1974 nahm er für den Bundestag als Parlamentarischer Berater und Mitglied der deutschen Delegation an den Verhandlungen der Dritten Seerechtskonferenz teil. Die beiden Großmächte USA und Sowjetunion setzten bei diesen Verhandlungen schließlich ihre Auffassung durch, dass der Festlandssockel Antarktikas nicht in die Seerechtsregelungen einbezogen werden, sondern weiterhin allein dem Antarktisvertrag, der keine »Küstenstaaten« kannte, unterliegen solle. Grunenberg erkannte, dass sich aus der Anerkennung dieses Vertragswerks Chancen für die Bundesrepublik eröffnen könnten. Daher forderte er Mitte 1975 wohl als Erster, dass die Bundesregierung dem Antarktisvertrag beitreten solle. Auch wenn nur die Bremerhavener »Nordsee-Zeitung« darüber berichtete: Das Thema war angesprochen.

Für die meisten Bonner Ministerialbeamten war der Begriff »Antarktisvertrag« fremd, sodass sie erst im Staub der Archive nach Informationen suchen mussten. Langsam begannen in der folgenden Zeit erste Beratungen zwischen den Ministerien, ob die Bundesrepublik dem Vertragswerk beitreten solle und welche Vorteile dies gegebenenfalls brächte. Die Beamten berieten in Ruhe, denn niemand drängte. Die Bundesforschungsanstalt (BFA) für Fischerei hatte bei ihrer ersten Fahrt mit WALTHER HERWIG 1975/1976 zwar südlich des 60. Breitengrades systematisch die Krill- und Fischbestände in antarktischen Gewässern erforscht (vgl. »Unentbehrlicher Krill«), aber niemand kam damals auf die Idee, dies irgendwie mit dem Antarktisvertrag in Verbindung zu bringen. So erwähnte Hans Matthöfer, Bundesminister für Forschung und Technologie (BMFT), in seiner Eröffnungsrede bei der INTEROCEAN Mitte Juni 1976 diese von seinem Haus mitfinanzierte Expedition, jedoch nur unter den Aspekten »Erschließung von Eiweiß-Reserven« und »Sicherung von Arbeitsplätzen in der deutschen Hochseefischerei«.

Man sollte den Beamten ihr mangelndes Wissen und Engagement in Sachen »Antarktisvertrag« allerdings nicht zum Vorwurf machen: Auch die deutsche Wissenschaft ignorierte zum damaligen Zeitpunkt die Antarktis als Forschungsgegenstand noch weitgehend. Es gab zum Beispiel nur eine Hand voll Geowissenschaftler, die über eigene

Nur wenige deutsche Wissenschaftler hatten bis Mitte der 1970er-Jahre Robben in der Antarktis gesehen (hier: bei Grytviken auf der Südatlantikinsel South Georgia). (Foto: Franz Thyssen)

Antarktiserfahrungen verfügten. Und die Meeresforschung hatte sich noch Anfang der 1970er-Jahre »in allen ihren Zügen bewusst auf die Erforschung leichter erreichbarer und damit logistisch auch weniger kostspieliger Räume« beschränkt, wie Dr. Arwed Meyl, der zuständige Referent der Deutschen Forschungsgemeinschaft (DFG), am 12. April 1977 an Ministerialdirektor Dr. Günter Lehr im BMFT schrieb.

Einige Monate vorher hatte der Kieler Meeresbiologe Prof. Dr. Gotthilf Hempel allerdings durch eine Initiative versucht, die Kollegen langsam aus ihrer Lethargie zu wecken: Er benutzte seinen Vorsitz in der Senatskommission für Ozeanographie der DFG, um für deren 36. Sitzung am 2. November 1976 in Hamburg den Punkt »Antarktisforschung« auf die Tagesordnung zu setzen. In seinem Bericht über die von ihm mitgeplante Fahrt von FFS Walther Herwig konstatierte er, dass das Interesse an der Antarktis-Forschung überall steige, und verwies als Beispiel auf den »Plan von SCOR/SCAR für ein groß angelegtes antarktisches Unternehmen (BIOMASS)«. Regierungsdirektor Hohendorf, BMFT-Vertreter in der Kommission, verwies unterstützend darauf,

Die DFG

Als zentrale Förderorganisation für die Forschung in Deutschland ist es Aufgabe der »Deutschen Forschungsgemeinschaft« (DFG), Forschungsvorhaben von Wissenschaftlerinnen und Wissenschaftlern in Hochschulen und Forschungsinstituten zu finanzieren und dafür im Wettbewerb die besten Projekte auszuwählen. Die Ergebnisse der Begutachtung der einzelnen Projekte bilden die Grundlage der Förderentscheidungen, die die DFG-Gremien als Teil der »Selbstverwaltungsorganisation der deutschen Wissenschaft« treffen. In besonderem Maße fördert die DFG in allen ihren Programmen den wissenschaftlichen Nachwuchs sowie die Kooperation zwischen Forschern verschiedener Fachdisziplinen. Sie berät darüber hinaus die Parlamente und Behörden des Bundes und der Länder in wissenschaftlichen Fragen und nimmt Stellung zu Strukturfragen der Wissenschaft und zur verantwortlichen Anwendung wissenschaftlicher Arbeitsergebnisse in der Gesellschaft. In allen Förderprogrammen unterstützt die DFG die Kooperation der deutschen Forschung mit den Wissenschaftlern im Ausland.

Die DFG erhält ihre Mittel in ersten Linie vom Bund (58,7 %) und von den Ländern (40,8 %). Sie entstand 1951 durch eine Fusion des »Deutschen Forschungsrates« von 1949 und der 1920 gegründeten und 1949 neu etablierten »Notgemeinschaft der Deutschen Wissenschaft«. In ihrer Geschäftsstelle in Bonn-Bad Godesberg arbeiten heute rund 650 Mitarbeiterinnen und Mitarbeiter.

Der Wasserfall des Upper Victoria Gletschers, Ostantarktis, ist im antarktischen Sommer nur durch die Besonderheiten dieser Oase möglich.
(Foto: Franz-Dieter Miotke)

Für Hempel, der ein hervorragendes Gespür für sich anbahnende Entwicklungen und damit verbundene Chancen besaß, ergab sich ein solcher Schritt konsequent aus seinen internationalen Erfahrungen: Als Vorsitzender der Senatskommission für Ozeanographie der DFG war er der deutsche Vertreter im »Scientific Committee on Oceanic Research« (SCOR), und von dort hatte er sich als SCOR-Repräsentant in eine Planungsgruppe des »Scientific Committee on Antarctic Research« (SCAR) entsenden lassen. Diese bereitete im Auftrag der Signatarstaaten des Antarktisvertrages das erwähnte Programm »Biological Investigations of Marine Antarctic Systems and Stocks« (BIOMASS) vor, in dem, wie Hempel am 19. Januar 1977 an den DFG-Präsidenten schrieb, »für die nähere Zukunft die Aktivitäten zur Erforschung (und Bewirtschaftung) der antarktischen Ressourcen, besonders des Krill, festgelegt werden« sollten. Hempel bemühte sich, die Entwicklungen in eine auch für die deutsche Wissenschaft interessante Richtung zu lenken. Doch setzte eine deutsche Beteiligung letztlich voraus, dass sich in der biologischen und marinen Forschung mehr Institute als nur die Bundesforschungsanstalt für Fischerei in Hamburg und das Institut für Meereskunde in Kiel engagierten.

Ein Beitritt der DFG zu SCAR war zwar eigentlich eine unabhängige Entscheidung der DFG, hatte aber doch erhebliche innen- wie außenpolitische Implikationen, weil sie auf ein langfristiges deutsches Engagement in der Antarktisforschung und den Beitritt der Bundesrepublik zum Antarktisvertrag hinauslief. Politisches Engagement und völkerrechtlicher Beitrittsbeschluss setzten ihrerseits jedoch ein ausreichendes Interesse der Wissenschaft selbst voraus. Aus diesem Grund trieb Hempel über Meyl die Klärung dieser Frage in den anderen DFG-Gremien voran. So kam sie vor allem bei der Senatskommission für geowissenschaftliche Gemeinschaftsforschung am 7. Mai 1977 auf die Tagesordnung – wo man sich zunächst aber nur auf die Einsetzung einer Arbeitsgruppe mit einem Rundgespräch zur »Beratung möglicher deutscher Forschungsbeiträge« einigte. Das Rundgespräch »Geowissenschaftliche Antarktisforschung«, das schließlich am 5. Oktober 1977 bei der DFG in Bonn stattfand, erbrachte eine recht vage Bestandsaufnahme

»dass auch im Gesamtprogramm der Bundesregierung die Wiederaufnahme der Antarktisforschung als Programmpunkt vermerkt sei«. Noch wurde kein formeller Beschluss gefasst, jedoch eine Umfrage der DFG nach den Antarktis-Forschungsinteressen in den verschiedenen Fachgebieten angeregt. Bereits bei der nächsten Sitzung der Senatskommission am 25./26. April 1977 in Bremerhaven wurde für die Fahrtenplanung des Forschungsschiffes METEOR für 1980 vorsorglich schon die Antarktis als ein mögliches Zielgebiet eingebracht. Mehr noch: Die Senatskommission empfahl dem DFG-Präsidium »den möglichst baldigen Beitritt zu SCAR«.

186

*»Neuschwabenland«
(hier ein Nunatak)
wurde 1938/1939 von
Kapitän Ritscher ent-
deckt. Als »Dronning
Maud Land« wurde es
zu einem wichtigen
Forschungsobjekt für
die deutsche
Antarktisforschung.
(Foto: Heinz Kohnen)*

über das geowissenschaftliche Forschungspotential in der Bundesrepublik, die Prof. Dr. Hubert Miller und Dr. Heinz Kohnen, beide aus Münster, bis zur folgenden Kommissionssitzung im November noch besser aufbereiten sollten. Als Voraussetzung für ein stärkeres Engagement forderten die Geowissenschaftler vor allem ein langfristiges Forschungsprogramm sowie eine Dauerstation in der Antarktis. Für deren möglichen Standort – und dies war das für die weitere Entwicklung wichtigste Ergebnis des Rundgesprächs – wurde auf »das Filchnerschelfeisgebiet und seine Umrahmung« hingewiesen (vgl. »Arbeiten und Wohnen im Eis«).

Als dieses Rundgespräch stattfand, war von der Politik schon grundsätzlich über das Ziel wie über das weitere Vorgehen entschieden worden. Eine überzeugende Bestandsaufnahme von Seiten der Wissenschaft war inzwischen nur noch schmückendes Beiwerk und keineswegs mehr Voraussetzung für die Beitrittsentscheidung. Grunenberg war nämlich nach seinem ersten Vorstoß über die Presse nicht tatenlos geblieben. Am 10. März 1977 übersandte Bundesforschungsminister Matthöfer seinem Parteifreund vertraulich – vermutlich im Hinblick auf ein Koalitionsgespräch in der Bremer Landesvertretung zwei Tage später – einen Vermerk aus dem BMFT, der unmissverständlich begann mit dem Satz: »Die Bundesregierung bereitet den Beitritt zum Antarktisvertrag vor.« Die Ressorts seien sich nur noch nicht einig, ob man dafür deutsche Gesetze ändern müsse oder nicht. Grunenberg

ließ nicht locker. In vielen Einzelgesprächen leistete er vor allem bei weiteren Parteifreunden sowie bei den involvierten Ministern und Staatssekretären mühsame Überzeugungsarbeit, ohne aber schon einen Durchbruch zu erzielen. Unterstützt wurde er von Dr. Renate Platzöder, Mitarbeiterin in der Stiftung Wissenschaft und Politik in Ebenhausen und ebenfalls Mitglied der deutschen Delegation bei der Seerechtskonferenz. Auch sie warb in zahlreichen Gesprächen aktiv für eine Mitgliedschaft im Antarktisvertrag. Nach einem Vortrag in der Bremischen Landesvertretung in Bonn sprach Eugen Selbmann, der Persönliche Referent des SPD-Fraktionsvorsitzenden Herbert Wehner, sie auf das Thema an und bat sie um eine schriftliche Ausarbeitung. Durch Platzöders Papier wurde in der Folge das Thema »Antarktisvertrag« auch Wehner und Kanzler Schmidt nahe gebracht.

Die Opposition war in der Zwischenzeit ebenfalls auf das Thema aufmerksam geworden. Für die CDU/CSU fragte der Abgeordnete Dr. Stercken nach den Gründen, warum »die Bundesregierung von einer Unterzeichnung und späteren Mitgliedschaft des Antarktisvertrages« absehe. Dr. Hildegard Hamm-Brücher antwortete als Staatsministerin des Auswärtigen Amtes in der Bundestagssitzung am 7. September 1977 mit einem eindeutigen Statement: »Der Beitritt der Bundesrepublik Deutschland zum Antarktisvertrag wird weiter vorbereitet. Das Kabinett wird voraussichtlich in wenigen Wochen gebeten werden, die Entscheidung zum Beitritt zu treffen.« Offen blieb

SCAR

Schon kurz nach Beginn des Internationalen Geophysikalischen Jahres (IGJ) entschied der »International Council of Scientific Unions« (ICSU) auf seiner Sitzung vom 9.–11. September 1957 in Stockholm, ein eigenes Gremium zur Unterstützung wissenschaftlicher Arbeiten in der Antarktis einzurichten. Die zwölf während des IGJ in der Antarktis aktiven Nationen sowie fünf internationale Wissenschaftliche Gesellschaften wurden eingeladen, je einen Delegierten für das neue »Special Committee on Antarctic Research« (SCAR) zu benennen. Die Hauptaufgabe der konstituierenden Sitzung vom 3. – 6. Februar 1958 in Den Haag war es, »einen Plan für die wissenschaftliche Erforschung der Antarktis in den Jahren nach dem Abschluss des IGJ-Programms vorzubereiten«. Bis heute ist es die Aufgabe von SCAR, Forschung in der Antarktis zu initiieren, zu fördern und zu koordinieren. Als internationale, interdisziplinäre und nongouvernementale Organisation kann SCAR auf den Erfahrungsschatz und das Wissen von Wissenschaftlern aus nahezu dem gesamten wissenschaftlichen Spektrum zurückgreifen. Auf dieser Basis gibt SCAR – eine seiner wesentlichen Funktionen – unabhängigen Rat für die Konsultativtreffen nach dem Antarktisvertrag und bereitete vor allem die internationalen Abkommen zum Schutz der Ökologie und der Umwelt der Antarktis vor.

Neben sieben wissenschaftlichen Gesellschaften hat SCAR derzeit 27 Voll- und sieben assoziierte Mitglieder, die jeweils einen nationalen Landesausschuss eingerichtet haben. Sie treffen sich alle zwei Jahre, davon bisher zweimal (1984 und 2004) in Bremerhaven. In öfter tagenden Spezialkommissionen zu verschiedenen Teilbereichen der Antarktisforschung werden internationale Programme entwickelt und koordiniert sowie Regelungen zur Arbeit in der Antarktis entworfen. Das SCAR-Sekretariat hat seinen Sitz im Scott Polar Research Institute in Cambridge/England. AWI-Gründungsdirektor Gotthilf Hempel war 1984 bis 1988 Vizepräsident des SCAR. Bei der 27. SCAR Tagung im Juli 2002 in Shanghai wurde Jörn Thiede, der derzeitige AWI-Direktor, zum Präsidenten gewählt.

SCAR bereitet zur Zeit das »Internationale Polarjahr 2007/2008« vor und schließt damit an die Tradition an, in der das IGJ stand.

danach nur, wann genau dies geschehen würde und ob mit dem Beitritt auch die Mitgliedschaft in der Konsultativrunde angestrebt würde. Diesen Punkt hatte Kanzler Schmidt am 31. August in einem Schreiben an Grunenberg ebenfalls offen gelassen und auf die Notwendigkeit einer »gründlichen Begutachtung des Rohstoffpotentials der Antarktis und seiner Erschließungsmöglichkeiten« und anderer Punkte hingewiesen. Grunenberg gab sich nicht zufrieden. Mit Datum vom 17. Oktober 1977 informierte er seine Fraktionskollegen in der SPD durch ein Memorandum mit »Gedanken und Anregungen zur Energie- und Rohstoffsicherung der Bundesrepublik Deutschland – Hier: Beitritt zum Antarktisvertrag« über diese Idee, die er Jahre später, am 14. Mai 1981, in einem Brief an den Bremer Universitätsrektor Dr. Alexander Wittkowsky sein »politisches Baby« nannte.

Flankierend zu den politisch-administrativen Beratungen, die bis dahin allerdings nur Absichtserklärungen erbracht hatten, war auch die DFG-Spitze nicht untätig geblieben. Sicherlich nicht ohne vorherige Absprache mit dem Bundesforschungsminister hatte sich Präsident Prof. Dr. Heinz Maier-Leibnitz bereits am 13. Januar 1977, also lange vor der April-Empfehlung der Senatskommission für Ozeanographie, bei SCAR nach den Beitrittsbedingungen erkundigt. SCAR-Geschäftsführer G. E. Hemmen begrüßte in seiner Antwort vom 21. Februar die Absichten der DFG und teilte mit, auf der letzten Sitzung sei beschlossen worden, dass die Errichtung einer Überwinterungsstation keine Vorbedingung für eine SCAR-Mitgliedschaft sei. Die einzige Bedingung sei ein bedeutsames Programm für wissenschaftliche Forschungen in der Antarktis und die Befolgung der Grundsätze des Schutzes der antarktischen Umwelt. Insbesondere ein derartiges Programm lag noch keineswegs vor. Dennoch stellte Präsident Maier-Leibnitz mit Schreiben vom 10. Mai für die DFG den Antrag auf Aufnahme in den SCAR. Da eine Entscheidung erst bei der folgenden SCAR-Sitzung im Mai 1978 getroffen werden konnte, bot Hemmen der DFG an, in der Zwischenzeit bereits Beobachter zu den nächsten SCAR-Veranstaltungen zu entsenden. Die DFG bat daraufhin Hubert Miller, Ende August 1977 an der »Working Group on Geology« in Madison/Wisconsin teilzunehmen.

Eine unerwartete Komplikation ergab sich allerdings im Zusammenhang mit der Vorbereitung der Expedition der Bundesanstalt für Geowissenschaften und Rohstoffe (BGR) in Hannover. Als sich der Kapitän der gecharterten EXPLORA in Oslo mit dem Kapitän der POLARSIRKEL über die Eissituation im Weddell-Meer, dem Zielgebiet der Expedition, unterhielt, machte er die unvorsichtige und verzerrende Bemerkung: »Wir suchen nach Öl«. Dies kam Dr. Tore Gjelsvik,

In unsicherem Gelände ist es immer wichtig, wenn einer als »Vorhut« vorausfährt und eine sichere Spur anlegt. (Foto: Fritz Brandenburger)

Direktor des Norsk Polar Institutt und damals Präsident von SCAR, zu Ohren. Dieser befragte daraufhin Arwed Meyl Anfang Oktober am Rande einer anderen Tagung in London. Meyl war bestürzt und sah bereits die komplikationslose Aufnahme der DFG bei SCAR aufs Höchste gefährdet. Ein zusätzlicher Absatz in der – nicht sehr aussagefähigen – Darstellung der deutschen Forschungsaktivitäten und eine diplomatische Note an das norwegische Außenministerium sorgten in der Folge für die notwendige Klarstellung. Die DFG konnte ihrer Aufnahme wieder sicher sein.

Trotz dieses Missverständnisses dürfte die BGR-Expedition von 1977/1978 (vgl. »Zurück zur Grundlagenforschung«) zusammen mit den vorausgegangenen Fahrten der BFA für Fischerei den deutschen Beitritt zum Antarktisvertrag beschleunigt haben. Zwar sind die entsprechenden Akten vor allem des Auswärtigen Amtes noch nicht zugänglich, doch gibt es Anzeichen, dass die Signatarstaaten es gar nicht gern sahen, dass das Nicht-Mitglied Bundesrepublik Deutschland größere Forschungsaktivitäten in der Antarktis durchführte. Derartige extensive Forschungsfahrten ohne vorausgehende Anerkennung des Antarktisvertrages durften auf keinen Fall zu einem Präzedenzfall werden, denn damit würde dieses gut funktionierende Vertragswerk nicht nur unterlaufen, sondern grundsätzlich in Frage gestellt. Aus Washington wurde daher signalisiert, dass man einem Aufnahmeantrag der Bundesrepublik wohlwollend gegenüberstehe, während London auf einer vorherigen deutschen Mitgliedschaft bei SCAR bestand, wie es dann ja auch geschah. Darüber hinaus wurde im Juli 1977 dem Antrag Polens auf Aufnahme in die Konsultativrunde entsprochen und damit der Kreis der zwölf Staaten erstmals erweitert. So wuchs der Druck auf die Bundesregierung. Sie musste handeln, und zwar ohne Verzug.

Die letzten Schritte des Verfahrens leitete schließlich Hans Matthöfer ein. Er wartete dafür nicht das Ergebnis der Bestandsaufnahme bei der DFG ab. Und er wartete auch nicht auf die Studie über »Antarktische Ressourcen und künftige deutsche Antarktisforschung«, die sein Haus beim Kieler Institut für Weltwirtschaft (unter Beteiligung der BGR) in Auftrag gegeben hatte und deren Vorlage für Juni 1978 in Aussicht gestellt war. Das Thema »Beitritt zum Antarktisvertrag« wurde nach langen und kontroversen Diskussionen auf Arbeitsebene erstmals in der Kabinettssitzung am 30. November 1977 behandelt. Am 18. Januar 1978 beschloss das Kabinett dann den Beitritt zum Antarktisvertrag als »einfaches Mitglied«. Kanzler, Außenminister, Wirtschaftsminister und Forschungsminister sprachen sich darüber hinaus für den Beitritt der Bundesrepublik als »Konsultativmitglied« aus, womit der Startschuss zur Vorbereitung der dafür notwendigen sachlichen Voraussetzungen gegeben wurde. Dem am gleichen Tag eingebrachten Antrag der Fraktion der CDU/CSU, in dem die Bundesregierung aufgefordert wurde, »unverzüglich alle erforderlichen Entscheidungen für einen Beitritt der Bundesrepublik Deutschland zum Antarktisvertrag als ordentliches Mitglied (Konsultativ-Mitglied) zu treffen«, war damit seine Wirkung genommen. Und die Vorbehalte zögerlicher Ministerialbeamter waren ebenfalls bis auf weiteres ausgeschaltet.

Bereits am 30. Januar übersandte Forschungsminister Matthöfer eine »Aufzeichnung über das antarktische Rohstoffpotential, ein angestrebtes Nutzungsregime und Handlungsmöglichkeiten für die Bundesregierung« an Bundeskanzler Helmut Schmidt. Matthöfer stellte darin fest: »Das

Rohstoffpotential der Antarktis ist ... – neben der Tiefsee und tieferen Schichten der Erdrinde – die vielleicht wichtigste derzeit noch unerschlossene Rohstoff-Zukunftsreserve.« Und an anderer Stelle: »Für die Bundesrepublik stehen hier auf mittlere Sicht erhebliche Interessen auf dem Spiel: nicht nur die langfristige Sicherung der Rohstoffversorgung, sondern auch die Mitwirkung an der Entwicklung und Bereitstellung der für die Nutzung dieser Rohstoffe geeigneten Technologien.« Diese Argumentation entsprach zum damaligen Zeitpunkt dem internationalen Diskussionsstand, wobei den Schätzungen für das antarktische Vorkommen an Energie- und mineralischen Rohstoffen allgemein simple Analogie-Rechnungen auf der Basis der »Gondwana-Theorie« zugrunde gelegt wurden. Pikant ist lediglich, dass die in der Anlage genannten Zahlen zu den vermuteten Kohlenwasserstoffvorräten im Ross-Meer (»mit großer Wahrscheinlichkeit 45 Mrd. Barrel Öl und rd. 410 Mrd. m^3 Gas«) zwar auf einer Schätzung des United States Geological Survey beruhten, dieser die Zahlen in seinem veröffentlichten Bericht aber – aus gutem Grunde – nicht genannt, sondern nur über einen Artikel, der am 17. Mai 1974 in der angesehenen Wissenschaftszeitschrift »Science« erschien, lanciert hatte.

Wie auch immer: Das Rohstoffpotential, zu dem man auch »lebende Ressourcen, insbesondere Krill und Fisch«, rechnete, wurde als entscheidendes Argument benutzt. Um sich ein Mitspracherecht bei der Verfügung über dieses Potential zu sichern, müsse – so Matthöfer an den Kanzler – die Bundesrepublik Mitglied in der Konsultativrunde des Antarktisvertrages werden.

Hierfür waren allerdings keine eindeutigen Voraussetzungen definiert. Bei der Aufnahme Polens hatte man lediglich einige Verfahrensgrundsätze festgelegt. Die Leistungen Polens vor der Aufnahme wurden aber allgemein als Vorbild angesehen. Dies bedeutete, dass – abweichend vom Verfahren bei SCAR – ein Aufnahmewunsch nur Aussicht auf Erfolg haben würde bei »Errichtung und Unterhaltung einer eigenen Forschungsstation auf dem antarktischen Festland als einzig anerkanntem Nachweis, dass in wesentlichem Umfang wissenschaftliche Forschung betrieben wird«. Matthöfer weiter: »Der finanzielle Aufwand für eine solche Forschungsstation und das dazugehörende Logistiksystem ist beträchtlich. Die Investitionskosten werden rd. 90 Mio. DM, die jährlichen laufenden Kosten für die Unterhaltung und den Betrieb der Station und des Logistiksystems sowie für die Förderung der Antarktisforschung rd. 30 Mio. DM betragen« – Summen, die bis dahin im Haushalt nicht eingeplant waren.

Dieser Brief war eine der letzten Amtshandlungen von Forschungsminister Matthöfer, der jedoch ab 15. Februar 1978 als Bundesfinanzminister für die Aufgabe der Bereitstellung der – natürlich viel zu gering veranschlagten – Mittel verantwortlich wurde. Der Deutschen Forschungsgemeinschaft war bei dem gesamten Verfahren die Rolle einer »Vorhut« zugefallen. Ihr – mit dem BMFT zweifellos abgestimmter – Aufnahmeantrag bei SCAR wäre aber vermutlich gescheitert, wenn die Politik selbst noch länger in Verzug geraten wäre. Zügig musste sie nun die nächsten Schritte unternehmen, vor allem die Voraussetzungen für eine Aufnahme in der Konsultativrunde schaffen. Die dafür notwendigen Schritte waren in Matthöfers Brief skizziert worden und erschienen recht unkompliziert: »Bau eines eisgehenden Schiffes, das sowohl Transport- als auch Forschungsaufgaben übernehmen kann«, Planung, Errichtung und Inbetriebnahme einer Forschungsstation sowie »Ausbau der wissenschaftlichen Kapazität in der BR Deutschland«, was letztlich die Gründung eines »Polarforschungsinstituts« einschloss.

Bei seiner 15. Sitzung im Mai 1978 beschloss SCAR die Aufnahme der Deutschen Forschungsgemeinschaft als Vertreterin der Bundesrepublik Deutschland in dieses höchste wissenschaftliche Beratungsgremium für die Mitglieder der Konsultativrunde, Polen wurde ebenfalls aufgenommen. Die konstituierende Sitzung des »Deutschen Landesausschusses SCAR«, der Prof. Hempel zu seinem Vorsitzenden wählte, fand am 23. Juni 1978 in Münster statt und diskutierte auch sofort die möglichen Inhalte eines »Nationalen Antarktis-Forschungsprogramms«. Womit zu diesem Zeitpunkt allerdings niemand rechnete, waren die Egoismen der Länder und der Städte, die das große Ziel einer international sichtbaren deutschen Polarforschung in letzter Minute beinahe noch gefährdet hätten.

Standortpoker
im Wissenschaftsrat

»Die Bundesrepublik Deutschland errichtet ein Polarforschungsinstitut. Dieses wird eine ständig besetzte Forschungsstation in der Antarktis betreiben, wofür ihm ein moderner Eisbrecher als Forschungs- und Versorgungsschiff zur Verfügung gestellt wird. Damit schafft die Bundesrepublik Deutschland die Voraussetzungen für einen erfolgreichen Antrag auf Aufnahme in die Konsultativrunde nach dem Antarktis-Vertrag.«

Dies war zwar nicht der Wortlaut, aber doch der Tenor des Beschlusses, den das Bundeskabinett im Umlaufverfahren fasste und den Forschungsminister Dr. Volker Hauff am 10. Oktober 1978 der Presse bekannt gab. In kleinem Kreise war zudem schon Monate vorher abgesprochen worden, dass dieses Polarforschungsinstitut in Bremerhaven errichtet werden sollte. Mit der Information, dass die (geheim gehaltene) Standortentscheidung zum Jahresende bekannt gegeben werde, verkündete Hauff ein Eckdatum für den weiteren Zeitplan.

Die Politik hatte die Weichen gestellt, die Verwaltung sollte von da an den Zug mit voller Kraft über diese Weichen in die vorgegebene Richtung fahren. In Vorwegnahme des eigentlichen Beschlusses hatte die BMFT-Administration die entsprechenden Vorbereitungen schon im Frühjahr 1978 anlaufen lassen. Mit der Planung für den Bau der Station im antarktischen Eis war Dorsch Consult in München beauftragt worden, und auch die Planung eines eisgängigen Forschungs- und Versorgungsschiffs lief bereits auf Hochtouren (vgl. »Traumschiff der Wissenschaft«). Darüber hinaus hatte man im Laufe des Sommers auch Prof. Dr. Gotthilf Hempel als Gründungsdirektor ausersehen und seinen Namen informell in verschiedenen Kreisen ins Gespräch gebracht. Zwar gab es noch andere Wissenschaftler, vor allem aus den Geowissenschaften, die

sich Hoffnungen auf dieses Amt machten. Doch stieß der Fischereibiologe vom Institut für Meereskunde in Kiel in der wissenschaftlichen Community auf keine nachhaltigen Widerstände. Schließlich hatte Hempel schon die Antarktis-Expedition der Bundesforschungsanstalt für Fischerei von 1975/1976 mitgeplant und danach erfolgreich den Beitritt der Deutschen Forschungsgemeinschaft (DFG) zum Scientific Committee on Antarctic Research (SCAR) betrie-

Den schnellen Einstieg der Bundesrepublik in eine intensive Polarforschung unterstützte der Wissenschaftsrat von Beginn seiner Beratungen an. (Foto: Franz-Dieter Miotke)

Wolfgang Klose musste bei der Standortdiskussion im Wissenschaftsrat die Präferenz der Wissenschaftler (Kiel) gegen die entschiedenen Absichten des Bundes (Bremerhaven) verteidigen.
(Quelle: Wolfgang Klose)

ben. Nach seiner Wahl zum Vorsitzenden des neu gegründeten »Deutschen Landesausschuss SCAR« im Juni 1978 war der Weg an die Spitze des neuen Polarforschungsinstituts vorgezeichnet.

Bis auf eine Kleinigkeit war damit eigentlich alles »auf der Schiene«: Es fehlte nur noch eine Stellungnahme des Wissenschaftsrates zur Institutsneugründung. Ein notwendiger Schritt, aber reine Formsache – so schätzte man offenkundig im BMFT damals diesen Umstand ein. Notwendige Formsache, als solche aber auch lästig, denn es

Wissenschaftsrat

Der Wissenschaftsrat, gegründet am 5. September 1957 durch ein Verwaltungsabkommen zwischen Bund und Ländern, hat die Aufgabe, Empfehlungen zur inhaltlichen und strukturellen Entwicklung der Hochschulen, zu Wissenschaft und Forschung sowie zum Hochschulbau zu erarbeiten. Der Wissenschaftsrat gibt im Wesentlichen Stellungnahmen zu den wissenschaftlichen Institutionen (Universitäten, Fachhochschulen, außeruniversitären Forschungseinrichtungen) und entsprechenden Neugründungen sowie zu übergreifenden Fragen des wissenschaftlichen Systems ab.

Der Wissenschaftsrat ist eine Einrichtung der Politikberatung und ein Instrument des kooperativen Föderalismus zur Förderung der Wissenschaft in Deutschland. Er besteht aus zwei Kommissionen, die gemeinsam die Vollversammlung bilden: der Wissenschaftlichen Kommission mit 32 (bis zum Jahr 2000: 22) Mitgliedern, nämlich 24 (16) Wissenschaftlern und 8 (6) Persönlichkeiten des öffentlichen Lebens, und der Verwaltungskommission mit 22 (17) Mitgliedern, nämlich 16 (11) Vertretern der Länder (mit je einer Stimme) und 6 Vertretern des Bundes (mit 16, früher 11 Stimmen).

Zur Vorbereitung der Stellungnahmen werden Ausschüsse und Arbeitsgruppen eingesetzt, denen Mitglieder der beiden Kommissionen angehören und die in der Regel durch externe Sachverständige aus dem In- und Ausland ergänzt werden. Die Empfehlungen werden nach Beratung und Beschlussfassung in der Wissenschaftlichen Kommission und in der Verwaltungskommission von der Vollversammlung des Wissenschaftsrats verabschiedet.

stellte die Planungsfreiheit des Forschungsministeriums in Frage. Und so wollte man dem Wissenschaftsrat für seine Empfehlung so wenig Spielraum wie möglich einräumen. Erst Ende September übermittelte ihm der zuständige Abteilungsleiter informell den Wunsch nach einer schnellen Stellungnahme. Nach dem Kabinettsbeschluss ließ das BMFT weitere drei Wochen verstreichen, bevor BMFT-Staatssekretär Hans-Hilger Haunschild am 3. November den Vorsitzenden des Wissenschaftsrates schriftlich um eine Empfehlung zu den »Forschungsschwerpunkten des Instituts, den wissenschaftlichen Hilfsmitteln, der Institutsgröße und der ersten finanziellen Ausstattung« bat. Ohne sich auf den Zeitplan seines Ministers zu beziehen, forderte er am Ende doch erkennbar zur Eile auf: »Ich wäre dankbar, wenn die Stellungnahme des Wissenschaftsrats baldmöglichst vorliegen könnte.«

Formsache? Spätestens nach diesem Brief nicht mehr. Zwar war die Frage der Notwendigkeit eines solchen Instituts in der Wissenschaft nicht strittig und durch den Beschluss der Bundesregierung auch schon vorab entschieden. Aber zum einen fühlten sich die Vertreter der Wissenschaft zu Erfüllungsgehilfen der Politik degradiert und bestanden daher störrisch auf einer fundierten Diskussion. Zum anderen erwachte plötzlich – wohl nicht ohne massives Zutun der Universität Kiel und der Wissenschaftler des Instituts für Meereskunde in Kiel – die Landesregierung Schleswig-Holstein: Unterstützt von Hamburg, das ebenfalls Ambitionen entwickelt hatte, forderte Schleswig-Holstein am Vorabend der November-Sitzungen des Wissenschaftsrates diesen auf, »auch zum Standort des Instituts Stellung zu nehmen«. Den Vertretern der Bundesregierung kam diese Forderung zwar ungelegen, aber sie konnten ihr keine überzeugenden Argumente entgegensetzen. So formulierte Prof. Dr. Wilhelm A. Kewenig, der damalige Vorsitzende des Wissenschaftsrates und zugleich Professor für Öffentliches Recht an der Universität Kiel, einen entsprechenden Verfahrensvorschlag. Damit war das Bundesforschungsministerium bis zur Verabschiedung der Empfehlung nicht mehr alleiniger Herr des Verfahrens.

Zur Vorbereitung der Empfehlung setzte der Wissenschaftsrat eine sechsköpfige Arbeitsgruppe ohne staatliche Vertreter ein, die unter dem Vorsitz von Prof. Dr. Wolfgang Klose, Vorstand am Kernforschungszentrum Karlsruhe, tagte. Schon bei der ersten Sitzung beklagte sich die Arbeitsgruppe, die den von der Geschäftsstelle eilfertig vorgelegten ersten Entwurf einer Empfehlung in der Diskussion schlichtweg ignorierte, heftig über die zurückhaltende Informationspolitik des BMFT. »Für die Arbeitsgruppe sei nicht klar erkennbar, inwieweit bereits Entscheidungen über Konzeption und Standort des Instituts getroffen seien«, berichtete Prof. Dr. Karl Ganzhorn am 20. Dezember 1978 im Forschungsausschuss. Das BMFT musste erkennen, dass der Wissenschaftsrat ernst genommen und mit entsprechenden fundierten Informationen versorgt werden musste, wenn er eine dem BMFT genehme Stellungnahme abgeben sollte.

Das Ministerium reagierte sofort und übersandte vage Vorüberlegungen zum Polarschiff, ein Papier zu den Möglichkeiten des Einsatzes von Fernmeldesatelliten sowie eines zu den eventuellen Beiträgen der Bundesrepublik zur Polarforschung; darüber hinaus gab man die Unterlagen weiter, die Hamburg, Münster und Kiel sowie schließlich auch Bremen in den vorausgegangenen Monaten für ihre Standortbewerbungen vorgelegt hatten. Arbeitsgruppe und Forschungsausschuss berieten in Ruhe über die anstehenden Fragen und legten den Kommissionen für die Sitzungen am 25. und 26. Januar 1979 statt eines verabschiedungsreifen Empfehlungstextes nur einen Zwischenbericht auf den Tisch. Ob dieser aus seiner Sicht schleppenden Behandlung zeigte sich BMFT-Staatssekretär Hans-Hilger Haunschild in der Diskussion einigermaßen ungehalten – eine Reaktion, die im Rückblick als reiner Theaterdonner verstanden werden muss. Lediglich der Zeitplan seines Ministers verschob sich nämlich etwas, während der Beitrittszeitplan der Bundesregierung nicht in Gefahr geriet: Die Mitglieder der Konsultativrunde würden sowieso erst bei ihrer nächsten Sitzung im Jahr 1981 über die Erfüllung der Aufnahmekriterien und damit die Aufnahme selbst entscheiden. Dementsprechend lenkte Haunschild auch ein, kündigte aber zugleich an, dass die Zwischenzeit bis zur Verabschiedung der Empfehlung »mit der Vorbereitung für ein Forschungsschiff und eine Forschungssta-

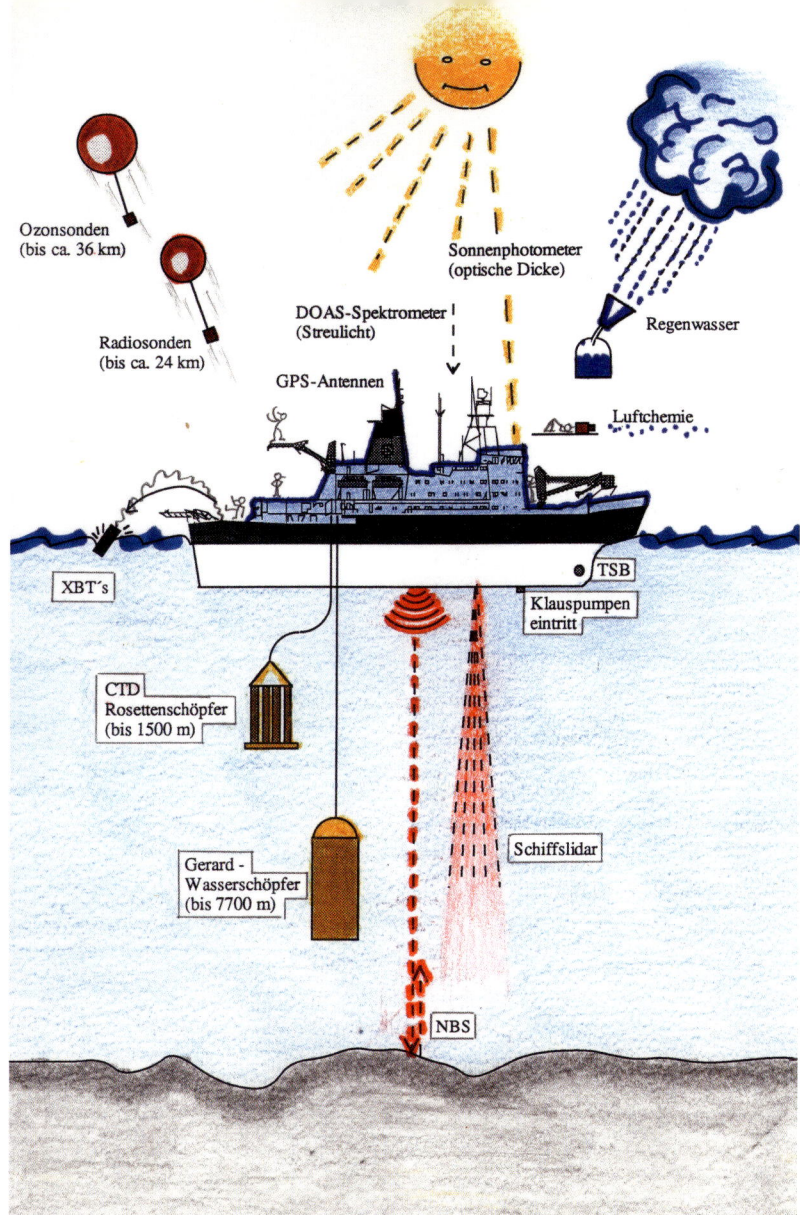

Ozonsonden (bis ca. 36 km)

Radiosonden (bis ca. 24 km)

Sonnenphotometer (optische Dicke)

DOAS-Spektrometer (Streulicht)

GPS-Antennen

Regenwasser

Luftchemie

XBT's

TSB

Klauspumpen eintritt

CTD Rosettenschöpfer (bis 1500 m)

Gerard - Wasserschöpfer (bis 7700 m)

Schiffslidar

NBS

tion in Südpolnähe genutzt werde«. Und schob damit eventuellen Überlegungen des Wissenschaftsrates zu einer Ausweitung seiner Zuständigkeit den Riegel vor, denn diese Arbeiten waren ja schon in vollem Gange.

Dennoch wirkte der Theaterdonner. Für die nächste Vollversammlung des Wissenschaftsrates am 1. Juni 1979 lag der ausgereifte, vollständige Entwurf einer »Empfehlung zur Errichtung eines Polarforschungsinstituts« vor. Gegenüber den vorausgehenden Papieren des Deutschen Landesausschusses SCAR und des BMFT wurde in ihr der Aufgabenschwerpunkt der geplanten Einrichtung verschoben, und zwar weg vom Dienstleistungsinstitut, das vor allem logistische Aufga-

Der Wissenschaftsrat erwartete von dem zu gründenden Polarforschungsinstitut vor allem Interdisziplinarität. Die Forscher erfüllten diese Erwartung, wie diese Eintragung von 1993 im Gästebuch der POLARSTERN zeigt. (Quelle: AWI)

Auch Kaiserpinguine erwecken zuweilen den Eindruck intensiver Beratungen.
(Foto: Heinz Kohnen)

ben für die Wissenschaftler an den Hochschulen und anderen deutschen Instituten wahrzunehmen hätte, und stärker hin zu einem zentralen Forschungsinstitut, das eigenständig und interdisziplinär Forschung betreiben sollte. Angesichts der massiven Ängste der traditionell individualistisch ausgerichteten deutschen Polarforscher, von denen viele in dem neuen Institut weniger eine Chance für ihre Forschungsrichtung als vielmehr eine Gefährdung ihrer eigenen Forschungsmöglichkeiten sahen, vollführte der Wissenschaftsrat einen Balanceakt: Er halte es »im gegenwärtigen Zeitpunkt und für die Zukunft für falsch, das gesamte Aufgabenspektrum ausschließlich in einer großen Forschungseinrichtung abzudecken. Die bestehende Polarforschung in der Bundesrepublik Deutschland soll durch das Institut nicht ersetzt werden. Die Aufgabe des Instituts wird neben der Durchführung eigener Forschungsarbeiten und der Koordinierung und Bündelung der deutschen Antarktisaktivitäten in der Förderung von eigenständigen Arbeiten an Hochschulen und anderen Forschungseinrichtungen liegen.«

Über diese Ausrichtung war im Vorfeld Einigkeit zwischen der in den Kategorien der Wissenschaft denkenden und argumentierenden Arbeitsgruppe und der von den Vorgaben der Politik abhängigen BMFT-Administration erzielt worden. Einigkeit bestand ebenfalls – in diesem Punkt gegen den Bundesfinanzminister – im Vorschlag, vor allem wegen der »völkerrechtlichen Schutzfunktion der Bundesrepublik Deutschland zugunsten der Forschungsstation in der Antarktis und des Polarforschungsschiffes« sowie wegen der damit zusammenhängenden hoheitlichen Aufgaben die Form einer Stiftung des öffentlichen Rechts zu wählen.

Auf Konfrontation ging die Arbeitsgruppe – und mit ihr dann die Wissenschaftliche Kommission – in der Standortfrage: »Der Wissenschaftsrat ist zu dem Schluss gelangt, Kiel als Standort für das deutsche Polarforschungsinstitut nachdrücklich zu empfehlen«, hieß es im entscheidenden fünften Entwurf. Dies war für Haunschild inakzeptabel, denn man scheute sich im BMFT wohl, mit einem Standort Bremerhaven offen gegen eine Empfehlung des Wissenschaftsrats zu handeln. Daher stimmte er im Vorfeld der Sitzung mit dem Land Bremen einen Kompromisstext ab, nach dem der Wissenschaftsrat anerkennen sollte, dass neben seinen wissenschaftsbezogenen Standortaspekten »auch forschungs-, regional- und strukturpolitische Kriterien« ein Rolle spielten. Doch so einfach wollten die Mitglieder der Wissenschaftlichen Kommission in der Vollversammlung nicht klein beigeben. Die Diskussion zog sich in die Länge, Rückflüge von Sitzungsteilnehmern wurden umgebucht, schließlich die Sitzung unterbrochen. »Es war einer der dramatischsten Momente meiner Karriere«, sagte rückblickend Wolfgang Klose, der mit Haunschild immerhin den Aufsichtsratsvorsitzenden seines Karlsruher Forschungszentrums als Kontrahenten hatte: »Der Wissenschaftsrat war am Zerbrechen, denn die Auffassungen des Bundes und der Wissenschaftlichen Kommission standen sich unversöhnlich gegenüber.«

Erst als Dietrich Ranft, Generalsekretär der Max-Planck-Gesellschaft und vorher Staatsrat bei der Hamburger Finanzbehörde, aus der Wissenschaftlerphalanx ausscherte und auf der Basis des Haunschild-Textes einen Kompromissvorschlag verteilte, wurde die Empfehlung schließlich verabschiedet. Darin hieß es nun: »Diese Bewertung legt es nahe, unter wissenschaftlichen Gesichtspunkten bei der Standortwahl Kiel den Vorzug zu

geben. ... Der Wissenschaftsrat ist sich bewußt, dass bei der Standortentscheidung, die der Bundesregierung und der beteiligten Landesregierung obliegt, neben wissenschaftlichen und wissenschaftspolitischen Kriterien auch andere Gesichtspunkte einzubeziehen sind, zu denen der Wissenschaftsrat keine Stellung nimmt.«

Im Grunde war nun doch alles nach den Wünschen des BMFT gelaufen. Denn mit der Verabschiedung dieser Empfehlung durch den Wissenschaftsrat war die Tür für die Errichtung des neuen deutschen Polarforschungsinstituts offen, dem man auch einigen Spielraum zugestand. So wurde es nicht etwa auf die Antarktis beschränkt, sondern konnte zu gegebener Zeit seine Aktivitäten auf die Arktis und angrenzende Bereiche ausdehnen. Das Institut sollte sich zu einer Zentrale mit Koordinierungsaufgaben, aber eben auch mit einer starken eigenen Forschung entwickeln. Für seine Organisationsstruktur übernahm die Empfehlung aus dem Modell der »Großforschungseinrichtungen« ein »Kuratorium« als Aufsichtsorgan und einen in seiner Größe limitierten »Wissen-

schaftlichen Beirat« als Beratungsgremium. Sie setzte sich von dem Modell aber entscheidend ab, indem sie einen starken, allein verantwortlichen Direktor forderte, der den Mitarbeitern gerade während der langen Expeditionen und Überwinterungskampagnen Verlässlichkeit und Sicherheit vermitteln sollte.

Die wichtige Standortfrage aber war – zweifellos ein Verdienst des gewieften BMFT-Taktikers Haunschild – entsprechend den politischen Vorgaben offen geblieben. Oder auch, aus dem Blickwinkel von Prof. Dr. Klaus Pinkau, dem damaligen Vorsitzenden des Forschungsausschusses, formuliert: »Die Empfehlung des Wissenschaftsrates ist mit ihrem letzten Absatz für die politische Beliebigkeit geöffnet worden«. Der Standortpoker musste also von denen zu Ende gespielt werden, die ihn begonnen hatten: von den Spitzenpolitikern des Bundes und der Länder. Noch war völlig offen, ob Kiel oder Bremerhaven die Gewinnkonstellation in der Hand hatten. Oder womöglich der spät dazugekommene dritte Mitspieler Bremen?

Das Machtwort
des Kanzlers

»Nach dem derzeitigen Sachstand kann ich ... für Bremerhaven leider keine großen Hoffnungen machen. Es sieht so aus, dass es zwar trotz des Votums des Wissenschaftsrates auch öffentlich tragfähige Gründe gibt, Bremen statt Kiel als Standort vorzusehen. Dagegen könnte die Wahl des Standortes Bremerhaven möglicherweise als Missachtung des Votums des Wissenschaftsrates gewertet werden. Ich habe jedoch sichergestellt, dass die von Dir vorgetragenen – mir persönlich durchaus sympathischen Argumente – vom Bundesministerium für Forschung und Technologie nochmals eingehend in die Prüfung einbezogen werden.« Dies schrieb Bundeskanzler Helmut Schmidt am 20. Juni 1979 an seinen Parteifreund Horst Grunenberg.

Seit Jahren hatte sich der Bremerhavener Bundestagsabgeordnete hartnäckig für den Beitritt der Bundesrepublik Deutschland zum Antarktisvertrag eingesetzt – ein Ziel, das nun kurz vor der Realisierung einer Aufnahme auch als Mitglied der Konsultativrunde stand. Sein massiver Einsatz für den Beitritt entsprang der Überzeugung, dass dies ein wichtiger Schritt für das internationale Ansehen der Bundesrepublik sei. Schon Ende 1977 war für Insider erkennbar geworden, dass die Bundesrepublik beim Beitritt zum Antarktisvertrag eine »Konsultativmitgliedschaft« anstreben werde, denn die lange Zeit vorsichtige und zögerliche Regierungsadministration hatte endlich einen entsprechenden Gesetzentwurf formuliert, den die Bundesregierung am 18. Januar 1978 beschloss und Bundesrat und Bundestag zuleitete. Da Voraussetzung für die Konsultativmitgliedschaft nach damaliger Einschätzung eine ständige Forschungsstation in der Antarktis war, brauchte man auch ein Schiff, um die Station regelmäßig zu versorgen, und ein Institut, um Schiff und Station zu betreiben und die Forschungsaktivitäten zu koordinieren.

Ähnlich wie beim Antarktis-Vertrag hatte Grunenberg als Erster die Chancen erkannt, die darin für seinen Wahlkreis lagen. Von Anfang an hatte er daher als weiteres Ziel verfolgt, das sich abzeichnende neue Polarforschungsinstitut nach Bremerhaven zu holen. Mit der Ansiedelung des Polarforschungsinstituts wollte der geborene Pommer dem von Werften- und Fischereikrise gebeutelten Bremerhaven, seiner Wahlheimat seit Kriegsende, ein Stück wirtschaftliche Zukunft und darüber hinaus substantiellen wissenschaftlichen Glanz verschaffen. Auf diesem Weg war die Empfehlung des Wissenschaftsrates eine herbe Niederlage gewesen. Da diese sich schon länger abgezeichnet hatte, hatte Grunenberg in seinem Schreiben vom 16. Mai, in dem er dem Kanzler zu einer fünfjährigen erfolgreichen Amtszeit gratulierte, zugleich mit der ganzen Finesse und Direktheit eines profilierten »Kanalarbeiters« der SPD ausführlich die Probleme Bremerhavens geschildert. Die zitierte Antwort des Kanzlers vom 20. Juni ließ in Grunenberg wieder Hoffnung aufkeimen.

In vielen Gesprächen hatte sich Grunenberg, der dabei auch auf seine Mitgliedschaft im Forschungsausschuss des Bundestages verweisen konnte, für Bremerhaven als Sitz des zu gründenden Polarforschungsinstituts eingesetzt. Keiner großen Überredungskünste bedurfte es wohl bei Bürgermeister Hans Koschnick, dem Präsidenten des Bremer Senats, mit dem Grunenberg Anfang 1978 mehrfach sprach. Sicherlich nicht ohne dessen Rückendeckung forderte er – so die Bremer-

Das Institut für Meeresforschung in Kiel lernte die antarktischen Gewässer zunächst vor allem durch Krillforschung kennen, die in Zusammenarbeit mit der Bundesforschungsanstalt für Fischerei in Hamburg ab 1975/1976 betrieben wurde. (Foto: Uwe Kils)

havener »Nordsee-Zeitung« vom 27. Februar 1978 – dann den Bremer Senat auf, »Vorbereitungen zu treffen, damit das Polarforschungsinstitut in Bremerhaven schon bald seine Arbeit für die Antarktis aufnehmen könne«. Mit Datum vom 10. März informierte Grunenberg schließlich Dr. Volker Hauff, seit 16. Februar 1978 Bundesminister für Forschung und Technologie (BMFT): »Die SPD-Stadtverordnetenfraktion Bremerhavens hat den Magistrat aufgefordert, die Bundesregierung bei der Einrichtung eines Polarforschungsinstitutes zu unterstützen durch Geländebereitstellung.« In Bremen arbeitete man geräuschlos und effektiv: Bereits am 10. April verabschiedete der Senat ein »Memorandum zum Aufbau eines Antarktis-Instituts in der Freien Hansestadt Bremen mit Standort Bremerhaven.« Zwei Tage später übergab Karl Willms, der Bremer Senator für Bundesangelegenheiten, das Memorandum an Hauff, dessen Haus bis zu diesem Zeitpunkt eher an eine Anbindung des noch recht nebulösen Instituts an die GKSS in Geesthacht dachte. Da er sich wohl ein wenig überfahren fühlte, bezeichnete Hauff gegenüber Willms zwar »das Land Bremen bzw. Bremerhaven durchaus als ernst zu nehmenden Standort für ein Antarktis-Institut«, verwies im Übrigen aber auf – außer im Zusammenhang mit der GKSS-Anbindung gar nicht existierende – parallele Initiativen Schleswig-Holsteins und Niedersachsens.

Vermutlich veranlasste die zögerliche Haltung des jungen Ministers Senatspräsident Koschnick dazu, das Bremer Anliegen auch direkt beim Bundeskanzler zu hinterlegen und ihn um Unterstützung zu bitten. »Als Standort für ein zentrales Institut für Antarktis-Forschung ist nach Auffassung des Senats der Freien Hansestadt Bremen, der sich intensiv mit der Angelegenheit befasst hat, Bremerhaven wegen seiner wissenschaftlichen und wirtschaftlichen Infrastruktur hervorragend geeignet«, schrieb er am 3. Mai 1978 an Helmut Schmidt – und unterschlug dabei geflissentlich die prekäre Wirtschaftssituation der Stadt, die dem Kanzler aber sicherlich bekannt war.

Im BMFT prüfte man – auf Grund eines Vorschlags von zwei Bundestagsabgeordneten der SPD – zu diesem Zeitpunkt das Modell »Anbindung an die GKSS«, weil es die geringsten for-

Hans Matthöfer (links) setzte im Januar 1978 den ersten Markstein zur Gründung des Alfred-Wegener-Instituts. Sein Nachfolger als Bundesforschungsminister Volker Hauff führte sie zu einem erfolgreichen Abschluss, wofür Matthöfer als Finanzminister die Mittel verfügbar machte. (Quelle: dpa)

malen Komplikationen bei der Errichtung des Instituts zu bereiten schien; darüber hinaus hielt man dies für einen eleganten Ausweg aus der Existenzkrise dieser Großforschungseinrichtung, deren zentrales Forschungsinstrument, nämlich die durch Kernenergie angetriebene OTTO HAHN, im Laufe des Jahres 1979 außer Dienst gestellt werden sollte. Die Idee blieb den Bremern natürlich nicht verborgen. Sie traten sofort in Kontakt mit Dr. Erich Schröder, dem Vorstandsvorsitzenden der GKSS. Auf Grund seiner Vertrautheit mit den Details des Antarktis-Vertrages erkannte Horst Grunenberg auf den ersten Blick, dass eine Anbindung des Instituts an die »Gesellschaft für Kernenergieverwertung in Schiffbau und Schifffahrt mbH« in Geesthacht die angestrebte Konsultativmitgliedschaft der Bundesrepublik gefährden konnte. Am 20. April gab er gegenüber Minister Hauff »zu bedenken, dass der Antarktisvertrag von Seiten des ›Clubs‹ auslegbar sein könnte, je nach politischer und wirtschaftlicher Einstellung einzelner Partner zur Bundesrepublik, und nukleare Tätigkeiten sind tabu« in der Antarktis. Allerdings dauerte es noch bis August 1978, bis sich auch das BMFT diesen Standpunkt zu Eigen machte und die Alternative »GKSS« fallen ließ.

Inzwischen hatten aber auch andere ihre Standortambitionen angemeldet. Die Kieler Meeresforscher, getrieben vom Krill-Experten Gotthilf Hempel, hatten ihren finanziell klammen Kultusminister von den Vorteilen eines neuen »Polarforschungsinstituts« überzeugt, sodass dieser Ende Juni schließlich bei Hauff die Kieler Ansprüche geltend machte, wiewohl zunächst noch in der Variante »Außenstelle der GKSS in Kiel«. Die Universität Münster bat im September ihren Wissenschaftsminister, sich für Münster als Standort einzusetzen – vergebens, denn dieser

An der Universität Münster hatte Bernhard Brockamp nach dem Krieg eine anerkannte Polarforschung mit geophysikalischen Methoden begründet, deren Tradition Franz Thyssen weiterführte (hier: Messpunkt bei der EGIG in Grönland). (Foto: Franz Thyssen)

leitete den Brief mit Rücksicht auf die Ambitionen der Bremer Parteifreunde gar nicht erst weiter. Wissenschaftssenator Prof. Dr. Hansjörg Sinn machte dagegen schon Anfang August das Interesse der Freien und Hansestadt Hamburg aktenkundig. Er fand jedoch keine Befürworter im BMFT: So berichtete etwas später ein Mitarbeiter dem Senator nach einem Telefonat empört von der Reaktion des zuständigen BMFT-Referenten, Dr. Herwald Bungenstock: »Wir müssten uns mit Bremen einigen!!!«

Hintergrund dieser Aussage war vermutlich, dass Bungenstocks Chef, Ministerialdirektor Dr. Wolfgang Finke, bei einem Besuch in Bremen am 16.

August einen durchaus positiven Eindruck vom Willen der Bremer gewonnen hatte. Damit hatte sich Finke aber wohl den Unwillen seines Staatssekretärs zugezogen, denn Hans-Hilger Haunschild favorisierte persönlich Kiel. So jedenfalls war der Eindruck Koschnicks, der nach einem Gespräch mit dem Minister am 8. Juni handschriftlich festgehalten hatte: »Ich habe mit BM Hauff gesprochen; er ist für Bremerhaven (sein Staatssekretär ›nicht‹!).« So veranlasste Haunschild Finke, parallel zur Eröffnung des Verfahrens beim Wissenschaftsrat am 27. November 1978 erneut nach Bremen zu reisen. Finke erhielt einen desaströsen Eindruck: »In Bremen sollten wir Vertreter der Universität in einem Raum treffen, der aber zum vereinbarten Zeitpunkt voll mit Studenten war. Als kurz darauf Hoffmann als Vertreter der Bremer Senatsbehörde dazu kam und in den Raum ging, stellte sich heraus, dass die sehr legeren Leute in Turnschuhen keine Studenten, sondern die Bremer Professoren waren.« Mehr noch als diese Äußerlichkeiten verstörten den korrekten Bonner Beamten die Äußerungen der Professoren: Man sei sich noch gar nicht sicher, ob man ein solches Institut in Bremen haben wolle, denn es könnte sich ja in Konkurrenz zur Universität entwickeln. In der Tat keine gute Aus-

Auf Einladung vor allem der Amerikaner konnten die Münsteraner schon vor 1980 Erfahrungen in der Antarktis sammeln. (Foto: Franz Thyssen)

gangsbasis für die gewünschte Kooperation mit dem neuen Institut.

Da machten die Kieler Vertreter, von Universitätspräsident Rolf Möller und Professor Hempel getrimmt, einen Tag später einen ungleich besseren Eindruck auf Finke und seinen Mitarbeiter Bungenstock. Der Vermerk über die Reise, den Abteilungsleiter Finke im Bewusstsein der Brisanz selbst schrieb, fiel für Bremen vernichtend aus. Er war so brisant, dass Hauff ihn unmittelbar, nachdem er ihn gelesen hatte, an Koschnick zur »persönlichen Information« sandte, während Finke ihn guten Glaubens als zusätzliche Information an den Wissenschaftsrat gab. Pikanterweise überließ es Hauff allerdings seinem Staatssekretär Haunschild, Finke für die vorschnelle Weitergabe zur Rede zu stellen, denn dadurch war die Gespaltenheit des Ministeriums in der Standortfrage Dritten gegenüber offen gelegt worden.

Die ablehnende Haltung der Bremer Universitätsprofessoren hatte einen durchaus realen Hintergrund. Wenige Monate vorher, im April 1978, hatte der Senat der Deutschen Forschungsgemeinschaft (DFG) den Antrag der Bremer Universität auf Aufnahme abgelehnt und damit der Neugründung die Anerkennung als respektable Forschungseinrichtung zum dritten Mal verweigert. Die vorwiegend auf geisteswissenschaftliche Lehrerbildung ausgerichtete Universität behielt damit in der Wissenschaftsgemeinschaft ihren Ruf als »linke Kaderschmiede«. Gerade diesem Ruf wollte jedoch Horst-Werner Franke, der Bremer Senator für Wissenschaft und Kunst, mit aller Kraft entgegenwirken. Er brauchte das neue Polarforschungsinstitut unbedingt, denn er erhoffte sich davon sowohl eine wichtige Außenkontrolle wie eine Unterstützung, um »harte« naturwissenschaftliche Institute an der Universität etablieren zu können. Durch die Berufung national und international qualifizierter Wissenschaftler wollte er die Universität als Ganzes zu einer angesehenen Forschungseinrichtung machen. Dies war auch der Wille des Bremer Senats, der Franke dafür recht großzügig Stellen und Ausstattungsmittel zur Verfügung stellte. Sollte das Polarforschungsinstitut aber in Kiel angesiedelt werden, würde die Reform der Bremer Universität – so die Einschätzung Frankes – noch schwieriger, wenn nicht sogar unmöglich werden.

In dieser Situation stufte Horst-Werner Franke den Standort Bremerhaven als die größte Schwachstelle der Bewerbung seines Landes um das Polarforschungsinstitut ein. Denn Bremerhaven hatte außer dem von Bund und Land gemeinsam finanzierten Institut für Meeresforschung, das allerdings keinerlei Polarforschung betrieb, eigentlich wenig zu bieten. Daher wollte Franke das neue Institut in der Stadt Bremen, und zwar auf dem Campus der Universität, ansiedeln. Dementsprechend erklärte Senatsdirektor Prof. Dr. Reinhard Hoffmann am 24. Januar 1979 im Forschungsausschuss des Wissenschaftsrates, dass sich das Land Bremen nicht nur für Bremerhaven, sondern auch für die Stadt Bremen bewerbe. Die Spannungen zwischen Bremen und Bremerhaven, das sich immer vernachlässigt fühlte, hatten neue Nahrung bekommen. Und damit wuchs in Bremerhaven auch die Angst vor Winkelzügen und Intrigen.

Schadensbegrenzung nach außen und nach innen war dringend erforderlich. Um die Chancen für das SPD-regierte Land Bremen wieder aufzubessern, luden die Bremer den Forschungsminister ein, »sich vor Ort ein eigenes Bild über die Standortbedingungen für das geplante Polarforschungsinstitut zu machen«. Nach außen wahrte Volker Hauff die gebotene Neutralität und besuchte am 5. Februar 1979 zunächst Kiel und dann Bremen und Bremerhaven. Alle versuchten zu beeindrucken: Hauff traf in Kiel mit Universitätsvertretern sowie mit Ministerpräsident Dr. Gerhard Stoltenberg (CDU) zusammen. Im Bremer Rathaus trat der halbe Senat zu seinen Ehren an. Und in Bremerhaven wurde er sogar – wegen »Zeitknappheit« – eindrucksvoll mit Blaulicht durch die Stadt gefahren. Der Minister hielt sich nach den Besuchen staatsmännisch mit offiziellen Meinungsäußerungen zurück, deutete aber an, dass er Gutachten nicht als bindend für seine Entscheidung betrachte. Vertraulich sagte er allerdings Bürgermeister Koschnick zu, dass das Land Bremen den Zuschlag erhalten werde.

Wie wir im vorigen Kapitel gesehen haben, konnten die BMFT-Vertreter eine Standortfestlegung im Wissenschaftsrat verhindern. Wer allerdings glaubte, dass nach Verabschiedung der Empfehlung schnell Entscheidungen fallen und Fakten geschaffen würden, sah sich getäuscht. Minister

Bürgermeister Hans Koschnick unterstützte von Anfang an alle Bemühungen, das sich abzeichnende neue Polarforschungsinstitut in das Land Bremen zu holen. (Quelle: Landesbildstelle Bremen)

Horst-Werner Franke, Senator für Wissenschaft und Kunst, brauchte das Polarforschungsinstitut, um die Universität Bremen durch naturwissenschaftliche Fächer zu erweitern und in ihrem Ansehen zu stärken. (Quelle: Landesbildstelle Bremen)

Hauff war nämlich der Meinung, dass die Standortentscheidung mit inhaltlichen Aussagen über den Umfang der Arbeitsvorhaben, d.h. mit der Verabschiedung des anstehenden »Antarktisforschungsprogramms der Bundesregierung«, verbunden werden sollte – vielleicht um sie in diesem Paket zu verstecken. Die Taktik erwies sich nicht als hilfreich, denn nun zeigte sich, dass die Ressorts ihrerseits in dieser Frage gespalten waren: Das SPD-geführte Bundesministerium für innerdeutsche Beziehungen sprach sich nachdrücklich für das »Zonenrandgebiet« Kiel aus; das Bundesministerium für Wirtschaft ebenso wie das Bundesministerium für Ernährung, Landwirtschaft und Forsten, beide mit FDP-Ministern an der Spitze, bestanden unter Verweis auf die dort bessere wissenschaftliche Umgebung ebenfalls auf Kiel. Hinter diesen beiden Voten konnte man auch eine Revanche dafür vermuten, dass die Federführung für die Antarktisforschung im Bundeskabinett dem »Neuling« Forschungsministerium übertragen worden war und nicht einem der beiden Häuser, die schon einige Jahre lang Antarktisforschung hatten durchführen lassen.

Das »Antarktisforschungsprogramm« wurde Anfang Oktober zum ersten Mal auf die Tagesordnung des Bundeskabinetts gesetzt und danach immer wieder verschoben, denn bei der vorausgehenden Abstimmung auf Beamtenebene konnte wegen der unterschiedlichen Weisungen keine Einigung über den Standort erzielt werden. Der Chef des Bundeskanzleramtes, Staatssekretär Dr. Manfred Schüler, hatte zwar am 20. Juni 1979 Minister Hauff davon informiert, dass der Bundeskanzler unter anderem »auf die traditionelle Verbindung von Bremerhaven mit der Polarforschung hingewiesen« worden sei, und – unter Erinnerung an das Schreiben von Bürgermeister Koschnick vom Vorjahr – angefügt: »Der Bundeskanzler bittet um Berücksichtigung dieser für Bremerhaven sprechenden Argumente bei Vorbereitung der Kabinettentscheidung«. Dennoch ging das Forschungsministerium angesichts der Widerstände der anderen Ressorts frühzeitig auf Kompromisskurs und ließ Anfang September die Alternative »Bremerhaven« fallen, um – wie man glaubte – für Bremen zu retten, was noch zu retten war. Diese Linie ging offenbar von Volker Hauff selbst aus, denn er forderte für ein Gespräch

mit Außenminister Genscher am 22. Oktober aus dem Haus »Argumente pro Bremen« sowie »Argumente pro Kiel mit Widerlegung« an. Bremerhaven hatte er bereits abgehakt.

Die Information, dass das Bundesministerium nicht mehr an die Durchsetzbarkeit des Standorts Bremerhaven glaubte, erreichte natürlich auch die Bremer Senatoren. Dort gab man sie in der Version »BMFT für Land Bremen« weiter, um den Frieden im Lande zu erhalten. Dennoch wuchsen die Spannungen: Wissenschaftssenator Horst-Werner Franke sah sich am Ziel seiner Wünsche, mit dem Polarforschungsinstitut die Universität Bremen stärken zu können; in Bremerhaven ahnten Oberbürgermeister Werner Lenz und der Abgeordnete Horst Grunenberg die für ihre Stadt negative Entwicklung, jedoch ohne konkrete Beweise.

Die dramatische letzte Phase wurde Mitte November durch ein Gespräch zwischen Manfred Schüler und Hans Koschnick eingeleitet. Der Chef des Bundeskanzleramtes teilte dabei mit, dass der Bundeskanzler den Standortvorschlag seines Forschungsministers unterstützen werde, wobei der Kanzler davon ausgehe, dass das Institut entsprechend Hauffs Votum in der Stadt Bremen und nicht in Bremerhaven seinen Standort erhalte. In der Senatssitzung am folgenden Montag, dem 19. November 1979, stellte daraufhin der Bremer Senat die bisherige offizielle Priorität »Bremerhaven« zur Disposition. Vier Tage später schrieb Bürgermeister Koschnick an Helmut Schmidt, dass von Seiten des Senats »als Standort für das Institut nur noch Bremen vorgeschlagen werden soll«.

Der Bremerhavener Oberbürgermeister nahm wie immer als Gast an den Sitzungen des Bremer Senats teil. Nach der Sitzung am 19. November war OB Werner Lenz tief enttäuscht und frustriert. Er sah aber auch die Gefahr, dass Bremen ganz aus dem Rennen geworfen werden könnte, und legte daher keinen Einspruch dagegen ein, dass Bremerhaven als Standort aufgegeben wurde. Bei der Rückfahrt wuchs in ihm jedoch das Gefühl, hintergangen worden zu sein, denn er kannte seit längerem die Absichten von Senator Franke. Dennoch blieb er loyal: Auf seine Empfehlung hin sprach sich der Bremerhavener Magistrat am 28. November »einstimmig für die Stadt Bremen

als Institutsstandort« aus. Doch die Zweifel nag-
ten weiter in Lenz. Schließlich griff er zum Tele-
fon, um sich in Bonn beim Bundeskanzler selbst
zu vergewissern. Lenz wurde mit Staatsminister
Hans-Jürgen Wischnewski verbunden und erfuhr:
»Es ist noch nichts entschieden.« Er überdachte
alles noch einmal. Dann entschloss er sich zu
einem ungewöhnlichen, auch für seine eigene
Person nicht ungefährlichen Schritt: Am
4. Dezember schrieb er unmittelbar an Helmut
Schmidt, mit Kopien an Hans Koschnick, an die
in Bremerhaven erscheinende »Nordsee-Zeitung«
und an Radio Bremen. Lenz erinnerte an das
»Bemühen der Städte und Gemeinden in der
Küstenregion um die Verbesserung ihrer krän-
kelnden Strukturen«, sprach von drohender
Resignation in der Bevölkerung, streifte kurz die
»Probleme der Fischwirtschaft« und die »Wett-
bewerbsverzerrungen im Schiffbaubereich« und
fragte schließlich: »Wo ... soll dann die Struktur-
verbesserung der schwach entwickelten Küstenregionen ihren Anfang nehmen, wenn eine in sich

logische Entscheidung für den Standort einer Forschungseinrichtung der Bundesrepublik Deutschland womöglich zukünftig einem Koalitions-
testat unterworfen wird?« Mit Loyalität zu seinem
Lande bat er am Ende um »eine sachlich korrekte und jeder Kritik standhaltende Entscheidung
für die Freie Hansestadt Bremen«, meinte dabei
aber natürlich eine Entscheidung zugunsten der
Stadt Bremerhaven.
In Bremen tobten einige Politiker, denn sie fürch-
teten um die sicher geglaubte Option auf das
Polarforschungsinstitut und die Früchte monate-
langer Arbeit. Sie waren, wie es Horst-Werner
Franke in Radio Bremen danach formulierte,
»wahnsinnig ängstlich, wie diese Zittertour, die
wir seit einem halben Jahr über uns haben erge-
hen lassen müssen, ausgehen wird«. Werner Lenz
hatte ihnen Intrigen und gezielte Falschinforma-
tion unterstellt – letztlich zu Unrecht, aber er
konnte nicht wissen, dass es die Spitze des Bonner Forschungsministeriums war, die schon
Wochen zuvor Bremerhaven aufgegeben hatte.

Und dennoch: Er hatte, wie sich wenige Tage danach zeigte, mit seinem verzweifelten Brief das Richtige für seine Stadt getan.

Die Entscheidung lag nun endgültig beim Bundeskabinett, von wo der Anstoß zwei Jahre vorher ausgegangen war. Beobachter argwöhnten wieder einmal eine Koalitionskrise, da ja mit Graf Lambsdorff und Ertl zumindest zwei gewichtige FDP-Minister massiv für Kiel eintraten. Doch der Anlass war keine Koalitionskrise wert. In der Kabinettssitzung tat der Kanzler seine Meinung sehr deutlich und sehr prononciert kund. Mit Unterstützung von Genscher entschied sein Machtwort die Standortfrage, und zwar in Übereinstimmung mit den Träumen von Horst Grunenberg. Am 21. Dezember informierte Helmut Schmidt offiziell Bürgermeister Koschnick: »Das Bundeskabinett hat am 12. Dezember 1979 entschieden, dass das Polarforschungsinstitut im Land Bremen errichtet werden soll. Dabei geht die Bundesregierung von einer Präferenz für die Stadt Bremerhaven aus.«

Nur scheinbar lag damit die letzte Entscheidung in Bremen. Doch Schmidt hatte sich für seine Entscheidung mit stiller Ironie auf das Schreiben des Bremer Bürgermeisters vom 3. Mai 1978 bezogen, in dem dieser selbst ihn um Unterstützung für Bremerhaven gebeten hatte. Bürgermeister Hans Koschnick verstand die Botschaft und dankte sofort nach den Feiertagen dem Kanzler: »Der Senat weiß, dass die getroffene Entscheidung auf Ihre persönliche Unterstützung zurückzuführen ist. Er wird die Einrichtung des Alfred-Wegener-Polarinstituts in Bremerhaven vorsehen.«

Die Stadt Bremerhaven zeigte knapp vier Jahre später ihre Dankbarkeit gegenüber Helmut Schmidt und verlieh dem Ex-Kanzler am 9. September 1983 – nach Professor Adolf Butenandt, Senator Gerhard von Heukelum und Bürgermeister Wilhelm Kaisen – die Ehrenbürgerschaft: »Bremerhaven ist ihm insofern zu besonderem Dank verpflichtet, als er es war, dessen Einfluß den Ausschlag dafür gab, dass das Alfred-Wegener-Institut für Polarforschung hier seinen Standort fand. Für die Seestadt und ihre Bürger war diese Entscheidung von herausragender Bedeutung, weil sie neue Perspektiven für die Verbesserung der Infrastruktur eröffnete.«

Aus Dankbarkeit für die Entscheidung, Bremerhaven zum Sitz des »Alfred-Wegener-Instituts für Polarforschung« zu machen, erhielt (Ex-)Bundeskanzler Helmut Schmidt am 9. September 1983 die Ehrenbürgerwürde der Stadt. (Quelle: Stadtarchiv Bremerhaven)

Bremerhaven

Da die Weser stark versandete, gründete der Bremer Bürgermeister Johann Smidt 1827 Bremerhaven, wo schon 1847 der erste regelmäßige Post- und Passagierdienst in die USA begann. Die meisten der drei Millionen deutschen Auswanderer zwischen 1850 und 1900 schifften sich in Bremerhaven ein und verhalfen der Stadt zu einer ersten Blüte. Das benachbarte Geestemünde entwickelte sich im späten 19. Jahrhundert zu einem Zentrum der deutschen Hochseefischerei. 1939 wurde Bremerhaven mit »Wesermünde« (1924 entstanden vor allem aus Lehe und Geestemünde) zusammengeschlossen. 1947 wurde daraus wieder »Bremerhaven«.

Im Zweiten Weltkrieg blieben nur die Hafenanlagen weitgehend von Bomben verschont. Während und nach der Besatzungszeit prosperierte Bremerhaven durch die zivilen und militärischen Transporte der Amerikaner. Passagierschifffahrt, Hochseefischerei und Werften (ab 1951) sorgten ebenfalls für wirtschaftlichen Aufschwung. Die Krisen von Fischerei und Schiffbau trafen Bremerhaven ab Mitte der 1970er-Jahre daher besonders hart. Containertransporte, Autoumschlag und Kreuzschifffahrt konnten den Umsatzeinbruch nicht ausgleichen, sodass die Stadt schon um 1980 auch von Geldern aus dem Länderfinanzausgleich lebte. Heute setzt sie zudem verstärkt auf eine Verbindung von Wissenschaft und Technik sowie den Tourismus.

In der Polarforschung war Bremerhaven insbesondere Ausgangshafen der Expeditionen von Carl Koldewey und der Österreichischen Nordpolar-Expedition. Das »Alfred-Wegener-Institut für Polar- und Meeresforschung« ist heute einer der größten Arbeitgeber in der Stadt.

Der verlorene Wettlauf

Ostdeutsche Wissenschaftler hatten seit 1959 fast regelmäßig an den Sowjetischen Antarktis-Expeditionen (SAE) teilgenommen; darüber hinaus war die DDR schon 1974 durch eine einfache Erklärung dem Antarktisvertrag beigetreten. Für die internationale Anerkennung wurde dem Antarktisvertrag in der Bundesrepublik dagegen keine besondere Bedeutung zugemessen. Diese Einstellung änderte sich erst langsam ab Mitte der 1970er-Jahre, als man, dem internationalen Trend folgend, auf das »unerschöpfliche« Potential an mineralischen und lebenden Ressourcen aufmerksam wurde. Trotz der langjährigen Erfahrungen ihrer Wissenschaftler und des damit verbundenen Vorsprungs gegenüber der westdeutschen Forschung taten sich die DDR-Politiker sehr schwer mit dem nächsten Schritt: Durfte die DDR eine eigenständige Station in der Antarktis anstreben? Konnte sie dem SCAR auch ohne eigene Station beitreten? Selbst ein »freundschaftlicher Hinweis« aus Moskau, dass ein Antrag auf Aufnahme in die Konsultativrunde nach dem Antarktisvertrag wünschenswert wäre, überwand das Zögern zunächst nicht. Man wartete letztlich auf die Weisung »von ganz oben«.

In allgemeinen Thesen über »Planung, Koordinierung, Ergebnisse und Nutzen wissenschaftlicher Expeditionen«, bei denen die Antarktisforschung ein Vorhaben unter mehreren war, wurde am 25. Oktober 1976 – möglicherweise nach einem Koordinierungsgespräch im Arktischen und Antarktischen Forschungsinstitut (AANII) in Leningrad – ein erster offizieller Vorstoß gegenüber dem Präsidium der Akademie der Wissenschaften (AdW) gewagt: Wegen der fehlenden »juristischen Grundlage für die Tätigkeit von DDR-Wissenschaftlern in der Antarktis« wurde nicht nur eine längerfristige Vereinbarung mit der AdW der Sowjetunion vorgeschlagen, sondern auch der »Beitritt der DDR zum Wissenschaftlichen Komitee für Antarktisforschung (SCAR)« als »notwendig« bezeichnet. Prof. Dr. Heinz Kautzleben, damals Direktor des Zentralinstituts für Physik der Erde (ZIPE) in Potsdam, schloss sich dem aus seinem Haus kommenden Vorschlag an und forderte in einem Brief vom 13. Januar 1977 vom Leiter des AdW-Forschungsbereichs Geo- und Kosmoswissenschaften, Prof. Dr. Heinz Stiller, »die Mitgliedschaft im SCAR entsprechend den Vorstellungen unseres sowjetischen Partners zu beantragen«. Auf Arbeitsebene war von sowjetischer Seite offenbar deutlich gemacht worden, dass dies notwendig wäre, um das Gewicht der sozialistischen Staaten in diesem unpolitischen, aber einflussreichen wissenschaftlichen Gremium zu verstärken.

Der Hinweis, im Interesse der sozialistischen Staatengemeinschaft aktiv zu werden, blieb wohl nicht auf die Arbeitsebene beschränkt. Denn am 1. April 1977 teilte der Stellvertretende Minister für Auswärtige Angelegenheit der DDR dem Generalsekretär der AdW, Prof. Dr. Claus Grote, mit, es wäre »zweckmäßig, zu prüfen«, ob die DDR den Konsultativstatus anstreben sollte. Und so prüfte man in aller Ruhe, wenn auch zunächst ohne erkennbares Ergebnis – wohl nicht zuletzt,

Antarktisforschung betrieb die DDR mithilfe der Logistik der Sowjetunion seit 1959/1960. (Foto: Georg Dittrich)

weil die Akademieführung sich für die Antarktis-forschung, die relativ viel Geld und vor allem Devisen kostete, nicht stärker in die Pflicht nehmen lassen wollte. So lautete am 11. Oktober 1977 Stillers »Direktive« für eine Leningrad-Reise von Bodo Tripphahn, dem »Direktor für Ökonomie und technische Versorgung« bei der VDE Potsdam: »Eine Diskussion über eine ... Bildung einer eigenen Station sollte umgangen werden.« Offenbar war die Zurückhaltung auch bis nach Leningrad spürbar, denn dort spielte man dem auf Besuch weilenden Freiberger Geologen Dr. Joachim Hofmann die Information zu, dass die Bundesrepublik für 1979/1980 die Einrichtung einer Station in der Antarktis plane – wohl in der Erwartung, dass man in der DDR auf diese Nachricht hin aktiver werde. Hofmann übermittelte die Information am 26. Oktober sofort per Telegramm an Bodo Tripphahn in Potsdam, der sie seinerseits weiter verbreitete. Das Präsidium der AdW ließ sich von seiner Haltung aber nicht abbringen und strich im Dezember 1977 die Forderung nach einem SCAR-Beitritt der DDR explizit aus den »Vorschlägen zur Sicherung der Koordinierungsfunktion bei großen Expeditionsvorhaben«.

Moskau insistierte. Wenige Wochen später fragte der Leiter der Rechtsabteilung des sowjetischen Außenministeriums den DDR-Botschafter nach einer möglichen Beteiligung der DDR am Antarktisprogramm. Man verstand dies nicht als simple Informationsfrage, sondern als Aufforderung. So ließ Außenminister Oskar Fischer Generalsekretär Grote am 13. Februar 1978 wissen: »Zur Wahrung ökonomischer und anderer Interessen der DDR würden wir es aus außenpolitischer Sicht für wichtig halten, dass die DDR am Antarktisprogramm teilnimmt. Damit würde zugleich die Position der sozialistischen Staatengemeinschaft in dieser Region gefestigt.« Vier Tage später antwortete Grote positiv und informierte, dass das Akademiepräsidium zu der Auffassung gelangt sei, »dass eine langfristige Sicherung der Interessen der DDR ohne Errichtung einer eigenen Station auf die Dauer unmöglich ist«. Die Kosten bezifferte Grote, auf der Basis eines Kostenplans von Tripphahn, mit 7,864 Mio. Mark für den Aufbau und 3,204 Mio. Mark jährlich für Unterhaltung und Betreuung einer Antarktisstation. Diese Zahlen stellten zwar eine deutliche Erhöhung gegenüber den 1,3 Mio. Mark für die bisherige Beteiligung an den Sowjetischen Antarktis-Expeditionen (SAE) dar, waren andererseits aber eine fatale Fehleinschätzung des tatsächlich notwendigen Aufwandes für eine völlig neue Antarktisstation. Die Akademie hatte damit jedoch ihr Ziel erreicht und den schwarzen Peter wieder von sich geschoben.

Offenbar wurde insbesondere im Ministerrat weiterhin in Ruhe beraten. Die Argumente lagen eigentlich auf dem Tisch: Der sich abzeichnende Antrag der Bundesrepublik auf Aufnahme in die Konsultativrunde mit der sich daraus ergebenden und von Moskau als nachteilig empfundenen Kräfteverschiebung; das Streben, sich angesichts einer »1989 vorgesehenen Revision des Antarktisvertrages ... rechtzeitig im Gebiet der Antarktis Rechte zu sichern«; und schließlich der eher politisch motivierte Wunsch nach »Mitwirkung der DDR bei der Erkundung und Erschließung sowie bei der zu erwartenden Nutzung mineralischer und biologischer Ressourcen«. Gerade der letzte Punkt stieß beim Minister für Geologie auf Widerstand: Zu Recht wandte er ein, dass die mineralischen Ressourcen zu vage und ein Abbau auf absehbare Zeit viel zu teuer sei. In die Startlöcher für den Wettlauf mit der Bundesrepublik wollte sich der Ministerrat freiwillig daher nicht begeben.

Schließlich schaltete sich das Politbüro der SED ein. Am 30. November erfuhr Dr. Manfred Schneider, der wissenschaftliche Koordinator für die Antarktisforschung in Potsdam, bei einer Besprechung im Ministerium für Auswärtige Angelegenheiten von einer höheren Weisung: Dr. Günter Mittag, im Politbüro des SED-Zentralkomitees für Wirtschaftsfragen zuständig, habe Mitte November den Auftrag erteilt, »eine Vorlage für die Parteiführung einzubringen zur Vorbereitung des Erwerbs des Konsultativstatus der DDR im Rahmen des Antarktisvertrages«; zur »Vorbereitung der Entscheidung« sei »Ende Januar/Anfang Februar 1979 eine Konsultation in Moskau vorgesehen«. In der Diskussion ergab sich unter anderem, dass in der Frage der Kosten einer Station »die vorliegenden Angaben aus der UdSSR, VRP [Polen] und DDR sowie BRD noch weit auseinander« lagen. Eine Woche danach, am 7. Dezember 1978, beauftragte Herbert Krolikowski, Staatssekretär im Außenministerium, Generalsekretär Grote offiziell, innerhalb von

vier Tagen »einen detaillierten Fragespiegel« zu Standort, Kosten, Terminen und anderen Faktoren als Grundlage für kurzfristige Konsultationen mit der sowjetischen Seite zu erarbeiten. Schneider wurde zu einem Informationsbesuch nach Leningrad gesandt und kam mit mehreren Standortvorschlägen zurück. In der Folge kristallisierten sich die Larsemann-Hügel in der Ostantarktis als sinnvollste Alternative für eine »mit den verfügbaren Mitteln realisierbare« DDR-Antarktisstation heraus.

Es folgte eine weitere mehrmonatige Phase des Beratens und Konsultierens, bis die Frage entscheidungsreif erschien: Auf der Basis einer Vorlage des Ministers für Auswärtige Angelegenheiten Oskar Fischer, die Akademie-Präsident Scheler mit unterzeichnet hatte, beschloss das Politbüro am 25. September 1979 nach nur fünf Minuten Beratung: »Es sind die notwendigen

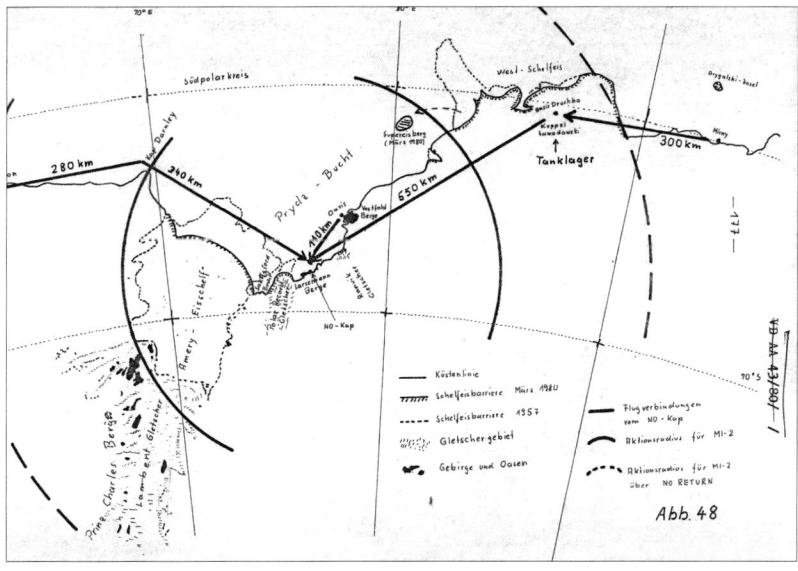

Die sowjetische Station »Mirny« (hier: Gebäude mit aerologischer und meteorologischer Station) war Ausgangspunkt der ostdeutschen Erkundungsexpedition von 1979/1980 (ganz oben). (Foto: Hartwig Gernandt)

Lage der Larsemann-Hügel an der Ingrid-Christensen-Küste (Abb. 48 aus Gernandts ausführlichem Bericht). (Quelle: Hartwig Gernandt)

Gernandt entwarf in seinem Bericht auch einen Plan für mögliche Standplätze der Bestandteile der geplanten DDR-Station. (Quelle: Hartwig Gernandt)

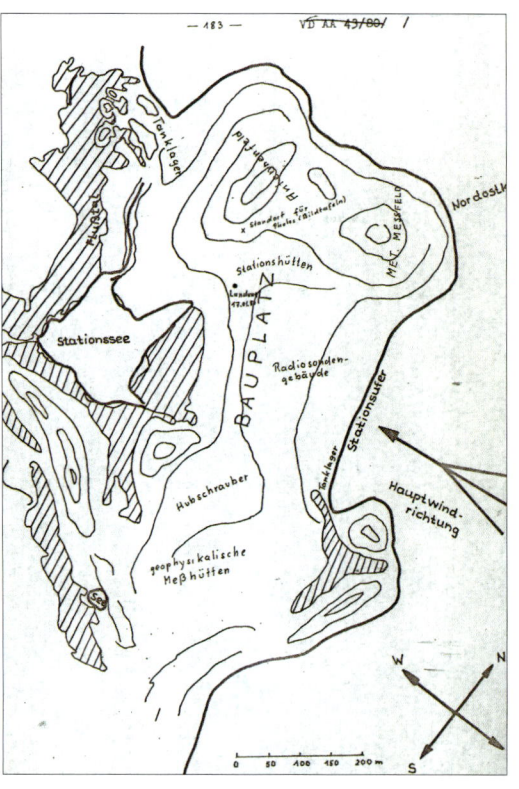

innerstaatlichen und außenpolitisch-diplomatischen Maßnahmen zu treffen, damit die DDR spätestens im Jahre 1980 durch die Errichtung einer eigenen Antarktisstation den Status eines Konsultativstaates im Rahmen des Antarktisvertrages erlangt.« Die Station solle »im Küstenbereich der Larsemann-Hügel (Prydz-Bucht), Ostantarktis« errichtet werden. In der Vorlage war zur Begründung ausgeführt worden: »Im Zusammenhang mit der sich verschärfenden internationalen Klassenauseinandersetzung auf politisch-strategischem Gebiet und der sich international zuspitzenden Rohstoff- und Energielage hat das Interesse an der Antarktis in letzter Zeit sprunghaft zugenommen.« Der Hinweis auf das Rohstoff-Interesse ließ sich damals auch aus den Beratungen der Konsultativstaaten zu Konventionen über die lebenden und die mineralischen Ressourcen der Antarktis ableiten. In dieser Situation wurden die Bestrebungen der Bundesrepublik in Richtung Konsultativstatus für das Politbüro als Bedrohung des Gleichgewichts in der Konsultativrunde dargestellt. Durch eine Aufnahme der DDR in dieses Gremium »würde die Position der sozialistischen

Die Antarktis ist für die Wissenschaftler nicht nur ein faszinierender Forschungsgegenstand, sondern immer wieder auch von großartiger Schönheit. (Foto: Hartwig Gernandt)

Staatengemeinschaft in der Konsultativstaaten-gruppe weiter verbessert, u.a. könnte der interna-tionale und entmilitarisierte Status der Antarktis gegen anderweitige Absichten wirkungsvoller verteidigt werden; die DDR könnte ihre Fisch-fanginteressen besser absichern, eine künftige Nutzung der mineralischen Ressourcen positiv beeinflussen und spätere Ansprüche sichern.« Bei seinem Beschluss stützte sich das Politbüro auf »vorläufige Berechnungen, die auf Konsultatio-nen mit der UdSSR und eigenen Analysen« beruhten: einem einmaligen Aufwand von 63,3 Mio. Mark und 7,9 Mio. Mark in Devisen für die Station sowie weiteren jährlichen Aufwendungen von über 29,7 Mio. Mark und knapp 6,0 Mio. Mark in Devisen. Eine grundsätzliche, pro-grammatische Verstärkung der Forschungsakti-vitäten der DDR wurde nicht als notwendig ange-sehen.

Die Umsetzung eines Politbürobeschlusses, ins-besondere wenn damit Intentionen des »imperia-listischen« Westens durchkreuzt werden sollten, bedurfte natürlich der Geheimhaltung. Daher wurden, wie es in einem damaligen akademiein-ternen Vorschlag hieß, »Materialien und Bera-tungen über den Charakter der weiteren DDR-Aktivitäten in der Antarktis« zumindest als »VD« (Vertrauliche Dienstsache), die Materialien und Beratungen zu Standort- und Terminfragen jedoch als »Vertrauliche Verschlusssache« (VVS) eingestuft. Dadurch kam es Anfang Dezember 1979 zu einer kuriosen Situation: Wegen seiner Erfahrungen aus dem Aufbau des »Basislabora-toriums« (vgl. »Eine Forschungsbasis entwickelt sich«) wurde Dr. Hartwig Gernandt vom Meteo-rologischen Dienst der DDR zu einer hochrangig besetzten Sitzung hinzu geladen. Ihm wurde mit-geteilt: »Die DDR will eine Antarktisstation bau-en und in 14 Tagen eine Expedition zur Erkun-dung des Standortes entsenden.« Allein, er besaß nur die VD-Erlaubnis. So wurde die Sitzung unterbrochen, einer der Herren ging mit ihm vor die Tür und beging die »Indiskretion«, ihm zu sagen, wo die Station liegen solle. Und gab ihm außerdem noch einen Zettel mit den Koordinaten des geplanten Standorts. Zwei Wochen später, am 15. Dezember 1979, reiste Gernandt mit seinem Potsdamer AdW-Kollegen Werner Passehl von

Biologische Forschung zu Flechten (hier: auf King George Island) wäre auch im eisfreien Gebiet der Larsemann-Hügel möglich gewor-den. (Foto: Klaus Odening)

Die sowjetische Station »Molodjoshnaja« war eine der Stationen auf der weiteren Reise der »EREX 1979/1980«. (Foto: Georg Dittrich)

*Wohn- und Messhütte
ostdeutscher Forscher in
der Außenstation
»Wetschorka« am
Abendberg bei
»Molodjoshnaja«.
(Foto: Hartwig
Gernandt)*

*Parallel zur Erkundungs-
expedition beobachteten
ostdeutsche Biologen
bei ihrer ersten Antark-
tis-Fahrt Goldschopfpin-
guine bei der Station
»Bellingshausen« auf
King George Island.
(Foto: Klaus Odening)*

Schönefeld über Maputo nach »Mirny«, wo sie am 3. Januar ankamen. Ziel ihrer »Erkundungs-expedition« (EREX 1979/1980) war vor allem die »Vorerkundung eines Aufbauplatzes« und der »Anlandebedingungen«. Dritten gegenüber wurde die Arbeit als »allgemeine Informationsreise und Prüfung sowie Kontrolle der DDR-Einrichtungen in Nowolasarewskaja« deklariert.

Von der Station »Mirny« aus wurden Gernandt und Passehl am 17. Januar mit einem sowjetischen Hubschrauber für einen Tag zu den Larse-mann-Hügeln an der Olaf-Prydz-Bucht geflogen: Wegen der großen Entfernung musste dabei zunächst ein Zwischenstopp und damit ein Besuch in der ebenfalls in Küstennähe gelegenen australischen Station »Davis« eingelegt werden, bevor man das Nordost-Kap der Larsemann-

Hügel in dem von Australien beanspruchten Sektor Antarktikas ansteuern konnte. Die Australier empfingen die sowjetische Gruppe mit der in der Antarktis üblichen herzlichen Freundlichkeit. Die ostdeutschen Mitglieder wurden offenbar nicht als außergewöhnlich zur Kenntnis genommen.

Am 21. Januar ließ Gernandt von »Mirny« einen ersten Ergebnisbericht über Moskau nach Ostberlin funken. Grundlage waren die Beobachtungen vor Ort, Satellitenaufnahmen und Luftaufnahmen aus einer einmaligen Überfliegung. Das Gebiet erwies sich als grundsätzlich geeignet und in seinem Umfeld für mehrere Disziplinen interessant. Im späteren ausführlichen, als »VD« klassifizierten Bericht hieß es: »Die Larsemannhügel sind ein ... eisfreies Gebiet (etwa 20 – 30 km^2), dessen schnee- und eisfreie Felsen unmittelbar vor dem ansteigenden Inlandeis liegen. Die größte Entfernung bis zum Inlandeis liegt bei etwa 5 km. Der Bauplatz am Nordostkap liegt etwa 4 km vom Übergang auf das Inlandeis entfernt.« Probleme wurden allerdings in den schwierigen Eisverhältnissen in und vor der Olaf-Prydz-Bucht identifiziert: »Eine Prognose der Eisverhältnisse für das kommende Jahr (1980/1981) ist nicht möglich. Wie die Beobachtungen aus diesem Jahr zeigen, sind die Eisverhältnisse bei den gestellten Terminen ein ernst zu nehmendes Hindernis, das zu schwerwiegenden Verzögerungen führen kann. Im ungünstigsten Fall muss man damit rechnen, dass die Eissituation schwieriger sein kann als in den beiden vorangegangenen Sommern.«

Während Gernandt und Passehl, auf eine Rückreise mit der sowjetischen Logistik angewiesen, auftragsgemäß noch andere Stationen, vor allem aber das von Gernandt aufgebaute »Basislaboratorium« bei »Nowolasarewskaja« besuchten, liefen die Vorbereitungen in der DDR unter hoher Geheimhaltung weiter. Sie hatten den unverdächtigen Decknamen »Unternehmen Pinguin« erhalten und waren von hektischer Aktivität. Insbesondere die Spitze der Akademie, wohl nicht zuletzt auf Intervention von ZIPE-Direktor Kautzleben und Forschungsbereichsleiter Stiller, wehrte sich mit allen zur Verfügung stehenden Mitteln dagegen, mehr als nur das wissenschaftliche Programm beizutragen. Denn eine weitergehende Zuständigkeit hätte letztlich eine Umwandlung des Forschungsinstituts ZIPE in

Im Zusammenhang mit den Plänen für eine Antarktisstation der DDR wurde auch eine Wiederaufnahme der Spitzbergen-Forschung (hier: Front des Kongsvegen-Gletschers im Winter) erwogen. (Foto: Siegfried Meier)

eine logistikdominierte Einrichtung zur Folge gehabt. Als offizielle Begründung führte man an, dass die AdW als reiner »Zuwendungsempfänger« nicht über eigene Mittel verfüge – bei der Struktur des Staatshaushaltes der DDR ein durchaus überzeugendes Argument.

Das Politbüro hatte in seinem Beschluss vom September 1979 die Zuständigkeit für den Stationsaufbau dem Ministerium für Umweltschutz und Wasserwirtschaft (MfUW) übertragen. Es folgte darin dem Vorbild der Sowjetunion, bei der – historisch gewachsen – das Arktische und Antarktische Forschungsinstitut in Leningrad dem Forschungsprogramm des Umweltministeriums zugeordnet war. Ein Nebeneffekt war, dass dessen Leiter als (einer der) Stellvertreter des Vorsitzenden des Ministerrates auch hochrangig war – aber letztlich nur formal, denn er gehörte der kleinen Bauernpartei an und nicht der »staatstragenden« SED. Dass dieses Ministerium an den vorausgegangenen Beratungen nicht beteiligt war und auch über keinerlei Antarktis-Erfahrung verfügte, störte niemanden, denn dafür konnte man sich ja entsprechende Leute holen. Da der Auftrag aus dem Politbüro gekommen und von dem überaus einflussreichen Dr. Günter Mittag initiiert worden war, hatte sich Minister Dr. Hans Reichelt nicht gegen das Himmelfahrtskommando wehren

können und spielte das Spiel in der Folge versiert mit.

Vorgegebenes Ziel waren in erster Linie Konzeption, Planung, Aufbau und Betrieb einer Antarktis-Station ab Januar 1981 – ein Termin, der ebenso durch die Vorbereitungssitzung zur nächsten Konsultativrunde wie durch die bundesdeutschen Ambitionen diktiert worden war. Daneben sollte die »1. Antarktisexpedition der DDR«, deren Hauptaufgabe die Errichtung der Station war, vorbereitet werden. Damit wollte man zugleich gegenüber den Staaten der Konsultativrunde den Nachweis einer eigenständigen Antarktisforschung erbringen. Wie Generalsekretär Grote in einer Informationsberatung am 18. März mitteilte, war nach dem Willen des Ministerrates außerdem »zur Gewährleistung des laufenden Betriebs der Station, insbesondere zur ständigen Koordinierung der wissenschaftlich-technischen und logistisch-organisatorischen Arbeiten ab 1. 1. 1981 eine Forschungsstelle« aufzubauen. Diese sollte als eine 40 Planstellen umfassende »selbstständige Forschungseinrichtung« dem MfUW unterstellt und in Rostock angesiedelt werden.

Zur Realisierung des Zieles wurden verschiedene Arbeitsgruppen eingesetzt, die wohl nicht immer voneinander wussten. Zum Leiter des »Aufbaustabes«, der die Konzeption für die Station erar

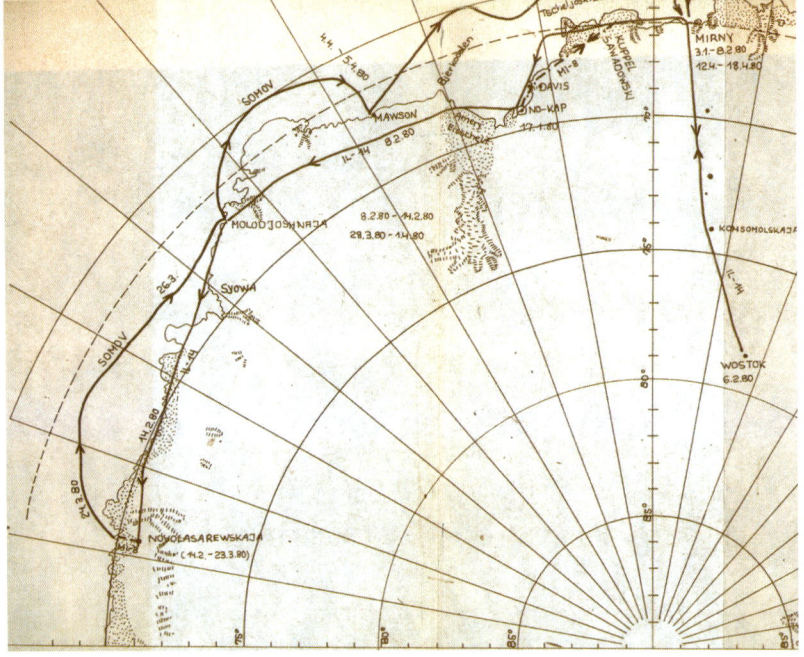

Route der »EREX 1979/1980« bei der Erkundung verschiedener Stationstypen (oben). (Quelle: Hartwig Gernandt)

Nach dem Scheitern der Stationspläne wurde die »Georg-Forster-Station« (Mast; hier: Blick nach Süden aufs Inlandeis) zum wichtigsten Anlaufpunkt für die ostdeutschen Antarktisforscher. (Foto: Hartwig Gernandt)

Alle arbeiteten mit großem Engagement, aber ohne wirkliche Einflussmöglichkeiten auf die Randbedingungen. Dies wäre Aufgabe der Funktionäre des MfUW gewesen. Doch sie beschränkten sich darauf, pflichtgetreu gesetzliche Regelungen wie die vorgeschriebene Einhaltung der achtstündigen Tagesarbeitszeit für die Arbeit in der Antarktis umzusetzen, und ließen sich nur mühsam überzeugen, dass für Vorgaben wie die zum Schutz schwangerer Frauen kein Anwendungsbedarf bestand. Die für die DDR geltenden Regelungen wurden exekutiert, da man keine Vorstellungen von den völlig anderen Bedingungen in der Antarktis besaß. Die Funktionäre wollten auch keine Verantwortung übernehmen, offensichtlich nicht einhaltbare Regelungen abändern zu lassen, wenn man sie schon nicht einfach übergehen wollte.

Für die Planung und Auslegung konnte man im Aufbaustab selbst zunächst nur die Anforderungen, Wünsche und Vorstellungen aus den verschiedenen wissenschaftlichen Bereichen entgegennehmen. Um alles vernünftig aufeinander abzustimmen, fehlte neben der Zeit die Autorität. Der Aufbaustab konnte zunächst nur addieren und erkennbare Auswüchse ignorieren. Aufgabe war, die Voraussetzungen zur Realisierung der wissenschaftlichen Pläne unter Expeditionsbedingungen zu schaffen, nicht das wissenschaftliche Programm auf die beschränkten Möglichkeiten der Station zu reduzieren. Wenn das ZIPE bestimmte Installationen forderte, weil diese für die Aufnahme in den SCAR erforderlich seien, konnte man dies nicht überprüfen, sondern musste die Forderung akzeptieren und technisch umsetzen – was in aller Regel die Kosten weiter steigen ließ. Bei allen Planungen musste darüber hinaus für die Expeditionsteilnehmer der höchst mögliche Sicherheitsstandard gewährleistet werden. Auch dies ein unumgängliches und Kosten treibendes Element, auf das der Aufbaustab letztlich keinen Einfluss hatte. Als sich schließlich ein Umfang abzeichnete, der einen Aufbau der Station im Rahmen einer einzigen Expedition unmöglich erscheinen ließ, musste man für die Errichtung der »Stationsgebäude 2 und 3« mit den Wohn-, Arbeits- und Laborräumen für mehrere Disziplinen eine – neue – zweite Aufbauphase vorsehen. Auch hier hatte niemand die Zeit für

beiten und deren Aufbau vorbereiten sollte, wurde Ing. Max Schweinberger, Direktor des »VEB Wasserwirtschaft und Abwasserbehandlung Neubrandenburg«, bestimmt. Er holte sich in seine Gruppe Leute mit Antarktis-Erfahrung, wie den Berliner Dr.-Ing. Georg Dittrich, und Organisationsgenies wie Bodo Tripphahn. Als Leiter der »1. Antarktis-Expedition der DDR« wurde etwas später Dr.-Ing. Günter Leonhardt ausersehen, ein Geodät und Markscheider mit Erfahrungen aus zwei SAE-Teilnahmen (vgl. »Einblicke in die Entwicklungsgeschichte der Erde«), der inzwischen in der Generaldirektion der »SDAG Wismut«, des damals drittgrößten Uranproduzenten der Welt, tätig war.

Erst 1987 wurde das »DDR-Basis-laboratorium« bei »Nowolasarewskja« offiziell zur »Georg-Forster-Station« erklärt. (Foto: Günter Stoof)

eine wirkliche Koordination. Die Akademie, die für das wissenschaftliche Programm der DDR zuständig war, wurde Anfang April 1980 informiert und musste schon vorbereitete Programmteile kurzfristig streichen. Diese Entwicklung veranlasste Prof. Dr. Peter Bormann, seit 1979 stellvertretender ZIPE-Direktor und Leiter der dortigen »Expertengruppe zur Koordinierung der wissenschaftlichen Aufgabenstellung«, am 22. Mai gegenüber Akademie-Generalsekretär Claus Grote warnend auf einige Probleme hinzuweisen. »Die im April 1980 vorgelegte Kalkulation für die Transportkosten mit Hilfe eines von der UdSSR gecharterten Schiffes erweisen sich nach neueren Kenntnissen als viel zu niedrig«, schrieb er. Hubschrauberkapazität müsse nicht nur für die Aufbauphase, sondern als »ständiger Bestandteil der DDR-Expedition« verfügbar sein. Und so listete er über insgesamt acht Seiten aus seiner Sicht ungeklärte Fragen auf. Aus wissenschaftlicher Sicht waren die Forderungen Bormanns durchaus verständlich, für Aufbau und Betrieb der Station hätten sie in den meisten Punkten allerdings zu weiteren Kostensteigerungen geführt.

Bormanns Bedenken – sowie wohl auch andere Entwicklungen – führten offenbar zu einer Überprüfung der bis dahin vorliegenden Kalkulationen. In einer Sitzung fasste jedenfalls das »Sekretariat des ZK« am 20. Mai 1980 einen Beschluss »zur Realisierung der Transportaufgaben zum Aufbau und Betrieb einer Forschungsstation der

DDR in der Antarktis«. Danach sollte ein von der Sowjetunion angebotenes Schiff für bis zu acht Monate angemietet und im September 1980 in Rostock nachgerüstet werden. Für den Transport der auf über 90 Personen veranschlagten Aufbaumannschaft sollte darüber hinaus ein speziell dafür umgerüstetes »Transportschiff vom Typ Fang- und Verarbeitungsschiff der Hochseefischerei der DDR« eingesetzt werden, das aber über keine hohe Eisklasse verfügte. Außerdem ließ man bei der »Interflug« die »Lieferbereitschaft der UdSSR« für zwei Hubschrauber mit Ersatztriebwerken und Ersatzteilen prüfen.

Die Planungen gingen nun schrittweise in die Realisierung über. Der gecharterte sowjetische Eisbrecher Kapitan Markow war bereits auf dem Wege von Wladiwostok über Murmansk nach Rostock. Die aus Fertigteilen zusammensetzbaren Hütten für die erste Phase der Station waren in Auftrag gegeben und standen im märkischen Sand zum Probeaufbau bereit. Für den Einsatz des DDR-eigenen Schiffes forderte die für dessen Zulassung zuständige Behörde allerdings, dass für jeden Expeditionspassagier eine Koje und ein Rettungsbootplatz vorhanden sein müsse. Konsequenz: Auch dieses Schiff musste erst noch umgebaut werden, und zwar rechtzeitig vor dem für die Expedition vorgesehenen Abfahrtstermin, dem 13. Oktober 1980. Diese Leistung konnte in der Kürze der noch zur Verfügung stehenden Zeit keine Werft des Ostblocks erbringen. So verhandelte Max Schweinberger

Ein Wasserfall ist selbst in den antarktischen Oasen ein seltenes Schauspiel. (Foto: Hartwig Gernandt)

Mitten in die Stationsvorbereitungen in Potsdam und die Verhandlungen Schweinbergers zum Schiffsumbau kam aus heiterem Himmel die Nachricht von einer am Dienstag, dem 15. Juli 1980, getroffenen Festlegung der von Mittag geleiteten Wirtschaftskommission des Politbüros: Die Vorbereitungsarbeiten für die personelle und materielle Sicherstellung der Errichtung einer Forschungsstation der DDR in der Antarktis sind einzustellen. In der Arbeitsgruppe »Staatliche Leiter« wurde am nächsten Tag – reichlich nebulös – erläutert, dass die Maßnahme dem Ziel diene, »durch Konzentration der personellen, materiellen und finanziellen Fonds den notwendigen volkswirtschaftlichen Leistungsanstieg zu unterstützen«.

Am Abend des 16. Juli 1980 saßen fünf Mitglieder des Aufbaustabes für die nunmehr gescheiterte Antarktis-Station der DDR im Berliner Südosten im Garten des Hauses von Georg Dittrich zusammen. Sie hatten einige Monate hart, bis an die Grenzen des Möglichen diskutiert, geplant und für ihre Sache, die Antarktisforschung, gearbeitet. Sie hatten sich für eine vernünftige und realisierbare Auslegung der Station eingesetzt, jedoch zur Kenntnis nehmen müssen, dass sie ihre Fachkenntnis nur begrenzt einsetzen durften. Loyal hatten sie dennoch das Ergebnis immer mitgetragen. Entschieden hatten am Ende aber Leute, die die Antarktis nur von der Landkarte her kannten und sich kaum die Mühe machten, über die Bedingungen dort nachzudenken. So traf sie deren Entscheidung, für die nach unten keine nachvollziehbare Begründung kommuniziert wurde, völlig unvorbereitet. Sie waren tief enttäuscht, fühlten sich ausgenutzt und betrogen. »Es war ein Moment, da waren auch erwachsene Männer den Tränen nahe«, erinnert sich Dittrich noch heute bewegt.

Da keine projektspezifischen Gründe für den Abbruch genannt worden waren, spekulierten alle. Am wahrscheinlichsten erschien es, dass man im Politbüro vor den Kosten zurückgeschreckt war. Und so war es in der Tat: Nach einer Vorlage von Außenminister Fischer, die unter anderem von Minister Reichelt und Akademiepräsident Scheler mitgezeichnet worden war, wurden am 24. Juli die Errichtungsaufwendungen auf 63,3 Mio. Mark, davon allein 50,9 Mio. Mark

Mitte Juli mit einer bundesdeutschen Werft, die verständlicherweise eine Art »Express-Zuschlag« veranschlagte.

Mit Datum vom 30. Juni 1980 teilte das Außenministerium der DDR darüber hinaus den Vertragspartnern des Antarktisvertrages Veränderungen ihrer für 1979/1980 vorgesehenen Forschungsarbeiten mit: Es informierte über die »Suche nach einem Standort für die künftige DDR-Forschungsstation in der Antarktis«, für die Gernandt und Passehl bis Mai 1980 in der Antarktis gewesen waren. Diese Mitteilung erreichte das Bonner BMFT am 16. Juli 1980 und wurde dort sinngemäß mit »reichlich spät eingefallen« kommentiert und dann zu den Akten gelegt. Man hatte in Bonn parallele Beitrittsbestrebungen erwartet, ohne allerdings über den Stand der Vorbereitungsmaßnahmen etwas zuwissen.

Transportkosten, und die Betriebskosten auf 60 bis 65 Mio. Mark veranschlagt. Explizit wurde außerdem festgestellt: »Darin sind Erkundungs- und Erschließungsmaßnahmen für die unmittelbare Vorbereitung einer Ressourcennutzung nicht enthalten.« Schließlich war auch noch jemand auf die Idee gekommen, die Aufwendungen bis zum Jahr 2000 hochzurechnen. Das Ergebnis – »rund 1,4 Mrd. M« – war ein Betrag, den die führenden Politiker der DDR offenkundig für den möglichen Prestigegewinn aus dem Konsultativstatus nicht bereit waren aufzubringen. Im Hinblick auf die sich schon damals immer weiter öffnende Schere zwischen den politischen Prestigebestrebungen und den wirtschaftlichen Möglichkeiten der DDR traf Günter Mittag die Entscheidung, die »Notbremse« zu ziehen und einen Einstellungsbeschluss herbeizuführen.

In sommerlich dünner Besetzung, d.h. ohne Honnecker, Stoph, Mittag und die meisten anderen, zog das Politbüro am 29. Juli 1980, 10:00 Uhr, den endgültigen Schlussstrich: »Die Errichtung einer eigenen Antarktisstation zum Erweb des Konsultativstatus der DDR im Antarktisvertrag erfolgt nicht. Die Vorbereitungsarbeiten sind einzustellen.« Minister Reichelt war nichts vorzuwerfen: Er hatte den Auftrag des Politbüros mit hohem Engagement umsetzen lassen. Die Kosten ließen sich von den Umständen her begründen. Der Aufbaustab hatte die in diesem begrenzten Zeitrahmen sich bietenden Einsparungsmöglichkeiten ausgenützt. Niemand aber hatte die Notwendigkeit eines eigenen eisbrechenden Versorgungsschiffes vorhergesehen, dessen Bau gegenüber dem Politbüro auf weitere 110 bis 130 Mio. Mark für die Jahre 1982/1983 veranschlagt wurde. Die Entscheidung sorgte außenpolitisch für erhebliche Verstimmung bei den Partnern in der Sowjetunion, die ursprünglich ja wollten, dass die DDR für Anfang 1981 gleichzeitig mit der Bundesrepublik einen Antrag auf Aufnahme in die Konsultativrunde stellen sollte. Um den voraussehbaren Schaden in Grenzen zu halten, legte das Politbüro in seinem Beschluss als Erstes fest: »Die im Rahmen der sowjetischen Antarktisforschung seit 1959 durchgeführten Forschungsarbeiten der Akademie der Wissenschaften der DDR sind weiterzuführen und zu vertiefen.« Die Akademie sollte daher entsprechende

»Verhandlungen mit den sowjetischen Partnern führen«. Damit hatte die Akademie den schwarzen Peter wieder, zugleich auch die alleinige Zuständigkeit, durch die Rückendeckung des Politbüros allerdings auch einige Planungssicherheit. Antarktisforschung musste von nun an »geliebtes Kind« der Akademie sein.

Um die Identifizierung der AdW der DDR mit der Antarktisforschung zu dokumentieren und auch das Verhältnis zu den sowjetischen Partnern wieder zu verbessern, flog Anfang Oktober eine AdW-Delegation unter Generalsekretär Grote und ZIPE-Direktor Kautzleben nach Moskau. Die Atmosphäre war offensichtlich ziemlich frostig. Der Generalsekretär hielt die sowjetische Kritik in seinem Bericht über die Gespräche des 2. und 3. Oktober mit diplomatischer Diskretion fest: »Es wurde die Hoffnung zum Ausdruck gebracht,

Die ostdeutschen Biologen konnten auch nach 1981 in ihrem Forschungsgebiet auf King George Island weiterarbeiten. (Foto: Klaus Odening)

dass seitens der DDR die Bemühungen fortgesetzt werden, die Voraussetzungen für den Erwerb des Konsultativstatus im Antarktisvertrag zu schaffen. Die sowjetische Seite setze die Unterstützung für die DDR fort in der Erwartung, dass diese zu einem gegenwärtig noch nicht bestimmbaren Zeitpunkt den Konsultativstatus erwirbt. Die Entscheidungen in der DDR zur Einstellung der Arbeiten für die Gründung einer eigenen Station werden sehr bedauert, weil die Mitarbeit der DDR in der Antarktisforschung und als Vollmitglied in der Runde der Konsultativstaaten des Antarktisvertrages als wesentlich angesehen werden.« Die sowjetischen Gesprächspartner zeigten sich bereit, die Beteiligung der DDR an den Sowjetischen Antarktis-Expeditionen im bisherigen Umfang mit jährlich etwa sechs Überwinterern und zusätzlich zwei bis vier Teilnehmern für die Sommersaison weiterzuführen, sperrten sich aber gegen eine Erhöhung der Teilnehmerzahlen. Diese Bereitschaft wurde jedoch – in Übereinstimmung mit früheren Signalen – auf den Zeitraum 1981 bis 1985 eingegrenzt, sodass Grote resümierte: »Das kann so aufgefasst werden, dass der DDR fünf Jahre Zeit gegeben werden, die Versorgung ihrer Teilnehmer in der Antarktis mit eigenen logistischen Mitteln vorzubereiten und diese 1985/1986 in Betrieb zu nehmen, unabhängig davon, ob bereits dann eine eigene Station errichtet wird. Andernfalls ist mit wesentlich höherer Kostenbeteiligung, zumindest bezüglich

der Selbstkosten, zu rechnen.« Obwohl Prof. Dr. Ewgenij Tolstikow bei einer Vorstellung des Stationsprojekts durch das MfUW im Sommer keine Kritik geäußert hatte, machte er nun als Leiter der sowjetischen Delegation gegenüber Grote deutlich, dass »nach seiner Meinung« die Auslegung der geplanten Station »überzogen« gewesen sei. Grote hielt diese Aussage sicher nicht ohne Hintergedanken fest, denn sie kam einem Freispruch der Akademie für die Fehleinschätzung der Kosten gleich.

»Mit Genugtuung« nahmen die sowjetischen Vertreter dagegen die Nachricht vom Antrag der DDR auf Aufnahme bei SCAR zur Kenntnis. Sie konnten ja nicht wissen, dass der Ministerrat der DDR bereits am 12. Mai 1980 einen entsprechenden Beschluss gefasst hatte, dieser aber wegen des Kompetenzgerangels zunächst nicht umgesetzt worden war. Nach dem Politbüro-Beschluss vom 29. Juli beeilte sich die Akademieführung und stellte am 6. August offiziell den Antrag. Auf Grund einer am 6. Juni gestellten Voranfrage der Akademie hatte das SCAR-Sekretariat den Antrag allerdings schon erwartet und die gastweise Teilnahme eines DDR-Delegierten für die nächste Sitzung angeboten. Am 23. Oktober 1980 bestätigte die SCAR-Delegiertenversammlung in Queenstown/Neuseeland die Mitgliedschaft der DDR – allerdings mit Vorbehalten. Diese gingen, laut Reisebericht von Peter Bormann, der bei der Sitzung die Akademie als Delegierter vertrat, vor allem auf die Intervention des bundesdeutschen Vertreters, Prof. Dr. Gotthilf Hempel, zurück. Hempel stufte nämlich – etwas überspitzend – die DDR-Aktivitäten im Plenum als »einseitig geophysikalisch orientiert« ein und vermisste als Meeresbiologe die biologische Komponente im Programm. Durch Vermittlung von SCAR-Geschäftsführer Dr. Hemmen wurde schließlich der SCAR-Präsident autorisiert, die Mitgliedschaft der Akademie zu bestätigen, sobald sie die Gründung und Zusammensetzung eines SCAR-Landesausschusses mitgeteilt habe. Darüber hinaus wurde der Akademie eine Beteiligung am BIOMASS-Programm und eine Offenheit im Austausch von Wissenschaftlern mit anderen nationalen Programmen nahe gelegt.

Um den Vorbehalt schnell zu entkräften, griff man in Potsdam zu einem kleinen Trick: Da wegen der intern notwendigen Formalitäten für die zehn Mitglieder des Landesausschusses keine schnelle Berufung möglich war, wurde die weitgehend personengleiche »Ständige Arbeitsgruppe Expeditionen beim Programmrat Geo- und Kosmoswissenschaften« (STAGEX), die am 21. März 1978 gegründet, zwischenzeitlich aber von Stiller schon wieder aufgelöst worden war, einfach zur Vorläuferin erklärt. Deren Zusammensetzung wurde für den »Landesausschuss SCAR« durch gezielte Neuberufungen an die Arbeitsweise des SCAR angepasst. Gegenüber SCAR konnte man dadurch erklären, dass der Landesausschuss, zu dessen erstem Vorsitzenden Peter Bormann bestimmt wurde, schon seit 1978 arbeitete. Durch die Aufnahme konnten die Wissenschaftler aus der DDR 1982 zum ersten Mal in Leningrad an einer SCAR-Tagung teilnehmen. Dort kam es auch zur ersten Begegnung zwischen ost- und westdeutschen Polarforschern auf Arbeitsebene. Auf der Sitzung der »Working Group on Logistics and Operations« stellten die DDR-Vertreter unter anderem auch das »Basislaboratorium« in der Schirmacher-Oase vor.

Schwieriger war es, die sowjetische Erwartung nach Aufnahme der DDR in die Konsultativrunde zu erfüllen. Polen wie dann die Bundesrepublik (vgl. »Welcome to the Club!«) hatten als Grundlage für ihre Anträge eigene, ständig besetzte Stationen in der Antarktis errichtet. Also musste die DDR ebenfalls eine eigene Station vorweisen. Da inzwischen eine leichte Lockerung der Kriterien erkennbar geworden war, wurde das in der Schirmacher-Oase gelegene »Basislaboratorium« bei »Nowolasarewskaja« – nach einem entsprechenden Beschluss des Politbüros – schließlich zu einer selbstständigen Antarktisstation der DDR und am 25. Oktober 1987 von Prof. Kautzleben als dem zuständigen Mitglied des Akademie-Präsidiums feierlich in der Antarktis als »Georg-Fors-ter-Station« eingeweiht. Die Umbenennung stieß außerhalb der DDR nicht auf Kritik, denn durch die Ergebnisse bei der Ozonforschung (vgl. »Faszination Polare Ionosphäre«) war die Forschungsbasis international längst bekannt geworden und wurde von den meisten bereits als DDR-Station angesehen.

Zusammen mit Prof. Kautzleben war am 12. Oktober 1987 eine Forschergruppe unter Vermessungsingenieur Reiner Frey vom Ostberliner Flughafen Schönefeld zur »1. Antarktisexpedition der DDR« gestartet. Schon vorher waren mehrere Kollegen mit dem Schiff in die Antarktis abgereist. Die ostdeutsche Antarktisforschung konnte nun mit vollem Recht gegenüber der Welt erstmals als eigenständiger Partner auftreten.

Die DDR war für das von der Sowjetunion initiierte Wettrennen mit der Bundesrepublik zu spät an den Start gerufen worden und gab es dann vorzeitig verloren. Nachdem sie ihr eigenes Tempo wählen durfte, erreichte sie das Ziel schließlich doch: Mit der »Georg-Forster-Station« als Basis wurde sie 1987 in die Konsultativrunde nach dem Antarktisvertrag aufgenommen. Das sozialistische Lager wurde dadurch allerdings nicht, wie ursprünglich geplant, nachhaltig unterstützt: Drei Jahre später kam die »Wende« und mit ihr die Integration der ostdeutschen Polarforschung in die bundesdeutschen Strukturen (vgl. »Die Vereinigung der beiden Flussarme«). In den Larsemann-Hügeln, rund 500 m vom geplanten DDR-Standort entfernt, errichtete die Sowjetunion 1988/1989 eine neue Station mit Namen »Progress II«.

Welcome to the Club!

Mit dem Kabinettsbeschluss vom 12. Dezember 1979, das neue Polarforschungsinstitut in Bremerhaven anzusiedeln (vgl. »Das Machtwort des Kanzlers«), war ein wichtiger Meilenstein zur Stärkung der Polarforschung gesetzt worden.

Antriebsfeder war letztlich ein außenpolitisches Ziel: die Aufnahme der Bundesrepublik Deutschland in die Konsultativrunde nach dem Antarktisvertrag. Denn nur als deren Mitglied eröffnete sich, wie es am 8. März 1978 in einem Vermerk an Bundeskanzler Helmut Schmidt hieß, »die Möglichkeit, bei der Ausgestaltung und Festlegung der zukünftigen Aktivitäten in der Antarktis aktiv mitzuwirken«. Absichtserklärungen – und der Gründungsbeschluss war zunächst nicht mehr als eine Absichtserklärung – würden den Konsultativmitgliedern nicht genügen, das wusste man. Es mussten daher schnell überzeugende Fakten geschaffen werden. Nur so konnte erreicht werden, dass bei der anstehenden Sondersitzung der Konsultativrunde am 3. März 1981 alle Konsultativstaaten für eine Aufnahme stimmen würden, sich also auch die vermutlich eher negativ einge-

Die Antarktis lockte die Politiker anfangs mehr als die Wissenschaftler. Aber ein intensives Forschungsprogramm und eine eigene Station waren nach dem damaligen Verständnis Voraussetzungen für eine Aufnahme in die Konsultativrunde nach dem Antarktisvertrag. (Foto: Heinz Kohnen)

stellte Sowjetunion diesem Votum nicht entziehen könnte.

Der Entwurf für ein »Gesetz zum Antarktisvertrag vom 1. Dezember 1959« wurde von der Bundesregierung – nach einer ersten Beratung am 14. Dezember 1977 – am 18. Januar 1978 beschlossen und das Gesetzgebungsverfahren eingeleitet. In der angefügten Denkschrift begründete die Bundesregierung das Interesse des Landes an einem Beitritt zuvorderst mit der »Sicherung eines Anspruchs auf freie wissenschaftliche Forschung in der Antarktis« und der »aktiven Beteiligung an der internationalen Zusammenarbeit bei der Erforschung lebender Nahrungsreserven«; weitere wirtschaftliche Motive wurden nicht genannt. Der Bundesrat stimmte dem Entwurf im Rahmen der ordnungsgemäßen Beratungen am 17. März 1978 auf Initiative des Landes Bremen zu und bat die Bundesregierung, »bereits jetzt neben dem Beitrittsverfahren alle Anstrengungen zu unternehmen«, um den Konsultativstatus zu erlangen. Im Bundestag wurde das Gesetz und damit der Beitritt der Bundesrepublik zum Antarktisvertrag nach den obligatorischen Beratungen in den Ausschüssen am 16. November 1978 verabschiedet. Die Wortgefechte zwischen Koalition und Opposition waren im Grunde nur Theaterdonner für die Tribüne, denn der Beitritt war zwischen den Parteien in keiner Weise strittig. Wirksam wurde er am 5. Februar 1979 durch Hinterlegung der Urkunde in Washington. Am 12. Dezember 1979 beschloss die Bundesregierung schließlich ihr Antarktisforschungsprogramm, in dem auch der Standort für das neue Polarforschungsinstitut festgelegt wurde. Die bundesdeutsche Diskussion war damit beendet. Doch wie stand es um die Voraussetzungen für die Aufnahme in die Konsultativrunde?

In der Konsultativrunde werden Entscheidungen in der Regel nach dem Konsensprinzip getroffen: Es genügt nicht, eine Mehrheit zu haben, vielmehr durfte keiner widersprechen. So kristallisierte sich bald heraus, dass die Aufnahme der Bundesrepublik letztlich von der Haltung der Sowjetunion abhängen würde, denn alle anderen Mitglieder hatten bei diplomatischen Nachfragen im Herbst 1977 erkennen lassen, dass sie einem Aufnahmewunsch voraussichtlich entsprechen würden. Und sie befürworteten darüber hinaus die

Albatros. (Foto: Heinz Kohnen)

Teilnahme der Bundesrepublik vorab an einer Konferenz, die vom 7. bis 20. Mai 1980 in Canberra zum Abschluss des »Übereinkommens über die Erhaltung der lebenden Meeresschätze der Antarktis« (CCAMLR, vgl. »Unentbehrlicher Krill«) stattfinden sollte. Als die Sowjetunion ihr Einverständnis dazu von einer gleichzeitigen Einladung an die DDR abhängig machte, sprach vieles dafür, dass auch die DDR einen Antrag vorbereitete. Von bundesdeutschen Diplomaten auf die Chancen eines Antrags der Bundesrepublik angesprochen, wiesen sowjetische Delegationsmitglieder darauf hin, dass für eine Aufnahme in die Konsultativrunde Pläne, Absichten oder bereitgestellte Mittel nicht ausreichten. Sie konnten zu diesem Zeitpunkt ja noch davon ausgehen, dass die DDR bei ihrem geplanten Antrag auf eine Station und auf langjährige Forschungsarbeiten im Rahmen der Sowjetischen Antarktis-Expeditionen würde verweisen können. Nach dem Abbruch der DDR-Stationsvorbereitung (vgl. »Der verlorene Wettlauf«) überlegte die sowjetische Seite offenbar, mit welchen Argumenten sie einem Antrag der Bundesrepublik die Zustimmung verweigern oder zumindest eine Entscheidung verzögern könnte.

Unter diesen Umständen musste die Bundesregierung vor dem nächsten Treffen der Mitglieder der Konsultativrunde, nämlich einem »Vorbereitungstreffen« Anfang März 1981 in Buenos Aires,

Herwald Bungenstock entwickelte sich als Referatsleiter im Bundesministerium für Forschung und Technologie zu einem »Schutzherrn« und engagierten Förderer der deutschen Polarforschung. (Quelle: Heidi Bungenstock)

überzeugende Fakten schaffen. Zwar wurde am 30. Juli 1980 der Bauauftrag für ein großes Forschungs- und Versorgungsschiff, die spätere POLARSTERN, vom BMFT vergeben und am 15. Juli 1980, nach Zustimmung durch die Bremische Bürgerschaft, das »Alfred-Wegener-Institut für Polarforschung« vom Senat der Freien Hansestadt Bremen durch ein Stiftungsgesetz errichtet. Bereits am 9. Oktober 1978 in seinem ersten Brief an den Wissenschaftsrat hatte Ministerialdirektor Dr. Günter Lehr erwähnt, dass sich dieser Name für die geplante Einrichtung anbiete, doch hatte Bungenstock erst im April 1979 die Erlaubnis bei Else Wegener, der Witwe des vorgesehenen Namenspatrons, eingeholt. Bis zur Gründung wurde daher dieser Name, den vermutlich der Geodät und EGIG-Teilnehmer Walther Hofmann aus Karlsruhe ins Gespräch gebracht hatte, offiziell kaum verwendet. Dabei war er völlig unstrittig. Die wachsende Akzeptanz seiner Theorie von der »Kontinentaldrift«, die Alfred Wegener international sogar schneller wieder bekannt machte als innerhalb Deutschlands, ließ die Namensgebung sozusagen zum »Selbstläufer« werden.

Für den Beitritt zur Konsultativrunde war all dies aber ebenso wenig ausreichend wie der inzwischen übersetzte Entwurf für das Antarktisforschungsprogramm der Bundesregierung. Denn die Aufnahme der Volksrepublik Polen Ende Juli 1977 galt unverändert als Präzedenzfall. Und das bedeutete: Anerkennung als Mitglied nur bei Bestehen einer ganzjährig besetzten Station in der Antarktis.

Um den Standort einer solchen Station auszuwählen, war im Auftrag des Bonner Forschungsministeriums bereits im antarktischen Sommer 1979/1980 eine Erkundungsexpedition mit der POLARSIRKEL in der Antarktis unterwegs gewesen. Als Standort hatte man dabei einen Punkt auf dem Filchner-Ronne-Schelfeis westlich von Berkner Island ausgewählt und dort im Februar 1980 die »Filchner-Sommer-Station« errichtet (vgl. »Arbeiten und Wohnen im Eis«). Als die Anlage aber dann im Sommer 1980/1981 aufgebaut werden sollte, blockierte dickes Packeis im Weddell-Meer die Weiterfahrt der Schiffe zu dem noch rund 90 Seemeilen entfernten Ausladepunkt. Die Tage vergingen ohne Anzeichen für ein Aufbrechen des Eises. Je weiter die Zeit und der

antarktische Sommer voranschritten, desto konkreter wurde die Gefahr, dass die Station nicht mehr rechtzeitig vor Beginn der Sondersitzung der Konsultativrunde ihre Arbeit aufnehmen könnte.

In dieser Situation traf am Abend des 14. Januar 1981 auf dem damals noch recht komplizierten Kommunikationsweg über Radio Norddeich ein Telex aus dem Bundesministerium für Forschung und Technologie (BMFT) auf der POLARSIRKEL ein. Regierungsdirektor Dr. Herwald Bungenstock – nach Abstimmung mit dem zuständigen Abteilungsleiter Wolfgang Finke – ordnete an, die Versuche, die Winterstation bei der »Filchner-Station« auf dem Filchner-Ronne-Eisschelf zu errichten, abzubrechen. Stattdessen sollte der als »Ausweichstandort« im Vorjahr vorsorglich erkundete Landepunkt in der Atka-Bucht im Ostteil des Weddell-Meeres angelaufen werden. Die Verantwortung für diesen Schritt, mit dem auch Kompromissabsprachen zwischen den Wissenschaftlern beiseite geschoben wurden, musste Bungenstock übernehmen. Und er tat dies mit der ihm eigenen Entschlusskraft und Sachorientierung, mit der er sich in den folgenden Jahren noch öfter für die Polarforschung einsetzte. Denn er war überzeugt davon, dass nur so die rechtzeitige Inbetriebnahme der Station erreicht werden konnte.

Es war in diesen ersten Jahren des Aufbaus des Polarforschungsinstituts und einer starken westdeutschen Polarforschung nicht die letzte Weichenstellung, die Herwald Bungenstock herbeiführte. Bungenstock, Absolvent der Geophysik und der Naturwissenschaften der Technischen Universität Clausthal-Zellerfeld, war erst 1974 nach 18-jähriger Tätigkeit bei der Bundesanstalt für Geowissenschaften und Rohstoffe (BGR) in Hannover in das Bonner Forschungsministerium gewechselt und dort zunächst mit Aufgaben in der Meeresforschung betraut worden. Bereits im April 1978 wurde er freigestellt, um die Konzeption und dann das wissenschaftliche Programm für die Antarktisforschung in Abstimmung mit anderen Ressorts zu erarbeiten. Als Vorgabe hatte er eigentlich nur, dass eine eventuelle Rohstoffsuche deutlich hinter dem Aspekt »Forschung« zurückzutreten hatte. Nach einer Trennung der Aufgabenbereiche des bisherigen

Referats war dem damals 50-jährigen Bungenstock schließlich ab 1. April 1979 das neue Referat »Meeresforschung und Polarforschung« übertragen worden.

Diese Wahl erwies sich sehr bald als ein »Glücksfall« für die gesamte deutsche Polarforschung. Herwald Bungenstock – die Anweisung zum neuen Stationsstandort ist nach außen einer der offenkundigsten Belege dafür – entwickelte sich schnell zu einem »pragmatischen« Macher, der es exzellent verstand, bürokratische Hürden ebenso trickreich wie elegant zu umgehen. Hierfür setzte er nicht zuletzt sein Fachwissen ebenso wie sein großes Organisationstalent und seine Erfahrungen mit Forschungsschiffen ein. Drohte sein Anliegen durch kleinliche Verwaltungsregelungen in Gefahr zu geraten, räumte er diese mit dem kaum zu widerlegenden Argument »aus fachlicher Sicht unumgänglich« aus dem Weg. Für den an die Sparzwänge der Hochschule gewöhnten ersten Direktor des AWI, Gotthilf Hempel, war Bungenstock ein »Technikfreak« und zuweilen zu perfektionistisch eingestellt, zu wenig zum Improvisieren bereit. Umsichtig sorgte Bungenstock jedoch immer für ausreichende

Vorkehrungen zur Sicherheit von Expeditionsteilnehmern und ließ daher Geräte, sobald dies sinnvoll erschien, zusätzlich auf ihre Antarktis-Tauglichkeit hin untersuchen. Hempel lobte rückblickend diese insistierende Vorsicht als eine seiner Stärken in der erfolgreichen gemeinsamen Arbeit: »Ohne Herwald Bungenstock hätte meine Reserviertheit gegenüber technischen Innovationen und Investitionen den Fortschritt behindert und vielleicht auch Gefahren für die Expeditionen heraufbeschworen. Und ohne ihn hätte sich das AWI sicherlich nicht so gut entwickeln können.« Bungenstock förderte mit den Mitteln seines Referates die Polar- und Meeresforschung auch in den Hochschulen nach Kräften, wobei er kritisch darauf achtete, dass die Anträge gut formuliert und sachlich begründet waren. Dann aber galt: »Geld für Notwendiges kam immer«, wie Prof. Dr.-Ing. Heinz Schmidt-Falkenberg, pensionierter Leiter des Forschungsbereichs Photogrammetrie und Fernerkundung im Institut für Angewandte Geodäsie in Frankfurt, bei einem Gespräch feststellte. Mit Weitblick bezog Bungenstock mögliche künftige Entwicklungen in anstehende Planungen ein und initiierte viele wichtige Beschaffungsmaß-

Alfred Wegener

(Quelle: Dieter Fütterer)

Am 1. November 1880 in Berlin geboren, studierte Alfred Wegener in Heidelberg, Innsbruck und Berlin Astronomie und Meteorologie und promovierte 1904 über ein astronomisches Thema. Während der Grönland-Expedition des Dänen Ludvig Mylius-Erichsen machte er 1906–1908 meteorologische Aufzeichnungen und geodätische Messungen und habilitierte sich 1909 mit einer Arbeit aus Daten, die mit Drachen und Fesselballonen in Grönland gewonnen worden waren. Mit Johann Peter Koch überquerte er 1912/1913 das Inlandeis im Nordosten Grönlands. Polarforschung faszinierte ihn für den Rest seines Lebens.

In aller Welt bekannt wurde Wegener durch seine Theorie zur Kontinentalverschiebung (erstmals 1912), für die er in »Die Entstehung der Kontinente und Ozeane« (1. Auflage 1915) eigene und fremde Forschungsarbeiten aus Geophysik, Geodäsie, Paläontologie und Paläoklimatologie zusammenfasste. Zu seiner Zeit wurde diese Theorie von den meisten Kollegen vehement abgelehnt. Erst gesteinsmagnetische Untersuchungen und Altersbestimmungen mithilfe der Radioaktivität bestätigten sie ab Mitte der 1960er-Jahre schrittweise, sodass sie heute Bestandteil der »Plattentektonik« ist.

1924 übernahm der vielseitig interessierte Forscher die Professur für Meteorologie und Geophysik an der Universität Graz und erprobte 1929 bei einer Vorexpedition in Grönland die neue Methode der seismischen Eisdickenmessung. Alfred Wegener starb um den 16. November 1930 während der Hauptexpedition auf dem grönländischen Inlandeis.

nahmen. Gerade diese Eigenschaft kam natürlich in besonderem Maße »seinem« Institut, dem Alfred-Wegener-Institut in Bremerhaven, zugute. Denn da ihm bürokratisches Zaudern fremd war, hielt er schon in der Anfangsphase in vielen Punkten erfolgreich die Tür für künftige Erweiterungen offen. Bungenstock nutzte gelegentlich andere Personen für seine Ziele, aber er tat dies sachbezogen, freundlich und motivierend, sodass ihm kaum jemand deswegen böse sein konnte. So waren seine Handlungen vornehmlich auf die eigenen Ziele ausgerichtet, und die gab er in der Regel nicht vorzeitig preis. Er war insgesamt – mit den Worten Gotthilf Hempels – »ein schweigsamer Taktiker, was vielen auch Angst machte«. Als Herwald Bungenstock, inzwischen Ministerialrat und seit 1984 Honorarprofessor an der Hochschule Bremerhaven, am 31. August 1990 in den Ruhe-

stand ging, trat für das AWI ebenso wie für die gesamte deutsche Polarforschung ein »Schutzherr« ab, von dem viele Ideen und Anregungen ausgegangen waren. Bungenstock erhielt für sein »nach außen sichtbares und in Fachkreisen anerkanntes Forschungsmanagement« und seinen engagierten Einsatz für die deutsche Polar- und Meeresforschung am 25. Oktober 1995 im Pfalzmuseum für Naturkunde in Bad Dürkheim die »Georg von Neumayer-Verdienstmedaille«. Und alle hätten ihm den Genuss des Ruhestandes weit über den 30. Juli 1998 hinaus gegönnt. Im Januar 1981 sicherte Bungenstocks entschlossene Anweisung an den Expeditionsleiter Dr. Heinz Kohnen die rechtzeitige Inbetriebnahme der Überwinterungsstation, die nach Georg von Neumayer, dem unermüdlichen Vorkämpfer für eine deutsche Südpolforschung im ausgehenden 19. Jahrhundert, benannt wurde. Die Schiffe erreichten am 19./20. Januar die Atka-Bucht. Bereits am 26. Januar meldete Kohnen nach Bonn, dass das »Camp der wissenschaftlichen Expedition« errichtet sei; »gleichzeitig wurden alle wissenschaftlichen Programme auf dem Schelfeis (Geodäsie, Geophysik, Glaziologie, Meteorologie, Schneemechanik und technische Glaziologie) begonnen. An Bord der POLARSIRKEL wurden die Programme der Biologie (Meeresbiologie und Säugetierbiologie) und Ozeanographie im Bereich der Atka Bucht intensiviert.«

An den Folgetagen erschwerten Stürme, Schneeverwehungen und Nebel immer wieder die Auslade- ebenso wie die Montagearbeiten und brachten sie tageweise sogar zum Erliegen. Dennoch konnte Kohnen knapp einen Monat später, am 23. Februar, weitere Erfolge melden: »Der Aufbau der Antarktisstation der Bundesrepublik Deutschland (Position 70° 37' S 8° 22' W) und die Vorbereitungen zur ersten Überwinterung werden ohne Rücktransport Ende Februar/Anfang März abgeschlossen sein.« Die Radiostation werde ihren Betrieb am 25. Februar aufnehmen. Eine meteorologische Station sei ebenfalls eingerichtet und bringe ihre Beobachtungen in das internationale Beobachtungsnetz ein.

Das Auswärtige Amt gab diese Informationen sofort an die USA und Argentinien sowie die Mitglieder der Konsultativrunde weiter, denn damit war das letzte Aufnahmekriterium, nämlich die ständig besetzte Station, gerade noch rechtzeitig vor der inzwischen auf den 3. März 1981 terminierten »Sonder-Konsultativtagung« erfüllt. Vor Ort stand zudem ein Mitarbeiter der BMFT auf Abruf bereit, um fehlende Informationen in die Sitzung einzuspeisen.

Trotzdem blieb die Aufnahme der Bundesrepublik fast bis zur letzten Minute unsicher. Bis Mitte Dezember vermuteten die anderen Mitglieder der Runde immer noch, dass die DDR ebenfalls noch einen Antrag stellen werde, denn von dem Abbruch der Stationsvorbereitungen war offenbar nichts nach außen gedrungen. Bei den informellen Konsultationen vor der Konferenz kritisierten die sowjetischen Gesprächspartner, dass im Bericht der Bundesrepublik die Bezeichnung »deutsch« inkorrekt gebraucht werde und dass für die Teilnahme Westberliner Wissenschaftler an bundesdeutschen Expeditionen nicht auf das Vier-Mächte-Abkommen Bezug genommen werde. Außerdem werde wohl, im Gegensatz zum Verfahren bei der Aufnahme Polens, vor der anstehenden Sitzung in Buenos Aires keine Inspektion der neuen Station stattfinden können – der einzige Kritikpunkt mit Relevanz für den Antarktisvertrag und die bei der Aufnahme Polens vereinbarten Verfahrensgrundsätze.

Bei der entscheidenden Sitzung verhielten sich die sowjetischen Vertreter überraschend konziliant. In der Diskussion erwähnten sie weder einen möglichen künftigen Antrag der DDR noch die noch fehlende Inspektion der Station. Ihre politischen Kritikpunkte brachten sie erst vor, als eine informelle Befragung durch den argentinischen Sitzungsleiter bereits eine allgemeine Zustimmung dazu ergeben hatte, die Bundesrepublik in der Konsultativrunde zu akzeptieren. Am Ende gab sich die sowjetische Delegation damit zufrieden, dass ihre vorbereitete Erklärung als ein gesondertes Konferenzpapier ohne Bezug zum Schlussbericht und damit ohne weitere Verbindlichkeit verteilt wurde.

Die Bundesrepublik Deutschland hatte ihr Ziel erreicht: Sie gehörte gemäß Beschluss vom 3. März 1981 als 14. Mitglied zum elitären und exklusiven »Club« der Konsultativrunde nach dem Antarktisvertrag. Das Eintrittsgeld war hoch gewesen. Aber der Ertrag für die Wissenschaft war groß, denn Bundesregierung, Bundestag und Land Bremen schufen dafür gemeinsam ein profiliertes Forschungsinstitut, dessen Entwicklungschancen sein Gründungsdirektor Gotthilf Hempel in den folgenden Jahren mit viel Geschick nutzte. Und die Antarktis- und Arktisforschung an den Hochschulen erhielt endlich ein zentrales Institut. Die von diesem Institut getragene eigene deutsche Logistik vermittelte – nicht zuletzt mithilfe der Programme des Bundesforschungsministeriums und der Deutschen Forschungsgemeinschaft – langfristige Planungssicherheit und eröffnete für den Nachwuchs insgesamt deutlich verbesserte Berufschancen.

Ekkehart Müller-Heiden (Stationsleiter), Matthias Idl, Friedrich Obleitner, Jürgen Janneck und Paul Herbert Hag überwinterten im Jahr 1981 als Erste in der »Georg-von-Neumayer-Station« und übermittelten regelmäßig Wetterbeobachtungen an das Beobachtungsnetz der World Meteorological Organization. (Foto: Dieter Enß)

Eine Struktur wird geschaffen

Aufbau der neuen Instrumente

(Foto: Heinz Kohnen)

Arbeiten und Wohnen im Eis

Als man 1977 begann, intensiver über eine deutsche Beteiligung an der Antarktisforschung nachzudenken, verhielt man sich auf Seiten der Wissenschaft zunächst recht zurückhaltend. Wie in einer »Gemeinsamen Stellungnahme« der Vorsitzenden der drei einschlägigen Senatskommissionen der Deutschen Forschungsgemeinschaft (DFG) vom 14. Dezember 1977 ausgeführt wurde, befürchteten die Wissenschaftler »vielfach, dass ein starkes Engagement der Bundesrepublik Deutschland in der Antarktisforschung zu einer gefährlichen Überbeanspruchung des wissenschaftlichen Potentials oder zur Aufgabe wichtiger laufender oder geplanter Forschungsaktivitäten in geographisch leichter zugänglichen Gebie-

ten führen könne«. Insbesondere die Geowissenschaftler hatten Bedenken, denn für sie war – mehr noch als für die anderen Disziplinen – eine feste Station eine entscheidende Voraussetzung für Konzeption und Durchführung längerfristiger Projekte. Und da allein die Logistikkosten dafür die Fördermöglichkeiten der DFG übersteigen würden, brachten sie als bevorzugte Alternative die »Übernahme oder Mitbenutzung einer Station unter Kostenbeteiligung der Bundesrepublik an Einrichtungs- und Betriebskosten« in die Diskussion ein. In Politik und Ministerialverwaltung hatte man jedoch große Zweifel, dass man mit einem solchen Vorgehen das eigentliche Ziel, nämlich die Mitgliedschaft in der Konsultativrunde, erreichen würde.

Auf Bundesseite strebte man daher sowohl die Errichtung eines Polarinstituts wie eine feste Station in der Antarktis an. Bereits am 31. März 1978 hielt Dr. Arwed Meyl, der für die Meeresforschung zuständige DFG-Referent, in einem Vermerk fest, dass das Bundesministerium für Forschung und Technologie (BMFT) den Bau einer »Antarktis-Überwinterungsstation« für ca. 20 bis 25 Mio. DM erwäge. Was zunächst vorsichtig als Gerücht eingeschätzt worden war, erhielt durch eine Gesprächseinladung des BMFT vom

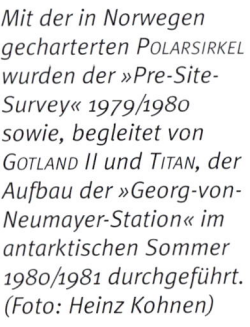

Mit der in Norwegen gecharterten POLARSIRKEL wurden der »Pre-Site-Survey« 1979/1980 sowie, begleitet von GOTLAND II und TITAN, der Aufbau der »Georg-von-Neumayer-Station« im antarktischen Sommer 1980/1981 durchgeführt. (Foto: Heinz Kohnen)

24. April eine offizielle Bestätigung, denn unter den »erforderlichen Maßnahmen« wurde »Planung und Bau einer Forschungsstation auf dem antarktischen Festland« genannt, allerdings mit einer reichlich optimistisch angesetzten »Inbetriebnahme noch im antarktischen Sommer 1979/1980«. Bei dem Gespräch am 10. Mai 1978 wurde dann ein tief greifender Dissens über den möglichen Standort offenbart: Ein Vertreter der Bundesanstalt für Geowissenschaften und Rohstoffe (BGR) in Hannover plädierte, wohl auf Anweisung aus dem Bundeswirtschaftsministerium, für einen Standort am Ross-Meer, da dieses Gebiet für die angewandte Geologie »von großem Interesse« sei. Die DFG-Senatskommission für geowissenschaftliche Gemeinschaftsforschung hatte sich dagegen vorher – ohne den verhinderten BGR-Vertreter – auf einen »Standort im Gebiet zwischen der antarktischen Halbinsel und Neuschwabenland (mit Zugang zum Südatlantik)« verständigt. Diese Entscheidung bei dem DFG-Rundgespräch »Geowissenschaftliche Antarktisforschung« am 5. Oktober 1977 begründeten die beiden Münsteraner Hubert Miller und Heinz Kohnen in einem folgenden Bericht: »Die Umrahmung des Filchner-Schelfeises ist das Schlüsselgebiet für die Einpassung der Antarktis in den südamerikanisch-afrikanischen Gondwana-Teilkontinent.«

Aufgrund dieser Diskussion bildete der Landesausschuss SCAR bei seiner konstituierenden Sitzung am 17. Juli 1978 eine neue Arbeitsgruppe zur Standortfrage, die sich am 3. August in Münster traf. Unter Vermittlung des Vorsitzenden Prof. Dr. Jürgen Untiedt (Münster) wurde aus der Kontroverse ein konstruktiver Dialog, zumal sich auch Prof. Dr. Heinz Dürbaum als Vertreter der BGR erfolgreich um einen Kompromiss bemühte. So wurde schließlich die Randzone zwischen West- und Ost-Antarktis und die dortigen Gebirge als eines der wesentlichen Ziele für die deutsche Geologie bezeichnet. Damit wurden das Weddell-Meer (Präferenz der Hochschulwissenschaftler) ebenso wie das North Victoria Land und das Ross-Meer (Arbeitsgebiet der BGR), aber auch die dazwischen liegenden Gebirge zum nationalen Forschungsgegenstand erklärt – und die Grundlage für die Einbeziehung der BGR-Aktivitäten in das im Entstehen begriffene Antarktisforschungs-

programm geschaffen. Der Münsteraner Dr. Heinz Kohnen, Sekretär des Landesausschusses SCAR, schrieb dazu etwas später: »Die Wahl dieses Sektors ergab sich aus dem Wunsch, sich möglichst auf unerforschtes Gebiet zu konzentrieren.« Insgesamt sahen mehrere Disziplinen sehr gute Forschungsmöglichkeiten in diesem Gebiet, denn von der »Zentralstation« aus, die nicht auf festem Felsen gegründet sein würde, sollten – eine wichtige Komponente der Konzeption – zusätzliche mobile »Feld- oder Trabantenstationen« für Untersuchungen etwa in den an das Filchner-Schelfeis angrenzenden Gebirgen betrieben werden.

Während des »Pre-Site-Survey« wurde auf dem Filchner-Schelfeis 1979/1980 eine Sommerstation als Vorläufer für die geplante permanente Antarktisstation eingerichtet. (Foto: Heinz Kohnen)

Weddell-Meer

Das Weddell-Meer liegt im atlantischen Sektor des Südozeans, der die Antarktis umschließt. Benannt ist es nach dem Briten James Weddell, der es 1823 auf der Suche nach Robben entdeckt hat. Im Westen wird das Weddell-Meer bei etwa 60° W durch die Antarktische Halbinsel, im Süden bei etwa 76° S durch das Filchner-Ronne-Schelfeis begrenzt. Weiter östlich schließt das antarktische Festland (Coats Land und Dronning Maud Land) an. Die Grenzen zu den benachbarten Meeren (Südatlantik im Norden und Lazarev-See im Osten) sind nicht streng definiert. Die Meerestiefe des Weddell-Meeres beträgt in den Schelfbereichen vor der antarktischen Halbinsel im Westen und vor den Schelfeisen im Süden nur wenige hundert Meter. Nördlich von diesen Zonen schließt sich ein ausgedehntes Plateau mit Tiefen von mehr als 5000 m an. Da sich das Packeis im antarktischen Sommer von Jahr zu Jahr verschieden weit nach Norden und Osten ausdehnt, sind die Bedingungen für marine geophysikalische Forschungen unterschiedlich günstig.

Heinz Kohnen leitete die Erkundungsexpedition 1979/1980 sowie den Aufbau der »Georg-von-Neumayer-Station« im folgenden Jahr und wurde Anfang 1982 Chef der Logistik-Abteilung beim AWI. (Quelle: Eva-Maria Kohnen)

Reiseroute der GOTLAND II (und der anderen Schiffe) bei der Expedition 1980/1981, bei der die »Georg-von-Neumayer-Station« schließlich an der Atka-Bucht statt auf dem Filchner-Schelfeis aufgebaut wurde. (Quelle: Christiani & Nielsen)

Dr. Herwald Bungenstock, seit Mai 1978 im BMFT für die Antarktis-Fragen fachlich zuständig, ließ sich von der Kontroverse um den Standpunkt nicht beeindrucken. Er bereitete die Vergabe von Planungsaufträgen vor und sorgte dafür, dass im Frühherbst 1978 darunter auch die Entwurfsplanung für die »Antarktisbasis-Station« war. Bungenstock gab als Ziel vor, dass bereits im antarktischen Sommer 1979/1980 der erste Teil der Station aufgebaut werden solle. Er widersprach allerdings nicht, als der logistikerfahrene Kohnen bei seiner Darstellung des Planungsstandes vor dem LA-SCAR am 13. Oktober 1978 für den gleichen Zeitraum nur »einen intensiven Pre-Site-Survey an den Stellen näherer Auswahl« vorschlug. Das Programm für diese Erkundungsfahrt arbeitete Kohnen zusammen mit einer Ad-hoc-Arbeitsgruppe »Antarktisstation« bis Mitte Mai 1979 aus. Dabei berücksichtigte er sowohl die Eindrücke der Beauftragten der Münchner Ingenieurgesellschaft Dorsch Consult, die Anfang 1979 vor allem die am Weddell-Meer auf Schelfeis liegenden Stationen »Sanae« (Südafrika) und »Halley Bay« (Großbritannien) besucht hatten, als auch die Beobachtungen, die ihm Dr. Olav Orheim vom Norsk Polarinstitutt in Oslo aus seiner Fahrt entlang der Schelfeiskante zur Verfügung stellte. In seinem Bericht ging Kohnen ausführlich auf das Packeisproblem für diesen Teil des Weddell-Meeres ein, kam allerdings zu einem optimistischen Schluss.

Da sich die Gründung des »Alfred-Wegener-Instituts« durch die Querelen um dessen Standort (vgl. »Das Machtwort des Kanzlers«) hinzog, drohte Bungenstock zwischen die Mühlsteine zu geraten: Die beratenden Wissenschaftler, allen voran der designierte Direktor Gotthilf Hempel, wurden immer ungeduldiger und misstrauten der Ministerialbürokratie ebenso wie den nach ihrer Auffassung unerfahrenen Industriefirmen. Aber Bungenstock wuchs mit seiner Aufgabe. Er verstand es, die notwendigen Maßnahmen zügig und kompetent voranzutreiben, dabei den Rat der Antarktisforscher konstruktiv einzubinden sowie im Druck auf die von ihm ausgewählten Firmen nicht nachzulassen. Dabei mussten auch Fehleinschätzungen korrigiert werden. So erbrachte die Ausschreibung für den Stationsbau vom Mai 1979 bis zur Abgabefrist Mitte September nur Angebote, die über dem vom BMFT vorgegebenen Kostenrahmen lagen. Nach Reduzierung des Umfangs und einer erneuten Ausschreibung konnte der Auftrag schließlich Ende Januar 1980 an die Hamburger Ingenieurbaufirma Christiani & Nielsen vergeben werden.

Währenddessen lief unter Leitung von Heinz Kohnen seit Mitte Dezember 1979 die Standortsuche in der Antarktis, für die das BMFT die norwegische POLARSIRKEL gechartert hatte. Das Weddell-Meer galt vor allem an seinem Südrand als sehr schwer zugänglich. Auf Satellitenaufnahmen hatte man jedoch entdeckt, dass sich entlang der Schelfeiskante häufig eine »Polynia«, wie von Eis eingeschlossene offene Wasserflächen genannt werden, bildete. In der Tat erlaubten die Eisverhältnisse 1979/1980, an großen Teilen der 800 km langen Eiskante entlangzufahren und sie zu kartieren. Am 7. Januar 1980 fand man eine günstige Stelle, an der die Eisbarriere niedriger als 10 m war. Rund 20 km weiter im Süden wurde drei Tage später bei 77°09' S 50°38' W auf dem Filchner-Schelfeis eine geeignete Stelle identifiziert, dort ein Sommercamp für die nun notwendigen ersten wissenschaftlichen Untersuchungen errichtet und nach Wilhelm Filchner, dem Leiter der deutschen Südpolarexpedition von 1911/1912, benannt. Dieses Camp sollte als Vorläufer für die im Folgejahr dort zu errichtende

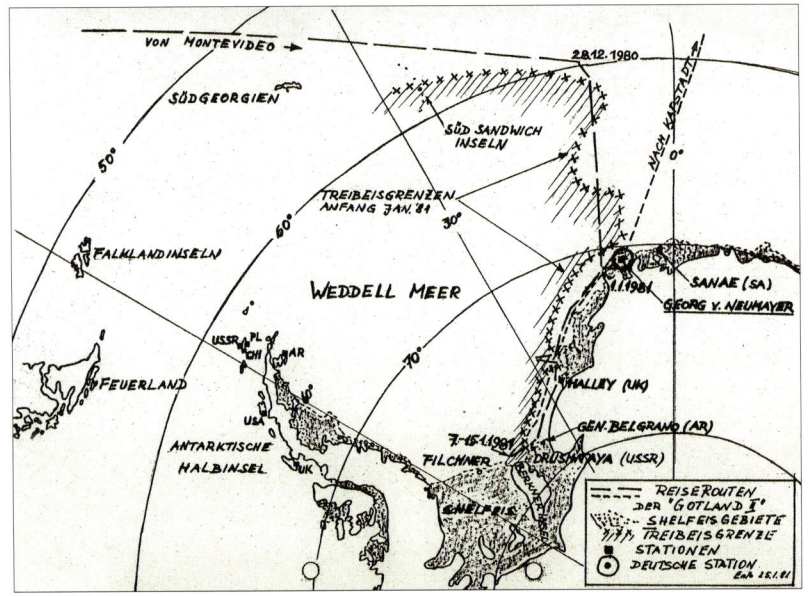

Dauerstation dienen. Der Anlandepunkt wurde an der Schelfeiskante durch ein großes schwarzes »F« markiert, um ihn im nächsten Jahr leichter finden zu können. Bei der Rückfahrt wurde sicherheitshalber noch eine Alternative bei 77°10' S 8°20' W am nordöstlichen Ausgang des Weddell-Meeres in der Atka-Bucht erkundet. Nicht zuletzt die Tatsache, dass Bungenstock und Kohnen bei dieser Expedition Standorterkundung und wissenschaftliche Arbeit miteinander hatten verbinden können, ließ bei den Wissenschaftlern Vertrauen in das Bonner Management aufkeimen.

In nur neun Monaten gelang es Christiani & Nielsen zusammen mit den verschiedenen Zulieferfirmen, die Stationskomponenten zu produzieren, wichtige Teile unter extremen Kältetemperaturen zu testen, das Herzstück der Station probeweise in Geesthacht aufzubauen und einen Probebetrieb durchzuführen. Zwischen 15. und 20. November 1980 wurden 1103 t in Nordenham auf MS GOTLAND II verladen. Auf MS POLARSIRKEL wurden zwei Hubschrauber der Hamburger Firma Wasserthal Helicopter Service untergebracht und dann in Montevideo Wissenschaftler an Bord genommen, die während des Stationsaufbaus bereits Forschungsarbeiten im Zielgebiet durchführen sollten. Der Bergungsschlepper TITAN, der mit seiner größeren Maschinenkraft den anderen Schiffen den Weg durchs Packeis frei machen

sollte, vervollständigte den Konvoi. Nach ruhiger Fahrt durchquerten die Schiffe am 28. Dezember die ersten Treibeisfelder. Drei Tage später wurde daraus dickes Packeis. Erstmals kamen die Hubschrauber von der POLARSIRKEL zum Einsatz. Man sichtete freies Wasser in 20 Seemeilen Entfernung. Von der KAPITAN MARKOW kam der Bericht, dass weiter südlich alles dicht sei. Als die Expedition am 5. Januar 1981 die sowjetische Station »Drushnaja« besuchte, stellte man dort einen Langstreckenhubschrauber zur Verfügung und flog acht Mann bis zur vorgesehenen Entladestelle an der Filchner-Sommerstation. Eine Zeit untätigen Wartens begann und zerrte an den Nerven. Einige der Wissenschaftler begannen dennoch mit ihren Programmen, teils auf der Sommerstation, teils vom Schiff aus.

Schließlich traf am Abend des 14. Januar 1981 ein Telex aus dem Bonner Forschungsministerium ein: Regierungsdirektor Bungenstock wies an, abzudrehen und das Alternativziel an der Atka-Bucht anzulaufen. Weiteres Warten hätte die deutsche Hoffnung auf Aufnahme in die Konsultativrunde Anfang März zunichte gemacht (vgl. »Welcome to the Club«). Die Schiffe legten die 625 Seemeilen zum neuen Ziel in 82 Stunden zurück. Auch hier behinderte Packeis zunächst die Anlandung. Am 23. Januar konnte MS GOTLAND II aber endlich am Meereis der Atka-Bucht festmachen.

Mit großen Schneefräsen wurde zunächst die »Baugrube« vorbereitet und geebnet. (Foto: Heinz Kohnen)

Schneedrift behinderte immer wieder den Transport von der Eiskante zum Stationsstandort, doch half die Markierung durch Fässer beim Einhalten der Route. (Foto: Heinz Kohnen)

Während an der Eiskante das Schiff entladen wurde, wählte Kohnen rund 7,5 km westlich des Landeplatzes die Stelle aus, an der die Station aufgebaut werden sollte. Der Weg zwischen Landeplatz und Baustelle war, wie auch geophysikalisch-glaziologische Untersuchungen durch das Team von Prof. Thyssen (Münster) später bestätigten, spaltenfrei, musste wegen der immer drohenden Schneedrift aber zunächst in Abständen von weniger als 30 m durch Stangen und leere Fässer markiert werden. Währenddessen transportierten Kettenfahrzeuge, meist mit angehängten Schlitten, bereits die Bauteile in jeweils 75 Minuten zur Baustelle, und zwar überwiegend nachts, weil die Fahrzeuge tagsüber für die Montagearbeiten gebraucht wurden. Am Bauplatz wurde bis 29. Januar ein Camp für die Baumannschaft eingerichtet, wofür sieben Container der Station vorläufig zum Einsatz kamen. Schon drei Tage vorher hatten die Wissenschaftler in der Nähe ihr Camp bezogen und dort mit den wissenschaftlichen Untersuchungen beginnen können. Die Position des von Kohnen ausgewählten Platzes auf dem Ekström-Schelfeis wurde zum Aufbauzeitpunkt mit 70°36'40" S 8°21'55" W bestimmt, die Bewegung des Eises mit rund 160 m pro Jahr. Bei einer Station auf dem Schelf-

Als Erstes wurden mit einer »Dauphin 360 C«, dem größeren der beiden Hubschrauber, 330 Treibstofffässer an Land geflogen, um das Schiffsdeck freizumachen. Starke Schneedrift unterbrach die Entladearbeiten. Der Tidenhub erzeugte zeitweise Spalten zwischen Schelfeis und Meereis. Nach zwei Tagen riss eine Leine und ein beladener Schlitten, der auf einer Scholle wegzutreiben drohte, konnte gerade noch in Sicherheit gebracht werden. Erst am nächsten Tag konnte weiter entladen werden. 24 Stunden wurde ohne Unterbrechung gearbeitet.

Auf dem Bauplan der »Georg-von-Neumayer-Station« sind die unter dem Eis liegenden beiden Röhren mit der Verbindungsröhre gut erkennbar. (Quelle: Heinz Kohnen)

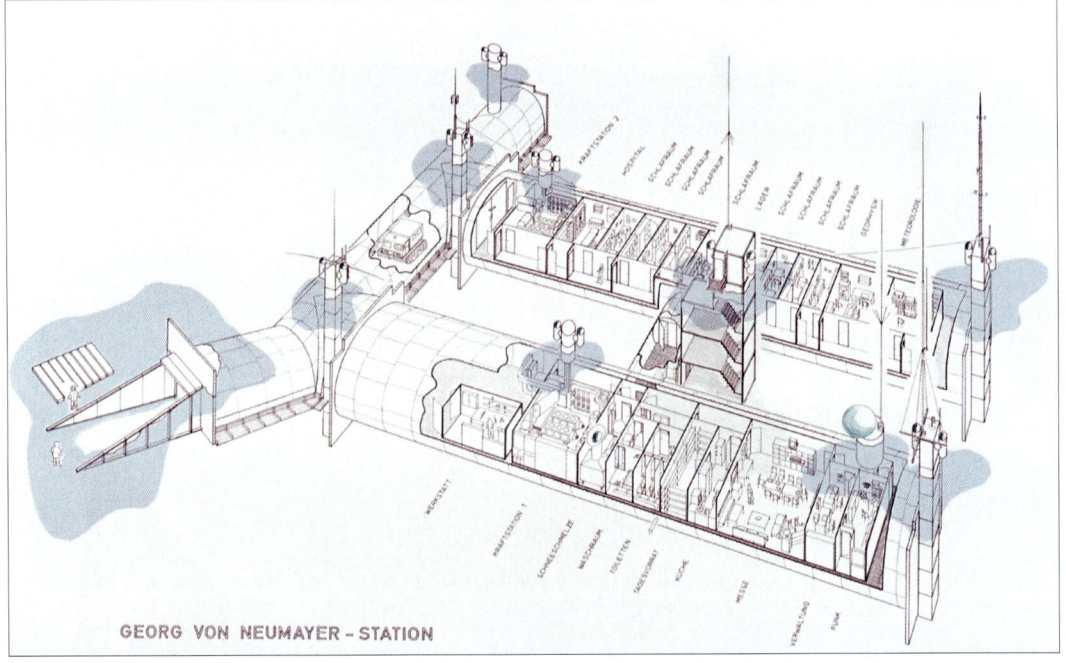

GEORG VON NEUMAYER - STATION

228

eis war vorhersehbar, dass sie eines Tages der Eisbarriere so nahe kommen würde, dass sie mit einem Eisberg auf das Meer hinausschwimmen und dann bei dessen Abschmelzen versinken und dass sie darüber hinaus vom Wind im Laufe der Jahre immer mehr mit Schnee überdeckt werden würde. Die Konstruktion musste somit einer stetig wachsenden Last von Schnee und Eis Rechnung tragen. Nach dem Vorbild der südafrikanischen und der britischen Station hatte Dorsch Consult aus diesem Grund ein System mit zwei durch einen Quergang verbundenen Stahlröhren konzipiert. In die Röhren sollten die Container mit den Labors, den Wohn- und Schlafräumen sowie den Lager- und Versorgungseinrichtungen eingebracht werden.

Beim Aufbau unter der Aufsicht von Dipl.-Ing. Stephan Mannhardt (Dorsch Consult) und der Bauleitung von Dietrich Enß (Christiani & Nielsen) wurden zunächst auf der festen Gründungsschicht der etwa 1 m tiefen »Baugrube« die Bodensektionen der Stahlröhre montiert und danach Schnee in die Hohlräume an den Außenseiten eingeblasen. Mehrmals mussten die Arbeiten unterbrochen werden, weil die Arbeiter bei Schneedrift und Windgeschwindigkeiten von bis zu 60 km/h ihre Schneebrillen nicht mehr freihalten konnten. Nach zehn Tagen waren dennoch die umhüllenden, gewellten Stahlbleche für die erste der beiden Röhren montiert. Noch während an einem Ende gearbeitet wurde, wurde von der Mitte nach außen die Stahlunterkonstruktion als Basis für die Container eingebaut. Für diese verwendete man genormte Größen, die einen Innenraum von 5,81 m Länge, 2,19 m Breite und 2,28 m Höhe ergaben. Als alle Container an ihrem Platz waren, wurde die erste Röhre durch stählerne Stirnwände verschlossen. Damit konnten hier bereits die Systeme für Kraftversorgung, Wasserbereitung und Abwasserbeseitigung in Betrieb genommen werden. Als auch für die zweite Röhre das letzte Teil der Stahlummantelung montiert war, feierte am 24. Februar 1981 im Baucamp eine pelzvermummte Schar Richtfest. In einer feierlichen Taufe erhielt die erste bundesdeutsche Antarktis-Station den Namen »Georg von Neumayer«. Diesem Namen, sowohl von Hempel wie von Kohnen mit »leichter Präferenz« versehen, hatte im fernen Bonn BMFT-Staatssekretär Hans-

Stationskonzept
Ein echtes Novum im antarktischen Funkdienst ist die Marisatanlage, mit der unabhängig von atmosphärischen Störungen jederzeit über den Marisat-Satelliten alle Punkte der Welt angerufen werden können. Telexgeräte stehen für die schriftliche Kommunikation bereit. Eine mechanische Werkstatt, Messe, Küche und Abstellräume ergänzen den technischen Funktionsbereich, der in der ersten Röhre untergebracht ist. Der Kraftstoff ist in einer Gummiblase gespeichert, die 28 000 Liter fasst und auf einem künstlichen Hügel neben der Röhre liegt. Von hier wird der Dieselkraftstoff zu den Generatoren geleitet. Etwa drei Monate reicht der Tankinhalt, dann muss die Blase wieder gefüllt werden. Treibstoff für zwei Jahre liegt in Fasslagern unweit der Station. Die Abwässer der Station fließen über ein beheiztes Röhrensystem in ein Schneeloch, 60 Meter entfernt von der Station. Organische Abfälle und Wasser dürfen in den Schnee geleitet werden, ohne dass der Antarktisvertrag verletzt wird. Nichtbrennbare Zivilisationsabfälle wie Plastik, Öle und Fette müssen wieder nach Deutschland zurückgebracht werden. Vom technischen Konzept her ist die deutsche Station sicherlich eine der modernsten Antarktisstationen.

Aus: Kohnen, Antarktis Expedition

Hilger Haunschild am 18. Februar in Abwesenheit seines Ministers den Vorzug gegenüber »Erich von Drygalski« gegeben. Der ursprünglich vorgesehene Name »Filchner« blieb nach dem erzwungenen Ortswechsel der Sommerstation vorbehalten.

Schon am Vortag des Richtfestes hatte Expeditionsleiter Heinz Kohnen nach Bonn gemeldet, dass der »Aufbau der Antarktisstation der Bundesrepublik Deutschland ohne Rücktransport Ende Februar/Anfang März abgeschlossen sein« werde. Seine Prognose war richtig: Am 3. März 1981 waren die Montagearbeiten abgeschlossen und alle Bauwerke, technischen Systeme und Sicherheitseinrichtungen von dem mitgereisten Ingenieur des Germanischen Lloyd abgenommen. Am Folgetag wurde die Baumannschaft bei Wetterbedingungen, bei denen in Deutschland niemand einen Hubschrauberflug unternommen hätte, auf MS GOTLAND II und MS TITAN ausgeflogen. In 40 Tagen tatsächlicher Bauzeit hatten alle mit wetterbedingten Unterbrechungen bis zu 15 und mehr Stunden täglich gearbeitet und 20 000 Arbeitsstunden geleistet. Nun waren sie erschöpft, aber auch zufrieden, ihre Aufgabe erfolgreich abgeschlossen zu haben. Und sie freu-

Georg von Neumayer

In Würdigung der wissenschaftlichen Verdienste von Prof. Dr. Georg von Neumayer um die Belebung der antarktischen Forschung ab 1850 ff. schlage ich vor, die z.Z. im Gebiet der Atka-Bucht bei 70°36' Süd und 8°17' West im Bau befindliche erste deutsche Antarktisforschungsstation »Georg von Neumayer« zu benennen. Georg von Neumayer (21.06.1826 bis 24.05.1909) wurde 1875 zum Direktor der Deutschen Seewarte, Hamburg, ernannt. Er ist der Verfasser des im August 1901 zur Ausfahrt der ersten deutschen Südpolarexpedition, der E. von Drygalski-Expedition, erschienenen Werkes »Auf zum Südpol – 45 Jahre Wirkens zur Förderung der Erforschung der Südpolarregion«. Georg von Neumayer gab darüber hinaus den Anstoß für die Antarktisexpeditionen der Engländer (Scott) und Schweden (Nordenskjoeld); er hat sich auch international hohes Ansehen erworben und um die Süd- und Nord-Polarforschung verdient gemacht.

Aus dem Vermerk von Herwald Bungenstock an Minister Hauff vom 9. Februar 1981

ten sich auf die Fahrt nach Kapstadt und die Rückkunft in Deutschland.

Bei der ersten Ausschreibung war man noch davon ausgegangen, dass die Station nach ihrem Aufbau ein Jahr lang stillgelegt würde. Auf Grund einer Empfehlung eines polnischen Kollegen hatte Hempel Anfang Juli 1980 aber angeregt, bereits im ersten Jahr einige Leute überwintern zu lassen und eine Radiostation »zum Zeichen deutscher Winter-Präsenz« zu unterhalten. Um den angestrebten Konsultativstatus der Bundesrepublik nicht zu gefährden, folgte Bungenstock diesem Rat und veranlasste bei Christiani & Nielsen den Verbleib eines kleinen Teams zum Betrieb der Station. Zur ersten Überwinterung blieben Anfang März 1981 der Arzt und Stationsleiter Ekkehart Müller-Heiden, der Maschinentechniker Jürgen Janneck, der Funker Paul Herbert Hag und der Koch Matthias Idl zurück. Ein Elektroniker war kurz vor Beginn der Überwinterung mit der Begründung »Zahnbeschwerden« ausgestiegen. Aus Sicherheitsüberlegungen zeigte sich Bungenstock gegenüber der Überlegung, die Station nur mit vier Leuten zu betreiben, sehr zurückhaltend. Schließlich konnte man Friedrich Obleitner, Student der Meteorologie an der Universität Innsbruck, überreden, sich mit seinem Institut und seiner Familie abzustimmen und das Wagnis mitzumachen. Oskar Reinwarth überließ ihm dafür seine eigene Ausrüstung und alles notwendige sonstige Material.

Nach der Abreise der Schiffe waren die fünf Männer für zehn Monate auf sich allein gestellt. Sie mussten darauf vertrauen, dass Technik und Sicherheitskonzept in dieser Zeit sicher funktionieren würden. Eine Evakuierung konnte nur

Zunächst wurden die Röhren montiert, die die Station unter dem Eis schützen sollten. (Foto: Heinz Kohnen)

für ganz außergewöhnliche Fälle erwogen werden, denn sie war allein mit Flugzeugen und selbst dann nur unter hohen Risiken möglich. Die einzige Verbindung zur Außenwelt bestand damit über den Funksender, der ab 25. Februar 1981 nach einigen Probetagen ständig in Betrieb war und mit dem man Kontakt zu den nächsten Stationen halten konnte. Darüber hinaus wurden über Satellit wöchentliche Berichte nach Deutschland gesandt: Meldungen zu den Betriebsdaten, aber auch persönliche Eindrücke und Erlebnisse, die jeweils ein Mitglied des Teams abfasste und die vom AWI an alle Angehörigen weitergeleitet wurden. Der Tagesablauf auf der Station wurde durch die wissenschaftlichen Beobachtungen bestimmt: Besonders empfindliche Seismographen registrierten die Eisbewegungen, Untersuchungen der Magnetosphäre mussten durchgeführt und die mechanischen Eigenschaften des Schneeuntergrundes über Setzungs- und Verformungsmessungen verfolgt werden.

Bevor man die Röhren mit der stählernen Stirnwand verschloss, wurden die vorgefertigten Container für die Labor- und Wohnräume in sie eingefahren und miteinander verbunden (oben).
(Foto: Heinz Kohnen)

Schon beim weiteren Ausbau im Sommer 1982/1983 waren die Röhren der Station von festem Schnee bedeckt und nur noch die Einfahrtstore und die Verbindungsschächte zur Oberfläche sichtbar (unten).
(Foto: Dietrich Enß)

Die meteorologische Station bot bei der ersten Überwinterung die wichtigste Aufgabe, denn durch sie wurde der ganzjährige Betrieb der Station gegenüber den anderen in der Antarktis vertretenen Staaten am wirkungsvollsten dokumentiert. Die verantwortungsvolle Funktion, die mehrmals täglich erhobenen meteorologischen Daten an die World Meteorological Organization (WMO) zu senden, übernahm Obleitner nach kurzer Einweisung. Die vorausgegangenen Probleme berührten ihn dabei nicht mehr. Um nämlich die Daten absetzen zu können, musste die Station angemeldet werden und eine Kennung erhalten. Der Deutsche Wetterdienst hatte sich im Vorfeld dafür als nicht zuständig erklärt, da die Station außerhalb der Bundesrepublik lag. Der erfahrene Meteorologe und EGIG-Teilnehmer Dr. Oskar Reinwarth ergriff daraufhin die Initiative. Von der Standorterkundungsexpedition her kannte er die Kollegen in der englischen Station »Halley Bay« und bat sie um Hilfe. Sie taten dies gern und sorgten umgehend für die Erteilung der notwendigen Kennung durch die WMO. Ab Mitte Februar 1981 musste der Meteorologe vom Dienst dann täglich den Weg von der »Georg-von-Neumayer-Station« zu dem 700 m entfernten Observatorium zurücklegen, um die Geräte zu überprüfen, die automatisch aufgezeichneten Daten abzulesen und anschließend in das Netz der WMO-Stationen einzuspeisen. Als der Deutsche Wetterdienst von der neuen »deutschen« Wetterstation erfuhr, zeig-

Blick in den Maschinenraum mit der Energieversorgung der »Georg-von-Neumayer-Station« (oben).

In den Containern innerhalb der Röhre wurden gut eingerichtete Labors untergebracht (unten). (Fotos: Heinz Kohnen)

te man sich dort entrüstet über den Eingriff in seine Zuständigkeit ...

Ende 1981 wurde die Station durch die »Sommergäste«, die nur im antarktischen Sommer hier ihrer wissenschaftlichen Arbeit nachgingen, belebt. Dann folgte wieder ein Winter mit Ruhe und täglicher Routine – und in diesem Rhythmus ging es von da an weiter. Ab März 1990 überwinterte in der »Georg-von-Neumayer-Station« zum ersten Mal in der Geschichte der Polarforschung ein reines Frauenteam. Hartnäckigkeit und viel Überzeugungsarbeit hatten die Initiatorinnen Monika Sobiesiak und Susanne Korhammer bei AWI-Direktor Gotthilf Hempel aufbringen müssen, bis es endlich so weit war. Die neun Frauen unter der Stationsleiterin und Ärztin Monika Puskeppeleit übernahmen die Aufgaben früherer Teams und fügten sich dem gleichen täglichen Arbeitsrhythmus. Sie besuchten regelmäßig das kleine, 1 km südlich der Station gelegene geophysikalische Observatorium und suchten nach Signalen von Erd- und Eisbeben. Sie gingen bei jedem Wetter zum 50 m westlich davon gelegenen Magnetik-Observatorium und prüften die Aufzeichnungen auf Schwankungen von Feldstärke und Intensität des Erdmagnetfeldes. Sie meldeten die meteorologischen Daten an das Netz der WMO und führten luftchemische Messungen durch. Sie überprüften jeden Tag alle wissenschaftlichen Instrumente und Rechner der Station ebenso wie deren technische Anlagen und die Maschinen zur Energieversorgung auf ihre Funktionsfähigkeit. Und sie begaben sich auch bei Sturm ins Freie, wenn wieder einmal Schnee in den Schacht geschüttet werden musste, um genügend Wasser zur Verfügung zu haben. Das wissenschaftliche Programm zusammen mit den zum Teil auch anstrengenden Routinetätigkeiten hielt sie wie andere Überwinterer vorher und nachher den Tag über beschäftigt und ließ nur selten zu, sich der Einsamkeit und Abgeschiedenheit bewusst zu werden. Dass während dieser Überwinterung in Deutschland die »Wende« stattfand und sich dadurch ein ungewöhnlich intensiver Funkkontakt mit der »Georg-Forster-Station« entwickelte, sei nur der Vollständigkeit halber noch erwähnt.

Die »Georg-von-Neumayer-Station«, für bis zu knapp 30 »Sommergäste« angelegt, versank im

Einfahrt der »Georg-von-Neumayer-Station« nach deren Fertigstellung. (Quelle: AWI)

Laufe der nächsten Jahre immer tiefer unter der Oberfläche des Eises, sodass die Schachtverbindungen zur »Außenwelt« regelmäßig verlängert werden mussten und es auch zunehmend schwieriger wurde, die Einfahrt in die Station befahrbar zu halten. Vor allem aber drückten die Last des Schnees und die Bewegungen des Eises immer stärker auf die beiden Stahlröhren. Daher wurde bei der Sitzung am 7. April 1987 im Landesausschuss SCAR erstmals ein Neubau diskutiert. Anfang der 1990er-Jahre war der – beim Bau vorausberechnete – Punkt erreicht, der diesen Neubau unumgänglich machte. Die neue »Neumayer-Station« mit den Koordinaten 70°39' S und 8°15' W liegt zehn Kilometer vom alten Standort und ebenso weit von der Eisbarriere entfernt, an der die Versorgungsschiffe weiterhin anlegten. Auch die am 31. März 1992 bezogene Nachfolgestation, auf 200 m dickem, nahezu ebenem Schelfeis errichtet, ist wieder als »Station im Eis« konzipiert. Nur die Treppentürme, einige Antennen und verschiedene Messeinrichtungen lassen erkennen, dass hier Forscher unter dem Eis ihrer Arbeit nachgehen. Die Konstruktion wurde dem Fortschritt der Technik angepasst, bestand aber ebenfalls aus zwei Stahlröhren und einer verbindenden Querröhre. Neu war die Tunnelverbindung zu einer Halle, in der vom Motorschlitten bis zur Schneefräse alle Fahrzeuge der Station ihren Platz fanden. Neu für die Antarktis war darüber hinaus eine Windkraftanlage, die bis heute mit 20 kW elektrischer Leistung umweltfreundlich zur Energieversorgung der Station beiträgt. Die

Monika Sobiesiak, eine der Initiatorinnen für die erste Antarktis-Überwinterung eines Frauenteams 1990/1991, beim Einstieg in das geophysikalische Observatorium (oben). (Foto: Margarete Pauls/AWI)

1 km südlich der Station im Eis verborgen: Geräte zur Datenerfassung im geophysikalischen Observatorium (links). (Foto: Uwe Nixdorf)

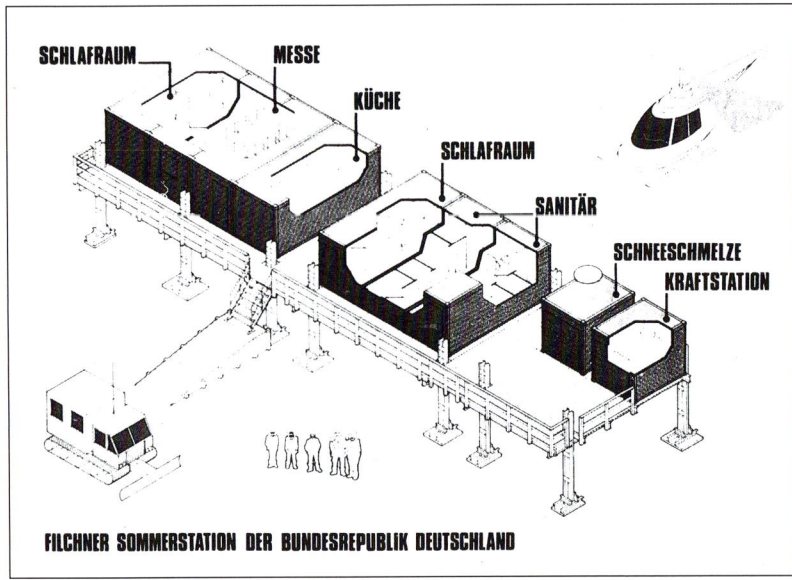

FILCHNER SOMMERSTATION DER BUNDESREPUBLIK DEUTSCHLAND

SCHLAFRAUM MESSE KÜCHE SCHLAFRAUM SANITÄR SCHNEESCHMELZE KRAFTSTATION

Bei der »Filchner-Station« und der »Kohnen-Station« standen die Container auf einer aufgestelzten Plattform. (Foto: Fritz Sitte)

Plan der »Filchner-Station« (unten). (Quelle: Heinz Kohnen)

Station wurde mit modernen wissenschaftlichen Geräten ausgestattet und diese Ausstattung danach ständig dem Stand der Technik angepasst. So ermöglichte ein luftchemisches Labor, die Messungen zur Erfassung des atmosphärischen Ozons 1992 von der ostdeutschen »Georg-Forster-Station« (vgl. »Faszination ›Polare Ionosphäre‹«) zu übernehmen und am neuen Standort weiterzuführen.

Bald wird auch die »Neumayer-Station«, die seit 1997 von der Bremerhavener Reederei F. Laeisz betreut wird, an die Grenze ihrer Nutzbarkeit kommen. Eine neue Station, »Neumayer III« wird daher vorbereitet und soll in den Sommermonaten 2006/2007 und 2007/2008 aufgebaut werden – zugleich ein deutscher Beitrag zum »Internationalen Polarjahr 2007/2008«. Diese Station wird nach einem anderen Konstruktionsprinzip errichtet werden: Ein unter dem Eis liegendes Stockwerk mit Fahrzeuggarage und Lagerräumen wird zusammen mit dem »oberirdischen«, aerodynamisch geformten Hauptgebäude mit Labor- und Wohnräumen jedes Jahr durch eine besondere Hydraulik um 70 bis 80 cm angehoben werden. So kann die Station nicht mehr im Eis versinken und am Ende, wenn auch sie einmal ihren Zweck erfüllt hat, vollständig wieder abgebaut werden. Die beiden »Neumayer-Stationen« sind nicht die einzigen Polarstationen des AWI und damit auch der gesamten deutschen Polarforschung. Mit der Weisung vom 14. Januar 1981, die Atka-Bucht anzulaufen, war die Zusicherung des BMFT verbunden gewesen, dass im nächsten Jahr am ursprünglich vorgesehenen Standort die »Filchner-Station« als Sommerstation ausgebaut werden würde. Nachdem dies im antarktischen Sommer 1981/1982 geschehen und die Station am 11. Januar 1982 offiziell eingeweiht worden war, beruhigten sich auch die Gemüter derer, die mit dem neuen Standort zunächst nicht einverstanden waren. Die »Filchner-Station« erweiterte nämlich nicht nur die Forschungsmöglichkeiten erheblich, sie konnte darüber hinaus von der »Georg-von-Neumayer-Station« aus mit kleinen Polarflugzeugen (vgl. »Fliegen eröffnet neue Möglichkeiten«) versorgt werden und war damit nicht mehr auf Versorgungsschiffe und deren Zugang zum Filchner-Schelfeis angewiesen.

Die »Filchner-Station« mit ihren rund 28 Arbeitsplätzen stand im Gegensatz zur »Georg-von-Neumayer-Station« auf Stelzen und diente in den folgenden Jahren vor allem als Ausgangspunkt für glaziologische und geophysikalische Arbeiten im internationalen »Filcher-Ronne-Schelfeis-Programm« (FRISP). In dessen Mittelpunkt standen Untersuchungen zu den Fließeigenschaften des Schelfeises, dem Stoffeintrag aus der Atmosphäre in das Eis sowie zu den Wechselwirkungen zwischen Schelfeis und Ozean. Anfang 1990 wurde in unmittelbarer Nähe der Station auch eine automatische Wetterstation aufgebaut, die permanent Daten über Luftdruck, Temperatur, Windgeschwindigkeit und Windrichtung in das WMO-Netz einspeiste.

Das Filchner-Schelfeis bewegt sich jährlich etwa 1 km, an der Front sogar 1,4 km nach Nordosten und fließt damit erheblich schneller als das Ekström-Schelfeis. So war es nur eine Frage der Zeit, bis die »Filchner-Station« mit einem Eisberg abbrechen würde. Am 13. Oktober 1998 war es so

Schon im Sommer 1981 gab die Bundespost eine Sonderbriefmarke »Polarforschung« mit einem Bild der »Georg-von-Neumayer-Station« heraus. (Quelle: Dieter Fütterer)

Auch bei der »Neumayer-Station« verbindet eine Röhre die beiden Hauptröhren mit den Arbeits- und Wohnräumen unter dem Eis. (Foto: Sven Günther)

Ein spezieller, nahe der Station untergebrachter Tankcontainer enthält einen wichtigen Teil des Dieselvorrats für die »Neumayer-Station«. (Foto: Jürgen Janneck/AWI)

Das »Blaue Haus«, das älteste Gebäude und das Herz der »Koldewey-Station« in Ny-Ålesund auf Spitzbergen (unten links). (Quelle: Jens Kube/AWI)

Die Kuppel des 1995 eröffneten Laborbaus der »Koldewey-Station« beherbergt das Infrarotspektrometer. (unten rechts)(Quelle: AWI)

weit: Wissenschaftler des British Antarctic Survey entdeckten auf einem Satellitenbild, dass sich ein rund 150 km langer und 35 km breiter Eisstreifen, auf dem die Station stand, gelöst hatte – ein Vorgang, der sich in dieser Form etwa alle 40 bis 50 Jahre wiederholt. Da der Sommer noch nicht begonnen hatte, war die Station zu diesem Zeitpunkt nicht besetzt. Obwohl zwischen 200 und 400 Meter dick, bewegte sich die A-38 genannte Eisinsel bis zum 22. Oktober 14 km nach Norden und bildete dann eine durchgehende Spalte aus, die die deutsche Station aber noch nicht gefährdete. So konnte die POLARSTERN auf ihrer routinemäßigen Antarktis-Fahrt am 31. Januar 1999 an die Eisinsel heranfahren. Ein Spezialistenteam baute in nur zehn Tagen die Wohn- und Laborcontainer vollständig ab. 120 t Stationsmaterial und 50 t Transportgeräte wie Pistenbullys und Schlitten wurden auf die POLARSTERN verladen und die gesamten Arbeiten rechtzeitig vor Beginn kritischer Wetter- und Eisverhältnisse abgeschlossen. Die »Filchner-Station« war umweltgerecht abgebaut.

Zwischen 1986 und der Saison 2003/2004 kam ein mobiles Camp auf dem Riiser-Larsen-Schelfeis an der Ostküste des Weddell-Meeres zum Einsatz. Es wurde nach einem der ersten Mitarbeiter des AWI, dem bei einer Robbenzählung über der englischen Wattenmeerküste mit dem Hubschrauber abgestürzten AWI-Biologen Dr. Eberhard Drescher (26. November 1944 bis 26. Juni 1983) benannt. Zu Beginn der insgesamt sechs

Kampagnen wurden die fünf roten Glasfaser-Iglus mit der gesamten Ausrüstung von der POLARSTERN mit Hubschraubern 25 km weit in das »Drescher-Inlet«, einen bis zu 3 km breiten Einschnitt ins Schelfeis geflogen. Vor allem Zoologen erhielten so einen besonders günstigen Ausgangspunkt zur Erforschung des Tauchverhaltens und der Ernährungsgewohnheiten von Weddellrobben und Kaiserpinguinen. Wissenschaftler verschiedener Disziplinen stimmten ihre Projekte eng aufeinander ab und kombinierten in einem weltweit einmaligen Ansatz die Arbeit von Feldstation und Schiff.

Gemeinsam mit dem Instituto Antárctico Argentino (IAA) wurde dann im Januar 1994 das »Dallmann-Labor« an der argentinischen Station »Jubany« auf King Georg Island eröffnet. Der Name dieser vor allem im Sommer besetzten Station, auf der Deutsche, Niederländer und Argentinier zusammenarbeiten, erinnert an den Bremer Polarmeerfahrer Eduard Dallmann (1830–1896). Die Station bietet Biologen und Geowissenschaftlern gute Arbeitsmöglichkeiten in eisfreien Gebieten und im küstennahen Flachwasser. Forschungstaucher beobachten hier die Entwicklung polarer Lebensgemeinschaften und ihre Veränderungen.

Im Rahmen eines europäischen Projekts, des »European Project for Ice Coring in Antarctica« (EPICA) errichtete das AWI 2001 im Innern von Dronning Maud Land 757 km südöstlich der »Neumayer-Station« (70°39'S,08°15'W) am

Die »Dallmann-Station«
im antarktischen Winter,
im Hintergrund der Tres
Hermanos. (Quelle:
Doris Abele/AWI)

Rande des Polarplateaus eine neue Sommerstation für bis zu 20 Personen. Sie wurde nach Heinz Kohnen (1938–1997), dem langjährigen Leiter der AWI-Logistik, benannt. Wie bei der »Filchner-Station« tragen Stahlpfeiler, die aufgestockt werden können, eine 32 m lange und 8 m breite Plattform mit elf Standardcontainern. Versorgt wird die Station vor allem auf dem Landweg. Da der Standort in Flugreichweite der deutschen und anderer Stationen liegt, werden Personen sowie wichtige Materialien wie die empfindlichen Bohrkerne mit Flugzeugen transportiert.

Weitere bundesdeutsche Sommerstationen hatte schon 1980 und 1983 die Bundesanstalt für Geowissenschaften und Rohstoffe (BGR) mit der »Lillie-Marleen-Hütte« (vgl. »Zurück zur Grundlagenforschung«) und der »Gondwana-Station« (vgl. »Fliegen eröffnet neue Möglichkeiten«) errichtet. Nach mehrjährigen Vorbereitungen, die 1983 angelaufen waren, nahm das Deutsche Zentrum für Luft- und Raumfahrt (DLR) nach dem erfolgreichen Start von ERS-1, dem ersten Satelliten der European Space Agency (ESA), im September 1991 die »German Antarctic Receiving Station« (GARS) in Betrieb. Logistisch wird die Station, die auf der Antarktischen Halbinsel bei 63°14' S 57°54' W liegt, über die benachbarte chilenische Basis »O'Higgins« betreut. Ihre Techno-

logie machte einen kombinierten Betrieb zur Messung der Kontinentaldrift durch »Very Long Baseline Interferometrie« (VLBI) und zur Aufnahme von Daten des ERS und anderer Satelliten möglich. Die Station, an der sich auch das Bundesamt für Kartographie und Geodäsie (BKG, früher: Institut für Angewandte Geodäsie/IfAG) in Frankfurt beteiligte, wird an 90 bis 120 Tagen (meist) im antarktischen Sommer betrieben und liefert vor allem den Geodäten wichtige Daten aus der Südpolarregion.

Das AWI unterhält aber nicht nur in der Antarktis Stützpunkte für die deutsche Polarforschung, sondern auch in der Arktis: Im August 1991 wurde auf Spitzbergen eine eigene Station eingerichtet, nachdem man dort schon seit 1988 gearbeitet hatte. Die »Koldewey-Station«, benannt nach dem Leiter der ersten deutschen Nordpolarexpeditionen von 1868 und 1869/1870, bietet acht Wissenschaftlern aus Biologie, Chemie, Geo- oder Atmosphärenphysik Unterkunft und Arbeitsplätze. Von dem 1995 eröffneten neuen Laborbau können auf Grund seiner speziellen Dachkonstruktion z. B. mit einem Infrarotspektrometer Art und Menge der Spurenstoffe in Tropo- und Stratosphäre ermittelt werden. Mit einem Lidar, einem Laser-»Radar«, werden darüber hinaus – ein weiteres Langfristprojekt – die Ozonkonzentration und der Aerosolgehalt in großen Höhen bestimmt.

Traumschiff
der Wissenschaft

Die POLARSTERN, auch heute noch eines der modernsten eisgängigen Forschungsschiffe, entwickelte sich schnell zu einem unentbehrlichen Forschungsinstrument nicht nur der deutschen Polarforschung.
(Foto: Heinz Kohnen)

Die geplante Einrichtung einer neuen, ganzjährig besetzten Antarktisstation warf sofort das Problem ihrer Versorgung auf. Hierfür ein Schiff zu chartern, erschien höchstens für die Anfangsphase als gangbare Lösung, denn es gab nur wenige Schiffe mit der notwendigen Eisgängigkeit auf dem Markt. Man brauchte also ein eigenes Versorgungsschiff.

Da einer der Anstöße für die deutsche Antarktisforschung in den 1970er-Jahren von den Expeditionen der Bundesforschungsanstalt für Fischerei aus der Meeresbiologie (vgl. »Unentbehrlicher Krill«) ausgegangen war und gerade mit »BIO-MASS« (vgl. »Hochkomplexe Systeme«) hier ein großes internationales Programm gestartet wurde, verlangten die Wissenschaftler natürlich nach einem Instrument, um sich selbständig an diesen und ähnlichen Programmen beteiligen zu können. Dies kam den Geologen ebenfalls entgegen, denn die Untersuchung des Meeresgrundes vor Antarktika, die mit den Fahrten der Bundesanstalt für Geowissenschaften und Rohstoffe (BGR) mit MS EXPLORA unternommen worden war (vgl. »Zurück zur Grundlagenforschung«), stand erst am Anfang. Der Gedanke an ein in der Antarktis einsetzbares und von verschiedenen Disziplinen nutzbares Forschungsschiff war zwangsläufig. Und so lag es auch nahe, die Konzepte »Versorgung« und »Forschung« miteinander zu verbinden.

Vermutlich als Erster erhob der Bremerhavener Bundestagsabgeordnete Horst Grunenberg in einem Vermerk an die Bundestagsfraktion seiner SPD am 13. Februar 1978 die Forderung nach einem eisgängigen »Schiff, das sowohl Transport- als auch Forschungszwecke erfüllen kann«. Für Grunenberg war dies ein selbstverständlicher Teil des Logistiksystems für Aufbau und Betrieb einer Forschungsstation in der Antarktis und damit auch Bestandteil des Paketes, mit dem die Voraussetzungen für eine Aufnahme der Bundesrepublik als Konsultativmitglied des Antarktisvertrages geschaffen werden sollten – also des Ziels, das er mithilfe von Fraktion und Regierung verwirklichen wollte (vgl. »Das Machtwort des Kanzlers«). Für Grunenberg war zu diesem Zeitpunkt noch offen, ob der beste Weg ein Schiffsneubau sein würde oder aber der Erwerb und Umbau eines Fischereifahrzeugs, den er in einem Brief an Dr. Volker Hauff, den neuen Bundesminister für Forschung und Technologie (BMFT), am 10. März 1978 in die Diskussion einbrachte. Die Frage wurde – auf welcher Ebene immer – rasch zugunsten eines Neubaus entschieden. Regierungsdirektor Dr. Herwald Bungenstock, im BMFT für die Konzeption des neuen Antarktisprogramms freigestellt, leistete dafür innerhalb kürzester Zeit nachhaltige Überzeugungsarbeit. Er verwarf den Vorschlag einiger Wissenschaftler, je ein Schiff für Forschung und für Versorgung zu bauen, zugunsten eines Schiffes, das beide Funktionen vereinen sollte. Bei einer interministeriellen Besprechung am 10. Mai, bei der Ministerialdirigent Reinhard Loosch im BMFT den Vorsitz führte, wurde daher beim Thema »Fernlogistik« bereits ohne lange Diskussion eine »Präferenz für ein kombiniertes Versorgungs- und Forschungsschiff hoher Eisklasse« beschlossen, wofür letztlich nur ein Neubau in Frage kam. Die Vertreter der Deutschen Forschungsgemeinschaft (DFG) nahmen aus dieser Sitzung den Auftrag mit, die Anforderungen der Forschung an ein solches Schiff zusammenzutragen. Bei der ersten Sitzung des deutschen Landesausschusses für das »Scientific Committee on Antarctic Research« (LA-SCAR) am 23. Juni 1978 wurde dementsprechend eine »Arbeitsgruppe Antarktisschiff« gebildet. Auf Grund der Ferienzeit gelang es deren Leiter Prof. Dr. Sebastian Gerlach, Direktor des Instituts für Meeresforschung in Bremerhaven (IfMB), nicht, eine gemeinsame Sitzung ihrer Mitglieder zustande zu bringen. Dennoch legte er der DFG Mitte Oktober einen abgestimmten Bericht vor, der am 20. Oktober 1978 an das BMFT weitergeleitet wurde.

Gerlach und seine Kollegen hatten für ihre Arbeit keine festen Vorgaben. Sie wussten vor allem nicht, welche Anforderungen der Standort der Antarktisstation an das Versorgungsschiff stellen würde. So konnten sie in ihrem Bericht nur »alternative Rohentwürfe und Kostenschätzungen aufzeigen« und auf ein generelles Problem hinweisen: »Am schwierigsten ist ein Kompromiss zwischen dem Gebot nach einem finanzierbaren und aus Gründen der Manövrierfähigkeit nicht zu großen Schiff und dem Wunsch, mit den schwierigen Eisverhältnissen in den antarktischen Meeren fertig zu werden. Dabei ist gleichzeitig ein Höchstmaß an Sicherheit für Besatzung und Wissenschaftler zu garantieren.« Für den wissenschaftlichen Einsatz legten sie besonderen Wert auf die Vielseitigkeit des Schiffes, das auch als »schwimmende Forschungsstation für die langfristige Beobachtung und für experimentelle Arbeit mit Meeresorganismen dienen« sollte. Sie definierten darüber hinaus aber ebenso die zu schaffenden Voraussetzungen für andere Disziplinen wie

Meteorologie, Geophysik oder Ozeanographie. Insgesamt strebten die beteiligten Meereskundler ein »Schiff von deutlich unter 100 m Länge« an, da sie nach den bisherigen Erfahrungen bei Eisbrechern größerer Länge Probleme für die Fahrt auf hoher See befürchteten.

Die Wissenschaftler konnten nicht wissen, dass das Schiff von der Politik inzwischen bereits größer dimensioniert worden war. In seinem oben erwähnten Vermerk vom Februar 1978 hatte Horst Grunenberg die Kosten eines kombinierten Transport- und Versorgungsschiffes auf 50 Mio. DM veranschlagt. Er ahnte nicht, dass diese Zahl ungeprüft Eingang in den Entwurf für den Bundeshaushaltsplan 1979 finden würde. Da er aber vor seinem Bundestagsmandat dem Gesamtbetriebsrat der AG »Weser« in Bremen angehört hatte, wurde ihm schnell bewusst, dass dieser Betrag für den Neubau eines derartiges Schiffes nicht ausreichen würde. Er verschaffte sich daher noch vor den Haushaltsberatungen des Bundeskabinetts, die für 26. bis 28. Juli 1978 angesetzt waren, einen Termin bei Bundeskanzler Schmidt. Grunenberg wies den Kanzler darauf hin, dass man für 50 Mio. DM wohl nur einen »Marmeladeneimer« bekommen werde und der für die Antarktis nicht ausreiche. Schmidt bat Grunenberg im Gegenzug, seine Einschätzung zu Schiffsgröße und -preis zu beziffern. Grunenberg veran-

Von vornherein auch als Versorgungsschiff konzipiert, stoppte die POLARSTERN von ihrer ersten Antarktisfahrt an immer auch an der Eisbarriere der Atka-Bucht. (Foto: Heinz Kohnen)

Mit den Spezialkränen des Schiffes können die Container für den Transport auch direkt auf die Raupenschlepper verladen werden. (Foto: Heinz Kohnen)

künden, dass »die Förderung der Meeresforschungstechnik und Antarktisforschung zu den großen ›Gewinnern‹ der Haushaltsverhandlungen« gehöre und allein für das Haushaltsjahr 1979 einen Zuwachs von 59 % auf insgesamt 110 Mio. verbuchen könne. Grunenberg unterstrich diesen Erfolg, an dem er ja einen wesentlichen Anteil hatte, wenige Tage danach noch mit einer eigenen Presseerklärung.

Die wissenschaftlichen Nutzer konkretisierten in den folgenden Monaten ihre Erwartungen an die Leistungen des Schiffes. Parallel dazu wurden auch die Eisbrechereigenschaften genauer definiert. In beiden Fällen koordinierten Prof. Dr.-Ing. Odo Krappinger und die von ihm geleitete Hamburgische Schiffbau-Versuchsanstalt (HSVA) die Überlegungen. Immer wieder schaltete sich auch Bungenstock ein, ermunterte, mahnte, trieb die Sache voran, wobei er sich in wichtigen Fragen geschickt mit seinem Abteilungsleiter, Ministerialdirektor Dr. Wolfgang Finke, abstimmte. Die HSVA leitete aus ihren Forschungsergebnissen eine neuartige Schiffskonstruktion ab, die in die Ausschreibung im Juni 1979 einging. Die Angebote ergaben rasch, dass selbst die von Grunenberg geschätzten höheren Kosten, die sich an gängigen Schiffstypen orientiert hatten, für den Bau und vor allem die Ausrüstung am Ende bei weitem nicht ausreichen würden. Nach zähen Verhandlungen mit den Bietern und entsprechenden Korrekturen im Bundeshaushalt vergab Minister Hauff schließlich am 30. August 1980 den von Bungenstock penibel vorbereiteten Bauauftrag. Für den Auftragnehmer konnte Horst Grunenberg seine Vorstellungen nicht durchsetzen. Zwar hatte die Seebeckwerft der AG »Weser« sehr knapp kalkuliert, doch musste sie gegen ein Angebot aus Schleswig-Holstein konkurrieren. Da beim Standort für das Polarforschungsinstitut im Dezember 1979 gegen Kiel entschieden worden war, erschien es im BMFT opportun, den Bauauftrag für das Polarschiff nach Schleswig-Holstein zu vergeben, zumal mit Dr. Wolf-Dieter Zumpfort in dieser Zeit ein Kieler FDP-Abgeordneter als Berichterstatter für den Forschungshaushalt im Haushaltsausschuss des Bundestags saß. So wurde der Zuschlag an das Konsortium »Polarforschungsschiff« vergeben, das von der Howaldtswerke-Deutsche Werft (HDW) in Kiel

Technische Daten von FS Polarstern

Bau und Werft	Howaldtswerke-Deutsche Werft, Kiel, Nobiskrug, Rendsburg
Eisbrechkonzept	Hamburgische Schiffbau-Versuchsanstalt
Länge über alles	118 m
Breite auf Spanten	max. 25 m
Seitenhöhe bis Hauptdeck	13,6 m
Verdrängung bei max. Tiefgang	17 300 t
Leergewicht	11 820 t
Motorleistung (4 Maschinen)	ca. 14 000 kW (20 000 PS) + 2 Hilfsmaschinen
Höchstgeschwindigkeit	16 kn

schlagte die Schiffsgröße kurzerhand auf etwa 110 m und die Kosten auf »eine Million pro Meter«. Schmidt, dem als Hamburger Schiffspreise nicht fremd waren, fand diese Angaben überzeugend, rief seinen Forschungsminister Hauff an – es war inzwischen weit nach Mitternacht – und instruierte ihn entsprechend. So konnte Hauff am 3. August 1978 der Presse stolz verkünden

und der Werft Nobiskrug in Rendsburg gebildet worden war. Nicht verschwiegen werden sollte, dass man in Kreisen der Wissenschaft damals die umgekehrte Lösung lieber gesehen hätte: Schiffbau in Bremerhaven und Polarforschungsinstitut in Kiel ...

Obwohl im Laufe der Arbeiten noch Änderungen gegenüber dem Entwurf notwendig wurden und sich andere Komplikationen ergaben, erfüllte das Konsortium unter der Baubetreuung der HSVA, diese unterstützt vom Ingenieurbüro SCHIFFKO und insbesondere der Zentralstelle für Schiffs- und Maschinentechnik der Wasser- und Schifffahrtsdirektion Nord des Bundesverkehrsministeriums, den vorgegebenen engen Zeitplan weitgehend. Am 22. September 1981 konnte Dr. Andreas von Bülow, der Nachfolger von Volker Hauff im Amt des Forschungsministers, die Kiellegung des »1. Polarforschungs- und Versorgungsschiffs der Bundesrepublik Deutschland« in Kiel feiern. Probleme an seiner Sondermaschine und vor allem Nebel über den Flughäfen von Hamburg und Kiel verhinderten dann allerdings seine Teilnahme auch an der Schiffstaufe am 25. Januar 1982. Bülows Frau, die schon am Vortag mit Lufthansa und Bahn angereist war, konnte

die Taufe auf den Namen POLARSTERN dennoch programmgemäß durchführen.

Als BMFT-Staatssekretär Hans-Hilger Haunschild, in Vertretung seines Ministers, am 18. Februar 1981 in Zusammenhang mit der Namensgebung für die Antarktisstation diesen Namen

festgelegt hatte, war er der Vorliebe deutscher Meeresforscher für »astronomische« Schiffsnamen gefolgt; er hatte dabei andererseits gegen den lateinischen Sternennamen »Polaris« entschieden, mit dem auch ein von Unterseebooten einsetzbares, amerikanisches Raketensystem bezeichnet wurde. Der gewählte Name bezog sich nicht zuletzt auf das Ende 1980 eingeführte Logo des Alfred-Wegener-Instituts, das den Polarstern über einem Globus zeigte. Dr. Heinz Riesenhuber, nach der Bundestagswahl seit 4. Oktober Bundesforschungsminister, übernahm schließlich am 9. Dezember 1982 an der Weser querab Bremerhaven das Forschungsschiff POLARSTERN zusammen mit der 12,7 m langen Forschungsbarkasse POLARFUCHS für die Bundesregierung und übergab das Kommando an Kapitän Lothar Suhrmeyer von der Hapag Lloyd Transport & Service GmbH, die in den folgenden Jahren das Schiff bereederte.

Dem Schiff, dessen Baukosten offiziell mit 188 Mio. DM angegeben wurden, blieb keine Zeit, sich an seinen »Heimathafen« zu gewöhnen. Unter großem Zeitdruck wurden die zentralen Computeranlagen für die Labors installiert, andere Geräte eingebaut und vor Helgoland kurz getestet. Dann begann das Beladen für die erste Antarktisfahrt: Material für den Weiterbau der »Georg-von-Neumayer-Station«, Lebensmittel und Versorgungsgüter für die Reise und den Betrieb der Station, 260 t Dieselkraftstoff, ein luftchemisches Observatorium und mehrere

Eine wichtige Funktion der POLARSTERN ist ihre Verwendung für die biologische Forschung in den Gewässern von Arktis und Antarktis. Hier wird gerade ein »Multinetz« eingeholt (oben). (Quelle: AWI)

In einem Container wurden unter Deck zeitweise Aquarien untergebracht, um mit gefangenen Fischen und Kleinlebewesen noch an Bord wissenschaftlich arbeiten zu können (links). (Foto: Boris Sirenko)

Schneefahrzeuge verschwanden im Bauch des Schiffes. Zur Ergänzung der fest installierten Mehrzwecklabors der POLARSTERN wurden darüber hinaus mehrere Labor- und Gerätecontainer, die an Land für komplexe Experimente mit speziellen Instrumenten ausgestattet worden waren, komplett an Bord gehievt und dort durch Anschluss an die Versorgungsleitungen betriebsbereit gemacht. Bereits am 27. Dezember 1982 verließ FS POLARSTERN mit 41 Mann Stammbesatzung sowie zahlreichen Wissenschaftlern und Technikern als »Fahrgästen« Bremerhaven für seine viermonatige Jungfernfahrt ins Weddell-Meer.

Durch die Verschiebung des Übergabetermins von Juni auf Dezember 1982 war nur eine kurze technische Erprobung des neuen Schiffes in Ost- und Nordsee möglich gewesen. Alle Beteiligten mussten daher beträchtliches Vertrauen in die Konstrukteure aufbringen – und wurden in keiner Weise enttäuscht. Insbesondere die Ozeanographen konnten die Fahrt in den Süden bereits für eine kontinuierliche Messung der horizontalen und vertikalen Verteilung der Wassermassen nutzen. Im Weddell-Meer wurde innerhalb von zwei Tagen der gesamte Nachschub für die Station mit den schiffseigenen Spezialkränen auf die rund 12 m hohe Schelfeiskante entladen, von wo sie mit Schlitten zur landeinwärts gelegenen Station gefahren wurden. Auf der Fahrt zur Antarktischen Halbinsel arbeiteten Forscher verschiedener wissenschaftlicher Disziplinen neben- und miteinander und setzten damit die vielfältigen Einrichtungen an Deck und in den Labors erstmals unter den schwierigen Witterungsbedingungen der Südmeere erfolgreich ein. Meteorologen, Spurenstoff-Chemiker, Ozeanographen, Glaziologen, Geologen, Meeresbiologen, Schiffstechniker, die bei dieser Reise fast alle noch aus deutschen Instituten kamen, erzielten gute Ergebnisse und zeigten sich überaus zufrieden mit den neuen Möglichkeiten – auch wenn die Außentemperaturen nicht –50 °C erreichten, bei denen die POLARSTERN immer noch voll einsatzfähig ist.

Die POLARSTERN mit ihrem guten Seegangsverhalten bescherte den Wissenschaftlern nicht nur ausgezeichnete Arbeitsmöglichkeiten, sondern auch ästhetische Genüsse. (Foto: Petra Demmler)

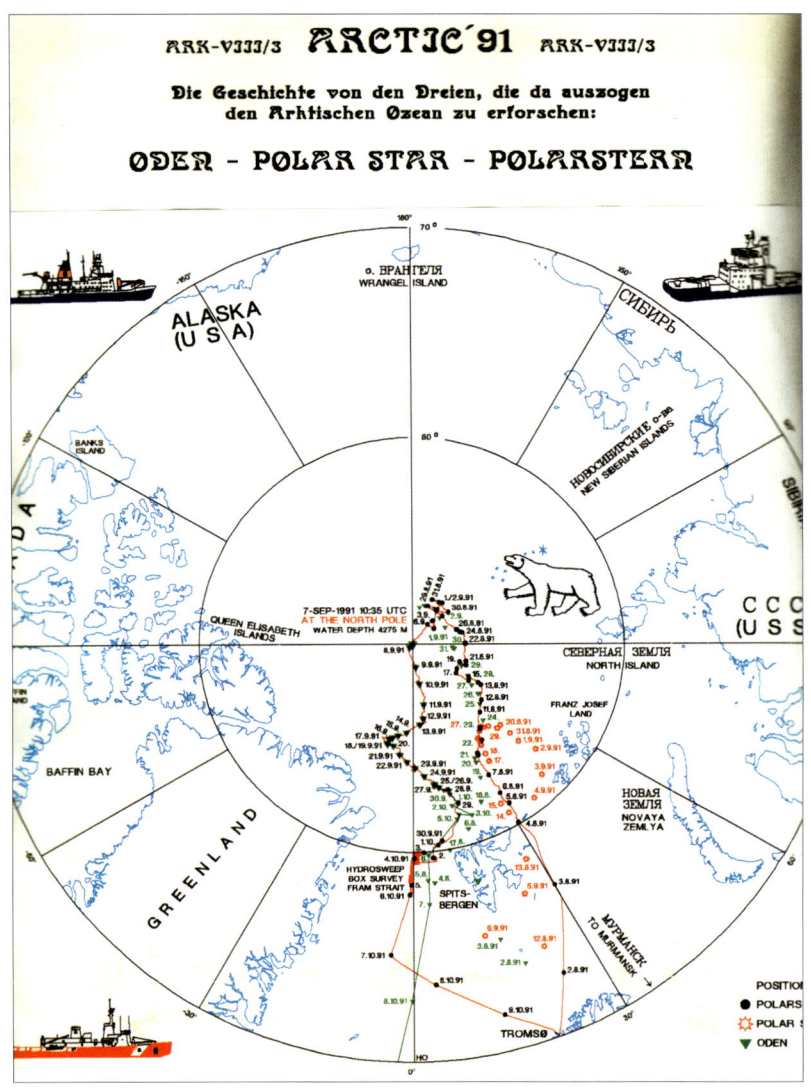

ARK-VIII/3 **ARCTIC´91** ARK-VIII/3

Die Geschichte von den Dreien, die da auszogen
den Arktischen Ozean zu erforschen:

ODEN - POLAR STAR - POLARSTERN

Wie dieser Eintrag in ihrem Gästebuch ausweist, erreichte die POLARSTERN am 7. September 1991 10:35 UTC zusammen mit der schwedischen ODEN zum ersten Mal den geographischen Nordpol mit 4275 m Wasser unter Kiel. (Quelle: WI/Polarstern-Gästebuch)

So konnte AWI-Direktor Prof. Hempel, der die erste Expedition geleitet hatte, bei einem Vortrag vor der »Wittheit in Bremen« im Oktober 1983 ein beruhigendes Resümee ziehen: »Ohne Ausfälle in lebenswichtigen Teilen hat das Schiff alle Aufgaben der ersten Antarktisexpedition erfüllt.« Er konnte sogar noch mehr feststellen: Während Eisbrecher normalerweise bei Sturm sehr stark rollen und stampfen, zeigte die POLARSTERN im Sommer 1983 im Nordmeer ein »günstiges Seegangsverhalten«, sodass die Wissenschaftler ihre Untersuchungen ohne besondere Beeinträchtigungen weiterführen konnten. Dieses gute Seegangsverhalten verdankte die POLARSTERN nicht zuletzt einem großen Tiefgang.

FS POLARSTERN wurde von vornherein als »eisgängiges Polarforschungs- und Versorgungsschiff« konzipiert, nicht als Eisbrecher im strengen Sinn. Denn sonst wären die Funktionen für die Forschung zu sehr eingeschränkt worden. Dennoch hat sich das Schiff im Packeis von Arktis und Antarktis hervorragend bewährt. Mithilfe von Modelltankversuchen hatte die HSVA damit ein neues Entwurfskonzept, in das auch Ergebnisse aus dem »Canadian Arctic Channel Project« von 1972 (vgl. »Offen für Angebote«) eingegangen waren, erfolgreich realisieren können: Durch die besondere Konstruktion des Schiffsrumpfs schob die POLARSTERN das gebrochene Eis unter das benachbarte ungebrochene Eis, sodass Eisschollen nur selten unter den Rumpf geraten und die Propeller gefährden konnten. Bei kontinuierlicher Fahrt konnte FS POLARSTERN – so die ersten Ergebnisse – Meereisplatten bis zu 1,5 m Dicke bei 5 Knoten Geschwindigkeit brechen. Beim Rammeisbrechen kam sie erst bei 3 m dickem Eis mit einer Schneeauflage von 80 cm an ihre Grenzen. Kleine Probleme bereitete lediglich die nicht optimale Anordnung der Kommandobrücke, von der aus der Kapitän nicht immer freien Blick auf das gesamte Schiff hatte.

Mit FS POLARSTERN erhielt die deutsche Polarforschung ein überaus leistungsfähiges Schiff, wie es sich vorher kaum jemand hatte träumen lassen. Hempel und Bungenstock waren sich darin einig, dieses »einmalige Forschungsinstrument« (Hempel) nicht exklusiv zu verwenden, sondern auch im Dienste der internationalen Zusammenarbeit einzusetzen. Sie machten es zu einer Selbstverständlichkeit, dass bei den Expeditionen der POLARSTERN auch Forscher und Forscherinnen aus anderen Ländern mitfahren konnten, und zwar zu den gleichen Bedingungen wie ihre deutschen Kollegen. Auf manchen Expeditionsteilen waren am Ende mehr ausländische als deutsche Wissenschaftler an Bord.

Seit Indienststellung 1982/1983 war die POLARSTERN bei ihren insgesamt fast 45 Expeditionen jedes Jahr mehr als 300 Tage auf See. Kurz nach der Rückkehr von der Jungfernfahrt fand auch bereits die erste von 21 Expeditionen in die Arktis statt. Durch das technische Erneuerungsprogramm in den Jahren 1998 bis 2002 gehört sie noch immer zu den modernsten Forschungsschiffen der Welt. Auf Grund zusätzlicher Installationen kann von der POLARSTERN aus auch der ferngesteuerte französische Tiefsee-Roboter »Victor 6000« eingesetzt werden. Von den vielen Reisen dieses Schiffes seien zwei »spektakuläre« Ereignisse herausgegriffen, weil sie dessen hervorragende Eisbrechereigenschaften am besten verdeutlichen: In der Antarktis befreite die POLARSTERN am 20. November 1985 das von Packeis eingeschlossene britische Forschungsschiff JOHN BISCOE, dessen Besatzung schon vorübergehend zur nahen POLAR DUKE ausgeflogen worden war; und am 7. September 1991 erreichte sie im Tandem mit dem vorausfahrenden schwedischen Eisbrecher ODEN zum ersten Mal den geographischen Nordpol.

So erfolgreich ein Schiff auch immer ist, es altert doch mit jeder Fahrt. Auch die POLARSTERN. Und so hat man im Institut in Bremerhaven wie im Forschungsministerium in Bonn und Berlin begonnen, über ein neues Schiff nachzudenken, bis zu dessen Bau aber doch noch ein wenig Zeit vergehen wird.

Die Laudatio auf FS POLARSTERN, die mit der Bundesdienstflagge fährt und seit 1996 von der Reederei F. Laeisz GmbH, Bremerhaven, bereedert wird, wäre unvollständig, würde man nicht auch ihre Kapitäne erwähnen, hier stellvertretend für alle anderen den ersten von ihnen: Lothar Suhrmeyer, der dieses Schiff bis Ende 1992, also elf Jahre lang, auf viele ihrer Fahrten führte. Bevor Suhrmeyer die POLARSTERN übernahm, war er einige Wochen auf der WALTHER HERWIG sowie vor allem dann im antarktischen Sommer 1979/1980 bei der Suche nach einem geeigneten Standort für die deutsche Antarktisstation auf der POLARSIRKEL mitgefahren. Für einen »Forschungsschiff-Kapitän« ist es nicht genug, sein Schiff gut über die Weltmeere zu steuern und auch in nur 9,00 oder 9,50 m tiefen Hafenbecken trotz eines Tiefgangs von bis zu 11,20 m sein Schiff sicher festzumachen. Täglich muss er mit dem wissenschaftlichen Fahrtleiter den bei Auslaufen nur grob festgelegten Zeit-, Arbeits- und Routenplan präzisieren. Kapitän und Fahrtleiter bilden dabei ein Team. Aufgabe des Fahrtleiters ist es, die Vorstellungen der bis zu 55 Wissenschaftler und Techniker an Bord zu einem Tagesplan zusammenzufassen. Hierfür muss er nicht nur die Wünsche von Biolo-

Förderer der Wissenschaft

Ein Instrument dieser Komplexität braucht einen besonders qualifizierten Operateur. Der Kapitän eines Forschungsschiffes muss eine ganze Reihe von Eigenschaften und Erfahrungen mitbringen, die man selbst bei einem hervorragenden Nautiker und Betriebsführer nicht ohne weiteres voraussetzen kann. Er braucht große technische Kenntnisse, er muss auf den Gebieten der Elektronik, Seevermessung und Wetterkunde beschlagen sein. Er muss Verständnis und Interesse aufbringen für wissenschaftliche Arbeiten, und er muss Ehrgeiz entwickeln für den reibungslosen Einsatz der Forschungsgeräte. Jungen und älteren Fahrtleitern sehr unterschiedlichen Temperaments und immer neuen Gruppen von Wissenschaftlern und Wissenschaftlerinnen ebenso wie dem studentischen Nachwuchs muss er mit Konzilianz und Geduld, gepaart mit Standfestigkeit begegnen. Mit diesen Eigenschaften ausgestattet wird der Forschungsschiff-Kapitän zum Förderer der Wissenschaft und zur geschätzten Respektperson an Bord.

Gotthilf Hempel, aus: Der Forschungsschiff-Kapitän

gen, Ozeanographen, Meereschemikern, Geophysikern und Geologen aufeinander abstimmen, sondern auch die immer wieder auftauchenden Programmänderungen durch schlechte Wetter- oder Eisbedingungen, Geräteverluste oder Unfälle berücksichtigen. Der Kapitän, der für die Sicherheit von Schiff und Besatzung verantwortlich ist und damit in prekären Situationen das »letzte Wort« hat, leitet aus diesem Tagesforschungsplan die notwendigen nautischen und schiffstechnischen Maßnahmen ab und vermittelt seiner Besatzung zudem die Forderungen der Forschung. So gelingt es dann, bei gestopptem Schiff Mess- und

Der Koch der POLARSTERN hat wie hier bei der ersten Antarktisreise im Sommer 1993 viel zu tun, um für Wissenschaftler und Mannschaft immer gute Mahlzeiten auf den Tisch zu bringen. (Foto: Wolfgang Huppertz)

Strömung auf Position zu halten, driften zu lassen oder auf einem genau vorgegebenen Kurs mit konstanter Geschwindigkeit zu fahren – alles nach den Bedürfnissen der Forscher für ihre jeweiligen Untersuchungen. Erst das Können von Kapitänen wie Lothar Suhrmeyer und die Geschicklichkeit der Schiffsoffiziere machen damit die besonderen Möglichkeiten und Qualitäten des Schiffes, das immer wieder nachgerüstet und technisch auf dem neuesten Stand gehalten worden ist, für die Wissenschaft fruchtbar. Ihre Übersicht, ihr Verständnis und ihr Einfühlungsvermögen in die Wünsche der Forscher hatten über die Jahre hinweg mehr Anteil am Erfolg der Forscher und Forscherinnen auf FS POLARSTERN, als vielen von diesen in der Regel bewusst ist.

Nur der Vollständigkeit halber sei noch erwähnt, dass die Kapitäne natürlich bei Gesprächen viele spannende Geschichten erzählen können von plötzlichen Wetterumstürzen, antarktischen Stürmen, den Gefahren des Eises, geglückten chirurgischen Operationen an Bord, Eisbären und Pinguinen, von Schmunzelstories ganz zu schweigen. Aber das ist nicht überraschend, denn so etwas erwartet man nachgerade von diesen polaren Seebären.

Sammelgeräte nacheinander oder auch gleichzeitig in unterschiedliche Tiefen abzulassen oder Wetterballons in die Höhe zu schicken. Und nur so kann es gelingen, das Schiff dabei trotz Wind und

246

Die Kapitäne der POLARSTERN

Lothar Suhrmeyer	Dez. 1982 – Nov. 1992	Uwe Pahl	seit März 1996
Dieter Zapff	Juni 1983 – Mai 1985	Jürgen Keil	Mai 1996 – März 2003
Ernst-Peter Greve	Juli 1985 – Aug. 1998	Dr. Martin Boche	Juli 2000 – Juli 2001
Heinz Jonas	März 1987 – Dez. 1995	Udo Domke	Okt. 2002 – Okt. 2004
Heinz Allers	Jan. 1994 – Okt. 1995	Stefan Schwarze	seit Januar 2005

Noch ist die POLARSTERN voll einsatzfähig (hier im Jahr 2003). Dennoch denkt man schon über Konzeption und Finanzierung eines Nachfolgeschiffes nach. (Quelle: AWI)

Fliegen eröffnet
neue Möglichkeiten

Für den ausgebildeten Geophysiker Bungenstock war es selbstverständlich, dass man für eine moderne geowissenschaftliche Forschung in der unzugängliche Weite Antarktikas nicht nur Hubschrauber, sondern auch Flugzeuge brauchte. Der Meeresbiologe Hempel hielt Hubschrauber zur Eisaufklärung, zum Entladen des Schiffes und für Transport- und Forschungseinsätze über kürzere Strecken ebenfalls für unerlässlich. Aber warum sollte sein Institut teure Flugzeuge beschaffen, ausrüsten und unterhalten?

Als Regierungsdirektor Dr. Herwald Bungenstock im April 1978 im BMFT beauftragt wurde, die Konzeption und das wissenschaftliche Programm für die künftige Antarktisforschung zu erarbeiten, waren – auch auf Grund seiner eigenen Erfahrungen bei der BGR – sehr schnell auch Flugzeuge Teil seiner Vorstellungen. Wohl auf seine Anregung

hin diskutierte die Arbeitsgruppe »Feldoperationen« des bei der Deutschen Forschungsgemeinschaft angesiedelten »Landesausschusses SCAR« am 19. März 1979 verschiedene Arten von Feldoperationen und die dafür notwendige logistische Unterstützung. Schon vor der Sitzung war allerdings deutlich geworden, dass Transportmaschinen vom Typ »Hercules« oder »Transall«, die »ein Transportkonzept bei wesentlich längerer Feldsaison besonders für die entfernten Feldstationen und größeren Expeditionen ermöglichen« würden, nicht den bundesdeutschen Möglichkeiten entsprechen würden. So konzentrierten sich die Überlegungen »zunächst auf Traktoroperationen mit Flugunterstützung durch »Twin-Otter« (DHC). Die kanadische »Twin-Otter«, die von den Briten in Polargebieten schon erfolgreich eingesetzt worden war, war bei einem deutschen Inselflugunternehmen verfügbar. Damit, so das Ergebnis der Diskussion, könnten Geowissenschaftler und terrestrische Biologen im Umkreis von bis zu 1000 km von der Basisstation forschen.

Als Dipl.-Ing. Heinz Dittmar, der damalige Leiter der Abteilung »Ziviler Entwicklungsvertrieb« bei Dornier in Immenstaad am Bodensee, von den Antarktisplänen hörte, rief er Bungenstock an und klärte ihn auf, dass die Dornier GmbH ein ähnliches zweimotoriges Flugzeug im Programm habe. Diese Neuentwicklung mit Turboprop-Triebwer-

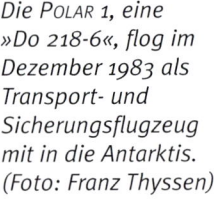

Die POLAR 1, *eine »Do 218-6«, flog im Dezember 1983 als Transport- und Sicherungsflugzeug mit in die Antarktis. (Foto: Franz Thyssen)*

248

ken und Tragflügeln neuer Technologie (TNT) sei mehrere Jahre mit BMFT-Mitteln gefördert worden. Es biete sich doch an, diese Technologie für ein deutsches Projekt zu nutzen. Der Technikfreak Bungenstock nahm diese Idee begeistert auf, und so lud er Dittmar kurzerhand im Frühjahr 1980 nach Bremerhaven zu einer Tagung deutscher Antarktisforscher ein. Dittmar verwies dort auf die Tradition der Dornier GmbH, deren Flugboote 1938/1939 an der »Schwabenland-Expedition« von Kapitän Ritscher beteiligt gewesen waren, und schlug vor, eine »Do 228« mit in die Antarktis zu nehmen. Ein Flug anlässlich einer Luftschau in Hannover demonstrierte Bungenstock und den Wissenschaftlern die guten Eigenschaften des Flugzeugtyps und überzeugte sie entgültig. Da die Flügeloberfläche sehr glatt, das heißt ohne die Luftströmung störende Nieten, Bolzen und Blechstöße, konstruiert war, führte das widerstandsarme Profil auch zu einem geringeren Kraftstoffverbrauch – ein weiteres wichtiges Argument bei einem Einsatz in der Antarktis. Die Wissenschaftler drängten darauf, die »Do 228« schon im antarktischen Sommer 1982/1983 einzusetzen. So schnell konnte Dornier allerdings das Serienflugzeug, das durch ein Skifahrzeug und andere Umbauten zum »Polarprototyp« entwickelt werden sollte, nicht umrüsten. Daher einigte man sich für diese Expedition auf eine »Do 128-6«, den Vorläufertyp. Am 9. Dezember 1981 wurde der entsprechende Vertrag unterschrieben. Sofort nahmen die Dornier-Konstrukteure ihre Arbeit auf, um die »Do 128« antarktistauglich zu machen.

An diesem Punkt kam Bungenstocks vorausdenkende Vorsicht ins Spiel: Ein einzelnes Flugzeug stellte in der Antarktis ein großes Risiko für das Personal dar, weil bei einem Defekt womöglich keine rasche Hilfe geleistet werden konnte. Den Absturz eines Hubschrauber am 31. Dezember 1981, als ein unbeschwertes Lastseil mit Fassketten in den Hauptrotor geriet und alle Rotorblätter in der Luft zerstörte, hatte er als eindringliche Warnung verstanden. Bungenstock überzeugte den Geophysiker Franz Thyssen, der als Erster das Flugzeug für seine Arbeiten nutzen wollte. In einem Gespräch mit Dornier-Vertretern kam man daher am 2. September 1982 in Bremerhaven überein, den Einsatz um ein Jahr zu verschieben und dann mit zwei Maschinen, nämlich einer »Do

Die neu entwickelte, größere »Do 228-200« wurde von Dornier speziell für den Antarktiseinsatz zur POLAR 2 umgebaut und mit vielen wissenschaftlichen Messgeräten ausgestattet. (Foto: Heinz Kohnen)

Technische Daten Dornier 228-200

Verwendungszweck	Leichtes Zubringer- und Mehrzweck-Transportflugzeug
Passagierkapazität	19
Antrieb	Propellerturbine
Triebwerkshersteller	Garrett/AiResearch
Triebswerksmuster	TPE 331-5
Anzahl x Nennleistung	2 x 715 WPS
Abmessungen	
Spannweite	16,97 m
Flügelfläche	32,00 m
Länge	16,56 m
Höhe	4,86 m
Masseangaben	
Startmasse	5700 kg
Max. Nutzlast	2265 kg
Leistungen	
Startstrecke	527 m
Steiggeschwindigkeit 2-mot.	10,4 m/s
Max. Horizontalgeschwindigkeit	432 km/h
Geschwindigkeit für maximale Reichweite	324 km/h
Maximale Reichweite	1150 km
Erstflug (Prototyp)	9. Mai 1981

Heinz Kohnen und Herwald Bungenstock inspizierten die Kufenkonstruktion der POLAR 2, *die auf Grund der Tests in Grönland geändert worden war. (Quelle: AWI)*

POLAR 2 *im Landeanflug auf die Schneepiste bei der »Filchner-Station«. (Foto: Franz Thyssen)*

128« und einer »Do 228«, in die Antarktis zu fliegen. Das kleinere Flugzeug sollte dort vor allem Transportaufgaben übernehmen und ansonsten in Bereitschaft gehalten werden, um bei Notlagen helfen zu können. Die Einbindung Thyssens war nicht zuletzt deswegen erforderlich, weil Bungenstock für die Beschaffung einen etwas ungewöhnlichen Weg gewählt hatte: Die Flugzeuge selbst wurden über den Bremer Senator für Wissenschaft und Kunst, ihre Ausrüstung dagegen über ein Forschungsvorhaben der Universität Münster beschafft, wobei in beiden Fällen Projektmittel des BMFT zum Einsatz kamen. Dies

erleichterte auch AWI-Direktor Hempel die Zustimmung, wiewohl sein Institut nach Auslieferung den Betrieb finanzieren musste.

Wieder einmal begann eine konzentrierte Vorbereitungszeit mit hohem Zeitdruck. Bungenstock, unterstützt vom AWI-Cheflogistiker Heinz Kohnen, formulierte Vorgaben, die zu erfüllen waren. In die Maschine wurden ein Geräteträger, elektronische Versorgungsanlagen für die wissenschaftliche Zusatzausrüstung und Leitungen für die Spezialantennen der Wissenschaftler eingebaut. Vor allem für die Tragflächen der POLAR 2, wie die »Do 228« getauft wurde, verwendeten die Dornier-Konstrukteure vornehmlich Kohlefaserwerkstoffe, denn Metall konnte zu Messfehlern bei einigen der empfindlichen Geräte führen. Dies galt insbesondere für die Datenaufnahme durch die 3,50 m langen Stabantennen, die quer zur Flugrichtung unterhalb der Tragflächen angebracht wurden. Prof. Franz Thyssen und seine Mitarbeiter von der Forschungsstelle für physikalische Glaziologie in Münster benötigten sie, um in der Antarktis elektromagnetische Reflexionsmessungen (EMR) zur Bestimmung der Eisdicke und der Untergrundsformation durchzuführen. Die stabförmigen Behälter an der Vorderkante der Tragflächen, in denen Protonen-Magnetome-

ter zur Erdmagnetfeldmessung untergebracht wurden, und der fast zwei Meter lange »Stachel« an der »Albatros-Nase« für das VLF-Elektronenmagnetometer wurden für Untersuchungen installiert, mit denen die Bundesanstalt für Geowissenschaften und Rohstoffe (BGR) in Hannover die Möglichkeiten des Flugzeugs erproben wollte. In der hinteren Hälfte des Rumpfbauches wurde darüber hinaus ein »Fenster« herausgeschnitten, durch das eine Luftbildkamera für das Institut für Angewandte Geodäsie (IfAG) in Frankfurt Serienaufnahmen beim Überfliegen bestimmter Landstriche der Antarktis machen sollte. Vor dem Einsatz wurden die Flugzeuge im Juli 1983 unter polaren Bedingungen von Søndre Strømfjord aus getestet. Auf grönländischen Schneepisten probte man vor allem Starts und Landungen, die gefährlichsten Phasen bei jedem Flug. Die gesammelten Erfahrungen führten anschließend zu Korrekturen an den Kufenskiern, nicht zuletzt um die Manövrierfähigkeit der Flugzeuge auf Eis und Schnee zu verbessern.

Nach einem problemlosen Überführungsflug landeten die beiden Maschinen am 28. Dezember 1983 auf dem südchilenischen Flughafen Punta Arenas. Hier wurden in die POLAR 2 das Skifahrwerk sowie all die Messgeräte eingebaut, die man zur Entlastung des Flugzeugs mit dem Schiff nach Chile transportiert hatte. Nach Zwischenstopps, die durch schlechte Wetterbedingungen teilweise etwas verlängert werden mussten, ging POLAR 2 zusammen mit der ein Jahr älteren POLAR 1 schließlich am 15. Januar 1984 zum ersten Mal auf der 900 m langen, von Fräsen und Pistenbullys präparierten Schneepiste der »Georg-von-Neumayer«-Station nieder. Am 21. Januar startete POLAR 2 zum ersten Bildflug für Jörn Sievers vom IfAG. Zehn Tage später steuerten beide Flugzeuge die Sommerstation des Alfred-Wegener-Instituts auf dem Filchner-Ronne-Schelfeis an. Auch hier zeigte POLAR 2 ihre Qualitäten bei den Flügen zur Eisdickemessung für die Wissenschaftler aus Münster und der BGR. Chefpilot Herbert Hampel und seine Crew meisterten alle schwierigen Situationen. »Schneedrift« war eine der Schwierigkeiten: Bei strahlendem Sonnenschein konnte der vom Inlandeis kommende Wind so viel feinen Schnee über die Eisfläche wehen, dass dieser wie ein Schleier wirkte und der Pilot in der gefähr-

Flugplatz bei Schneedrift. (Foto: Franz Thyssen)

lichen Landungsphase nicht nach Sicht fliegen konnte, sondern sich auf seine Instrumente verlassen musste. Auch POLAR 1 bewährte sich in diesen Wochen, und zwar bei zahlreichen Transportflügen ebenso wie – von der Filchner-Sommerstation aus – bei einem Rettungsflug, bei dem zwei Wissenschaftler bei widrigem Wind und Schneetreiben aus ihrem Biwakzelt befreit wurden.

Am Abend des 17. Februar 1984 landeten beide Flugzeuge wohlbehalten und sicher wieder auf den Pisten von Punta Arenas. Knapp sechs Wochen Antarktis-Einsatz mit 21 695 Flugkilometern waren seit dem Abflug von dem chilenischen Flughafen ohne Ausfälle bewältigt worden. Zufrieden telegrafierte Expeditionsleiter Heinz Kohnen am 21. Februar an Dr. Bungenstock im BMFT: »es war eine gute Sache.« Nach kleineren Reparaturen und den notwendigen Umrüstungen machten sich die Crews einige Tage danach auf ihren Rückweg nach Oberpfaffenhofen. Die Dornier-Mannschaft hatte die erste deutsche Flugexpedition in die Antarktis nach dem Zweiten Weltkrieg erfolgreich abgeschlossen.

Erfolgreich waren auch die Wissenschaftler. Franz Thyssen und seine Mitarbeiter hatten bei ihren Messflügen überraschende Daten zum Filchner-Schelfeis erhalten. In einem ersten Resümee stellte er damals fest: »Es lässt sich sehr überzeugend anhand der Registrierungen nachweisen, dass der bisher als Eisunterkante angenommene Horizont

*POLAR 1 und POLAR 2
kurz vor dem Abflug.
(Foto: Franz Thyssen)*

*Betankt wurden die
Flugzeuge aus Fässern
auf dem Eis.
(Foto: Heinz Kohnen)*

ein innerer Horizont des Schelfeises ist. Er ist von einer Schicht unterlagert, die elektromagnetische Wellen stark absorbiert.« Mit anderen Worten: Das Filchner-Schelfeis war erheblich dicker als bis dahin angenommen.

Nach der Rückkehr kaufte die Technische Universität Braunschweig mit Unterstützung des BMFT POLAR 1 für Luftbildeinsätze in gemäßigten Breiten. Als Ersatz bereiteten die Dornier-Mechaniker in Oberpfaffenhofen eine weitere »Do 228« als Sonderversion für den Antarktiseinsatz vor. Das BMFT hatte die POLAR 3 diesmal nicht gekauft, sondern zunächst für die geplante viermonatige Expeditionsdauer gemietet: Sie sollte in der Antarktis GANOVEX IV, die vierte »German Antarctic North Victoria Land Expedition« der

BGR, unterstützen. Mithilfe von POLAR 2 und POLAR 3 wollten die BGR-Wissenschaftler und die mit an der Expedition beteiligten Hochschulforscher geophysikalische Methoden anwenden, die Wolfgang Kahnt und Detlef Damaske schon 1983/1984 an den Schelfeisen am Rande des Weddell-Meeres erprobt hatten. Ihr Ziel war es, Informationen über den eisbedeckten Untergrund zu sammeln, um diese dann mit den Erkenntnissen aus der geologischen Feldarbeit zu kombinieren. Zur Vorbereitung waren während GANOVEX III bereits Treibstoffdepots angelegt und ein mögliches Landefeld in der Nähe der im Südsommer 1983/1984 eingerichteten »Gondwana-Station« der BGR ausgewählt worden.

Als Herbert Hampel Anfang November 1984 in Oberpfaffenhofen startete, hatte er wieder eine flugerfahrene Crew, auch wenn nur der Mechaniker Josef Schmid im Jahr davor schon in der Antarktis gewesen war. Nach Zwischenstopps bei Dakar im Senegal, dem brasilianische Recife, Buenos Aires und Punta Arenas – um nur einige Stationen zu nennen – landeten sie bei der britischen Station »Rothera« erstmals auf antarktischem Schnee. Nun musste die Flugroute geändert und die zu dieser Zeit noch unbesetzte »Filchner-Station« angeflogen werden. »White-Out«-Bedingungen erzwangen hier eine Blindfluglandung mithilfe des Radarhöhenmeters. Trotz harter Schneeverwehungen blieben die Flugzeuge unbeschädigt. Sobald die Fässer mit dem Treibstoff gefunden und ausge-0graben sowie die Flugzeuge neu betankt waren, wurde der Weg quer über das Transantarktische Gebirge zur amerikanischen Station »Amundsen-Scott« am geographischen Südpol fortgesetzt. Obwohl die Navigationssysteme zeitweise ausfielen, entdeckten Hampel und seine Kollegen mit etwas Glück als erste deutsche Flieger die Kuppel dieser Südpol-Station. Am nächsten Tag flogen sie weiter, kreuzten erneut das Transantarktische Gebirge und landeten schließlich bei hervorragenden Sichtverhältnissen in der Nähe des 3794 m hohen Vulkans Mount Erebus auf dem Flugplatz der amerikanischen Antarktisstation »McMurdo« am Ross-Meer. Nach dem Einbau der wissenschaftlichen Geräte, die von Deutschland ins neuseeländische Christchurch und dann mit einer amerikanischen »Hercules« nach »McMurdo« transportiert worden waren, waren die letzten 370 km für die beiden Piloten nur ein Katzensprung. Als sie am 2. Dezember 1984 sicher in »Klein-Pfaffenhofen« – so tauften die Mechaniker kurz darauf die Piste bei der deutschen »Gondwana-Station« – aufsetzten, hatten sie insgesamt 20 320 km im Überführungsflug zurückgelegt.

Bereits auf dem Flug zum »Gondwana«-Camp waren die ersten wissenschaftlichen Messungen vom Flugzeug aus durchgeführt worden. In den folgenden Tagen und Wochen wurden sie fortge-

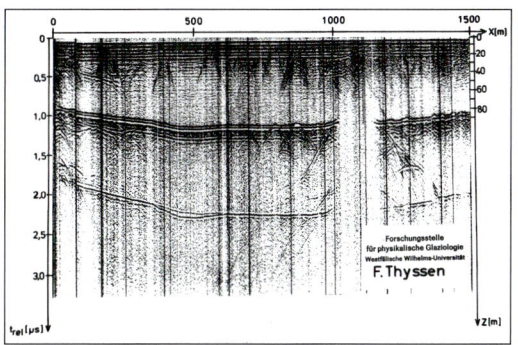

setzt, solange das unberechenbare Antarktiswetter, in dem innerhalb kurzer Zeit Stürme von Orkanstärke aufkommen konnten, es erlaubte. Nach den Vorgaben der BGR-Wissenschaftler, deren Expedition wieder von Dr. Franz Tessensohn geleitet wurde, blieben beide Flugzeuge bis zu 450 km exakt auf einer Profillinie und flogen dann mit kleinem Abstand parallel dazu wieder zurück. Die Messungen begannen meist in den Abendstunden ab 19:00 oder 20:00 Uhr und dauerten bis nach Mitternacht, weil dann die Bedin-

Die elektromagnetischen Reflexionsmessungen von Franz Thyssen zeigten nicht nur die Dicke des Filchner-Schelfeises, sondern vor allem die gestörte Feinstruktur, deren Linien man bis dahin für die Eisunterkante gehalten hatte. (Quelle: Heinz Kohnen)

Auf dem Weg zur amerikanischen »Amundsen-Scott-Station« am geographischen Südpol querten POLAR 2 und POLAR 3 die Pensacola Mountains. (Foto: Heinz Kohnen)

Stolz entfalteten Richard Möbius, Josef Schmid und Herbert Hampel (von links) von der POLAR 3 die deutsche Fahne. Sie waren zusammen mit den Kollegen der POLAR 2 die erste deutsche Crew am geographischen Südpol. (Quelle: AWI)

POLAR 2 nach dem Start. (Foto: Heinz Kohnen)

gungen für die Aeromagnetikmessungen der BGR am günstigsten waren. Nach den ersten Tagen wurde POLAR 2 auch allein eingesetzt, um aus 3000 m Höhe, teilweise nur 150 m über dem Eisplateau, mit der EMR-Anlage der Münsteraner Geophysiker Eisdickemessungen durchzuführen. Die Messflüge wurden rasch zur Routine. So starteten POLAR 2 und POLAR 3 auch am Abend des 16. Dezember in ein nordwestlich gelegenes Gebiet. Da das Gebiet weiter entfernt als üblich lag, musste ein Zwischenstopp zum Auftanken eingelegt werden. Und dabei geschah etwas, was man immer befürchtet hatte: Bei der Landung auf

»polar 3« antwortet nicht mehr

seit sonntag, 24.2.1985, um ca. 19.30 uhr mez, ist das deutsche expeditionsflugzeug polar 3 vom typ dornier 228 mit seinen drei besatzungsmitgliedern ueberfaellig.

polar 3 war fuenf minuten nach dem schwesterflugzeug polar 2 planmaessig vom flughafen dakar in senegal zum naechsten zwischenaufenthalt lanzarote auf den kanarischen inseln gestartet. beide flugzeuge befanden sich auf dem rueckflug von ihrer erfolgreichen antarktis-expedition ganovex iv, die im auftrag der bundesanstalt für geowissenschaften und rohstoffe bgr zwischen dezember 1984 und januar 1985 durchgefuehrt wurde.

entsprechend dem in dakar eingereichten instrumentenflugplan flogen die beiden polar-flugzeuge in einem abstand von fuenf minuten in flugflaeche 90 (ca. 2750 m flughoehe) auf den luftstrassen entlang der westsahara-kueste. polar 3 meldete pflichtgemaess den ueberflug des flugfeuers nouadhibou um 16.51 uhr mez mit der vorausberechneten ueberflugzeit um 17.43 uhr mez fuer den naechsten pflichtmeldepunkt, dem funkfeuer dakhla. mit der vorausfliegenden polar 2 bestand noch kurz vor eintreffen ueber dakhla funkkontakt.

aus den funkkontakten mit den jeweiligen flugsicherungsbodenstellen und der vorausgeflogenen polar 2 ergaben sich keinerlei anhaltspunkte ueber technische schwierigkeiten an bord der polar 3. die wetterverhaeltnisse zu diesem zeitpunkt waren mit ausgezeichneten sichtverhaeltnissen sehr gut. die zustaendigen behoerden haben unverzueglich entsprechende suchmassnahmen eingeleitet.

Telex der Dornier GmbH an das BMFT am 25. Februar 1985, 17:18 Uhr

den harten Schneewehen brach der Bugski der POLAR 2, ihre Kabine wurde leicht gestaucht, doch kamen zum Glück keine Personen zu Schaden. POLAR 3 kehrte zum Camp zurück, und die Piloten der POLAR 2 wurden nach einer Nacht in der eiskalten Maschine mit dem Hubschrauber ins Camp geholt. An den verbleibenden Tagen wurden die Profilflüge für die aeromagnetischen Messungen mit der POLAR 3 im Schichtdienst der Piloten durchgeführt – an einem Tag einmal 1500 Profilkilometer innerhalb von neun Stunden. Nur die EMR-Messungen für die Münsteraner mussten entfallen, da deren Geräte aus der POLAR 2 nicht ausgebaut werden konnten. Einen Monat nach der Bruchlandung konnten die notwendigen Ersatzteile aus Deutschland in »McMurdo« abgeholt werden. Es folgten drei Tage fieberhafter Arbeit, bei der die Temperaturen von –30 °C kaum bemerkt wurden. Dann war der Bugski ausgewechselt und die Maschine gecheckt. Beim »Gondwana«-Camp untersuchte ein eigens eingeflogener Prüfer das Flugzeug erneut, bevor er es für den Rückflug freigab. Noch am gleichen Tag, dem 15. Januar 1985, hoben POLAR 2 und POLAR 3 in Richtung »McMurdo« ab. Von dort machte POLAR 3 bis zum 26. Januar noch einige Profilflü-

ge über dem Meer. Dann begann für beide der Rückflug auf der bekannten Route über den Südpol nach Deutschland. Zehntausende von Profilkilometern waren von den Wissenschaftlern der BGR mit ihrer Hilfe vermessen worden.

Der Rückflug über Südamerika und die afrikanische Westküste versprach angenehme Routine nach den Abenteuern in der Antarktis. Am 21. Februar wurde von Dornier noch einmal ein Telex vom 10. Februar aus Punta Arenas an BMFT, BGR, AWI und Prof. Thyssen abgesetzt, das mit »dornier crew wohlauf« begann und deren Rückkunft in Oberpfaffenhofen für den Morgen des 27. Februar ankündigte. Da traf am Montag, dem 25. Februar 1985, um 17.22 Uhr ein Telex von der Presse- und Informationsstelle der Dornier GmbH im BMFT ein: »deutsches expeditionsflugzeug ueberfaellig«. In den Tagen darauf wurde der erste Verdacht zur grausamen Gewissheit: Die beiden Flugzeuge waren auf einer Route über der Westsahara-Küste in einem Gebiet geflogen, das zwar auf einer internationalen Luftverkehrsstrecke lag, das die Guerilla-Organisation »Polisario« aber zum »Kriegsgebiet« erklärt hatte. Die Rebellen hatten die deutschen Polarflugzeuge für marokkanische Aufklärungsflugzeuge

Die Besatzungen von POLAR 2 und POLAR 3 (von links): Walter Kirberger, Richard Möbius, Josef Schmid, Herbert Hampel, Otto Stadler, Heinz Bredhorst, Friedrich Schwacke. (Quelle: AWI)

*POLAR 4 mit moderni-
siertem Anstrich und
neuen aerodynami-
schen »Landekufen«.
(Foto: Hannes
Grobe/AWI)*

gehalten und daher POLAR 3 mit dem Piloten Herbert Hampel, dem Kopiloten Richard Möbius und dem Mechaniker Josef Schmid abgeschossen. Am 11. März meldete die »Welt« auf Seite 20: »Das Wrack des von der Befreiungsfront der Westsahara, Polisario, abgeschossenen Forschungsflugzeugs POLAR 3 und die Leichen der drei Insassen sind gestern in Algerien zur Übergabe vorbereitet worden.« Die von der BGR vergebenen geographischen Bezeichnungen »Hampelspitze«, »Kap Möbius«, »Schmidhöhe« und »Polar-3-Halbinsel« erinnern in der Umgebung der damaligen »Gondwana-Station« in North Victoria Land noch heute an die tragischen Ereignisse von 1985.

Obwohl die Versicherungen den Verlust der POLAR 3 als »Kriegsfolge« einstuften und daher keine Entschädigung zahlten, modernisierte Dornier die POLAR 2 und nutzte im Auftrag von AWI und BMFT die gemachten Erfahrungen zur Weiterentwicklung der »Do 228«: POLAR 4 wurde gebaut, und zwar mit einer 1000 kg höheren Zuladung und 1000 km mehr Reichweite. Am 29. November 1985 starteten POLAR 4 mit dem erfahrenen Walter Kirberger als Chefpilot und

POLAR 2 mit Friedrich Schwacke als Pilot in die Antarktis. Ausfall und Reparatur von Messinstrumenten, Kufen, die trotz Vorsorge nach einem längeren Aufenthalt im Schnee festgefroren waren – diese und ähnliche Ereignisse konnten die Besatzung nicht mehr aus der Ruhe bringen. Auch »White Out«-Bedingungen hielten sie nicht davon ab, mit Wetterradar und Radio-Höhenmesser routinemäßig zu landen. Schwieriger war für Schwacke dagegen eine sichere Landung, als sich einmal die hintere Halterung des Bugskis gelöst hatte. Doch auch dieses Problem überwand er mit viel Gefühl und noch mehr fliegerischem Geschick. Eine große Neuerung kam in der zweiten Phase der Kampagne 1985/1986 auf dem Filchner-Schelfeis erstmals erfolgreich zum Einsatz: die Navigation mithilfe des »Global Positioning System« (GPS), auch wenn damals erst sieben der vorgesehenen amerikanischen Satelliten um die Erde kreisten. Für die Wissenschaftler erwies sich der erneute Einsatz der beiden Polarflugzeuge als eine unersetzliche Unterstützung. Wieder machte Jörn Sievers vom IfAG mit ihnen ausgedehnte Bildflüge, diesmal vor allem über das Ekström-Schelfeis und das weitere Hinterland der »Georg-von-Neumayer-Station«. Der Münsteraner Geophysiker Franz Thyssen und seine Kollegen entdeckten hier unter der 1900 m dicken Eisschicht eine abwechslungsreiche Felslandschaft. Von der »Filchner-Station« aus konnten sie dann im Rahmen des internationalen »Filchner-Schelfeis-Programms« mit ihrer weiter entwickelten elektromagnetischen Reflexionsmessanlage innerhalb von gut zwei Wochen weitere 14 900 km Profile des Eises und seiner Schichtungen aufnehmen. Ein Erkundungsflug der POLAR 4 zur Shackleton Range tief im Innern Antarktikas, mit dem eine Expedition des Jahres 1987/1988 vorbereitet wurde, lieferte dem Expeditionsleiter Heinz Kohnen wichtige neue Erkenntnisse, die damals nur mit dem Flugzeug zu erhalten waren. Nachdem noch ein Triebwerk der POLAR 4 in eisiger Kälte ausgewechselt worden war, hoben die beiden Flugzeuge am 16. Februar 1986 zu ihrer ersten Etappe Richtung Heimat ab. Ihre Landung am 5. März in Oberpfaffenhofen schloss einen weiteren erfolgreichen Einsatz der Polarflugzeuge der Firma Dornier ab. Sie hatten nicht nur mehrfach ihre Antarktistauglichkeit bewiesen, sondern auch den Wissenschaftlern wichtige, nur mit ihrer Hilfe zu ermittelnde Daten verschafft.

Seit dieser Zeit nahmen POLAR 2 und POLAR 4 im Durchschnitt an drei längeren wissenschaftlichen Kampagnen pro Jahr in Antarktis und Arktis teil, wobei sie im Gegensatz zur Anfangszeit auch öfter einmal getrennt flogen. Die wissenschaftlichen Messsysteme, die an Bord mitgeführt werden, wie die technische Ausstattung, insbesondere für die Navigation, wurden immer wieder modernisiert. Auch die fluglogistische Infrastruktur vor allem an den Stationen »Georg von Neumayer« und »Filchner« wurde über die Jahre hinweg ständig verbessert. Die Forscher aus dem AWI und verschiedenen Universitäten können nun zum Beispiel auch die Temperatur der Erdoberfläche oder die Oberflächenrauigkeit des Meereises (vgl. Kapitel »Arktische Schmetterlingseffekte«) bestimmen. Wegen einer überharten Landung bei »Rothera« musste POLAR 4 im Frühjahr 2005 per Schiff nach Deutschland transportiert werden. Doch POLAR 2 ist weiterhin im Einsatz, erreicht jedoch langsam die »Altersgrenze«, sodass das Forschungsministerium und die Wissenschaftler nicht nur des AWI bereits über ein Nachfolgemodell nachdenken, das dann auch wieder neue, zusätzliche Forschungsmöglichkeiten eröffnen soll.

Ozeandampfer
auf Fahrt zum Pier
der Wissenschaft

Alle, die am Aufbau des Alfred-Wegener-Instituts (AWI) beteiligt waren, hatten dem Aufbau der für die Wissenschaft essentiellen Logistik den Vorrang gegeben vor der Errichtung eines Institutsgebäudes. Dies war nicht zuletzt eine außenpolitische Notwendigkeit, denn die Versprechen bei der Aufnahme in die Konsultativrunde mussten

eingelöst werden. Die Logistik konnte in Bremerhaven in der ersten Zeit auch von Provisorien aus betreut werden, und Wissenschaftler, die Laborräume gebraucht hätten, mussten erst gefunden und berufen werden. Ein baldiger Start der Baumaßnahme »Institutsneubau« war allerdings eine innenpolitische Notwendigkeit, denn nur allzu leicht konnte der Vorwurf wieder aufflammen, dass die Bremer Landesregierung das neue Institut in Bremerhaven nicht aktiv etablieren wolle.

Der Bau eines neuen Instituts stellt immer eine große Investition dar, für die – damals wie heute – umfangreiche Ausschreibungen erforderlich sind. Dies bedeutete für ein repräsentatives Gebäude, wie man es für das Alfred-Wegener-Institut zweifellos anstrebte, einen zeitraubenden Architektenwettbewerb, der den Baubeginn deutlich hinauszögern würde. Darüber hinaus sollte dieses Gebäude – so stellte man sich dies in Bre-

Blick auf den der Weser zugewandten Teil von Bremerhaven im Jahr 1978 nach Fertigstellung des Columbus-Center. Auf der freien Fläche unten rechts wurde ab 1982 das »Alfred-Wegener-Institut« gebaut. (Quelle: Stadtarchiv Bremerhaven)

merhavener Kreisen vor – architektonisch ein weiteres Signal für die Moderne dieser Stadt setzen. Man verfügte bereits über das maritim geprägte »Deutsche Schiffahrtsmuseum«, das Prof. Hans Scharoun (1893–1972), geboren in Bremen und aufgewachsen in Bremerhaven, an das Weserufer gebaut hatte. Als das Bundeskabinett sich für den Standort Bremerhaven entschied (vgl. »Das Machtwort des Kanzlers«), war darüber hinaus gerade ein beschränkter Wettbewerb für den Neubau der 1975 gegründeten (Fach-)Hochschule Bremerhaven angelaufen, zu dem man namhafte deutsche und niederländische Architekten eingeladen hatte. Angesichts des Anspruchs der Stadt Bremerhaven zeichnete sich daher ein weiterer Wettbewerb für den Neubau des Polarforschungsinstituts ab.

Es ist heute nicht mehr festzustellen, wer die Idee hatte und zu welchem Zeitpunkt. Wie Dieter Strohmeyer in seinem Buch »Karlsburg 12–14« berichtet, war die Jury für den Hochschul-Bau nach Begutachtung der zum 3. März 1980 eingereichten Entwürfe zweigeteilt: Mehrere Juroren favorisierten die Arbeit »Nr. 2« als »eine städtebauliche Lösung von großer Intensität, die zur Diskussion herausfordert« und der eine »überzeugende Individualität der Konzeption« bescheinigt wurde; andere waren von »Nr. 6« begeistert, weil »die alte Idee einer städtebaulichen Betonung dieses Punktes ... in diesem Entwurf hervorragenden Ausdruck« gefunden habe. Die extrem unterschiedlichen Konzepte von Prof. Gottfried Böhm (Nr. 2) und Prof. Oswald Mathias Ungers (Nr. 6) drohten die Jury zu spalten. Möglicherweise brachte in dieser Situation Eberhard Kulenkampff, Jury-Mitglied und Senatsdirektor beim Bremer Bausenator, den sich abzeichnenden Neubau eines Polarforschungsinstituts in die Diskussion ein, denn er konnte kein großes Interesse daran haben, weitgehend die gleichen Architektenteams schon bald zu einem weiteren Wettbewerb für einen unmittelbar benachbarten Standort und eine ähnliche Nutzung einzuladen. Die Idee klang überzeugend und verhalf der Jury zu einem salomonischen Urteil: Am 18. Mai 1980 erkannte sie Gottfried Böhm (geb. 1920) den ersten Preis zu, dem Kölner Oswald Mathias Ungers (geb. 1926) den zweiten Preis – mit der impliziten Maßgabe, dass sein einem Hochsee-

dampfer nachempfundener Entwurf beim Polarforschungsinstitut verwirklicht werden sollte. Bereits am 29. Mai fand in Bremerhaven ein erstes Gespräch zwischen Vertretern des Bremer Bausenators, dem designierten AWI-Direktor Prof. Dr. Gotthilf Hempel, dem Architekten Ungers und anderen statt, in dem es um die Vorgaben für die Raumplanung ging. Der Entwurf musste eigentlich nur noch an die Anforderungen des Polarforschungsinstituts und den veränderten Standort angepasst werden ...

Wer allerdings geglaubt hatte, mit dem Bau könne danach in einigen Monaten begonnen werden, hatte die Verwaltungsmühlen unberücksichtigt gelassen. Im Rahmen der Bewerbung für den Standort des Polarforschungsinstituts hatte sich die Stadt Bremerhaven verpflichtet, ein Grundstück für den Neubau kostenfrei zur Verfügung zu stellen. Abweichend von der Finanzierung der laufenden Kosten, die im Verhältnis 90 : 10 finanziert wurden, wollten sich Bund und Land die Baukosten hälftig teilen. Nach dem im Mai 1980 schon im Entwurf vorliegenden »Konsortialvertrag« sollte Bremen für »die Durchführung der Baumaßnahmen und die Betreuung der baulichen Anlagen« zuständig sein. So glaubte sich der Bremer Senat am 30. Juni 1980 seiner Sache sicher, als er den Gesetzentwurf für die Errichtung der Stiftung des öffentlichen Rechts »Alfred-Wegener-Institut für Polarforschung« beschloss und dabei feststellte: »Nach eingehender Diskussion um den Standort in Bremerhaven hat sich der 1700 m² große Südteil des Columbus-Centers als geeignet herausgestellt.« Doch dies entsprach nur der Bremer Diskussionslage. Der Bund hatte sich nämlich für den Bau, für den Bremen zusätzlich 20 Mio. DM aus dem Lohnsummensteuer-Spit-

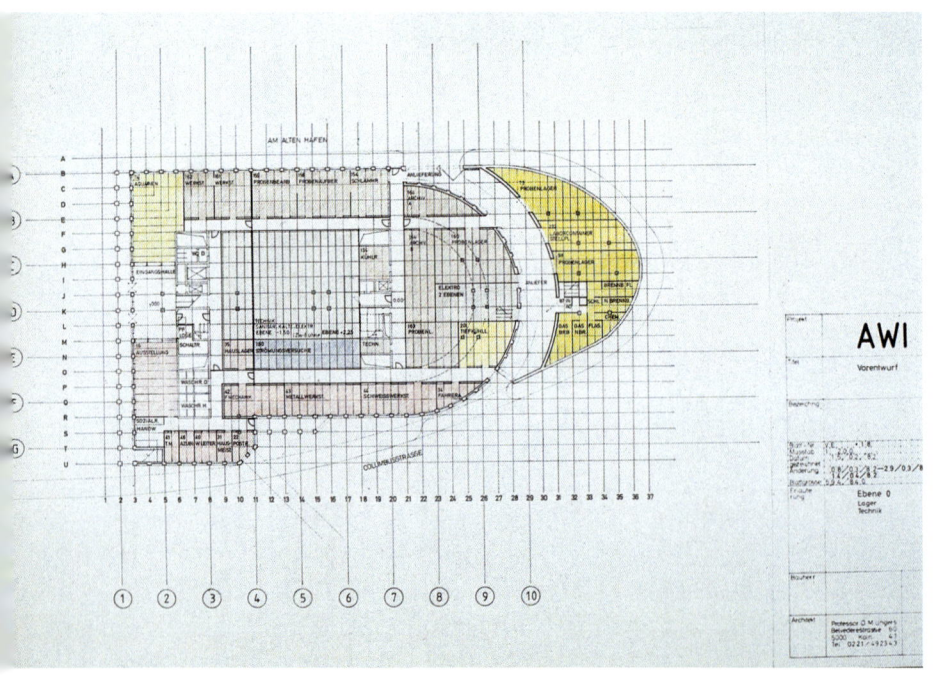

Der Kölner Oswald Mathias Ungers ließ sich vom Motiv des »Ozeandampfers« für seinen Entwurf der Hochschule Bremerhaven und dann des Polarforschungsinstituts inspirieren. (Quelle: Martina Buchholz)

Der Grundriss zeigt deutlich das Schiffsmotiv mit der leicht nach links verschobenen Bugspitze. (Quelle: AWI)

zenausgleich erhielt, ein umfangreiches Mitspracherecht vorbehalten. Und dabei ging es dann manchen Beamten mehr um eine vor dem Rechnungshof sichere Einhaltung von Regelwerken als um einen zügigen Baubeginn.

Der Magistrat der Stadt Bremerhaven bot gegenüber Land und Bund drei Standortalternativen an:

- Die ehemalige »Karlsburg«, von der die Auswanderer im 19. Jahrhundert ihren Weg in die Neue Welt angetreten hatten. Sie schied aber bald aus, weil hier die Hochschule gebaut werden sollte und dafür noch Erweiterungsflächen benötigt wurden.
- Flächen am Handelshafen im Anschluss an das »Institut für Meeresforschung Bremerhaven« (IfMB), der bis dahin einzigen außeruniversitären Forschungseinrichtung der Stadt.
- Und schließlich, auf Veranlassung von Oberbürgermeister Werner Lenz schon bei der

Bewerbung der Stadt favorisiert, mit erster Priorität das Innenstadtgelände südlich des »Columbus Center«, das nach mehr als zehn Jahren mit Planung, Wettbewerben und Bürgerbeteiligung 1978 eröffnet worden war und seither mit seinen klotzigen Betontürmen das Stadtbild beherrschte.

Alle Flächen mussten als Erstes auf ihre Eignung überprüft werden. Dabei fragten die Bundesbeamten intensiv nach den Grunderwerbskosten, obwohl diese zweifelsfrei vom Land bzw. von der Stadt bezahlt werden mussten. Allerdings differierten die Kosten tatsächlich erheblich, denn das Gelände am Handelshafen befand sich schon im Besitz der Hansestadt Bremen, während die Stadt Bremerhaven für das Grundstück am Columbus-Center eine Rückkaufoption gegenüber der »Neue Heimat Städtebau« geltend machen musste.

Darüber hinaus brauchte man eine »Raumbedarfsplanung«. Und hier begann das eigentliche Problem, denn nun stritt man sich darum, für wie viele Angestellte der Bau Arbeitsplätze bieten sollte und wie groß die einzelnen Labors und die sonstigen Flächen sein dürften bzw. sein müssten. Ob zum Beispiel das Zimmer der Sekretärin für den Verwaltungsleiter 18 m² haben dürfe, weil es des Öfteren vor Terminen als Warteraum dienen müsse, oder ob auch für sie das Sachbearbeiterzimmer mit 12 m² ausreichen müsste. Solange es keine von Bonn anerkannte Raumbedarfsplanung gab, konnte man auch keine Entscheidung über den Standort treffen, denn die benötigte Grundstücksfläche wurde unmittelbar vom anerkannten Raumbedarf abhängig gemacht.

Die Konsequenz war ein »Schwarzer Peter«-Spiel, das zwischen Bremen sowie dem Forschungsministerium und dem Bauministerium in Bonn mit viel Papier, großem Engagement und wachsender Gereiztheit auf beiden Seiten hin und her ging. Die Monate vergingen. Es wurde wieder Sommer. Eine Lösung war noch nicht in Sicht. Da verloren einige Beteiligte offenbar die Geduld: Plötzlich ergaben Gespräche zwischen Mitarbeitern des Senators für Wissenschaft und Kunst in Bremen und einem Beamten des BMFT (vermutlich Regierungsdirektor Bungenstock, dem für das AWI zuständigen Referatsleiter), dass »wegen der zu erwartenden Entwicklungen der deutschen

Meeresforschung – u. a. infolge der 3. Seerechtskonferenz – für das Institut für Meeresforschung Erweiterungsflächen vorgehalten werden sollten«. Darüber hinaus entdeckte Bremen, dass beim IfMB auch universitäre Einrichtungen für geplante Studiengänge mit meereskundlichem Abschluss Platz benötigen würden. Aufgrund dieser »erneuten Planungsüberlegungen«, so teilte Senatsdirektor Prof. Dr. Reinhard Hoffmann am 22. Juli 1981 seinem Bonner Kollegen, BMFT-Staatssekretär Hans-Hilger Haunschild, mit, könne das Gelände beim IfMB als Bauplatz »nicht mehr zur Verfügung gestellt« werden. Somit blieb nur noch das – von vorn herein favorisierte – Grundstück am Columbus-Center übrig. Die Argumentation war zwar mehr als durchsichtig, aber da auch Bungenstock »aus fachlicher Sicht« für dieses Grundstück votierte, entschied Haunschild: »erscheint voll geeignet«. Der Gordische Knoten, in dem sich die Verwaltungen in Bonn und Bremen verheddert hatten, war durchgeschlagen.

Auf der Basis eines konkreten Bauplatzes lief die weitere Planung zügig und ohne größere Reibungsverluste. Der Raumbedarfsplan wurde noch im Juli 1981 von den Zuwendungsgebern genehmigt. Oberbürgermeister Werner Lenz setzte im Magistrat der Stadt Bremerhaven durch, dass die Stadt das Gelände von der »Neuen Heimat« zurückkaufte. Die Bauunterlagen wurden bis 1. Juni 1982 fertig gestellt. So konnte am

Nach dem Aufgang über die erste Treppe erreicht man dieses streng gegliederte Foyer, das heute durch einen Antarktis-Felsen und Bilder belebt wird. (Foto: D. Leisner)

Am Rande des alten Stadtkerns

Das Alfred-Wegener-Institut für Polarforschung war in einer städtebaulich exponierten Lage in Bremerhaven zu planen. Das hierfür vorgesehene Grundstück liegt am Zugang zum historischen Stadtkern unmittelbar gegenüber dem Alten Hafen, und es bildet gleichzeitig den Abschluss und die Spitze eines der markantesten Nachkriegsbauten in Bremerhaven, dem Columbus-Center. ...

Ausgehend von den historischen Gegebenheiten, ergaben sich bei der Planung für die Bebauung des Gründstücks für das Polarinstitut zwei wesentliche Gesichtspunkte. Einmal schien es zur Wahrung der räumlichen Kontinuität des Stadtgrundrisses notwendig zu sein, die Trasse der Linzer Straße bis zum Alten Hafen durchzuführen, um den Blick auf den Hafen, die Seute Deern und das Schiffahrtsmuseum freizugeben. Damit gleichzeitig verbunden war ein zweites wichtiges Planungskriterium, nämlich die Wiederherstellung und Ergänzung der traditionellen Blockstruktur des Stadtgrundrisses an dieser Stelle. Die beiden Kriterien bestimmten städtebaulich gesehen die eigentlichen Grundvoraussetzungen für den Entwurf.

Aus: Oswald Mathias Ungers, Planung für das deutsche Polarinstitut

9. Dezember 1982 – dem Tag, an dem die Polarstern in Dienst gestellt wurde (vgl. »Traumschiff der Wissenschaft«) – der Grundstein gelegt und am 12. November 1984 das Richtfest gefeiert werden. Es folgte der bei jedem Bau zeitraubende Innenausbau, doch konnten im Februar 1986 die ersten Wissenschaftler und Verwaltungsleute das »noble Provisorium« Columbus-Center und seine »Kaufhaus-Atmosphäre« (Gotthilf Hempel) verlassen und in den Neubau ziehen. Die Mitarbeiter und Mitarbeiterinnen aus den Geowissenschaften, der zoologischen Ökologie, der Eisforschung sowie aus Logistik und Verwaltung erfreuten sich der neuen Arbeitsräume. So war der Bau zum Zeitpunkt der offiziellen Einweihung am 4. Juni 1986 schon mit Leben gefüllt.

Oswald Mathias Ungers hatte für seinen Neubau zunächst mit den Problemen der städtebaulichen Umgebung fertig werden müssen: Der Standort bildete einerseits das »Eingangstor« zum alten Stadtkern, wie er sich seit Beginn des 19. Jahrhunderts entwickelt hatte, und andererseits den »Bug des Columbus-Centers«, das mit seiner Masse nicht nur das Stadtbild beherrschte, sondern auch den Stadtkern vom Alten Hafen und der Weite der Weser trennte. Ungers' Bau war zunächst für einen anderen Standort, nämlich für die rund 100 m nördlich, aber nicht so exponiert gelegene »Karlsburg« konzipiert worden: Das Dampfermotiv ließ sich jedoch problemlos auf den neuen Standort übertragen. Mehr noch: Es passte für diese Stelle vielleicht sogar besser als für die »Karlsburg«. Um der vorgegebenen Straßenführung Rechnung zu tragen, verschob Ungers das als zweiter Bug vorne herausragende Sockelgeschoss aus der Symmetrieachse etwas nach links. Darüber hinaus lockerte er die strenge Bugform an der »Schauseite« zur Columbusstraße dadurch auf, dass er die Linienführung der Fassade zweimal unterbrach und leicht versetzt weiterführte. Die Idee des Ozeandampfers, der sich zur nahen Geeste-Mündung in Bewegung setzt und von dort auf große Fahrt geht, wurde – an die Farbgebung der Polarstern erinnernd – durch die Außenhaut des Gebäudes unterstrichen: eine dunkle Klinkermauer, die insoweit die Backsteinarchitektur der Küstenregion übernahm. Deren Masse brach Unger durch den gleichmäßigen Rhythmus der weißen Holzfenster auf. Ein oberster Gebäudeteil, der sich, weiß verputzt und abgetreppt, über der dunklen Wand erhob, steigerte mit seinen drei Schornsteinen den Eindruck eines großen Schiffsaufbaus noch mehr.

Gotthilf Hempel urteilte 1986: »Der Neubau ... ist ein Schaustück für die Bremerhavener und die auswärtigen Besucher – bei Sonne erscheint er

Der AWI-Bau von Oswald Mathias Ungers »Grönland«.
(Foto: D. Leisner)

heiter, bei Regen finster drohend.« Insgesamt erreichte der Bau städtebaulich zweifellos Ungers' Ziel, ein »Eckpfeiler der Altstadt« zu sein. Dass dies in der Folge vielleicht nicht so gelebt wurde, wie er es sich vorgestellt hatte, lag nicht an seinem Konzept, sondern letztlich an der Stadtentwicklung, die die Umgebung lange Zeit vernachlässigt hat. So wurde Ende 1995 der für einen zweiten Bauabschnitt als Parkplatz freigehaltene Raum zwischen AWI und Columbus-Center zum Teil durch Container-Provisorien für die AWI-Verwaltung eingeschränkt und erst Ende 2004 wieder freigemacht; heute hofft das AWI, darauf bald ein dringend benötigtes Hörsaalgebäude errichten zu können. Auch die unbebaute Fläche vor den von Böhm entworfenen hellroten Klinkerstrukturen wurde jetzt durch einen Erweiterungsbau für die Hochschule Bremerhaven genutzt. Die wirtschaftlichen Probleme Bremerhavens und seines Umlandes führten letztlich dazu, dass sich die Innenstadt über die Jahre hinweg in sich selbst zurückzog. Erst in jüngster Zeit breitet sich die Stadt langsam über die Columbusstraße, die das AWI-Gebäude vom Schifffahrtsmuseum und den Uferanlagen trennt, Richtung Weser aus. Symptomatisch für die Entwicklung: Die von Ungers vorgesehene Fußgängerbrücke von seinem AWI-Schiff über die Columbusstraße wird 2005 gebaut – in anderer Form und vom Columbus-Center aus.

Oswald Mathias Ungers hatte seine Idee des Oze-

andampfers auch im Innern des Neubaus umgesetzt: Vom Erdgeschoß, das wegen des schwierigen Untergrunds die Funktion eines Kellers mit Lagern und technischer Versorgung übernehmen musste, führte er den Besucher über eine erst zentrale, dann weiter nach außen versetzte Treppe in die Höhe. Im Kern der vier »Kabinendecks« hatte er Nebenflächen und Labors untergebracht, die künstlich belichtet werden konnten. Je weiter der Besucher nach oben stieg, umso mehr Licht umflutete ihn, bis er im Dachgeschoß nicht etwa bei der Direktion, sondern in der Bibliothek anlangte, der 1987 noch die Flächen der damals

Steidle spielte mit den über den Grundbau hochragenden Türmen ebenfalls das Schiff-Motiv an. (Foto: Reinhard Görner)

Grundriss des Neubaus, den der Münchner Architekt Otto Steidle entworfen hat. (Quelle: Steidle + Partner)

still gelegten Cafeteria zugeschlagen wurden. Was staatliche Verwaltungen im Grund nie wahr haben wollen, geschah natürlich auch beim Alfred-Wegener-Institut: Entsprechend den Größenvorstellungen des Wissenschaftsrates legte Bonn für den AWI-Neubau ein »Ausbauziel« von 150 Personen zugrunde. AWI-Direktor Hempel verstand diese Größenordnung dagegen als erste Ausbaustufe auf dem Wege zu einem Bau für 260 Personen. Tatsächlich waren 1984 schon rund 150 Personen am AWI tätig. Man konnte sich für die gewünschte Entwicklung sogar auf BMFT-Staatssekretär Haunschild berufen, der bei der Einweihung des Ungers-Gebäudes einen weiteren Ausbau des Instituts als »sachlich gerechtfertigt, ja geboten« bezeichnete, allerdings auch auf Finanzierungsprobleme hinwies. Das AWI wuchs und musste Flächen anmieten sowie mehrere Jahre lang im freien Gelände zum Columbus-Center hin die schon erwähnten Container aufstellen. Die Forschung brauchte Räumlichkeiten für eine wachsende Anzahl von Gastforschern und für Doktoranden und andere Nachwuchswissenschaftler(innen), die am AWI mit Mitteln der EU, der DFG, des BMFT oder anderer Förderer forschten. Die Fesseln, die der Wissenschaft durch fehlende oder unzureichende Räume angelegt wurden, erschwerten nicht nur die Arbeitsabläufe, sondern beschnitten schließlich auch die Entwicklungsmöglichkeiten des Instituts so sehr,

dass an einen weiteren Neubau gedacht werden musste.

Ein erster konkreter Raumbedarfsplan wurde bereits 1990 aufgestellt und im Grundsatz anerkannt. Aber es dauerte über zehn Jahre, bis nach langen Haushaltsverhandlungen in einem EU-konformen Verfahren der Münchner Professor Otto Steidle als Architekt bestimmt und schließlich am 22. Mai 2001 der Grundstein gelegt werden konnte für das neue Labor- und Bürogebäude, das 240 Mitarbeitern Arbeitsplätze bieten sollte. Als Grundstück stand das Gelände im Industriegebiet am Handelshafen zur Verfügung, das schon 1980/1981 als Standort-Alternative diskutiert worden war. Nun hatte man es allerdings durch Zukauf weiterer Flächen erheblich erweitert.

Der Zuschnitt des ausgewählten Geländes inspirierte Otto Steidle ebenfalls zur Idee eines Schiffs. Im Gegensatz zu Ungers deutete Steidle dieses Motiv aber nur im Grundriss an und löste es mit steigender Geschoßhöhe durch kammartige Einschnitte auf, um mit ihnen die Baufluchten der Hallen auf der gegenüberliegenden Hafenseite aufzunehmen. Erst mit den turmartigen Aufbauten für Besprechungsbereiche und Kantine spielte er wieder auf die Aufbauten großer Schiffe an. Bautechnisch erforderte die Ufernähe für das Gebäude eine Bodenplatte, die mit 470 Betonpfählen von 20 m Länge verankert werden

Die Umgebung des Alfred-Wegener-Instituts in Bremerhaven ist nicht von räumlich geordneten Strukturen geprägt. Um so wichtiger ist es für uns, dem Bau eine gewisse Ausstrahlung und Stimmung aus sich heraus zu verleihen, und diese erwachsen aus seiner Bewohnbarkeit. Ein solches Gebäude muss nicht von der erstarrten Eigengesetzlichkeit der üblichen Bürogebäude regiert werden. Selbstverständlich muss es funktionieren. Aber es hat nicht nur einen praktischen Nutzwert, sondern auch einen emotionalen Mehrwert. Das hat zu tun mit den Anmutungsqualitäten ganz normaler städtischer und häuslicher Elemente, mit der urbanen Quartiergröße, mit dem humanen Maß der zahlreichen Innenhöfe, mit den Farben, den einfachen Materialien sowie der erkennbar zivilen Gestaltung der Fassaden, die den Gleichtakt des Standardrasters vermeidet.

Aus: Steidle, Land Stadt Haus

Farben beherrschen und gliedern den Steidle-Bau auch im Innern (oben).

Mit den Hofräumen lockerte Steidle die strenge Form auf, schuf Treffpunkte im Außenbereich und setzte mithilfe des Berliner Künstlers Erich Wiesner farblich kontrastierende Akzente (links). (Fotos: Kerstin Elbing/AWI)

musste. Das teilweise aufgeständerte Erdgeschoß bot sich darauf einmal mehr zur Unterbringung von zentralen Technikflächen, Lagern, Container- und Werkstattbereichen sowie für Pkw- und Fahrradstellplätze an. Durch mehrere Innenhöfe schuf Steidle darüber attraktive, natürlich belichtete und belüftete Zonen für helle Büroräume, die – ein Wunsch der Nutzer – einen direkten, schnellen Zugang zu den Labors und ihren dunklen Lagerräumen erhielten.

Für ein Zentrum, zu dessen zentralen Themen Klima- und Umweltforschung gehören, war das Stichwort »Ökologisches Bauen« eine Selbstverständlichkeit. Steidle, der am 28. Februar 2004 kurz vor seinem 60. Geburtstag starb und die Fertigstellung seines Baues nicht mehr erleben konnte, und seine Partner bevorzugten bei der Bauausführung »bewusst einfache Systeme oder Erkenntnisse wie z.B. natürliche Lüftung, Belichtung oder Kühlung durch Massivbauteile«. Der Gestaltung der Fenster und der Sonnenblenden wurde dabei besonderes Augenmerk geschenkt, denn sie sollten über das ganze Jahr hinweg einen hohen Lüftungskomfort mit individuellen,

manuell regelbaren Einstellungen gewährleisten und auch bei starkem Wind Sonnenschutz gewähren. Ebenso große Bedeutung hatte die Verknüpfung von Heizung und Kühlung: Die Abwärme des Blockheizkraftwerks erzeugt gleichzeitig Kälte, und zwar über eine Absorptionskälteanlage, deren Wirkungsgrad durch die Nutzung der Tem-

Fassade des am 28. Mai 2004 eingeweihten Neubaus an der Geestemündung (rechts).

Das Foyer weist auf die überragende Bedeutung von Alfred Wegener hin – und gibt den bisher fehlenden Rahmen für Veranstaltungen im AWI. (Fotos: Reinhard Görner)

NIELS BOHR
LOUIS V. DE BROGLIE
LISE MEITNER
JAMES JOYCE
WERNER HEISENBERG
THOMAS MANN
ALFRED WEGENER
ALBERT EINSTEIN
FRIDTJOF NANSEN
P.A.DIRAC
MARIE CURIE
SELMA LAGERLOEF
WILHELM OSTWALD

peraturunterschiede zum Hafenwasser noch erhöht wird. Mit diesem Konzept konnte man insgesamt auch die Schadstoffemission reduzieren. Bei der Kälteversorgung anfallende Abwärme wird in das Heizsystem eingespeist und damit ebenfalls genutzt.

»Der Münchner Otto Steidle ... vertraut der Verführungskunst einer Architektur, die aus dem Widerspruch von bunt schillernden Fassaden und klaren Volumen resultiert«, schrieb die Neue Zürcher Zeitung (NZZ) am 5. Dezember 2003 anlässlich einer Steidle-Retrospektive in der Pinakothek der Moderne in München. Beim AWI-Institutsbau bewährte sich einmal mehr seine langjährige Zusammenarbeit mit dem Berliner Künstler Erich Wiesner. Dieser beschrieb in einer AWI-Broschüre sein Konzept der Fassadengestaltung: »Die schwarzen, weißen und grauen Steine bilden ein unbeständiges Gleichgewicht, sie sind Zeichen für ein Energiefeld, das die Hausgestalt still vibrieren lässt. Die einzelnen Elemente sind in eine Ganzheit eingewoben, die ein dynamisches Gleichgewicht erzeugt.«

Über und zwischen den insbesondere bei Sonne flirrenden Außenfassaden eröffnen sich »gelbe und grüne Hofräume, über die in den gleichen Farben gehaltene ›Türme‹ hinausragen« (NZZ). Mit diesen Hofräumen setzten Steidle und Wiesner farblich kontrastierende Akzente. Mehr noch: Die vier Innenhöfe und vier Dachebenen wurden zu einer »großen botanischen Pflanzfläche«, die die Wiener Firma Auböck + Kárász durch eine Auswahl immergrüner Pflanzen und jahreszeitlich unterschiedlicher Blatt- und Blütenfarben

wie durch Bodenintarsien belebte. So entstanden zwischen den Labors und Büros Freiräume, die den Mitarbeitern zur Kommunikation ebenso wie zur Kontemplation und zur Ideenschöpfung dienen können.

Der Hamburger Architekturkritiker Dr. Manfred Sack betitelte seine Steidle-Laudatio bei der Einweihung des 47,5 Mio. Euro teuren Neubaus am 28. Mai 2004 mit »Die Heiterkeit des Bauens« und attestierte Steidles Gebäuden eine »große Menschenfreundlichkeit«. Im Begleitheft schrieb er ausführlicher: »alle Gebäude aus der Werkstatt Steidle locken die Augen. Das geschieht durch die oft sehr feine, ausgeprägte Gestaltung der Fassaden; durch die plastische Dramaturgie der Bauformen vor allem der Türme, die sich aus dem Plenum der Gebäude kess in die Höhe recken; durch die starken, Lebenslust zeigenden und herausfordernden Farben und die dekorativen Muster, die mit ihnen und den Materialien gebildet werden – die ja aber auch den Künstler Erich Wiesner als wichtigen Mitspieler zu erkennen geben.«

Als Ergänzung zum Ozeandampfer wurde am »Pier der Wissenschaft« neben dem ehemaligen Institut für Meeresforschung eine »höchst funktionelle Wissenschaftsfabrik« geschaffen, wie AWI-Direktor Prof. Dr. Jörn Thiede bei der Einweihung hervorhob. Nach der Einschätzung des Bremer Wissenschaftssenators Willi Lemke stellt sie zugleich »eine Einladung zu forschendem Arbeiten« dar – und dies ist schließlich die Aufgabe der AWI-Mitarbeiter.

267

Ordnung in der Vielfalt

Die Wissenschaft setzt Schwerpunkte

Sastrugi
(Foto: Franz-Dieter Miotke)

Umfassende Wunschvorstellungen

Großgeräte der Forschung wie Station, Forschungsschiffe oder Flugzeuge können nicht beliebig von jedem Wissenschaftler in Anspruch genommen werden. Für den Zugang bedarf es einiger Regelungen, die sich nicht allein auf die Qualität des Wissenschaftlers und seines Antrags beziehen. Und es bedarf einer sicheren und Kontinuität signalisierenden Finanzierung für die, die mit ihren Anträgen erfolgreich sind. Kurzum: Man braucht ein längerfristiges Forschungs-

programm. Soweit die Bundesregierung oder eines ihrer Ressorts Initiator eines solchen Forschungsprogramms ist, hat es sich immer als vorteilhaft erwiesen, sich für die Ausgestaltung des Programms und seiner Ziele auf die Expertise der jeweiligen Fachwissenschaftler zu stützen. Dieses Reservoir nutzte daher auch das Bundesministerium für Forschung und Technologie (BMFT) bei der Vorbereitung des »Antarktisforschungsprogramms der Bundesrepublik Deutschland«.

Bereits Mitte 1977 bat Bundesforschungsminister Hans Matthöfer den Präsidenten der Deutschen Forschungsgemeinschaft (DFG) um erste Überlegungen zur thematischen Ausrichtung der geplanten Antarktisforschung. Die DFG und ihre Wissenschaftler hatten selbst nur wenig Erfahrungen in diesem Gebiet und entsprechend kaum konkrete Ziele für ein Forschungsprogramm. So formulierten die Vorsitzenden der betroffenen Senatskommissionen ihre Ideen, die dem BMFT Ende 1977 zugeleitet wurden, nur in vorsichtiger und allgemeiner Form. Nach einem Gespräch am 17. April 1978 bat Dr. Volker Hauff, Matthöfers

Nachfolger, Prof. Dr. Heinz Maier-Leibnitz, ihm seine »Vorstellungen über die Form einer Mitarbeit der DFG an dem geplanten Forschungsprogramm« mitzuteilen. Der DFG-Präsident leitete diese Bitte weiter an den gerade gegründeten »Landesausschuss SCAR«, der seinerseits in seiner ersten Sitzung am 23. Juni 1978 sofort eine entsprechende Arbeitsgruppe einsetzte. Soweit heute erkennbar, erhielt die Arbeitsgruppe keine Vorgaben: Dr. Herwald Bungenstock sah als zuständiger Referatsleiter im BMFT seine Aufgabe darin, die technischen Voraussetzungen für erfolgreiche Forschungsarbeit in der Antarktis zu schaffen; die Entscheidung über deren Inhalte überließ er den Wissenschaftlern.

Mit Schreiben vom 30. November 1978 übermittelte die DFG dem BMFT die Überlegungen des SCAR-Landesausschusses zu möglichen Themen für die künftige westdeutsche Antarktisforschung, zu denen die Suche nach mineralischen und lebenden Ressourcen – Ausgangspunkte für die politischen Aktivitäten – inzwischen nur noch am Rande gehörte. Das BMFT übernahm die Vor-

schläge der DFG, einschließlich einiger Ergänzungen, in allen wesentlichen Punkten und gab sie – nach einer vorwiegend redaktionellen Überarbeitung durch Gotthilf Hempel und Heinz Kohnen – in die interministerielle Abstimmung. Diese entwickelte sich wider Erwarten zu einer »schwierigen Geburt«. Allerdings nicht wegen der wissenschaftlichen Inhalte des Programms, sondern wegen der vorgenommenen Verbindung mit dem Standort des neuen Polarforschungsinstituts. Beim Programm selbst strich Bungenstock auf Veranlassung seines Abteilungsleiters Dr. Wolfgang Finke nur die Namen der Wissenschaftler, die für ihr – universitäres oder außeruniversitäres – Institut Interesse an einem Thema oder Projekt gegenüber der DFG bekundet und es in den Grundzügen dabei formuliert hatten; die Namen der Institute blieben jedoch. In dieser Form verabschiedete das Bundeskabinett schließlich das Antarktisforschungsprogramm, einschließlich der Gründung des Polarforschungsinstituts (vgl. »Das Machtwort des Kanzlers«), am 12. Dezember 1979.

Die POLARSTERN wurde ab 1982 zum wichtigsten Forschungsinstrument für die junge deutsche Antarktisforschung.
(Foto: Franz Thyssen)

Forschungsarbeiten im Victoria Land am Ross-Meer wurden auf Veranlassung der BGR essentieller Bestandteil des Antarktisforschungsprogramms der Bundesregierung (hier: Bull Pass, 1979). (Foto: Franz-Dieter Miotke)

Der Anteil junger Wissenschaftlerinnen stieg im Laufe der Zeit immer mehr (hier: eine Forscherin im Labor bei der ersten Arktisreise der POLARSTERN). (Foto: Wolfgang Huppertz)

Das Forschungsprogramm erwies sich als ein umfassender Katalog von Themen. Das dargestellte Spektrum reichte von der Astronomie über verschiedene Themenkreise der Biowissenschaften und über Humanbiologie und Medizin in Polargebieten, ein langfristiges Monitoring im Umweltschutz, Themen der Geodäsie, Kartographie und Geophysik sowie der Glaziologie, Projekte der »Hohen Atmosphäre und Extraterrestrischen Physik«, der Meteorologie und Ozeanographie bis hin zu Forschungszielen der Ingenieurwissenschaften. Gewisse Präferenzen deuteten sich lediglich bei der Einbindung in internationale Programme wie BIOMASS an. Ansonsten verließ man sich darauf, dass die tatsächlichen Anträge und die auf der Basis von Begutachtungen ausgesprochenen Bewilligungen längerfristig schon zu Schwerpunktsetzungen führen würden. Die Breite des Spektrums belegte letztlich die bewusste Zurückhaltung des Ministeriums, das sich auf die Rolle des Geldgebers beschränkte. Erstaunlich war bei diesem Programm darüber hinaus, dass es von seiner ersten Veröffentlichung zumindest bis zur 3. Auflage, die Bundesforschungsminister Dr. Heinz Riesen-

huber nach Amtsantritt als sein Programm veröffentlichte, nahezu unverändert blieb. Das Programm wurde nicht etwa aktualisiert, sondern sprach auch 1983 – außer in den Anhängen – weiterhin neutral von »Polarforschungsinstitut« und »Polarschiff«; lediglich die in der 2. Auflage unter Minister Dr. Andreas von Bülow enthaltenen Angaben zum jeweiligen »Zeitplan« waren gestrichen. Auf diese Weise blieb das Antarktisforschungsprogramm andererseits von parteipolitisch motivierten Änderungen, wie sie nach einem Regierungswechsel häufig sind, verschont. Auf Grund einer Empfehlung des BMFT bereitete die DFG flankierend ein eigenes Schwerpunktprogramm »Antarktisforschung« vor. Es wurde ebenfalls in ihren Senatskommissionen und im »Landesausschuss SCAR« beraten und von einer Planungsgruppe, der der Fischereibiologe Gotthilf Hempel (Kiel), der Geodät Dietrich Möller (Braunschweig), der Ökologe Hermann Remmert (Marburg) und der Geophysiker Jürgen Untiedt (Münster) angehörten, ausgearbeitet. Ein wesentliches Ziel für dieses Programm hatte Maier-Leibnitz bereits in seinem Brief vom 29. August 1978 gegenüber Hauff formuliert: »Zwar hat die Forschungsgemeinschaft bereits in der Vergangenheit zahlreiche Einzelvorhaben in der Antarktisforschung finanziell unterstützt; trotzdem fehlt es an einem ausreichenden Erfahrungsschatz, um sofort mit einem größeren Antarktisprogramm beginnen zu können. Hier sieht die Forschungsgemeinschaft eine wichtige Aufgabe; sie wird versuchen, einer größeren Zahl junger Wissenschaftler in den nächsten beiden antarktischen Südsommern die Möglichkeit zum Sammeln praktischer Erfahrungen im Rahmen ausländischer und bilateraler Forschungsprojekte zu vermitteln.« So schnell wie beabsichtigt war dies dann doch nicht zu leisten. Aber Nachwuchsförderung lag allen DFG-Präsidenten besonders am Herzen. Und so war die Vorlage eines Schwerpunktprogramms zur Förderung der Hochschulforscher und insbesondere des Nachwuchses ein konsequenter Schritt. Inhaltlich bot der DFG-Schwerpunkt ein ähnlich umfassendes Spektrum wie das BMFT-Programm: »Dynamik und Massenhaushalt des Filchner-Ronne-Schelfeises und des Packeises des Weddell-Meeres; Geodäsie, Kartographie und Fernerkundung; Aufbau und Dynamik des pazifischen Randes Gondwanas; Marine Geowissenschaften; Extraterrestrische Materie; Hohe Atmosphäre, atmosphärische Spurenstoffe und luftelektrisches Feld; Energieflüsse zwischen Wasser/Eis und Atmosphäre; Ozeanographie; Struktur und Dynamik des antarktischen Ökosystems; Ökophysiologie; Umweltschutz.«

Von vornherein problematisch war – neben dem angemeldeten Mittelbedarf von 2 Mio. DM pro Jahr – vor allem die Aufgliederung in elf Unterthemen und die enorme Zahl von 127 potenziellen Schwerpunktteilnehmern, wiewohl der zuständige DFG-Referent Dr. Jörg Ehlebracht damals vermutete, dass es »für viele eine ›Prestigefrage‹ war, in der Liste zu erscheinen, und sie nachher wahrscheinlich keinen Antrag stellen werden«. Prof. Dr. Walter Kertz, als geowissenschaftlicher Senator einer der beiden Berichterstatter, legte seine ambivalente Sicht gegenüber dem Senat auch offen, wie das Protokoll belegt: »Zu sehr sei zumindest der geologische Teil des Programms bislang eine weitgehend unverbindliche Zusammenstellung unkoordinierter Wunschvorstellungen. Auf der anderen Seite müsse man sehen, dass hier eine einmalige Arbeitsmöglichkeit geboten werde, angesichts deren die Forschungsgemeinschaft es sich schlicht nicht leisten könne, nein zu sagen.« Trotz der – so DFG-Präsident Prof. Dr. Eugen Seibold – »shopping list« von Arbeitsthemen beschloss der Senat der DFG am 9. Oktober 1980 die Einrichtung des Schwerpunkts, über den 1981 erstmals 24 Projekte mit insgesamt 1,7 Mio. DM finanziert wurden – dank der vom Senat geforderten kritischen Prüfungsgruppe eine deutliche Reduktion gegenüber dem Gesamtvolumen der Anträge.

Das breite Spektrum des Bundesprogramms eröffnete für das federführende BMFT-Referat besondere Möglichkeiten. So konnte Bungenstock daraus nicht nur die logistischen Voraussetzungen (Station, Schiff) schaffen sowie die ersten Expeditionen zur Standortfindung und zur Errichtung der Polarstation finanzieren, sondern auch die Polarflugzeuge und deren Spezialausrüstung (vgl. »Flugzeuge eröffnen neue Möglichkeiten«). Da eine weitere Zweckbestimmung des Programms in der Finanzierung von grundlagen- und anwendungsorientierten Einzelunterneh-

Mit den beiden Polarflugzeugen des AWI (hier: Polar 2) konnten ab 1983/1984 zusätzliche Methoden (etwa durch die Forschungsstelle in Münster) eingesetzt und weiter entfernte Gebiete erreicht werden.
(Foto: Hannes Grobe/AWI)

Dank an die Ehefrauen von Polarforschern und anderen

Da sind die Ehefrauen aus dem Management in Politik, Wirtschaft und Wissenschaft. Ihnen bleibt an den meisten Tagen des Jahres nur das Abwischen des Schweißes von der Stirn des gehetzten Gemahls. Wenn sie nicht ehrgeizig für ihn sind, können sie manchmal ein vorwurfsvolles »Selber schuld« nicht unterdrücken, das den Mitleid suchenden Ehemann um so härter trifft, je mehr er sich über die Wahrheit des Satzes im Klaren ist. ... Seemannsfrauen gehören in eine ganz besondere Kategorie. Dazu muss man geboren oder erzogen sein: monatelang ohne Ehemann und dann lange Wochen Tag für Tag mit einem Mann, der zu Hause Urlaub macht.

Bei den Frauen der Meeres- und Polarforscher verbindet sich das Schicksal einer Seemannsfrau auf Zeit mit dem Dasein einer Wissenschaftlerfrau. Sie ahnten meist nichts Böses, als sie einen Physik- oder Zoologiestudenten heirateten, bevor der zur Meeres- oder Polarforschung überwechselte. Diese Frauen haben vielleicht das schwierigste Los, denn es trifft sie unvorbereitet, und wehe, wenn der Mann dann auch noch nebenberuflich Manager wird.

Gotthilf Hempel, Aus der Tischrede anlässlich der Taufe von FS Polarstern am 25. Januar 1982 in Kiel

Die Iglus der »Drescher-Station« boten für die Biologen des AWI und der Hochschulen Möglichkeiten zur Robbenforschung. (Foto: Simon/Simon)

mungen lag, erfüllte Bungenstock aus diesen Mitteln auch die Zusage, die die Spitze seines Hauses dem Land Nordrhein-Westfalen als Preis für dessen Unterstützung des Standortes Bremen/ Bremerhaven gegeben hatte: Über Projekte förderte das BMFT den Aufbau einer »Forschungsstelle für Physikalische Glaziologie« am Institut für Geophysik der Universität Münster. Deren erstes, mit Datum vom 28. April 1980 vorgelegtes Forschungsprojekt »Elektromagnetische Reflexionsverfahren zur Bestimmung von Eismächtigkeiten und ihrer Feinstruktur sowie zur Gliederung des Felsuntergrundes« von Prof. Franz Thyssen diente zugleich der Aufklärung der Umgebung der neuen Antarktisstation und der Vorbereitung des Filchner-Ronne-Schelfeis-Programms. Damit verlor die Maßnahme den Charakter einer isolierten politischen Gefälligkeit: Sie war zentral in das Gesamtprogramm eingebunden.

Auch das Institut für Polarökologie in Kiel erhielt die entscheidende Anschubfinanzierung aus dem Antarktisforschungsprogramm des Bundes, woraufhin das Land seinerseits die notwendigen

Stellen zur Verfügung stellte. Prof. Hempel wollte nämlich 1980 vor seinem Wechsel von Kiel zum Alfred-Wegener-Institut die Zusagen, die Schleswig-Holstein bei der Bewerbung um das Polarforschungsinstitut gemacht hatte, für seine Heimatuniversität retten. Nicht ganz uneigennützig vielleicht, denn er lehrte weiterhin in Kiel, verlegte seinen Wohnsitz nie von dort nach Bremerhaven und wollte sich so als Wissenschaftler eine Rückfallposition schaffen. Das BMFT erfüllte ihm seinen Wunsch für Kiel und sicherte damit zugleich seine Zusage als Direktor des Polarforschungsinstituts. Die Mathematisch-Naturwissenschaftliche Fakultät in Kiel ließ sich für ihre Zustimmung zu dem neuen Institut, zu dem sie selbst nichts beigetragen hatte, einige zusätzliche, seit vielen Jahren beantragte Stellen zuweisen. Und die deutsche Polarforschung erhielt ein Institut, für das sich außer Hempel niemand stark gemacht hätte, weil es ein um 1980 noch völlig unbeachtetes Thema bearbeiten sollte. Unter seinem ersten Leiter, dem aus Würzburg berufenen Ökophysiologen Prof. Ludger Kappen, hielt das Anfang 1982 gegründete Institut bereits im Juni

1982 sein erstes »Polarwissenschaftliches Symposium«, entwickelte sich gerade in den ersten Jahren, wie es dem Gründungszweck entsprach, mit BMFT- und DFG-Förderung »komplementär« zum AWI und arbeitete seither erfolgreich. Zunächst mag die fehlende Fokussierung der Antarktisforschungsprogramme als Orientierungslosigkeit gewirkt haben – ein Eindruck, der sicherlich nicht ganz falsch war, denn die deutschen Wissenschaftler hatten, wie schon erwähnt, kaum Forschungserfahrung auf dem weißen Kontinent. Über das DFG-Programm finanzierte Rundgespräche halfen nur bedingt bei der thematischen Abstimmung. Schwerpunkte bildeten sich in der Folge jedoch von selbst, denn die Projektplanung und -bewilligung musste sich an den logistischen Möglichkeiten orientieren. Bestimmende Faktoren waren damit zum einen die Umgebung der »Georg-von-Neumayer-Station« und die Einsatzgebiete der POLARSTERN, zum anderen die »GANOVEX«-Expeditionen der BGR und die sich schnell erweiternde Aufnahmebereitschaft der Stationen anderer Staaten. Da das Alfred-Wegener-Institut die Station ebenso wie das Polarschiff betrieb, ging die Steuerung der deutschen Polarforschung schon innerhalb der ersten Jahre ebenso zwanglos wie zwangsläufig auf das Institut und seine Wissenschaftler über (vgl. »Ein Juwel wird geschliffen«). Das Bundesforschungsministerium folgte dieser Entwicklung, indem es sein Programm in unregelmäßigen Abständen aktualisierte.

Die zunehmende Dominanz des AWI in der Antarktisforschung wurde von einigen Hochschulwissenschaftlern gerade in den ersten Jahren immer wieder kritisch gesehen. Andererseits verhinderte die Breite des Schwerpunktprogramms eine Bevormundung durch das Bremerhavener Institut, denn die DFG-Förderung war nicht an eine Nutzung der deutschen Logistik gebunden. So machten die Biologen gerne von der Gastfreundschaft der Polen Gebrauch, um auf deren Station »Arctowski« auf King George Island zu arbeiten. Sie kamen dort allerdings höchstens zufällig in Kontakt mit ihren ostdeutschen Kollegen, die ihr Standquartier seit 1980 in der nahen sowjetischen Station »Bellingshausen« hatten (vgl. »Vom Flug der Pinguine«). Für die terrestrischen Geologen boten die argentinischen oder chilenischen Stationen Arbeitsmöglichkeiten, soweit sie nicht sowieso die Kooperation mit der BGR suchten.

Die DFG führte das Schwerpunktprogramm über zwei Laufzeiten bis 1990 fort und förderte daneben Arktis-Projekte aus dem Normalverfahren. Schließlich trug sie der wissenschaftlichen Entwicklung Rechnung und erweiterte das Schwerpunktprogramm zu »Antarktisforschung mit vergleichenden Untersuchungen in arktischen Eisgebieten«. Da die Arktis inzwischen darüber hinaus immer mehr ins Zentrum des Interesses nicht nur der Klimaforscher getreten war, beantragte die DFG 1990 die Aufnahme in das neue »International Arctic Science Committee« (IASC). Die Beendigung des Schwerpunktprogramms, für das die DFG seit 1981 insgesamt 46 Mio. DM bewilligt hatte, bedeutete 1995 keineswegs das Ende der DFG-Förderung für die deutsche Polarforschung, denn relevante Vorhaben wurden danach über das »Koordinierte Programm Antarktisforschung« im Rahmen der Einzelförderung gebündelt. Außerdem unterstützte die DFG über die gesamte Zeit hinweg die Teilnahme westdeutscher Forscher an internationalen Großprogrammen, wobei diejenigen der European Science Foundation (ESF) in Straßburg beispielhaft erwähnt seien. Am 4. Juli 2002 beschloss der DFG-Senat schließlich, die Antarktisforschung wieder über ein Schwerpunktprogramm zu fördern, um damit gerade Doktoranden und Nachwuchswissenschaftlern einen planungssicheren Zugang zur internationalen Polarforschung wie auch die Teilnahme an Kongressen zu eröffnen. Das Programm hat eine Laufzeit von vorerst fünf Jahren und wird mit 2 Mio. Euro pro Jahr gefördert.

Die POLARSTERN überstand bei ihren Fahrten viele Schneestürme – manchmal auch Anlass für eindrucksvolle Bilder. (Foto: Petra Demmler)

Ein Juwel wird geschliffen

Der erste AWI-Direktor
Gotthilf Hempel
(1980–1992) zusammen
mit Kapitän Lothar
Suhrmeyer bei
Indienststellung der
POLARSTERN am
9. Dezember 1982.
(Quelle:AWI)

»Mit dem Polarforschungs-Institut haben Sie sich ein Juwel eingekauft, dessen Wert man noch nicht abschätzen kann«, meinte Regierungsdirektor Dr. Herwald Bungenstock, der für das Institut zuständige Referatsleiter des Bundesministeriums für Forschung und Technologie (BMFT) in einer Pressekonferenz am 10. Januar 1980 an die Adresse des Bremerhavener Oberbürgermeisters Werner Lenz. Das Juwel war zu diesem Zeitpunkt allerdings nur für optimistische Insider wie Bungenstock zu erkennen. Es war noch ein unförmiges Gebilde, das die Hand eines kundigen Meisters benötigte, um strahlen zu können.

Die Arbeitsgruppe »Polarinstitut«, bestehend aus den Professoren Gotthilf Hempel (Kiel), Walther Hofmann (Karlsruhe) und Franz Thyssen (Münster), hatte sich in einem Papier vom 29. August 1978 für den »Landesausschuss SCAR« auf zwei zentrale Themen für das geplante Institut verständigt: »Als eigene Forschungsschwerpunkte des Instituts bieten sich z. Zt. in erster Linie Fragenkomplexe der Geowissenschaften und der marinen Biowissenschaften an. In beiden Disziplinen gibt es reiche deutsche Erfahrungen, die teils in den Polarzonen, teils in anderen, aus wissenschaftlicher Sicht verwandten Gebieten, gesammelt wurden. Andererseits gibt es in beiden Disziplinen breite Lücken, die von der internationalen Polarforschung nicht abgedeckt werden, die aber von großem grundlegenden und angewandten Interesse sind und sich für deutsche Aktivitäten anbieten.« Bis zur Empfehlung des Wissenschaftsrats vom 1. Juni 1979 erweiterte sich das Spektrum auf »Biowissenschaften, Geowissenschaften einschließlich Glaziologie, atmosphärische Wissenschaften, Ozeanographie«, die Beschränkung auf »marine« Biowissenschaften fiel.

Als Gotthilf Hempel 1980 zum Direktor des Instituts berufen wurde, war für ihn vor allem eines klar: Es sollte nicht nur Logistik für andere betreiben, sondern ein eigenständiges Forschungsinstitut werden; und es sollte sich inhaltlich von anderen Polarforschungsinstituten unterscheiden. Über diese Ziele sprach er damals nicht öffentlich. Auch hinsichtlich der inhaltlichen Pläne hielt er sich bedeckt. In der ersten Sitzung des AWI-Kuratoriums am 29. April 1981 trug er einen umfassenden Themenkatalog vor, in dem er letztlich alle Punkte aufführte, an denen das »Polarforschungsinstitut« nach dem Antarktisforschungsprogramm der Bundesregierung beteiligt sein sollte. Nichts ließ das Fernziel erkennen, das Institut auf den marinen Bereich auszurichten. Der etwas schnellere Aufbau der marinen Biologie sowie der Ozeanographie und marinen Meteorologie lässt sich erst im Rückblick als Teil einer solchen Strategie deuten. Für die Geowissenschaften einigte man sich mit der Bundesanstalt für Geowissenschaften und Rohstoffe (BGR), die aufgrund der vorausgegangenen Expeditionen die Antarktis-Geologie als ihre Domäne betrachtete:

Die BGR würde in Zukunft »Hardrock«-Geologie vor allem im Gebiet North Victoria Land und Ross-Meer betreiben, das AWI und die mit ihm kooperierenden Wissenschaftler sich dagegen auf marine Geologie im Weddell-Meer konzentrieren, wobei die umgebenden Landgebiete einbezogen werden konnten. Dass diese Einigung zwar nicht problemlos, aber doch relativ rasch gelang, ist vermutlich mit dem Umstand zuzuschreiben, dass die BGR den Biologen Hempel und sein kleines Institut nicht als ernsthafte Konkurrenz betrachtete. Auch mit der Bundesforschungsanstalt für Fischerei in Hamburg etablierte Hempel durch den Verzicht auf Forschung an Nutztieren und Krill eine friedliche Koexistenz.

Die erste konkrete Chance zur Verwirklichung seiner Idee bot sich Hempel, als sein Schwager Sebastian Gerlach zum 1. März 1981 den Lehrstuhl für Benthoskunde in Kiel übernahm. Gerlach hatte etwas vorher zwei Jahre an der Universität Kopenhagen gelehrt und als Direktor des Instituts für Meeresforschung in Bremerhaven (IfMB) keine Möglichkeit, über eine C 3-Professur hinauszukommen. So nahm er den C 4-Ruf aus Kiel gerne an. Das IfMB selbst hatte zwar Tradition, aber als Institut der »Blauen Liste« zur damaligen Zeit kaum Entwicklungsperspektiven. Das BMFT und das Land Bremen suchten daher gar nicht erst nach einem neuen Direktor, sondern überredeten Hempel, ab 24. Mai 1982 beide Institute in Personalunion zu leiten. Gegen einige Widerstände im BMFT und im BMF setzte Bungenstock zusammen mit seinem Abteilungsleiter, Ministerialdirektor Dr. Wolfgang Finke, schließlich die Integration des IfMB ins AWI durch. Diese Transaktion war einerseits wegen des unterschiedlichen Finanzierungsschlüssels (90:10 zwischen Bund und Land Bremen beim AWI und 50:50 beim IfMB), andererseits wegen der nichtpolaren Ausrichtung des IfMB problematisch. Hinzu kam, dass das im IfMB angesiedelte »Nordseemuseum« nicht zum AWI als »Großforschungseinrichtung« passte. AWI-Direktor Hempel selbst zeigte sich lange ambivalent: Während er sich beim AWI für jede Personalauswahl in den ersten Jahren reichlich Zeit nahm und auf Grund seines »Personalgespürs« die Zahl der »Fehlbesetzungen« gering hielt, musste das Personal des Instituts für Meeresforschung ohne Aus-

Institut für Meeresforschung Bremerhaven

Auf Betreiben der Bremerhavener Fischindustrie wurde am 1. Dezember 1919 in Geestemünde das »Institut für Seefischerei« gegründet, zu dessen Hauptaufgabe Forschung zur Verarbeitung von Fischprodukten und zu deren Frischhaltung in Konservendosen gehörte. 1938 wurde das Institut hierarchisch eingeordnet und in »Institut für Fischverwertung in der Reichsanstalt für Fischerei« umbenannt. Der Bremer Senat übernahm am 28. August 1947 dessen Reste und gab ihm den Namen »Bremer Institut für Meeresforschung«, das am 28. Oktober 1949 in »Institut für Meeresforschung Bremerhaven« umbenannt wurde. 1953 wurde dieses in den Kreis der nach dem »Königsteiner Abkommen« gemeinsam finanzierten Länder-Institute mit überregionaler Bedeutung (Vorläufer der »Blauen Liste«) aufgenommen. Für die Arbeit in der Nordsee erhielt das Institut Anfang 1956 den Forschungskutter VICTOR HENSEN. Nach längeren Diskussionen wurde 1961 die Arbeit auf Grundlagenforschung auf dem Gebiet der Meereskunde, insbesondere der Meeresbiologie, konzentriert. Unter Prof. Dr. Sebastian Gerlach (1964 bis 1981) wurde das Institut, das auch das »Nordseemuseum« unterhielt, in sieben wissenschaftliche Abteilungen gegliedert und zugleich erweitert.

Das Schild des Instituts befindet sich heute im 1. Stock des AWI am Columbus-Center.

(Foto: Frank Poppe/AWI)

wahlprozess übernommen werden. Darüber hinaus gab es gefährliche Disproportionen: »Sein« AWI hatte im Frühjahr 1982 40 Mitarbeiter, das IfMB dagegen 110. Das Verhältnis verbesserte sich bis zur Verschmelzung, denn Ende 1985 zählte das AWI bei einem Etat von 29,5 Mio. DM 165 Mitarbeiter, das IfMB dagegen nur noch rund 100. Hempel musste in den folgenden Jahren noch manche Konzession machen, um sich nicht den Vorwurf der Benachteiligung von IfMB-Angehörigen einzuhandeln.

Die Integration gelang relativ schnell und reibungsarm: Das AWI wurde gestärkt und wuchs dank der geschickten Personalpolitik Hempels nicht nur quantitativ, sondern vor allem auch qualitativ. Die Aussage von Senator Horst-Werner Franke in der Bremischen Bürgerschaft am 13. November 1985, dass der »Schwerpunkt Nordsee, Weser-Ästuar, Küste« beim »Alfred-Wegener-

Als Fahrtleiter der POLARSTERN berücksichtigte Hempel im jeweiligen Tagesplan die aktuelle Wetterlage ebenso wie alte und neue Wünsche der mitfahrenden Wissenschaftler. (Quelle: AWI)

Die Erforschung des Benthos (hier: Haarsterne auf einem Glasschwamm) wurde zu einem Schwerpunkt für die Meeresbiologen des AWI (Foto: Julian Gutt/AWI)

AWI-Entwicklung

Jahr	Ist	Investitionen	Mitarbeiter
	Mio Euro	Mio. Euro	
1980	0,4	0,3	10
1985	29,5	10,9	165
1990	41,8	9,4	362
1995	54,3	9,0	549
2000	72,5	12,0	742
2005	87,7*	21,0*	762 **
* Plan	** Zum 30.6.05		

Institut für Polar- und Meeresforschung«, so der neue Name, auch nach dem 1. Januar 1986 erhalten bleiben werde, bewahrheitete sich allerdings nur bedingt: Polarforschung war und blieb das Hauptthema des AWI, das daher seine Meeresforschung auf die polaren Meere konzentrierte. Forschung an der Nordsee wurde zur Vermeidung von Doppelungen weitgehend den Instituten für Meereskunde in Hamburg und Kiel und der Biologischen Anstalt Helgoland überlassen.

Für das AWI zahlte es sich aus, dass sein Direktor sich in erster Linie als Manager und Organisator verstand. Er konzentrierte seinen Veröffentlichungseifer auf Artikel über die Polarforschung, das Alfred-Wegener-Institut oder die POLARSTERN – kurz: auf alle Themen, mit denen er sein Institut gegenüber Politik, Verwaltung und Öffentlichkeit »verkaufen« konnte. Und er erwies sich als glänzender Verkäufer: Das AWI wurde zwar nicht von gelegentlichen Haushaltskürzungen verschont (die erste kam schon 1983), aber es wuchs über die Jahre hinweg in immer neuen Schüben. Dies erregte des Öfteren Missfallen bei einigen Vorständen in der »Arbeitsgemeinschaft der Großforschungseinrichtungen« (AGF), der das AWI 1983 beigetreten war, denn vielfach mussten deren Großforschungseinrichtungen die Stellen abgeben, die das AWI erhielt.

Obwohl in der Antarktis und von dort nur per Telefonübertragung dabei, ließ sich Gotthilf Hempel ab Anfang 1987 als erster Biologe zum Vorsitzenden dieser seit Januar 1970 bestehenden, damals Physik-dominierten Wissenschaftsorganisation wählen. Um ihr gegenüber den anderen Mitgliedern der »Allianz«, vor allem also gegenüber DFG und Max-Planck-Gesellschaft, mehr Gewicht zu verschaffen, richtete Hempel mithilfe der kleinen AGF-Geschäftsstelle federführend das gemeinsame Festkolloquium »Rückkehr in die internationale Forschergemeinschaft – 40 Jahre Forschung in der Bundesrepublik« am 26. Oktober 1989 in Bonn aus. Auf Grund der immer wieder aufflammenden Konflikte zwischen den Mitgliedern hatte dies für die AGF (seit 1996: »Hermann von Helmholtz-Gemeinschaft Deutscher Forschungszentren«) zwar keine nachhaltige Stärkung zur Folge. Seiner Heimateinrichtung, dem Alfred-Wegener-Institut, verhalf Gotthilf Hempel über den AGF-Vorsitz jedoch durchaus zu größerer Bekanntheit.

Beim Aufbau des Alfred-Wegener-Instituts hatte Gotthilf Hempel vor allem die Stärkung der Wissenschaft im Blick und verfuhr daher nach dem Motto »Lieber einen Wissenschaftler als einen Techniker einstellen«. Auch die AWI-Verwaltung wurde – nicht nur im Vergleich zu anderen Großforschungseinrichtungen – personell sehr knapp gehalten. Für die programmatische Entwicklung des Instituts setzte er sich und seinem Team langfristige Ziele innerhalb eines großen Rahmens. Paradoxerweise kam ihm bei der Verfolgung dieser Ziele seine Detailbesessenheit, in der er sich allerdings selten verlor, ebenso zugute wie sein Improvisationstalent. Eine eindrucksvolle Kostprobe davon erhielten seine Mitarbeiter bei der Jungfernfahrt der POLARSTERN: Auf kleinen, handgeschriebenen Zetteln hing jeden Morgen am Schwarzen Brett der Tagesplan, in dem der Fahrtleiter Hempel nicht nur auf Wetteränderungen reagiert, sondern auch aktuelle Wünsche der Wissenschaftler verschiedener Disziplinen berücksichtigt hatte.

Wenn man ein großes Institut als Organismus versteht, dessen Teile zusammenwirken (und Gotthilf Hempel verstand das AWI so), dann mussten den Erfahrungen des Biologen zufolge immer wieder einzelne Zellen sterben und durch neue Zellen, sprich: Projekte, ersetzt werden. Dies erforderte zuweilen harte Entscheidungen. Ihnen wich Hempel keineswegs aus, auch wenn ihm dies nicht nur Freunde verschaffte. Aber er verstand es andererseits, Zauderer wie Gegner einzubinden – im Institut wie in der Wissenschaftspolitik. So holte er Kritiker in den ab April 1983 bestehenden

Gotthilf Hempel sorgte zwar in erster Linie als Manager für die Arbeitsmöglichkeiten der Wissenschaftler des AWI, nahm aber als Fahrtleiter weiterhin an POLARSTERN-Fahrten teil (hier 1991 in der Antarktis). (Quelle: AWI)

»Wissenschaftlichen Beirat«. Auf diese Weise nutzte er ihren Rat, machte sie mit den Problemen vertraut und sicherte dem AWI ihre Unterstützung.

Als Gotthilf Hempel 1992 das Alfred-Wegener-Institut verließ, hatte dieses einen Etat von (umgerechnet) knapp 53,1 Mio. Euro und 456 Mitarbeiter, von denen immer rund 30 % über eingeworbene Drittmittel finanziert wurden. Es hatte feste Strukturen und nationales und internationales Ansehen. Dies war natürlich nicht nur das Werk Hempels. Er hätte seine Ziele nicht erreichen können ohne die engagierte und kritische Mitarbeit von Abteilungsleitern wie Prof. Dr. Ernst Augstein und Prof. Dr. Dieter Fütterer, um die beiden 1982 als erste Berufenen stellvertretend für alle Späteren zu nennen. Und auch nicht ohne eine trotz oder wegen der knappen Besetzung effektiv funktionierende Verwaltung unter Dr. Rainer Paulenz, der 1984 gekommen war und 1991 Verwaltungsdirektor und Mitglied des dreiköpfigen Direktoriums wurde. Qualifizierte Wissenschaftler für das AWI zu gewinnen, war anfangs schwierig, da manche Wissenschaftler oder deren Frauen Bremerhaven nicht attraktiv genug fanden. Mit den Jahren folgten dann aber

Rainer Paulenz leitet seit 1984 die Verwaltung des AWI und sorgt für reibungslose Abläufe. (Quelle:AWI)

Multidisziplinarität und Teamwork

Der weitaus interessanteste Teil der Reise bestand aber aus den kleinen Vorträgen, die abends an Bord jeweils im Turnus ein Wissenschaftler aus seinem Fachgebiet für seine Kollegen hielt, die zu allermeist in anderen wissenschaftlichen Disziplinen zu Hause waren; natürlich waren auch Ausländer darunter. Ich begriff, wie wichtig zum Beispiel für die Beurteilung der zukünftigen Entwicklung des Klimas nicht nur Klimatologie, sondern auch Meeres- und Bodenforschung ist. Hempel selbst sah weit über den Horizont seines eigenen Faches der Meeresbiologie hinaus; er ließ mich begreifen, wie wenig die Zukunftsprobleme der Gesellschaft und Wirtschaft, vor allem der Umwelt im Rahmen der herkömmlichen Abgrenzungen zwischen Physik, Chemie und Biologie erforscht werden können und wie unerlässlich heute und morgen multidisziplinäre Forschung und die Mitarbeit von Ingenieuren und Informatikern sind. Sehr einleuchtend war seine Betonung der großen Bedeutung von tüchtigen, wissenschaftlich versierten Forschungsmanagern, die für die moderne multidisziplinäre Forschung unerlässlich seien; er stellte ihre Rolle beinahe in den gleichen Rang wie die der großen Wissenschaftler. Die Unverzichtbarkeit von Teamwork wurde deutlich, ebenso die Notwendigkeit der engen Zusammenarbeit zwischen der Forschung an den Universitäten und den Großforschungseinrichtungen des Bundes.

Helmut Schmidt über eine Reise mit der POLARSTERN von Spitzbergen nach Hamburg im Sommer 1989; aus: »Weggefährten: Erinnerungen und Reflexionen«

immer mehr Fachleute der Anziehungskraft des AWI.

Wissenschaftlich war das AWI 1992 in allen Bereichen stark auf eine marine Polarforschung ausgerichtet. Dies war nicht zuletzt dadurch erreicht worden, dass man das größte Forschungsinstrument des Instituts, die POLARSTERN, konsequent als Forschungsinstrument für in- und ausländische Gäste einsetzte. Jeder, der mit einem guten Projekt zum vorgesehenen Fahrtenplan beitragen konnte, durfte ohne besondere Auflagen mitfahren. Deutschen Projekten halfen zudem die Förderprogramme von DFG und BMFT. Die Teilnahme der POLARSTERN bei BIOMASS (S. 298 ff.) und anderen Programmen vermittelte schnell vielfältige Kontakte und zeitigte internationales Ansehen für die deutsche Polarforschung, die gerade in den ersten Jahren viel von den ausländischen Gästen lernte. Diese Kontakte überstanden sogar Hempels Drang zu »Fettnäpfchen«, in die ihn seine Ironie und sein querdenkerischer Humor, der nicht jedermanns Sache war, zuweilen treten ließ.

Hempel akzeptierte Widerspruch, setzte sich mit fremden Argumenten auseinander und integrierte sie in seine Überlegungen. Entscheiden aber wollte er letztlich immer selbst. So behielt er bis Juli 1986 den Vorsitz in der DFG-Senatskommission für Ozeanographie und bis 1992 die wichtige, weil »entscheidende« Funktion des Koordinators des DFG-Schwerpunktprogramms »Antarktisforschung«. Manche seiner Hochschulkollegen neideten ihm diese dominierende Stellung, denn sie fühlten sich dadurch in ihrem eigenen Einfluss eingeschränkt. Hempel nutzte seinerseits alle Möglichkeiten, um das AWI zu einem Zentrum der deutschen Polarforschung zu machen und ihm Geltung in der internationalen Wissenschaft zu verschaffen. Hempel blieb allerdings auch als Direktor einer Großforschungseinrichtung so weit Hochschulwissenschaftler, dass er darauf hinwirkte, dass sich das AWI immer auch als Plattform zur Förderung der Hochschulforschung verstand. Es wurde eine Symbiose: Hochschulforscher konnten ohne das AWI in der Polarforschung nicht viel erreichen, das AWI andererseits ohne sie seine Ziele nicht verwirklichen.

Um 1990 war das Alfred-Wegener-Institut zu einem Zentrum mit großer Ausstrahlungskraft geworden. Polarforschung wurde dort als Zusammenwirken von Spezialistenteams unterschiedlicher Disziplinen verstanden. Und diese Teams widmeten sich der Entschlüsselung von Systemen, in denen die Polarregionen eine wichtige Rolle spielten. Da Hempel gerne neue Ideen aufgriff und sie in der Umsetzung auch verfolgte, engagierte sich das AWI frühzeitig, d.h. Ende der 1980er-Jahre, unter dem Stichwort »Global Change« (was mit der Übersetzung »Globale Veränderung« nur ungefähr umrissen wird) in der internationalen Umweltforschung. Ebenso konsequent war der damalige, erfolgreiche Schritt, die offizielle Aufnahme der Arktis in das AWI-Forschungsprogramm anzustreben – was dann die Integration der ostdeutschen Polarforscher erheblich erleichterte (vgl. das folgende Kapitel).

Dieses Institut zu übernehmen, hieß für jeden Nachfolger, ein schweres Erbe anzutreten. So zog sich die Suche nach dem neuen Direktor lange hin – einerseits weil Hempel sich selbst immer wieder einmischte, andererseits weil ein Kandidat seine negative Entscheidung rund ein Jahr hinauszögerte. Nach der stürmischen Expansion in der Anfangsphase musste der Konstanzer Limnologe Prof. Dr. Max Tilzer ab 1992 für das AWI einen Konsolidierungskurs einschlagen. Manche Mitarbeiter hatten in den Jahren nach 1987, als Hempel einen immer geringeren Anteil seiner Arbeitskraft den Interna des AWI widmete, an Selbstbewusstsein gewonnen und drängten auf größere Selbstständigkeit. Tilzer, der bis zu seiner Berufung keinen allzu intensiven Kontakt zur Polarforschung hatte, entledigte sich seiner Aufgabe mit Hingabe und setzte einige für die Zukunft wichtige Akzente. So leitete er die Integration der Biologischen Anstalt Helgoland (BAH) ein, realisierte gegen politische Widerstände den Neubau für die AWI-Forschungsstelle in Potsdam und setzte die Generalüberholung der POLARSTERN durch. Dennoch entschied er sich, nach Ablauf der fünfjährigen Amtszeit nach Konstanz zurückzukehren.

Für den heutigen AWI-Direktor, den in Kiel ausgebildeten Geologen Prof. Dr. Jörn Thiede, war Polarforschung bei seinem Amtsantritt nicht fremd. Er hatte schon während seiner ersten Professur in Oslo Kontakt zur Arktisforschung bekommen. 1983 leitete er als externer Fahrtlei-

ter die erste Reise der POLARSTERN in die Arktis und war auch 1991 bei der Fahrt zum Nordpol dabei. Thiede musste als Erstes die zum 1. Januar 1998 in Kraft tretende BAH-Integration, durch die die Mitarbeiterzahl des AWI auf über 700 wuchs, zu Ende führen. Auch diese Zusammenführung gelang ohne große Reibungsverluste. Für das AWI-Programm brachte die Einbeziehung der BAH die Möglichkeit, die Arbeiten zur biologischen Meeresforschung von den Polen bis in die gemäßigten Breiten und von der Tiefsee bis ins Flachwasser auszudehnen und damit das Verständnis für Struktur, Funktion und Veränderungen mariner Ökosysteme zu vertiefen.

Max Tilzer, der zweite Direktor des AWI (1992–1997), zwischen den anderen Mitgliedern des Direktoriums, Heinz Miller (links) und Rainer Paulenz. (Quelle: AWI)

Direktor Max Tilzer bei der Eröffnung des »Dallmann-Labors« auf King George Island im Januar 1994 (links der Biologe Wolf Arntz, rechts Heinz Kohnen) (Quelle: AWI)

Der Geologe Jörn Thiede leitet das Alfred-Wegener-Institut seit 1997. (Quelle: AWI)

Als Thiede 1997 nach Bremerhaven kam, kannte er wichtige Teile des internationalen Netzwerks und knüpfte daran schnell an. Gegenüber den Kollegen innerhalb der Helmholtz-Gemeinschaft die Sonderrolle des AWI betonend, verstärkte er die Funktion des Instituts im Zusammenspiel mit der Hochschulforschung und eröffnete auch ihr international neue Perspektiven. Die Wiederbelebung des DFG-Schwerpunktprogramms »Antarktisforschung« wie die Präsidentschaft bei SCAR sind Belege seines erfolgreichen nationalen und internationalen Engagements. Dass er darüber hinaus die Zukunft nicht aus den Augen verliert, zeigt sein Schlusskapitel für dieses Buch.

Biologische Anstalt Helgoland (BAH)

Gegründet wurde die »Königliche Biologische Anstalt auf Helgoland« 1892. Ihre Hauptaufgabe war die Erforschung von Flora und Fauna des Helgoländer Meeresgebietes unter besonderer Berücksichtigung der Nutztiere. Das Arbeitsgebiet erweiterte sich allerdings im Laufe der Zeit auf die Ostsee und bis in die arktischen Meeresgebiete. 1937 konnten die verstreuten Teile der BAH in einem Neubau zusammenziehen. In List auf Sylt war 1924 ein Zweiglaboratorium für Austernforschung und Wattenmeerstudien dazugekommen, in der nach dem Krieg die Arbeit als Erstes wieder begonnen werden konnte. 1959 wurde auf Helgoland eine neue Meeresstation eingeweiht, 1972 in List ein Forschungsgebäude und 1981 in Hamburg eine neue Zentrale. Auf Grund einer Empfehlung des Wissenschaftsrats wurde die BAH schließlich aus der Förderung als nachgeordnete Forschungseinrichtung des BMFT in das AWI überführt.

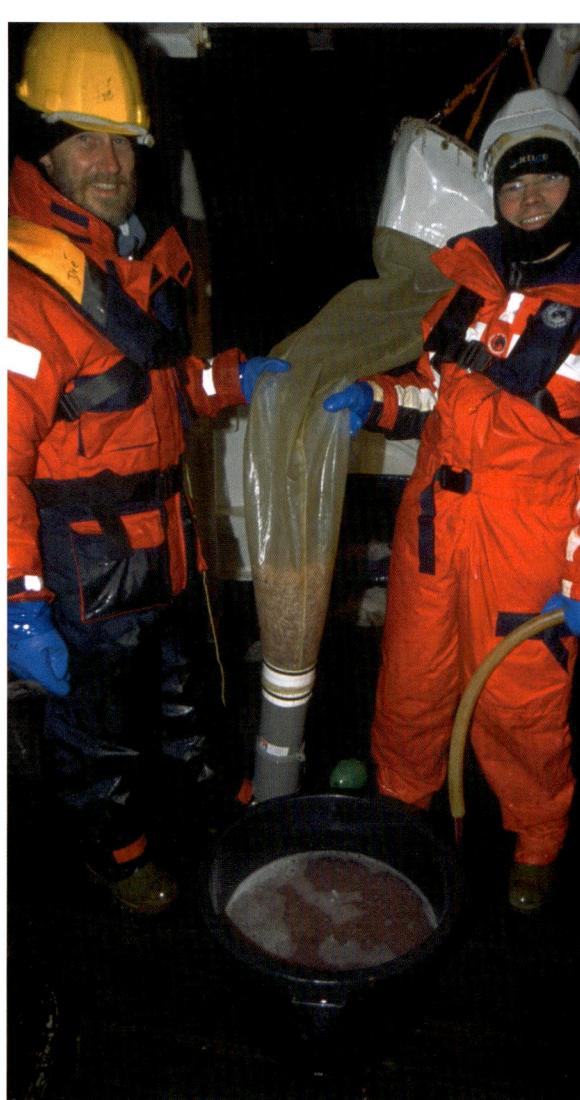

Die Meereiskante hat für das marine Ökosystem der Antarktis eine besondere Bedeutung – eine Erkenntnis, die die Wissenschaft auch international den Arbeiten des Alfred-Wegener-Instituts in Bremerhaven verdankt.(Foto: Petra Demmler)

Jörn Thiede (Mitte) als Fahrtleiter mit
*Besatzungsmitgliedern der P*ᴏʟᴀʀꜱᴛᴇʀɴ*,*
darunter Kapitän Jürgen Keil (2. von links).
(Quelle: AWI)

Die Vereinigung der beiden Flussarme

Im Herbst 1989 fuhr die kleine Mannschaft der 3. Antarktisexpedition der DDR wie in früheren Jahren mit der Logistik der Sowjetunion über »Nowolasarewskaja« zur »Georg-Forster-Station« in der Schirmacher-Oase (vgl. »Eine Forschungsbasis entwickelt sich«). Die teilnehmenden Geodäten und Geomagnetiker sollten insbesondere ein genaues Festpunktnetz zwischen Schirmacher-Oase und dem südlich davon gelegenen Wohlthat-Massiv geodätisch vermessen sowie ein Magnetikprofil von der Schelfeisbarriere bis zum Alexander-von-Humboldt-Gebirge und eines bis zur Untersee-Oase, beides Teile des Wohlthat-Massivs, aufzeichnen. In die ersten Arbeiten hinein verkündete der Funker am 10. November 1989: »Auf der Berliner Mauer sitzen Menschen und die Grenze ist offen!« Die ostdeutschen Wissenschaftler konnten sich aus den wenigen Nachrichten, die zu ihnen in die Antarktis drangen, kaum ein Bild machen. So folgten Wochen der Spannung und Unsicherheit, wie dieser Prozess weitergehen und was er für den Einzelnen bringen würde. Etwas halfen im antarktischen Winter 1990 die Funkkontakte zum Frauenteam in der westdeutschen »Georg-von-Neumayer-Station«, mit dem nicht mehr nur wissenschaftliche Daten ausgetauscht wurden, sondern auch entspannt über Privates geplaudert werden konnte. Bis die ostdeutsche Gruppe dann im März 1991 von der POLARSTERN am Kap Ostry abgeholt wurde und über Kapstadt in die Heimat reisen konnte, hatte sich in Deutschland bereits vieles geklärt. Formal begann im Übrigen im Herbst 1990 noch eine 4. Antarktisexpedition der DDR, doch arbeitete sie nach der Wiedervereinigung schon voll unter bundesdeutscher Flagge.

Vom 11. bis 14. September 1989 hatte man in Potsdam unter Teilnahme einer großen Delegation aus der Sowjetunion sowie von Gotthilf Hempel, Dieter Fütterer, Georg Kleinschmidt, Franz Tessensohn (BGR) und anderen bundesdeutschen Wissenschaftlern mit einem »Symposium on Antarctic Research« 30 Jahre Antarktisforschung der DDR gefeiert. Die eingangs erwähnte Expedition war zugleich die 25. Beteiligung an einer Sowjetischen Antarktis-Expedition (SAE). Im Juni 1990 hielten die Polarforscher der DDR dann ihr jährliches Treffen im »Kinderferienlager« der Akademie der Wissenschaften bei Garwitz (vgl. »Im Kielwasser der Sowjetunion«). Hempel nutzte dieses Treffen, um seinen Eindruck von der ostdeutschen Polarforschung zu vertiefen.

Im Mai 1989 hatte Prof. Dr. Hans-Jürgen Paech die Funktion des Koordinators für die Antarktisforschung beim Zentralinstitut für Physik der Erde (ZIPE) in Potsdam übernommen. Als solcher musste er auch die polarbezogenen Informationen für die Evaluation der außeruniversitären Forschungseinrichtungen der (ehemaligen) DDR vorbereiten, die der Wissenschaftsrat im Sommer 1990 begann. Eine schwierige Aufgabe, denn die ostdeutsche Polarforschung war auf mehrere Akademie- und Hochschulinstitute sowie den Meteorologischen Dienst verteilt und bot kaum Ansatzpunkte für eine Institutsgründung. Darüber hinaus

Eine Dependance der russischen Station Bellingshausen war die kleine Station der DDR. Nachdem wir bei den Russen Guten Tag gesagt hatten, sind wir dorthin gegangen.

Sie war in der Nähe?

Auf demselben Gelände. Ich glaube, die werden auch aus einer Küche versorgt oder wurden es zumindest damals. Was dann geschah, war sehr eigenartig. Wir gingen in den Raum, und es hatte sich schon rumgesprochen, wer da kommt. Von einigen DDR-Leuten wurde ich sehr reserviert betrachtet, andere liefen auf mich los, nahmen mich in den Arm und klopften mir auf die Schulter. ... an der Art, wie ich begrüßt wurde, war deutlich zu sehen, wie unterschiedlich die Menschen auf der Station die neue Lage beurteilten.

In welchem Monat war das?

Im Dezember. Die Mauer war schon geöffnet. Die Forscher saßen jedoch schon seit längerer Zeit in der Antarktis. Was mir in der DDR-Station sofort auffiel – so etwas hatten wir vorher noch nie gesehen: Vor den Fenstern standen Blumentöpfe mit Grünzeug, irgendetwas, was widerstandsfähig ist. Es sah jedenfalls sehr freundlich aus.

Loki Schmidt im Gespräch mit Dieter Buhl über eine Antarktis-Reise mit der POLARSTERN im Dezember 1989

konzentrierten sich alle übrigen Potsdamer Gruppen auf die Umwandlung ihrer alten Institute in eine Großforschungseinrichtung für geowissenschaftliche Grundlagenforschung, das heutige »GeoForschungsZentrum« (GFZ). Doch Paech hatte einen starken Mentor und Verbündeten: Prof. Hempel, seit Januar 1990 Mitglied des Wissenschaftsrats, erhielt die Leitung der Arbeitsgruppe »Geo- und Kosmoswissenschaften«, in deren Zuständigkeit die Polarforschung fiel. Und Hempel wollte bewahren. Schon frühzeitig hatte er den ostdeutschen Kollegen versichert, dass er sie nicht ins Leere fallen lassen werde. Diese Zusicherung konnte er auch deswegen geben, weil ihm gerade in dieser Zeit von seinen Zuwendungsgebern neue Stellen für die Arktis-Forschung zugesagt worden waren. Diese Stellen beabsichtigte er überwiegend mit ostdeutschen Kollegen zu besetzen, falls das Alfred-Wegener-Institut nicht »vereinigungsbedingt« zusätzliche Stellen erhalten sollte.

Auf Grund der Informationen, die er bei den Treffen in Potsdam und Garwitz erhalten hatte, konnte Hempel bei der Begutachtung am 4. Dezember 1990 auf eine Befragung der Polarforscher verzichten und erklären, er wisse Bescheid. In sein Votum integrierte er auch einen »Vorschlag zur Zusammenführung und Neuorientierung der Polarforschung der ehemaligen DDR«, den Paech noch am 25. November 1990 vorgelegt hatte und in dem er eine »Außenstelle für kontinentale Polarforschung« ins Gespräch brachte. So empfahl der Wissenschaftsrat schließlich am 5. Juli 1991 »die Mehrzahl der Langfristprogramme fortzuführen sowie das unter schwierigen Bedingungen gewachsene Erfahrungspotential für die deutsche Polarforschung zu erhalten« und dieses Potential »in einer terrestrisch orientierten Forschungsstelle des Alfred-Wegener-Instituts für Polar- und Meeresforschung in Potsdam zusammenzufassen«. Der Personalbedarf der Forschungsstelle wurde »auf 34 Mitarbeiter, davon 17 Wissenschaftler, geschätzt. Sechs Mitarbeiter des AWI sollen aus Bremerhaven nach Potsdam versetzt werden.«

Diese positive Empfehlung war entscheidend dem Umstand zu verdanken, dass die ostdeutsche Polarforschung – im Gegensatz zu den meisten übrigen Wissenschaftsgebieten – zu DDR-Zeiten andere Schwerpunkte als die westdeutsche gepflegt hatte: Ost und West ergänzten sich vorteilhaft. So kannten etwa die Geowissenschaftler die Region um die Schirmacher-Oase ebenso wie die Gebiete im Umfeld der anderen sowjetischen Stationen, zu denen die Bundesanstalt für Geowissenschaften und Rohstoffe (BGR) bis dahin keinen Zugang gehabt hatte. Schon 1991 kündigte die BGR daher – angeregt durch die noch zu Ostzeiten in Potsdam vorbereitete kleine »Geo-Maud 1991/1992« – eine umfangreiche Expedition in das Dronning Maud Land an. Hans-Jürgen Paech wurde – wie einige andere Kollegen, die polare »Hardrock«-Geologie betrieben hatten – in die BGR übernommen und erhielt aufgrund seiner Ortkenntnisse und seiner Kontakte den Auftrag, die Expedition zu konzipieren und zu organisieren. »GeoMaud« startete schließlich im antarktischen Sommer 1995/1996 und brachte viele wichtige neue Erkenntnisse.

Für die AWI-Forschungsstelle in Potsdam wurde

»Georg-Forster-Station« in der antarktischen Nacht. (Foto: Günter Stoof)

Der größte See in der Schirmacher-Oase, die früher auch »Schirmacher-Seenplatte« genannt wurde. (Foto: Hartwig Gernandt)

ein individueller Auswahlprozess durchgeführt. Weitere ostdeutsche Wissenschaftler fanden in Bremerhaven sowie in Hochschulen einen neuen Arbeitsplatz. Das Land Brandenburg trat als zusätzlicher Partner in den überarbeiteten Konsortialvertrag zwischen Bund und Bremen ein. So konnte am 1. Januar 1992 die neue »Forschungsstelle« des AWI, wenn auch zunächst nur mit sieben Mitarbeitern, auf dem traditionsreichen Potsdamer »Telegrafenberg« eingeweiht werden. Der Mitarbeiterstamm um deren Leiter Prof. Dr. Hans-Wolfgang Hubberten, der von Bremerhaven nach Potsdam übersiedelte, wuchs jedoch rasch – und damit die Raumnot. Die Labors wurden in einer ehemaligen Polizei-Barracke im Hof untergebracht, dann in Container-Provisorien umgesiedelt. Ein geplanter Neubau verzögerte sich immer wieder, weil von anderer Seite Pläne zur Verlegung der Forschungsstelle nach Neustrelitz bzw. nach Greifswald propagiert wurden. Endlich legten Bundesforschungsminister Dr. Jürgen Rüttgers und Ministerpräsident Dr. Manfred Stolpe am 2. Juni 1998 den Grundstein für einen neuen Laborbau. Um eine Klammer zum Bremerhave-

ner Mutterhaus zu schaffen, hatte das AWI den Kölner Architekten Oswald Mathias Ungers (vgl. »Ozeandampfer auf Fahrt zum Pier der Wissenschaft«) mit der Planung beauftragt. Bereits am 3. Oktober 1999 konnte AWI-Direktor Prof. Jörn Thiede die Einweihung feiern.

Während zahlreiche ostdeutsche Wissenschaftler dank dieser Entwicklung nach der »Wende« in ihrem angestammten Gebiet weiterarbeiten konnten, kam die »Georg-Forster-Station« in direkte Konkurrenz zur bundesdeutschen Antarktisstation – und verlor. Für den Bau der zweiten »Neumayer-Station« auf dem Ekström-Schelfeis waren, wiewohl diese erst im März 1992 bezogen werden sollte (vgl. »Arbeiten und Wohnen im Eis«), schon alle Weichen gestellt. Den Zustand der rund 15 Jahre alten ostdeutschen Station schätzte man in Bremerhaven nicht zuletzt unter Umweltgesichtspunkten dagegen als fragwürdig ein; hohe Belastungen durch Unterhalt und Betrieb drohten. Selbst als logistische Basis für wissenschaftlich attraktive Sommeraktivitäten in der Schirmacher-Oase, auf dem angrenzenden Schelf- und Inlandeis sowie in den Bergen des Dronning Maud Landes erschien sie nur bedingt geeignet. So fiel die Entscheidung, die Station abzubauen und wichtige geophysikalische und geochemische Beobachtungsreihen in der »Neumayer-Station« weiterzuführen. Die Probleme der Station waren der Ostberliner Akademie vor 1990 nicht verborgen geblieben. Deswegen hatte Prof. Dr. Rudolf Meier in Potsdam bereits an Renovierungs- und Neubauplänen für die »Georg-Forster-Station« gearbeitet. Umso mehr löste die Entscheidung dann bei den ehemaligen DDR-Wissenschaftlern Trauer, teilweise auch Unverständnis aus. Günter Stoof, der das »Basislaboratorium« 1976 mit aufgebaut hatte, nahm die Einsamkeit des Antarktiswinters 1992 auf sich. Alleine in der Polarnacht, nur mit der Möglichkeit des Kontakts zu der nun russischen Station »Nowolasarewkaja« und der benachbarten indischen Station, führte Stoof einen Teil der wissenschaftlichen Messreihen in der »Georg-Forster-Station« fort – verloren in den Containern, in denen noch wenige Monate vorher 17 Personen gewohnt hatten.

Bei Abschluss des Antarktisvertrags hatte sich der vereinbarte Umweltschutz vor allem auf die Frage nuklearer Explosionen und die Lagerung radioaktiver Abfälle bezogen. Insbesondere in den 1970er- und 1980er-Jahren stieg jedoch weltweit das Umweltschutzbewusstsein. So formulierte SCAR im Jahr 1985 Empfehlungen zu Schutzmaßnahmen. Auf dieser Basis vereinbarten die Mitglieder der Konsultativrunde 1991 in Madrid Kriterien für den Betrieb antarktischer Forschungsstationen unter Einschluss von deren Abbau und Neubau. Dieser Katalog gab nicht zuletzt das Selbstverständnis einer verantwortungsbewussten Wissenschaft wieder. Er schrieb aber auch vor, was beim Abbau der »Georg-Forster-Station« zu erfüllen war.

Als die POLARSTERN die Überwinterer der 3. DDR-Antarktisexpedition im März 1991 abholte, verschaffte man sich einen ersten Überblick über die ökologische Situation im Ostteil der Schirmacher-Oase. Dabei ergab sich, dass der Abbau erhebliche logistische Probleme bereiten würde, denn die Reste der 26 Einheiten (überwiegend Container), der überalterte Fuhrpark sowie der Müll vieler Jahre mussten rund 140 km zur Eiskante transportiert werden. Das AWI suchte den Kontakt mit der »Russischen Antarktis-Expedition« (RAE), die für die benachbarte Station »Nowolasarewskaja« verantwortlich war. Schließlich hatten die Mitarbeiter beider Stationen die 15 Mülldeponien des Areals gemeinsam gefüllt und die sowjetische Logistik Müll und Schrott nie aus der Antarktis zurücktransportiert. Ein Konzept wurde ausgehandelt, und das BMFT stellte Sondermittel in Höhe von 2,6 Mio. DM bereit, aus denen auch Leistungen der russischen Seite bezahlt werden konnten. So unterzeichnete Dr. Heinz Kohnen am 4. November 1993 in St.

Am Nordrand der Oase stürzt dieser etwa 80 m hohe Wasserfall herab. Sein Wasser versickert im Schelfeis. (Foto: Hartwig Gernandt)

Petersburg für das AWI das Kooperationsabkommen, das Aufgabenverteilung und Arbeitsprogramm für die Entsorgung von Station und Deponien in den drei antarktischen Sommern 1993/1994 bis 1995/1996 festlegte.

Am Ende der ersten Saison waren nur rund 200 t Material verladen. Da die Transportkapazitäten nicht ausgereicht hatten und die Wetterbedingungen eine rechtzeitige Beladung der Schiffe verhinderten, blieben 20 volle Container an der Eisbarriere zurück. In der folgenden Saison wurden zusätzliche Transportmöglichkeiten eingesetzt. So konnten die alten und 45 neue Transporteinhei-

Günter Stoof überwinterte 1992 alleine in der »Georg-Forster-Station«. (Foto: Günter Stoof)

Mitglieder der deutsch-russischen Gruppe, die zwischen 1993 und 1996 die »Georg-Forster-Station« umweltgerecht abbauten und entsorgten (in der Mitte: Hartwig Gernandt). (Foto: Hartwig Gernandt)

ten verschifft werden. Geologen, Biologen und andere Wissenschaftler führten währenddessen noch ein weiteres Mal wissenschaftliche Untersuchungen in der Schirmacher-Oase und am Untersee durch.

Im Herbst 1995, vor der dritten Sommersaison, wurde endgültig entschieden, die Station auch nicht als Sommerstation weiterzuführen. So standen vor allem die Demontage der letzten Gebäude und die sorgfältige Säuberung des Geländes von Kleinteilen, Splittern und sonstigen Resten an. Außerdem musste das »Domik«, die 10 km westlich gelegene Hütte, abgebaut und abtransportiert werden. Alle brauchbaren Werkzeuge und sonstigen Utensilien wurden dem russischen Partner überlassen. Auch diesmal mussten die Planungen oftmals abgeändert und den Umständen

angepasst werden. Dennoch wurde der Zeitplan eingehalten. Am Abend des 12. Februar 1996 verließ der letzte der insgesamt sieben Schlittenzüge dieser Saison die Schirmacher-Oase. Am 15. und 16. Februar wurden 30 Transporteinheiten mit ihren Schlitten auf die gecharterte norwegische POLAR QUEEN verladen. Die Gesamtmenge der zwischen 1994 und 1996 entsorgten Güter belief sich auf über 1000 t oder rund 4200 Kubikmeter – und entsprach in etwa der 1993 geschätzten Menge. Die zur gleichen Zeit in der Schirmacher-Oase und deren Umgebung arbeitenden Teilnehmer der »GeoMaud«-Expedition sahen zwar die Notwendigkeit zum Abbau der Station, bedauerten aber doch, dass sie die Stationsgebäude nicht mehr nutzen konnten.

Die östliche Schirmacher-Oase hatte ihr ursprüngliches Gesicht zurückerhalten. Fast nichts erinnerte mehr daran, dass hier eine Generation ostdeutscher Polarforscher gearbeitet, 20 Jahre lang Stationscontainer gestanden und Mülldepo-

Die Abendstimmung verdeckt, dass in der Nähe der Station auch deutsch-russische Mülldeponien lagerten, die beim Abbau der Station mit entsorgt werden mussten. (Foto: Hartwig Gernandt)

nien das Gelände belastet hatten. Nur an einigen Stellen waren Flüssigkeiten in den Boden eingedrungen, doch Aushub und Abtransport auch dieser Partien hätte die Möglichkeiten des Projekts überschritten. Das AWI hat durch seine Mitarbeiter, vor allem Günter Stoof, Cord Drücker und Andreas Sanders, zusammen mit den russischen Partnern nicht nur erstmals eine große Überwinterungsstation demontiert, sondern dabei auch die Auflagen des Madrider Umweltschutzprotokolls erfüllt und damit international Standards gesetzt.

In der Forschungsstelle des AWI in Potsdam sind 2005 über 80 Mitarbeiter tätig. Ihre Hauptarbeitsgebiete sind geowissenschaftliche Studien in den Periglazialgebieten sowie modellierende und experimentelle Untersuchungen atmosphärischer Prozesse; nur die ursprünglich noch vorgesehene biologische Arbeitsgruppe musste in Bremerhaven integriert werden. Die Wissenschaftler in

Potsdam sind wegen der engen Verbindung zum Klimageschehen in Europa vor allem auf die Arktis orientiert. Deswegen erhielt die Forschungsstelle bereits 1992 die Zuständigkeit für die 1991 eröffnete »Koldewey-Station« auf Spitzbergen, die schon kurz nach ihrer Eröffnung (1991) in das bisher nur sieben Stationen umfassende »Network for the Detection of Stratospheric Change« (NDCS) aufgenommen wurde.

Der Prozess des Zusammenwachsens war nicht immer leicht, aber heute ist die Forschungsstelle in Potsdam fest in das Gesamtprogramm des Alfred-Wegener-Instituts integriert. Wenn Gotthilf Hempel Anfang der 1990er-Jahre immer wieder davon sprach, dass sich die beiden Flussarme der deutschen Polarforschung vereinigen müssten, so stellt man heute fest, dass sich ihre Wasser intensiv vermischt haben. Entstanden ist ein munter dahinfließender, kräftiger Fluss.

Heute erinnert nur noch dieses Schild am Felsen in der Schirmacher-Oase daran, dass hier von 1976 bis 1996 die »Georg-Forster-Station« gestanden hat. (Foto: Hartwig Gernandt)

Im Schelfeis nahe der »Georg-Forster-Station« hatten sich große Eishöhlen gebildet, die den Forschern Aufschluss über die Schichtung und Alter des Eises gaben. (Foto: Hartwig Gernandt)

Orientierungshilfe

Wann es genau begann und wer den Anstoß gab, lässt sich nicht mehr ermitteln. Fest steht, dass Prof. Dr.-Ing. Heinz Schmidt-Falkenberg, Leiter des Forschungsbereichs »Photogrammetrie und Fernerkundung« beim Institut für Angewandte Geodäsie (IfAG) in Frankfurt am Main, ab Februar 1981 in seinem Bereich mit der Erstellung von Antarktiskarten aus Satellitenbildern begann und der DFG seine Bereitschaft bekundete, am Antarktisforschungsprogramm der Bundesregierung mitzuwirken. Das IfAG war auf Kartenerstellung mit modernsten Methoden spezialisiert. Flüge, bei denen mit speziellen Kameras aus Höhen bis etwa 12 000 m über Grund Serien sich überlappender Bilder von der Erdoberfläche aufgenommen wurden, hatte das IfAG in Deutschland schon mehrfach durchführen lassen und routinemäßig ausgewertet. Darüber hinaus hatte es erste Konzepte zur Nutzung von Satellitendaten entwickelt. Dies auf die Antarktis mit ihren kaum konturierten Eis- und Schneeflächen anzuwenden, war eine besondere Herausforderung. Schmidt-Falkenberg stellte einen Antrag zur »Herstellung von Orthophotos sowie topographischen/thematischen Luftbild- und Satellitenbildkarten« und erhielt die Mittel im August 1981 von der DFG bewilligt. Ein erstes Exemplar der neuen Antarktis-Satellitenbildkarte im Maßstab 1 : 6 000 000 konnte er Bundesforschungsminister Dr. Heinz Riesenhuber bereits am 9. Dezember 1982 am Rande der Indienststellung der POLARSTERN übergeben.

Ein wesentlicher Teil jeder Karte sind die eingefügten Namen. Ohne sie kann man sich weder auf der Karte noch im Gelände zurechtfinden. In der Antarktis fehlten damals verlässliche Karten, und die Koordinaten wichtiger Bezugspunkte waren oftmals unsicher. Am 15. Oktober 1981 sprach Schmidt-Falkenberg deswegen mit Prof. Hempel ab, sich mit dem bis dahin vergebenen deutschen Namengut in der Antarktis zu befassen, und erwähnte diese Absicht auch eine Woche später bei einem geowissenschaftlichen DFG-Kolloquium. In der Antarktis stifteten Namen vielfach Verwirrung: Entdecker unterschiedlicher Nationalität hatten markante topographische Objekte zuweilen mehrfach getauft; andere Namen waren übersetzt worden. Wenn die Deutschen etwa von »Alexander-von-Humboldt-Gebirge« sprachen und die Norweger von »Humboldtfjella«, so meinten beide erkennbar den gleichen Teil des »Wohlthatmassiv« (»Wohlthatmassivet«), der aber für die Deutschen in »Neuschwabenland« lag, während ihn die Norweger lieber dem (umfassenderen) »Dronning Maud Land« zurech-

IfAG / BKG

Das Institut für Angewandte Geodäsie (IfAG) in Frankfurt am Main wurde 1952 durch eine Verordnung der Bundesregierung in die Verwaltung des Bundes überführt und dem Bundesministerium des Inneren (BMI) unterstellt. Es erfüllte in erster Linie Forschungsaufgaben in der Geodäsie, Photogrammetrie und Kartographie und arbeitete mit gleichartigen Einrichtungen des Auslandes zusammen. Ab 1981 beteiligte sich das IfAG an den Verpflichtungen der Bundesrepublik im Rahmen des Antarktisvertrages. Das Institut wurde 1997 durch einen BMI-Erlass umstrukturiert und in Bundesamt für Kartographie und Geodäsie (BKG) umbenannt. Kernbereiche sind nun die Aufarbeitung, Aktualisierung und Bereitstellung von topographisch-kartographischen Informationen vom Gebiet der Bundesrepublik für die Bundesverwaltung, die Pflege der geodätischen Referenznetze und die Vertretung der Interessen der Bundesrepublik auf internationaler Ebene.

neten. Die Klärung zumindest der Namen deutschen Ursprungs war also eine Voraussetzung, um sinnvoll Karten mit internationaler Geltung erstellen zu können.

Das Projekt war komplizierter, als es auf den ersten Blick erscheinen mag. Alte Publikationen mussten nach Namensgebungen durchgesehen und mit anderen Quellen verglichen werden. Der »Ständige Ausschuss für geographische Namen« (StAGN), dem auch Vertreter Österreichs und der Schweiz angehörten, musste die Schreibweise durch Beschluss festsetzen und der »Landesausschuss SCAR« alles bestätigen. 1988 veröffentlichte Schmidt-Falkenberg für das IfAG die erste Ausgabe der »Digitalen Namendatenbank Antarktis« (bearbeitet von Karsten Brunk) mit insgesamt 632 Namen, davon 427 aus dem Zeitraum 1873 bis 1945, zusammen mit den jeweiligen Koordinaten und der Quelle für den Namen. Bei Gebietsnamen wurde auch versucht, den Geltungsbereich durch die Koordinaten einzugrenzen. 1993 erschien die zweite, überarbeitete Ausgabe, verantwortet von Jörn Sievers, mit nunmehr 686 Namen. Einige Bezeichnungen waren darin getilgt, weil ihre Objektkoordinaten mit den aktuellen Satellitenbilddaten nicht in Übereinstimmung gebracht werden konnten. Die neue Ausgabe enthielt jetzt auch nur noch Namen, die in deutscher Sprache vergeben worden waren. Dafür waren viele neue Namen – etwa der »Bun-

genstockrücken« (1991 vergeben) auf dem Filchner-Ronne-Schelfeis – aufgenommen worden. Heute sind die »Geographischen Namen der Antarktis« über das Internet für jeden abrufbar.

All dies war zunächst nur eine deutsche Initiative. Die wachsende internationale Zusammenarbeit machte aber vor allem für die gemeinsame Erarbeitung von Karten eine weitergehende Abstimmung der Namen erforderlich. So befasste sich die »SCAR Working Group on Geodesy and Geographic Information« ab 1992 mit dem Problem. Bei den »toponymischen Grundregeln« konnte Jörn Sievers als deutscher Vertreter schließlich das IfAG-Prinzip durchsetzen. Dessen wichtigste Teile, nämlich »ein Objekt – ein Name« und jeder Name in der Sprache der Erstvergabe, werden heute bei allen internationalen Antarktiskarten und bei wissenschaftlichen Veröffentlichungen verwendet. Das vorliegende Buch verfährt, dies sei zugegeben, um der besseren Verständlichkeit willen allerdings nicht nach diesem Prinzip, sodass hier von »Ekström-Schelfeis« und »Atka-Bucht« statt korrekt von den erstvergebenen Namen »Ekströmisen« (norwegisch) und »Akta Iceport« (amerikanisch) gesprochen wird.

Den Wirrwarr hat auch SCAR noch nicht bewältigt: 25 Länder betreiben wissenschaftliche Stationen in der Antarktis, und neue geographische Namen werden in nahezu ebenso vielen Spra-

Jörn Sievers vom IfAG in Frankfurt nutzte als einer der Ersten die neue POLAR 2, um bei Flügen über das Hinterland der »Georg-von-Neumayer-Station« und des »Filchner-Schelfeises« Luftbildaufnahmen als Grundlage der Kartenerstellung zu machen. (Quelle: AWI)

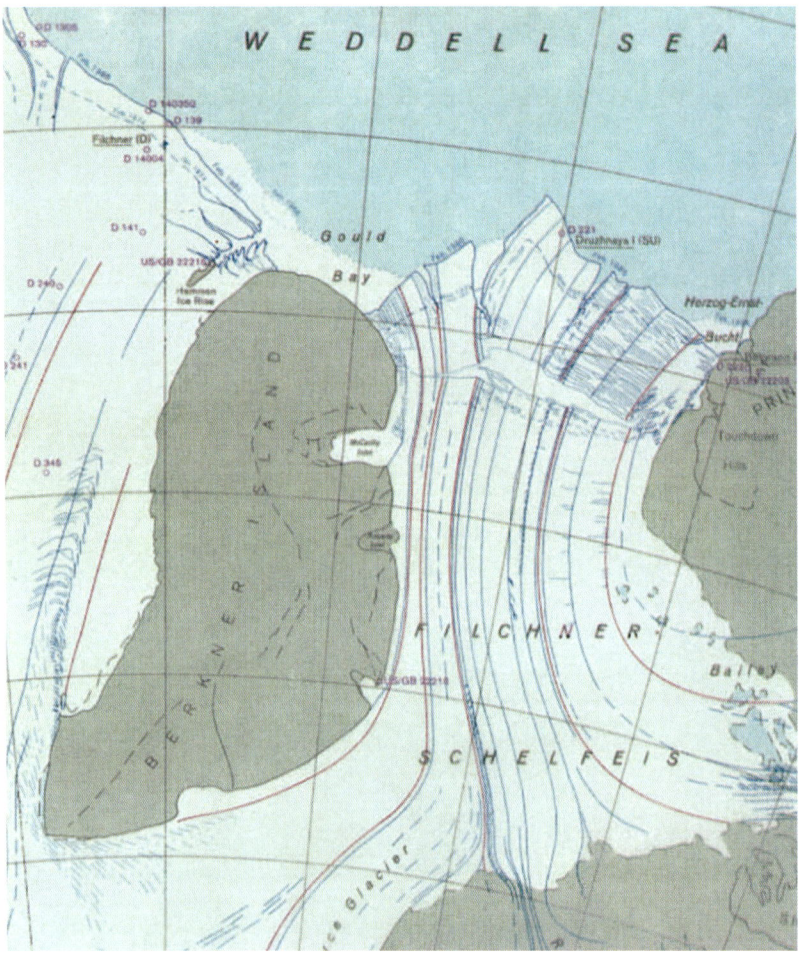

WEDDELL SEA

Auf diesem Ausschnitt aus der Glaziologischen Karte des IfAG vom Frühjahr 1986 (1:2 Mio.) ist ein Riss hinter der Front des Filchner-Schelfeises deutlich zu erkennen: Monate später brach hier – ähnlich wie 1998 bei der »Filchner-Station« (links oben, vgl. S. 236) – ein großer Eisberg mit der sowjetischen Station »Drushnaja I« ab. (Quelle: IfAG/BKG)

chen vergeben. 1996 legte die SCAR-Arbeitsgruppe mit Mitgliedern aus über 20 Ländern eine erste Version des »Composite Gazetteer of Antarctica« aus allen nationalen Namensverzeichnissen mit 32 000 Namen für rund 16 000 verschiedene geographische Objekte vor. Aktuell sind in dieser von Italien für SCAR gepflegten Datenbank 35 277 Namen für 17 671 Objekte südlich 60° S. Die Arbeit ist noch lange nicht abgeschlossen, zumal auch eine Absprache in der Konsultativrunde über das weitere Vorgehen bisher fehlt. Allein die bisherigen Fortschritte wären ohne die Vorarbeit und Initiative der Wissenschaftler des IfAG und der deutschen Polarforschung kaum erreichbar gewesen.

Namen sind wichtig, zuverlässige topographische Karten aber letztlich die entscheidende Planungs-, Orientierungs- und Verständigungshilfe, denn erst sie erlauben eine Identifizierung geo-

graphischer Objekte sowie generell den Vergleich von wissenschaftlichen Ergebnissen. Frühzeitig ging das IfAG dabei neue, heute allgemein praktizierte Wege. Ab März 1981, also schon im Vorfeld des DFG-Antrags, hatte das IfAG begonnen, aus den Daten des Satelliten LANDSAT eine analoge Karte von Atka-Bucht, Ritscher-Hochland und Mühlig-Hofmann-Gebirge zu erarbeiten. Wenig später erstellte Dr. Wolfgang Göpfert (später TU Darmstadt) die weltweit erste digitale Satellitenbildkarte einer Antarktika-Region, und zwar von »West-Neuschwabenland« (1981) und »Neuschwabenland« (1982); diese Karten bildeten die Orientierungshilfe für die Antarktis-Expedition 1982/1983. Der Einsatz des neuen Flugzeugs POLAR 2 (vgl. »Fliegen eröffnet neue Möglichkeiten«), in das nach IfAG-Vorgaben die Zeiss-Reihenmesskamera RMK 8,5/23 eingebaut worden war, ermöglichte Jörn Sievers und anderen IfAG-Mitarbeitern ab 1983/1984 bis 1995/1996 mehrere Bildflüge mit insgesamt über 10 000 Luftbildern im Küstengebiet und Hinterland von »Georg-von-Neumayer-Station« und »Filchner-Station« sowie, in Zusammenarbeit mit dem British Antarctic Survey, auf der Antarktischen Halbinsel. Die daraus erstellten Luftbildkarten dienten vor allem bei geologischen Expeditionen als Planungsgrundlage und Orientierungshilfe.

Der Einstieg in die Digitalisierung gab den Anstoß zum Aufbau eines umfassenden, rechnergestützten »Geowissenschaftlichen Informationssystems Antarktis« (GIA): In ihm wurden topographische und kartographische Informationen digital gespeichert und mit den entsprechenden Namensinformationen verbunden. Mit eigenen Haushaltsmitteln sowie 2,2 Mio. DM Fördermitteln des BMFT wurde GIA zwischen 1987 und 1993 ausgebaut. GIA besteht aus »Verwaltungssystemen« für unterschiedliche Datensysteme, die durch Schnittstellen untereinander und mit dem zentralen Katalog verbunden sind, sodass etwa auch thematische Karten für verschiedene Zwecke digital erstellt werden können. Objekt des GIA ist Neuschwabenland bis zur Antarktischen Halbinsel, also der 4. Quadrant der Antarktis. Das Kernstück von GIA bildet die systematische Erfassung mit Daten des LANDSAT-Satelliten. Die gesamte Region liegt heute in den Bildmaßstäben 1:1 000 000, und zum großen Teil auch im Maßstab 1:250 000, als georeferenzierte Bildmosaike oder als topographische Karte vor.

Schon 1985 hatte das IfAG ein weiteres interdisziplinäres Antarktisforschungsprojekt initiiert: »Wechselbeziehungen Ozean-Eis-Atmosphäre« (OEA) sollte für das Weddell-Meer und die angrenzenden Gebiete die Radarbilddaten der europäischen Satelliten ESR-1 und ESR-2 nutzen. Über die Aufzeichnung von Radarbilddaten können nämlich auch in der Polarnacht und bei Bewölkung, also ganzjährig und weitgehend unabhängig von Wetter und Beleuchtungsverhältnissen, Beobachtungen registriert werden. Den Anstoß gab der 1990 von mehreren Institutionen erarbeitete »OEA-Wissenschaftsplan«,

den das BMFT aus der Erkenntnis heraus förderte, dass neben dem Datenempfang auch die Datenverarbeitung grundlegende Bedeutung für die Informationsgewinnung haben würde. Konkret begonnen wurde das Projekt nach dem Start der Satelliten im September 1991 über die von DLR und IfAG gemeinsam betriebene »German Antarctic Receiving Station« (GARS) auf der Antarktischen Halbinsel.

Laien – und dazu zählen hier selbst viele Polarforscher – wollen nur eindeutige Karten und sind im Übrigen vielfach der Auffassung, dass deren Erstellung im Zeitalter von Satellitendaten und Hochleistungscomputern keine besonderen Probleme mehr bereiten dürfte. Sie übersehen, dass nicht nur der Abgleich von Daten verschiedenen Ursprungs überaus komplex ist. Gleiches gilt

Der Ausschnitt aus der Topographischen Karte von Filchner-Ronne-Schelfeis und Weddell-Meer (1994, 1:2 Mio.) zeigt, dass der Meeresboden unter dem Schelfeis bis zu 1500 m tief (dunkelblaue Zone) liegt. Die hier verstärkte Linie entspricht der damaligen Schelfeisfront. Links unten Bungenstockrücken, daneben Möllereisstrom. (Quelle: IfAG/BKG)

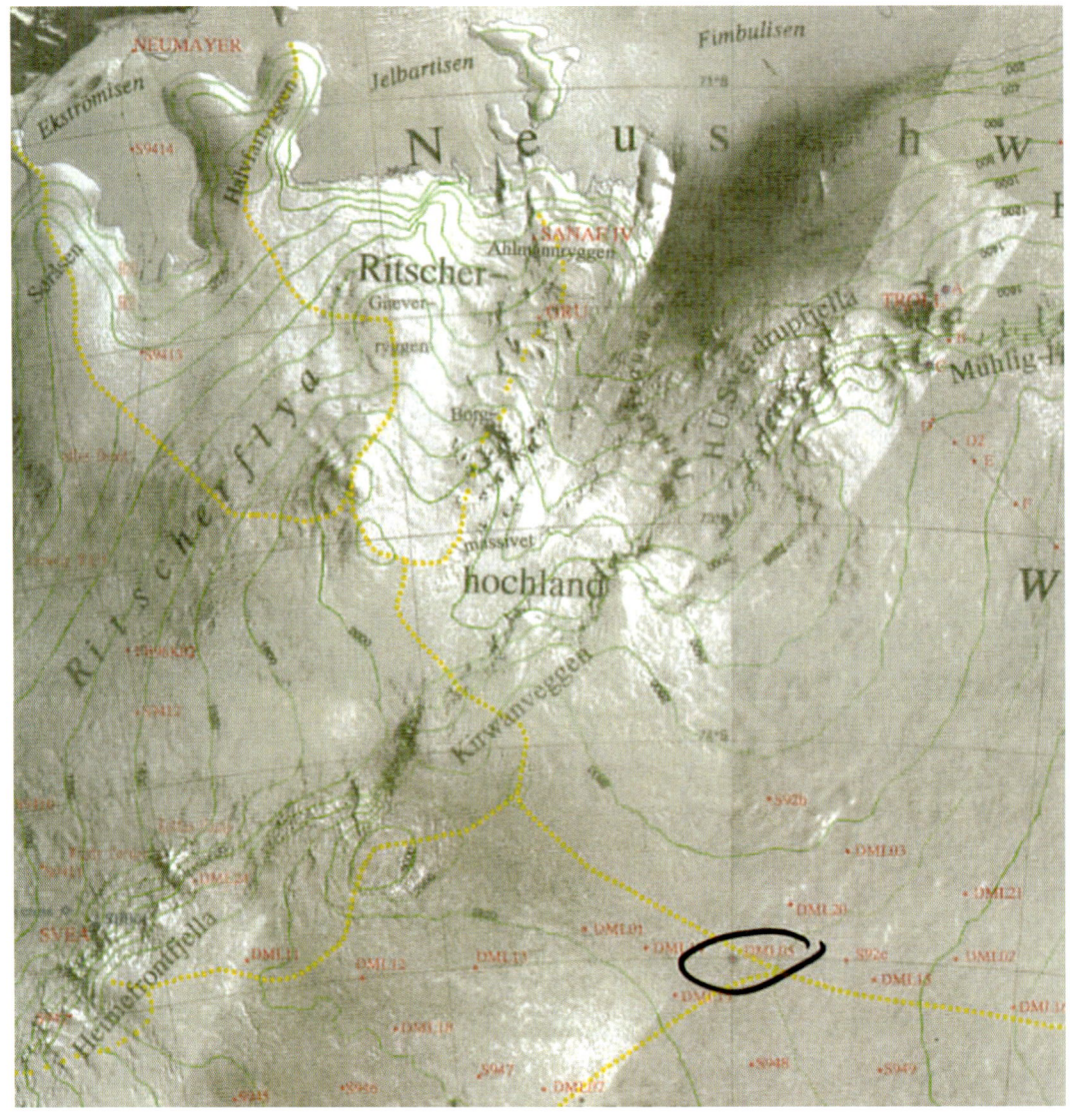

Diese IfAG-Satellitenbildkarte des Dronning Maud Land von 1998 half, eine geeignete »Eisscheide« für die zweite EPICA-Bohrung (vgl. S. 314) zu finden. Links oben Ekström-Schelfeis und Neumayer-Station, unten rechts der Ort der Bohrung. (Quelle: IfAG/BKG)

selbst für die Zusammenführung verschiedener Bilder derselben Provenienz, denn die Ränder der einzelnen Mosaiksteine müssen einfühlsam aneinander angepasst werden, bevor aus Einzelsteinen ein geschlossenes Mosaikbild eines viele tausend Quadratkilometer umfassenden Gebietes entsteht. So stellte die Transformation der Daten von der Erd-»Kugel« in zweidimensionale oder dreidimensional wirkende Karten weitere diffizile Probleme. Karten von Landgebieten und von Regionen vor der Küste sind aus gänzlich unterschiedlichen Datensätzen erstellt: Entsprechend kompliziert ist ihre Zusammenfassung in einer Karte. Überlagert wird all dies in weiten

Gebieten durch die Tatsache, dass Schnee und Eis 98 % Antarktikas bedecken und keine eindeutigen Bezugspunkte bieten. Dies macht es noch schwieriger, über digitale Modelle die Höhenlinien von Gletschern und Eisplateaus im Inland zu ermitteln – eine Voraussetzung zur Feststellung von Veränderungen der Eismassen, aus denen sich vielleicht eine Antwort auf die Frage ableiten lässt, ob das Eis Antarktikas nun abschmilzt oder womöglich zunimmt.

Kartenerstellung basiert also nach wie vor auf schwieriger, oft undankbarer, weil wenig anerkannter Forschungsarbeit und ist damit deutlich mehr als eine einfache Dienstleistung für andere

Disziplinen. Gute Karten bieten eine Orientierungs- und Planungshilfe, liefern aber auch Daten für inhaltliche Arbeiten. Im Zuge der Umstrukturierung des IfAG in »Bundesamt für Kartographie und Geodäsie« mussten die Arbeiten in der Antarktis eingestellt werden. Dennoch konnte das Institut bis 1996 noch etwa 120 Karten und Satellitenbildmosaike in den Maßstäben 1:25 000 bis 1:6 000 000 herausgegeben. Die Daten für die erarbeiteten Karten kann das IfAG/BKG noch erhalten, doch werden sie dort nicht weitergepflegt und veralten daher.

Die Forschungsarbeit zur Kartenerstellung ging nach 1997 auf andere Einrichtungen über. So widmeten sich Mitarbeiter von Prof. Dr. Hermann Goßmann am Institut für Physische Geographie der Universität Freiburg der Antarktischen Halbinsel. Auf Grund der technischen Entwicklung will der Nutzer inzwischen spezifische Karten, deren Informationsgehalt er durch Online-Abruf

aus dem Internet selbst bestimmt. So kann sich heute jeder mit etwas Geschick interaktiv seine eigene Karte, beispielsweise von King George Island (www.kgis.scar.org), zusammenstellen. Derartige Angebote setzen eine international abgestimmte Spezifikation der eingehenden Daten voraus. Deswegen vertritt der Freiburger Steffen Vogt, der das genannte Projekt im Rahmen von SCAR betreut, die Bundesrepublik in der SCAR-Expertengruppe für geographische Informationsverarbeitung – zugleich ein Beispiel für die gewachsene internationale Verzahnung der Forschungsaktivitäten zur Antarktis.

Am Institut für Physische Geographie der Universität Freiburg werden heute Karten erstellt, deren Informationsgehalt der Nutzer online bestimmen kann. Hier eine Karte von King George Island mit dem »Dallmann-Labor« des AWI. (Quelle: Steffen Vogt, Freiburg)

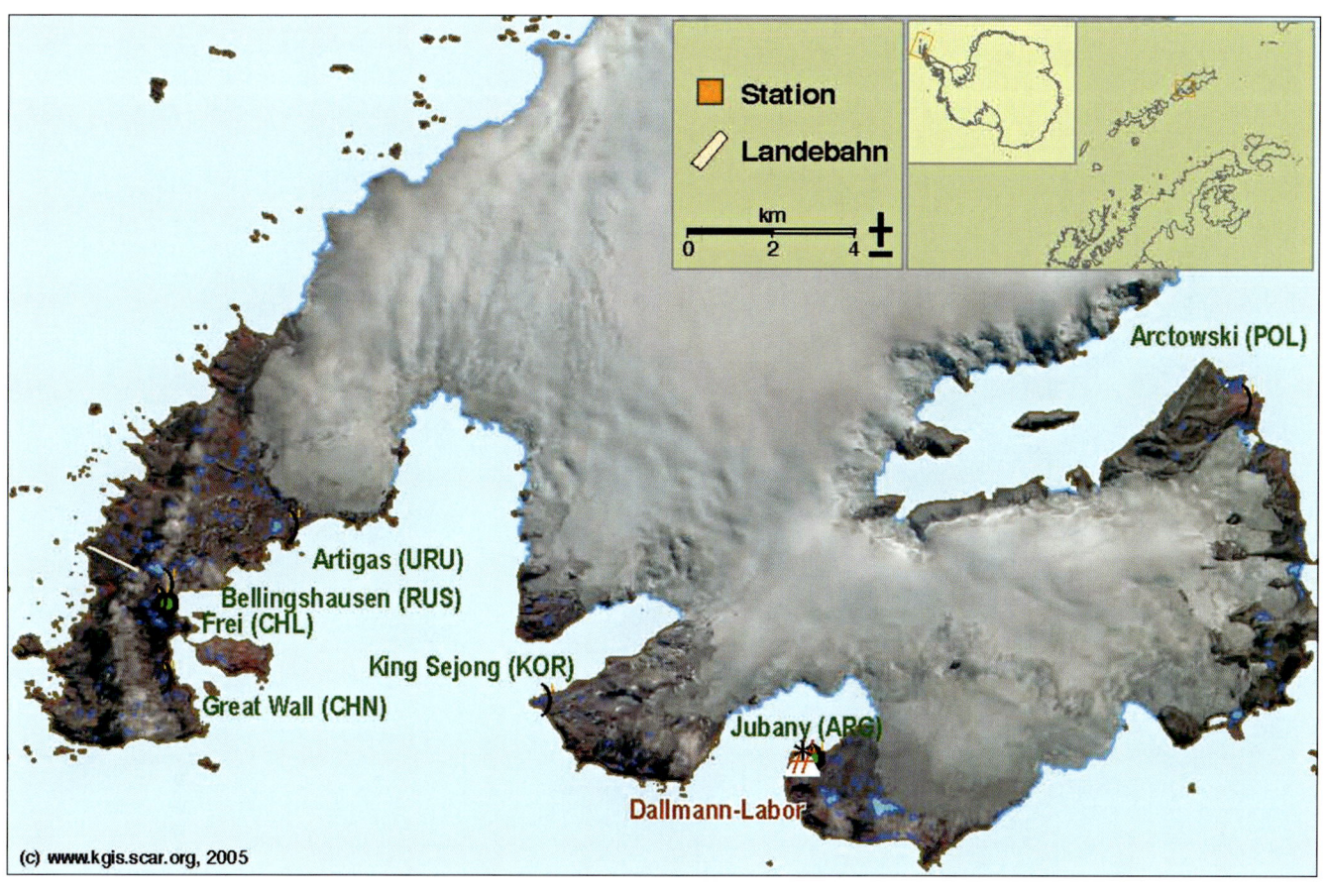

Präzisionsarbeit

Beispielhaftes
aus multinationalen
Kooperationen

Bohrloch bei EPICA (Foto: Hannes Grobe/AWI)

Hochkomplexe Systeme

Die unkontrollierte Jagd nach Robben und Walen hatte im 19. und frühen 20. Jahrhundert viele Bestände zusammenbrechen lassen. Mitte der 1970er-Jahre begannen dann mehrere Länder mit Fischerei nach der Leuchtgarnele Krill, nachdem Experten mit der Aussage an die Öffentlichkeit getreten waren, dass Krillfänge den Einweißbedarf einer wachsenden Weltbevölkerung problemlos decken könnten. Die biologische Meeresforschung in der Antarktis steckte damals noch ziemlich in den Anfängen. Man wusste jedoch bereits, dass die Nahrungskette Phytoplankton–Krill–Warmblüter sehr kurz war, was das biolo-

gische Gleichgewicht sehr störanfällig machte. Bei der immer realistischer werdenden Aussicht auf einen ungehemmten Krillfang reagierten daher viele Biologen und Ökologen angesichts der früheren Erfahrungen sensibel und forderten eine Kontrolle des Krillfangs durch Wissenschaft und Politik.

SCAR hatte bereits nach seinem zweiten Biologie-Symposium in Cambridge, das 1968 die großen Wissenslücken zu wichtigen Aspekten des Krill aufgedeckt hatte, einen Bericht zur Rolle des Krill im antarktischen Ökosystem in Auftrag gegeben. Nach dessen Vorlage bildeten SCAR und SCOR, die beiden ICSU-Komitees für antarktische bzw. ozeanische Forschung, 1975 eine Expertengruppe zu den Ökosystemen des südlichen Ozeans und deren lebenden Ressourcen. Rasch wurde deutlich: Die notwendigen Daten kurzfristig und fundiert zu erarbeiten, überstieg die Kapazitäten der Forschung wie der Schiffslogistik eines einzelnen Landes erheblich. So arbeitete die Gruppe ein großes Gemeinschaftsprogramm aus, das 1976 beschlossen wurde und den Namen »Biological Investigations of Marine Antarctic Systems and Stocks« (BIOMASS) erhielt. Ziel des Programms war es, »ein tieferes Verständnis der Struktur und Dynamik des antarktischen Ökosystems als Basis für die künftige Bewirtschaftung seiner lebenden Naturschätze« zu gewinnen. »Der Krill-Forschung wurde eine zentrale Stellung im Programm eingeräumt, weil davon ausgegangen wurde, dass der Krill eine Schlüsselfunktion im Gesamtsystem hat und weil der Mensch im Begriff ist, an diesem Schlüssel zu drehen«, schrieb Professor Hempel dazu im März 1981.

Zu diesem Zeitpunkt stand FIBEX, das »First International BIOMASS Experiment«, gerade kurz vor seinem Abschluss. Diesem großen Programm waren vier Jahre intensiver, internationaler Planungsarbeit vorausgegangen. Da bei zwei Arbeitsgruppen der Vorsitz an die Deutschen Gotthilf Hempel bzw. Dietrich Sahrhage übertragen worden war, hatten diese die Erfahrungen der Krill-Expeditionen der Bundesforschungsanstalt (BFA) für Fischerei in Hamburg (1975/1976 und 1977/1978) maßgeblich mit eingebracht. Für FIBEX waren drei Hauptaufgaben vorbereitet worden: »Eine Volkszählung des Krill, die Untersuchung der Struktur von Krillschwärmen und die Entwicklung eines Systems zur Speicherung und gemeinsamen Analyse aller dabei gewonnenen Daten« (Hempel). Die »Volkszählung« führten zwölf Schiffe aus zehn Ländern (die britische JOHN BISCOE war wegen Propellerschadens kurzfristig ausgefallen) an jeweils bis zu 30 Tagen in den Monaten Januar bis März 1981 durch; aus der Bundesrepublik nahmen die Forschungsschiffe WALTHER HERWIG und METEOR teil, erfüllten während der jeweiligen Gesamtfahrt aber auch andere Aufgaben. Die DDR brachte ihre Aktivitäten bei der sowjetischen Station »Bellingshausen« ein, die allerdings Krill nicht direkt betrafen (vgl. »Vom Flug der Pinguine«).

Jedes Schiff suchte in seinem Sektor des Atlantischen, Indischen oder Pazifischen Ozeans mit Echoloten großräumig nach Krillschwärmen und registrierte deren Größe und Dichte. Die Signale wurden auf Magnetband gespeichert und daraus entsprechend der vorgenommenen »Eichung« die Krillmenge pro Seemeile Fahrtstrecke und danach die Biomasse (Tonnen Krill pro km^2) berechnet. Auf einem Workshop im September 1981 versuchte man, aus diesen Daten die Gesamtmenge des antarktischen Krills zu ermitteln. Als erste Konsequenz wurden die bis dahin vielfach geltenden hohen Bestandsschätzungen sowjetischer Institute um Größenordnungen reduziert. Sichere Schätzungen liegen allerdings auch heute noch nicht vor, denn die Erhebungstechniken sind kompliziert und darüber hinaus die jahreszeitlichen und regionalen Schwankungen bei den Krillschwärmen erheblich. Eine internationale, großskalige Erhebung ergab im Januar/Februar 2000 eine geschätzte Krillbiomasse von 44 Millionen Tonnen – ein Wert, der als niedrig beurteilt wird, aber auch von der weiteren Klimaentwicklung abhängig sein dürfte.

Am 20. Mai 1980, also noch vor dem erwähnten Workshop, aber aufgrund der BIOMASS-Initiative hatten die Mitglieder der Konsultativrunde nach dem Antarktisvertrag das »Übereinkommen über die Erhaltung der lebenden Meeresschätze der Antarktis« (CCAMLR) verabschiedet (vgl. »Ein einzigartiger Vertrag«). Aufgrund dieses Übereinkommens wurden die Fangmengen für Krill und einige Fischarten schon ab Anfang der 1980er-Jahre begrenzt – Regelungen, die seither

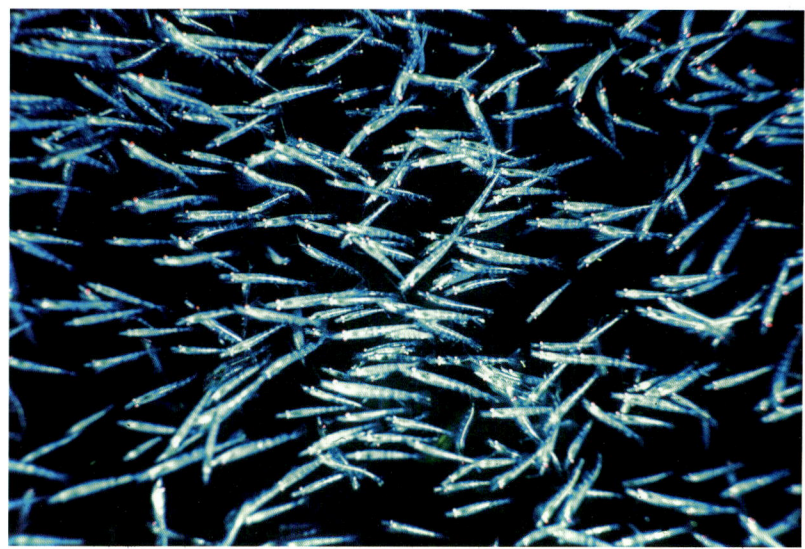

Eine »Volkszählung« des Krill war das Hauptziel des BIOMASS-Programms. (Foto: Volker Siegel)

immer wieder überprüft und im Grundsatz aufrechterhalten wurden. Hierfür waren und sind vertiefte wissenschaftliche Erkenntnisse notwendig. Dies ist einer der Gründe, warum die BFA für Fischerei als deutsche Vertreterin in den CCAMLR-Gremien bis heute in der Antarktis vor allem mit Krill- und Fischforschung tätig ist. Eine Wiederholung von FIBEX war bei der BIO-MASS-Planung von vornherein angepeilt. SIBEX (Second International BIOMASS Experiment) fand in den Jahren 1983 bis 1985 statt. Aus der Bundesrepublik nahm erneut die WALTHER HER-WIG sowie die inzwischen in Dienst gestellte POLARSTERN teil. Vorrangiges Ziel von SIBEX war es, die jahreszeitliche Dynamik in der Region um die Antarktische Halbinsel zu erfassen. Die Laufzeit von BIOMASS wurde schließlich von zehn auf fünfzehn Jahre verlängert und mit einem internationalen Kolloquium im September 1991 in Bremerhaven abgeschlossen.

Die Wissenschaft verdankt BIOMASS eine Vielzahl grundlegender Erkenntnisse zu den Ökosystemen der Südlichen Ozeane. Möglich geworden waren die Erfolge durch die Kooperation von Wissenschaftlern vieler Länder, die sich auf eine abgestimmte Logistik stützen konnten – ein Aufwand, der in der Antarktis nicht beliebig wiederholt werden konnte. Weltweite Kooperation fand in der biologischen Forschung natürlich weiterhin statt, aber in kleinerem Rahmen. Für die deutschen Antarktisbiologen gewann so die Zusam-

Der barschartige Pagothenia hansoni gehörte zu den von den Biologen studierten Antarktisfischen. (Quelle: AWI)

Das »Agassiz Trawl« war ein wichtiges Instrument bei der Erforschung des Ökosystems im Pelagial- und Benthosbereich, etwa im Rahmen von EPOS. (Foto: Joachim Plötz/AWI)

pel, setzte nun die POLARSTERN als attraktives Instrument ein und propagierte die »European Polarstern Study« (EPOS). Die ESF übernahm die Schirmherrschaft, sodass EPOS von einem komplexen, aber effektiven System ermöglicht wurde: Das AWI stellte die POLARSTERN zur Verfügung, die Institute trugen die sonstigen Kosten der Teilnahme ihrer insgesamt 131 Wissenschaftler, und die ESF finanzierte aus Sonderzahlungen der 14 interessierten nationalen Wissenschaftsorganisationen die Symposien für Projektauswahl, logistische Vorbereitung und Informationsaustausch.

EPOS sollte Aufschluss geben über die Lebensgemeinschaften im Eis und den Einfluss des Meereises auf das Pelagialsystem, auf Benthos und Fische. Daneben verfolgte EPOS eine wissenschaftspolitische Intention: Man wollte insbesondere Wissenschaftler und Labors gewinnen, die bisher noch keine Antarktisforschung betrieben hatten. Damit sollte einerseits das Reservoir an Forschern erhöht und andererseits die wissenschaftliche Arbeit durch neue Ideen und Kenntnisse stimuliert werden. Zwischen Oktober 1988 und März 1989 unternahm die POLARSTERN drei EPOS-Fahrten in das Weddell-Meer. Entsprechend den drei unterschiedlichen Fahrtabschnitten reichte das Spektrum der Einzelstudien von Untersuchungen zu Phyto- und Zooplankton, über Krustentiere und Fische bis hin zu ozeanographischen Arbeiten. Der Einfluss des Meereises und seiner Randzonen auf das Leben im antarktischen Meer spielte dabei ebenso eine wichtige Rolle wie Bestandsaufnahmen verschiedener Organismen und Lebensgemeinschaften. So wurden zum Beispiel bei den Isopoden (Asseln) neue Gattungen und Arten entdeckt, wodurch deren Zahl von 31 auf 52 Gattungen und von 68 sogar um 74 % auf 118 Arten stieg. Die meisten Ergebnisse aus den vielen Bereichen wurde in der im Kieler Institut für Polarökologie beheimateten Zeitschrift »Polar Biology« veröffentlicht, die einen Teil in dem von Gotthilf Hempel herausgegebenen Band »Weddell Sea Ecology« zusammenfasste.

Durch EPOS wurden vorausgegangene Studien vertieft und durch weitere Beobachtungen bestätigt. Etwa die 1987 gewonnene Erkenntnis, dass im antarktischen Spätwinter Leben kaum in der Wassersäule, sondern fast ausschließlich am Mee-

menarbeit innerhalb Europas einen größeren Stellenwert. Auf ihre Initiative hin etablierte die European Science Foundation (ESF) 1986 ein »Polar Science Network«, um das wissenschaftliche Potential und die logistischen Angebote für die Forschung in Arktis und Antarktis zu bündeln. Sein Vorsitzender, AWI-Direktor Gotthilf Hem-

Untersuchungen zu den Ökosystemen des antarktischen Pelagial und Benthos (hier: eine Hornkoralle) standen im Zentrum des EPOS-Programms. (Foto: Julian Gutt/AWI)

Das Multinetz mit seinen separat schließbaren Netzteilen ist ein weiteres Mittel, um Meeresbewohner in verschiedenen Tiefen einfangen zu können (rechts unten). (Foto: Elke Mizdalski/AWI)

resboden und an der Unterseite der Eisschollen angetroffen wird. Mit einer ferngesteuerten Unterwasserkamera konnte damals auch erstmals verfolgt werden, wie der Krill die Kieselalgen, die sich unter dem Packeis und im Lückensystem zwischen den Eisschollen konzentrierten, abweidete, also nicht – wie man bis dahin glaubte – seine Nahrung nur aus dem Wasser selbst aufnahm. Während EPOS setzte man hierzu erstmalig von der POLARSTERN aus Taucher ein, die an der Unterseite des Meereises fotografierten sowie Algen, Amphipoden und Krill sammelten. Weitere Untersuchungen galten ab 1987 den Mollusken, also den Schnecken und Muscheln, deren Wachstumsgeschwindigkeit und artspezifische Verhaltens- und Aktivitätsmuster man auch in Labor-Containern verfolgte. Die Errichtung der »Drescher-Station« ermöglichte es den deutschen Biologen zudem, ab Oktober 1986, zum Teil gemeinsam mit niederländischen Forschern, das Tauchverhalten von Weddellrobben zu verfolgen. Da die den Tieren angehefteten elektronischen Recorder in den folgenden Jahren erheblich verbessert werden konnten, ließ sich unter anderem feststellen, dass während des Winters vor allem Eisfische aus Meeresbodenbereichen in 400 m Tiefe auf ihrer Speisekarte standen.

Um einen besseren Einblick in die Funktionsweise des Ökosystems des Südpolarmeeres zu gewinnen, war ein breites Spektrum an Forschungsarbeiten erforderlich. Die Arbeiten wurden durch eine überraschende Feststellung erschwert: Die Bodenfauna des antarktischen Ozeans wies eine im Vergleich zu den nordpolaren Gewässern unerwartet hohe Anzahl von Arten auf. Bis 1993 waren zum Beispiel 300 verschiedene Arten von Schwämmen (Porifera), 600 Schnecken (Gastropoda), 200 Muscheln (Bivalvia), 650 Borstenwürmer (Polychaeta), 600 Floh-

Im Rahmen von EPOS
wurden erstmals
Taucher eingesetzt, um
an der Unterseite des
Meereises Algen und
Krill zu sammeln.
(Foto: Carsten
Wankel/AWI)

krebse (Amphipoda) und 300 Asseln (Isopoda) bekannt geworden, von denen ein großer Teil »endemisch« war, also nur in der Antarktis vorkam. Seither wurden jedes Jahr weitere neue Arten entdeckt und beschrieben. Die Lebensgemeinschaften vor allem des Benthos im Südpolarmeer setzten sich, wie weitere Untersuchungen ergaben, aus vielen Arten zusammen, die alle etwa gleich häufig sind. Es dominierten also nicht, wie sonst üblich, einzelne Arten. Die Wissenschaftler sprechen in solchen Fällen von einer »hohen Biodiversität«. Im Weddell-Meer war die Diversität von Isopoden, Gastropoden und Bivalven nach den Erkenntnissen der Forscher zudem weit höher als in nordpolaren Breiten. Sie lag damit im oberen Bereich der in den Tropen gefundenen Werte und ließ eine hochkomplexe Struktur der benthischen Lebensgemeinschaften erkennen. Bei der näheren Untersuchung der einzelnen Arten ergab sich schließlich eine extreme Anpassung vieler Arten an besondere »Nischen« mit einer hohen Spezialisierung in den Verhaltensweisen – ein weiteres Merkmal der hochkomplexen antarktischen Ökosysteme. Angesichts der starken Licht- und Temperaturschwankungen mussten deren Individuen zudem besondere Überlebensstrategien entwickeln, sodass für Win-

ter und Sommer oftmals ein völlig verschiedenes Fressverhalten festgestellt wurde. Andererseits finden Wachstum und Fortpflanzung in den polaren Meeren trotz der niedrigen Temperaturen das gesamte Jahr über statt und werden nicht, wie in wärmeren Regionen, jahreszeitlich ausgesetzt.

All diese Aspekte, die untersucht werden mussten, veranlassten die Wissenschaftler zu einer verstärkten Arbeit in kleineren Gruppen. Die Biologen des AWI waren dabei immer in engem Kontakt mit den Kollegen im eigenen Haus, aber auch in anderen in- und ausländischen Instituten. Diese Kontakte ergaben sich aus der gemeinsamen Nutzung der Forschungslogistik, denn Untersuchungen in der Antarktis waren in der Regel nur mithilfe der POLARSTERN oder über Aufenthalte in der »Dallmann-Station« auf King George Island oder der »Drescher-Station« am Riiser-Larsen-Schelfeis möglich. Neben den vorwiegend bilateralen Kooperationen wurden natürlich europäische Programme oder internationale Projekte wie »Southern Ocean Global Ecosystem Dynamic« (SO-GLOBEC) genutzt, allerdings in erster Linie für eine Finanzierung der Arbeit und als Plattform für den Informationsaustausch und weniger für eine abgestimmte gemeinsame Forschungsarbeit außerhalb der POLARSTERN-Fahrten. SO-GLOBEC ging dabei auf eine gemeinsame Initiative von USA, Großbritannien und Deutschland zurück und wurde auf die Wechselwirkung zwischen Zooplankton und Fischen konzentriert.

Die Entwicklung der biologischen Forschung beim AWI, die sich ab Anfang der 1990er-Jahre immer stärker auch der Arktis und Subarktis zuwandte, ist zugleich charakteristisch für die deutsche Antarktisbiologie insgesamt. Danach blieb über die 1990er-Jahre hinaus die mit der Bestandsaufnahme verbundene Taxonomie, also die Einordnung und Beschreibung neuer Arten, eine wichtige Aufgabe. Je genauer man die Lebensbedingungen und Verhaltensweisen in den antarktischen Gewässern registrierte und beobachtete, umso besser konnte man diese in den heimischen Labors nachvollziehen und unter kontrollierten Bedingungen studieren. Anfang der 1990er-Jahre fanden darüber hinaus molekularbiologische Methoden zunehmend Anwendung auch in der Antarktisbiologie und eröffneten ihr

neue Perspektiven, denn mit ihrer Hilfe konnte besser untersucht werden, ob Fische oder Benthos-Organismen, die in weit getrennten Regionen des antarktischen Ozeans gefunden worden waren, tatsächlich der gleichen Spezies zuzurechnen waren.

Die fortschreitenden Erkenntnisse im Verhalten der einzelnen Arten führten mit der Zeit aber auch zu einem besseren Verständnis des gesamten Ökosystems und seiner Funktionsweise. Immer mehr rückten dadurch katastrophenartige Störungen in den Mittelpunkt des Interesses – etwa die Frage, wie sich eine marine Bodentierlebensgemeinschaft in der Antarktis nach ihrer Zerstörung durch einen strandenden Eisberg neu aufbaut.

Die biologische Forschung zu Antarktis und Arktis, wie sie im AWI, im Institut für Polarökologie in Kiel, in der Bundesforschungsanstalt für Fischerei in Hamburg und in den vor allem durch gemeinsame Lehrveranstaltungen verbundenen Universitäten wie Bremen, Hamburg, Kiel, Oldenburg oder Potsdam durchgeführt wird, zielt damit heute auf die Funktionsweise der polaren Organismen ebenso wie auf ihre Wechselwirkung in den Ökosystemen. Gerade bei den Funktionsweisen geht es – dies ist auch der Anfang 2005 erschienenen DFG-Denkschrift »Deutsche Forschung in der Antarktis – Wissenschaftlicher Fortschritt und Perspektiven« zu entnehmen – vor allem um Ursachenforschung: Durch welche molekularen und zellulären Mechanismen werden Wachstum, Reproduktion und Energiebudgets reguliert? Welches sind die Grundlagen der Temperaturanpassung auf Gen- und Proteinebene? Welche Mechanismen legen die Toleranzfenster antarktischer Tiere fest und steuern ihren Energieumsatz? Wie kam es zu der Evolution der Gefrierschutzproteine oder dem Verlust des Blutfarbstoffs bei Eisfischen? Worin unterscheiden sich benthische marine Ökosysteme? Welche Faktoren sind dafür verantwortlich? Welche Auswirkungen sind bei steigender anthropogener Einflussnahme oder globalen Temperaturschwankungen zu erwarten?

Diese kleine Auswahl aus der Vielzahl der Fragestellungen, die in den nächsten Jahren bearbeitet werden sollen, kann nur andeuten, wie viel für die Biologen noch zu tun bleibt – aus wissenschaftlicher Neugier wie im Hinblick auf eine eventuell

*Die Benthos-Gemeinschaften bilden im antarktischen Ozean hochkomplexe Ökosysteme aus.
(Julian Gutt/AWI)*

Die Isopodenart Epimeria robusta ist nur ein Beispiel aus der großen Artenvielfalt des antarktischen Benthos. (Foto: Michael Klages/AWI)

intensivere wirtschaftliche Nutzung. Dabei können sich die Biologen auch mit den Klimaforschern verbünden. Klimaforscher suchen nämlich nach Möglichkeiten, die Speicherungsfähigkeit der Ozeane für Kohlendioxid (CO_2) zu steigern, denn vor allem durch den steigenden Verbrauch fossiler Brennstoffe nimmt bekanntlich der gefährliche »Treibhauseffekt« zu. Antarktische Eisbohrkerne deuten darauf hin, dass es in Eiszeiten weniger CO_2 in der Atmosphäre gab, aber viel eisenhaltigen Staubeintrag in die Ozeane – verursacht durch Eisalgen, die für ihr Wachstum CO_2 und Eisen verbrauchen. Unter AWI-Leitung führten daher 56 Wissenschaftler aus 15 Nationen im November 2000 »EisenEx« durch. Bei dieser ersten Studie wurden von der POLARSTERN aus insgesamt zehn Tonnen gelöstes Eisensulfatsalz, wie es ähnlich Gärtner zur Rasenverbesserung nutzen, in einen ortsfesten ozeanischen Wirbel im

Südpolarmeer eingebracht. Am Ende der dreiwöchigen Beobachtungsperiode hatten die Algen in der gedüngten Region fünfmal mehr Biomasse aufgebaut als in der Umgebung. Auch wenn die ersten Ergebnisse viel versprechend waren, so sind noch viele Fragen offen. Diese betreffen auch die Rolle des Meereises beim Austausch von CO_2 zwischen Atmosphäre und Ozean – ein Problem, dem in Zusammenarbeit mit belgischen und holländischen Forschern etwa bei der 22. Antarktisfahrt der POLARSTERN 2004/2005 nachgegangen wurde. Eines steht dabei schon heute fest: »EisenEx« markiert für die Meeresforschung einen Übergang von einer beobachtenden zu einer experimentellen Wissenschaft. Ganz neue Dimensionen können sich ihr dadurch erschließen.

Tauch- und Ernährungsgewohnheiten der Weddellrobbe wurden intensiv von der »Drescher-Station« des Alfred-Wegener-Instituts aus erforscht. (Foto: Joachim Plötz/AWI)

In der stürmischen See war harte Arbeit notwendig, um bei »EisenEx« und später »eifex« die Eisensulfat-salzlösung auszubringen und die anschließende Algenblüte zu verfolgen. (Foto: Jan van Franeker)

»Eldorado«
für Geologen

Erdplatten Gebirge auffalteten. Und dort, wo die so entstandenen Gebirgsmassive heute frei liegen, lässt sich anhand der Gesteine und ihrer Schichtungen der Entstehungsprozess entschlüsseln. Darüber hinaus kann man dadurch das Puzzle »Gondwana« besser zusammensetzen, weil sich die Entsprechungen in Tasmanien, das vor dem Auseinanderdriften Gondwanas neben Ostantarktika lag, in vielen Punkten überzeugend belegen lassen. Antarktika bietet daher beste

Vom Schiff als schwimmender Basis wurden nach dem Logistikkonzept der BGR Personen und Material zu den Stationen und wechselnden Camps geflogen (Foto: Franz Tessensohn)

Die Expeditionen in den Jahren 1977/1978 und 1979/1980 hatten für die Wissenschaftler der Bundesanstalt für Geowissenschaften und Rohstoffe (BGR) vor allem eine Erkenntnis gebracht (vgl. »Zurück zur Grundlagenforschung«): Die Antarktis, insbesondere das 1979/1980 untersuchte North Victoria Land am Ross-Meer, war als »Eldorado« für Geologen und andere Geowissenschaftler einzustufen. Schon damals wiesen Projektleiter Dr. Franz Tessensohn und seine Kollegen allerdings darauf hin, dass die von anderen geschürte Hoffnung auf einen unerschöpflichen Rohstoffreichtum Antarktikas trügerisch sei und selbst bei großen Funden der Abbau unwirtschaftlich wäre. »Eldorado« war Antarktika daher nicht für die Rohstoffexploration, sondern als Quelle für Erkenntnis zur Frühgeschichte der Erde, insbesondere zu den Superkontinenten Gondwana (vgl. S. 181) und Rodinia, dem Vorläufer Gondwanas.

Der dicke Eispanzer, der 98 % Antarktikas bedeckt, verbarg lange Zeit die Struktur dieses Kontinents, der eineinhalb Mal so groß wie Australien ist: der große ostantarktische Schild, dessen Felsgrund fast überall über dem Meeresspiegel liegt, auf der einen Seite und das archipelartige Westantarktika, das bei einem Abschmelzen des Eises sich nur teilweise aus dem Meer herausheben würde, auf der anderen Seite. Das über 3000 km lange und bis zu 4000 m hohe Transantarktische Gebirge bildet über weite Strecken die Nahtstelle zwischen diesen beiden Teilen, denn hier wurde vor rund 500 Millionen Jahren die pazifische Platte unter die leichtere antarktische Platte geschoben. Die »Ross Orogenese«, wie dies in der Fachsprache der Geologen heißt, war der erste von mehreren derartigen Subduktionsprozessen, bei denen sich durch den gegenseitigen Druck der

BGR

Die »Bundesanstalt für Geowissenschaften und Rohstoffe« hat ihre Wurzeln in der 1873 in Berlin gegründeten »Königlich Preußischen Geologischen Landesanstalt«, die 1934 eine Zweigstelle in Hannover errichtete. 1939 wurden die geologischen Landesämter in der »Reichsstelle«, ab 1941 dem »Reichsamt für Bodenforschung« zusammengefasst. Nachdem 1948 dem Landesamt in Hannover für die Bundesrepublik geologische Gemeinschaftsaufgaben übertragen worden waren, wurde am 1. Dezember 1958 durch ein Verwaltungsabkommen die »Bundesanstalt für Bodenforschung« errichtet und dem Bundesminister für Wirtschaft unterstellt. Am 17. Januar 1975 erhielt sie ihren heutigen Namen. Unter der Leitlinie »Verbesserung der Lebensbedingungen durch nachhaltige Nutzung der Geopotenziale« ist heute die Beratung der deutschen Ministerien, der Europäischen Gemeinschaft und der Wirtschaft die wichtigste Querschnittsaufgabe, die durch Forschung und Entwicklung, Fachinformationssysteme, Karten und Datensammlungen unterstützt wird. Zu den »Sektoralen Aufgabenfeldern« gehört die »Erkundung der Meere und Polarregionen«.

Möglichkeiten, um Elemente der Plattentektonik an einem Schlüsselgebiet zu studieren.

Die Wissenschaftler der BGR leisteten über die Jahre hinweg hierzu einen auch international wichtigen Beitrag. Dabei hatten sie schon bei »GANOVEX II« (German Antarctic North Victorialand Expedition II) einen schweren Rückschlag zu verkraften: Die gecharterte, nur beschränkt eisgängige GOTLAND II wurde am 17. Dezember 1981 von Treibeis gegen die Festeiskante gedrückt und schlug leck. Am folgenden Tag musste das Schiff aufgegeben werden, denn Heck und Steuerbordseite lagen bereits tief im Wasser. Nahezu das gesamte persönliche Gepäck und viele, zum Teil im Eigenbau entwickelte, wissenschaftliche Geräte mussten auf dem Schiff zurückbleiben. Nach 36 Stunden sank die GOTLAND II am 19. Dezember 1981 gegen 1:00 Uhr. Hubschrauber hatten die 15 Mann der Schiffsbesatzung und diejenigen der 25 Wissenschaftler, die noch nicht im Gelände waren, rechtzeitig zu einem Notlager am Ufer der Yule Bay gebracht. Versorgt wurden die Schiffbrüchigen dort aus dem Depot der eine Hubschrauberstunde entfernten »Lillie-Marleen-Hütte«. An den folgenden Tagen wurden die Geretteten zusammen mit den wertvollsten Geräten in Etappen zur amerikanischen Station »McMurdo« geflogen, von wo aus sie amerikanische Flugzeuge nach Neuseeland mitnahmen, sodass sie nach Deutschland zurückkehren konnten. Die Expeditionshubschrauber wurden am Ende der Saison von einem amerikanischen Versorgungsschiff nach Neuseeland zurückgebracht.

Bereits ein Jahr später, im antarktischen Sommer 1982/1983, fand »GANOVEX III« statt. Danach folgten im Abstand von meist zwei Jahren bis 1992/1993 und dann wieder 1999/2000 fünf weitere Expeditionen ins North Victoria Land. Trotz des Untergangs der GOTLAND II hielt die BGR an ihrem Logistikkonzept fest, bei dem ein vor der Küste ankerndes oder sich bewegendes Schiff die Basis bildete. Denn dieses Konzept ermöglichte eine größere Flexibilität bei der Auswahl der Zielgebiete im rund 90 000 km² großen North Victoria Land. Vom Schiff aus (1982 war dafür die POLAR QUEEN gechartert worden) wurden die einzelnen Gruppen mit dem Hubschrauber zu ihren Einsatzgebieten geflogen. Ergänzt wurde diese Konstellation durch zwei je nach Bedarf benutzte Sommerstationen: die im Januar 1980 am Lillie-Gletscher gebaute »Lillie-Marleen-Hütte« (71°12' S, 164°31' E) und die »Gondwana-Station« am Fuß des Vulkans Mount Melbourne, im Januar 1983 errichtet und 1988/1989 ausgebaut (74°38' S, 164°13' E). Vom Browning Pass, rund 12 km von der »Gondwana-Station« entfernt, starteten und landeten 1984/1985 während »GANOVEX IV« erstmals auch die Polarflugzeuge des AWI und vergrößerten durch ihre Reichweite das Untersuchungsgebiet (vgl. »Fliegen eröffnet neue Möglichkeiten«). Die »Lillie-Marleen-Hütte« wurde im Übrigen Mitte Juni 2005 von den Antarktisvertragsstaaten als »Historic Site and Monument« anerkannt.

Angesichts der Fülle an Forschungsmöglichkeiten wurden die Expeditionen in der Durchführung zunächst stark von den spezifischen Interessen der beteiligten deutschen und ausländischen Teilnehmer bestimmt. Auch wenn diese Interessen natürlich bei der Vorbereitung aufeinander abgestimmt werden mussten, so wählten die Wissenschaftler doch weitgehend autonom ihre Gebiete aus und bestimmten selbst die Methoden, die sie dort einsetzen wollten. Die gewonnenen Erkenntnisse einer Expedition wurden von der BGR sehr schnell in einem inhaltlich und umfangsmäßig

gewichtigen Band publiziert – jeder Band eine Fundgrube geowissenschaftlicher Einzelerkenntnisse, aus denen sich aber nicht ohne weiteres ein Bild des gemeinsam erzielten Fortschritts ergab. Aufgrund dieser Vorarbeiten kristallisierten sich im Laufe der Zeit in wachsendem Maße Problemkreise und Fragen heraus, von deren Lösung man sich besondere Erkenntnisse erwarten konnte und auf die man sich daher konzentrieren wollte. So mussten sich die Teilnehmer immer mehr auf ein übergeordnetes Programm hin orientieren und sich geographisch und methodisch in dieses einfügen. Dennoch gab es etwa bei »GANOVEX VI« immer noch 20 Programme, die von den BGR-Wissenschaftlern, ihren Kollegen aus dem AWI und von den Universitäten Bremen, Frankfurt, Mainz, Münster und Würzburg sowie den Forschern des United States Geological Survey (USGS), des Rijks Geologische Dienst der Niederlande, der Universität Neapel sowie des (noch) ostdeutschen ZIPE in Potsdam alleine oder gemeinsam durchgeführt wurden.

In dem weitgehend unerforschten Gebiet konzentrierte man sich am Anfang natürlich auf eine Bestandsaufnahme der verschiedenen Granite,

Gneise, Grauwacken, Grünschiefer, Kalke und anderen Gesteine sowie auf eine Kartierung der zu Tage tretenden Schicht- und Massengesteine. Immer stärker wurden dann auch die chemische Zusammensetzung untersucht und das Alter der Fundstücke mit neuen radiometrischen Methoden bestimmt. Die Ränder der einzelnen Strukturzonen, die durch Auf- und Überschiebungen gekennzeichnet waren, traten dabei deutlicher in den Vordergrund. Ebenso konnte man die zeitli-

Für die Geländearbeit wurden die Geologen mit dem Hubschrauber in den Bergen (hier am Recoil Glacier) abgesetzt und von dort wieder abgeholt. (Foto: Franz Tessensohn)

Die Polarflugzeuge des AWI landeten am Browning Pass, 12 km von der »Gondwana-Station« der BGR entfernt. (Foto: Franz Tessensohn)

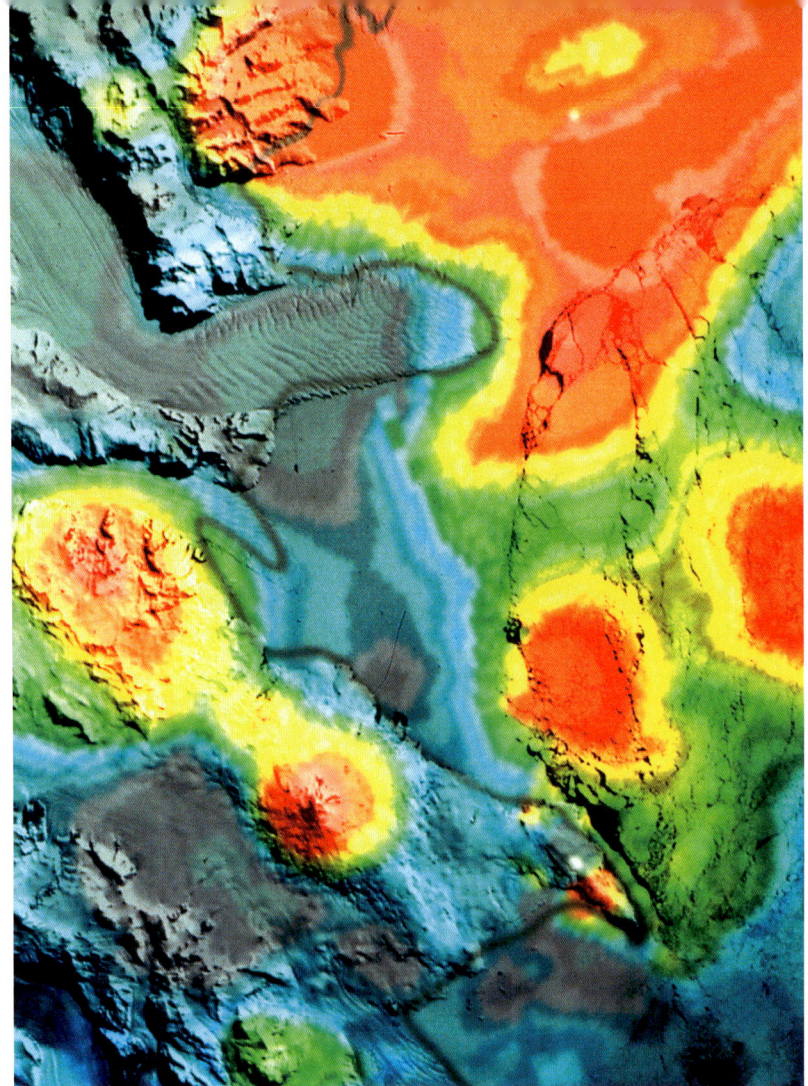

Aus Flugzeugen wurde ab 1984/1985 systematisch der Untergrund des North Victoria Land erforscht. In diesem Ausschnitt ragt kaum mehr als der Mt. Melbourne (roter Kegel vorne) aus dem Eis. Die kurvige graue Linie, aus Satellitenbildern ergänzt, gibt den Küstenverlauf unter dem Schelfeis wieder. (Quelle: Franz Tessensohn)

che Abfolge der diversen Auffaltungen bestimmen. Um Informationen über die von Eis und Meer bedeckten benachbarten Areale zu erhalten, wurden in verstärktem Maße auch ergänzende geophysikalische Untersuchungen angestellt, um den Untergrund zu »durchleuchten«. Von besonderer Bedeutung war hierbei die Aeromagnetik, die ab GANOVEX IV (1984/1985) systematisch aus der Luft durchgeführt wurde, erstmals in Zusammenarbeit mit dem AWI und unter Einsatz von dessen Polarflugzeugen. Aus der Luft konnten mit dieser Methode durch das Eis und durch das Meerwasser feine Unterschiede in der natürlichen Magnetisierung des Gesteinsuntergrunds gemessen werden. Kartenmäßig dargestellt ergaben sich charakteristische positive Anomalien bei hohem und negative bei geringem Eisenoxidgehalt des Gesteins. Da natürlich auch die Eigenschaften des zutage tretenden Gesteins gemessen wurden, konnte man beispielsweise vulkanische

Gesteinsprovinzen vom bekannten Gebirge ins unbekannte Hinterland oder von der Küste ins Meer verfolgen.

Gravimetrische Messungen lieferten ab »GANO-VEX IV« (1984/1985) Anhaltspunkte über Aufbau und Dicke der Erdkruste unter dem Transantarktischen Gebirge und im Ross-Meer sowie dem angrenzenden Pazifik. Mithilfe der Satelliten-Navigation (GPS) konnten die einzelnen Messpunkte zudem ohne großen Aufwand exakt nach Position und Höhenlage bestimmt werden. Ergänzend kam die Radarmethode für die Eisdickenmessung zum Einsatz, da die Kenntnis der Eisdicke für die Gravimetrie unerlässlich war. Dadurch wurde auch unterhalb des Eises die Topographie des Untergrundes immer deutlicher. Parallel dazu erarbeiteten die Wissenschaftler der BGR, zum Teil in Zusammenarbeit mit italienischen Kollegen, auch geologische Karten für North Victoria Land und das Ross-Meer.

Es war nur konsequent, dass sich die BGR mehrmals auch dem anderen Ende des Transantarktischen Gebirges zuwandte, denn die dortige Shackelton Range ist ein weiteres geologisches Schlüsselgebiet in Antarktika. So fand schon 1987/1988 die »Geologische Expedition in die Shackleton Range« (GEISHA), eine Expedition von nur neun Wissenschaftlern, mit Unterstützung durch die POLARSTERN statt. 1994/1995 folgte mit »EUROSHACK« eine etwas größere Unternehmung zusammen mit britischen, italienischen und russischen Kollegen sowie – aufbauend auf dem Wissen der ostdeutschen Polarforscher (vgl. »Die Vereinigung der beiden Flussarme«) – 1995/1996 mit »GeoMaud« eine Expedition in das Zentrale Dronning Maud Land. Komplettiert wurden diese Arbeiten durch marine geophysikalische, insbesondere tiefenseismische Untersuchungen, die unter Einsatz der gecharterten Schiffe AKA-DEMIK NEMCHINOW und POLAR QUEEN im Dezember 1995 vor der Küste Namibias und im Januar/Februar 1996 am ostantarktischen Kontinentalrand vor Dronning Maud Land durchgeführt wurden. Ergänzende Forschungen galten 2002/2003 einem anderen für die Gondwana-Rekonstruktion interessanten Gebiet, das Jahre vor der »Wende« schon einmal Ziel der ostdeutschen Forscher gewesen war: den Prince Charles Mountains und dem Lambert Rift (vgl. »Einblicke in die Entwicklungsgeschichte der Erde«). Aufgrund der offiziellen Einbeziehung der Arktis in die Zielgebiete der deutschen Polarforschung wurden zudem die Meeresregionen um Grönland und zwischen Kanada und Grönland ab Anfang der 1990er-Jahre ein weiterer polarer Forschungsgegenstand der BGR.

Die verschiedenen Expeditionen, die immer mehr auch als bi- oder multilaterale internationale Kooperationen durchgeführt wurden, erbrachten tiefere Einblicke in die Entstehungsgeschichte des Transantarktischen Gebirges und damit auch die Geschichte des Gondwana-Kontinents. Diese Gebirgskette bildet heute die Hauptbarriere gegen das Inlandeis der Ostantarktis. In der Vergangenheit hat sie, so schließt man aus anderen Erkenntnissen, den Anlass für die Bildung der gesamten südpolaren Eiskappe gegeben. Damit deutet sich ein wichtiger Zusammenhang zwischen ihrer Bildung zum Hochgebirge und der klimatischen Entwicklung der antarktischen Region an, die ihrerseits einen großen Einfluss auf das Weltklima ausübt.

Viele Fragen sind geklärt worden durch die Forschungsaktivitäten der BGR-Wissenschaftler um Karl Hinz, Franz Tessensohn und Norbert Roland sowie ihrer Kollegen aus verschiedenen deutschen Universitäten und aus dem Ausland, die in die Expeditionen eingebunden waren. Manche Probleme konnten noch nicht gelöst werden, viele neue sind dazugekommen. So ist es wenig erstaunlich, dass die BGR für die nächsten Jahre eine weitere Expedition vorbereitet: Für 2005/2006 steht bei »GANOVEX IX« wieder North Victoria Land im Zentrum des Interesses, weitere Aktivitäten sind für das »Internationale Polarjahr 2007/2009« geplant. Selbstverständlich werden auch diese Unternehmungen wie alle modernen Expeditionen internationalen Charakter haben.

Bei der Morozumi Range wird Schiefer des Ross-Orogen überlagert von Sedimenten der Gondwana-Schichten und vulkanischem Gestein (oben).

Die als Sommer-Camp genutzte »Gondwana-Station« lag am Fuß des (inaktiven) Vulkans Mt. Melbourne.

Die frei liegenden Teile des Transantarktischen Gebirges boten den Wissenschaftlern der BGR-Expeditionen die besten Informationen zu seiner Entstehungsgeschichte. (Fotos: Franz Tessensohn)

Die GEISHA-Expedition führte 1987/1988 in die Shackleton-Range am anderen Ende des Transantarktischen Gebirges. (Quelle: POLARSTERN-Gästebuch/AWI)

Polare »Kernforschung«

Die Eiskerne wurden bei den GRIP-Bohrungen (hier: 1990) vor Ort auf ihre elektrische Leitfähigkeit untersucht, um eine erste Einschätzung ihres Alters zu erhalten. (Foto: Josef Kipfstuhl/AWI)

Im Inlandeis Grönlands und der Antarktis sind die Niederschläge vergangener Jahrtausende konserviert. Wissenschaftler können aus dem Eis – ähnlich wie aus den Baumringen alter Bäume – viel über das Klima in längst vergangener Zeit erfahren. Wie aber enträtseln sie die im Eis verschlüsselten Botschaften? Im Niederschlag sind immer auch feine Schwebeteilchen, Aerosole genannt, enthalten; sie geben in erster Linie Auskunft über besondere Ereignisse wie Vulkanausbrüche. Aus den Niederschlägen entsteht zunächst Firn, der erst nach einiger Zeit durch den Druck weiterer Niederschläge zu Eis verdichtet wird. Dabei werden zwischen den Eiskristallen kleine Luftbläschen im Eis eingeschlossen, die uns heute nach einer aufwändigen chemischen Analyse etwas über die Veränderungen der Treibhausgase (etwa Kohlendioxid, Methan, Distickstoffoxid) in früheren Zeiten verraten. Die Lufttemperatur zum Zeitpunkt des Schneefalls kann man darüber hinaus aus dem Verhältnis der stabilen Isotope in den Wassermolekülen (Deuterium zu Wasserstoff und ^{18}O zu ^{16}O) ableiten.

Einer der Pioniere dieser Forschungsrichtung war der Schweizer Physiker Prof. Dr. Hans Oeschger (1927-1998), der die Analyse von Eiskernen in ihren Grundzügen ab Anfang der 1960er-Jahre entwickelte, verfeinerte und ihre Einsatzmöglichkeiten erweiterte. Sie wurde auch bei EGIG II (vgl. »Auf den Spuren Alfred Wegeners«) eingesetzt, doch konnten damals keine Ergebnisse erzielt werden: Die Kühlung versagte auf der Rückreise auf unerklärliche Weise, sodass in Bern kein Eiskern, sondern Wasser ankam. Bei späteren Expeditionen erhielt er jedoch genügend Probenmaterial, um mit seinem Berner Universitätslabor wesentliche Beiträge zur Klärung der Klimaentwicklung liefern zu können. Zusammen vor allem mit seinem dänischen Kollegen Prof. Dr. Willi Dansgaard entdeckte er bei der Messung stabiler Isotope zahlreiche starke, schnelle Schwankungen im Glazial: Sie werden heute »Dansgaard-Oeschger-Ereignisse« genannt.

Ihren Durchbruch erreichte die Eiskernanalyse eigentlich erst, als die Bohrungen größere Tiefen und damit vor allem ältere Eisschichten erreichten. Solche Arbeiten konnten nicht mehr von Einzelteams im Rahmen kleinerer Expeditionen durchgeführt werden, sondern bedurften einer aufwändigen eigenen Logistik und damit der internationalen Zusammenarbeit. Zunächst bildeten die Amerikaner, die in den 1960er-Jahren noch allein in Nordgrönland gebohrt hatten, zusammen mit den Dänen und Schweizern ein Konsortium, um im Rahmen des »Greenland Ice Sheet Program« (GISP) ab 1978 durch eine Bohrung bei »Dye 3« in Südgrönland die Klimageschichte seit der letzten Eiszeit zu rekonstruieren.

Im Zeichen wachsender europäischer Solidarität entstand dann, mit starker Beteiligung der AWI-Wissenschaftler um Prof. Dr. Heinz Miller, eine eigene Gemeinschaftsunternehmung unter dem Schirm der European Science Foundation (ESF). Das »Greenland Icecore Project« (GRIP) wurde von Dänemark, Deutschland und der Schweiz getragen und ab Januar 1989 zur Hälfte aus Forschungsmitteln der Europäischen Gemeinschaft finanziert. Die Bohrung sollte vom höchsten Punkt Zentralgrönlands aus, dem »Summit« (72°59' N, 37°64' W) niedergebracht werden. Parallel setzten die Amerikaner mit GISP2 28 km westlich von den Europäern ihren Bohrer erneut an.

Nach einer längeren Planungsphase mussten für GRIP im Mai 1989 zunächst über 230 t Material und rund 40 Personen zum Summit transportiert werden – eine Aufgabe, bei der die USA mit ihren »Herkules C130«-Maschinen entscheidende Hilfe leisteten. Ein Lager mit drei großen Holz-Iglus und einem Wohnzelt wurde gebaut. In einem der Iglus wurde der Bohrer schließlich durch den porösen Firn langsam über die ersten hundert Meter abgesenkt. Bis dorthin wurde das Bohrloch jeweils auch mit Rohren ausgelegt und gefestigt. Nachdem im August 1989 das Camp winterfest gemacht worden war, begannen die eigentlichen Bohrungen im Mai 1990. Ende der Saison wurde eine Tiefe von 770 m und damit 3840 Jahre altes Eis erreicht. Erhofft hatte man sich mehr, aber ab 500 m entwickelte das Eis durch den Druck der eingeschlossenen Luftbläschen leicht Risse und Brüche im Kern. Ab etwa 1300 m Tiefe – entsprechend rund 8000 Jahre zurück zum Beginn

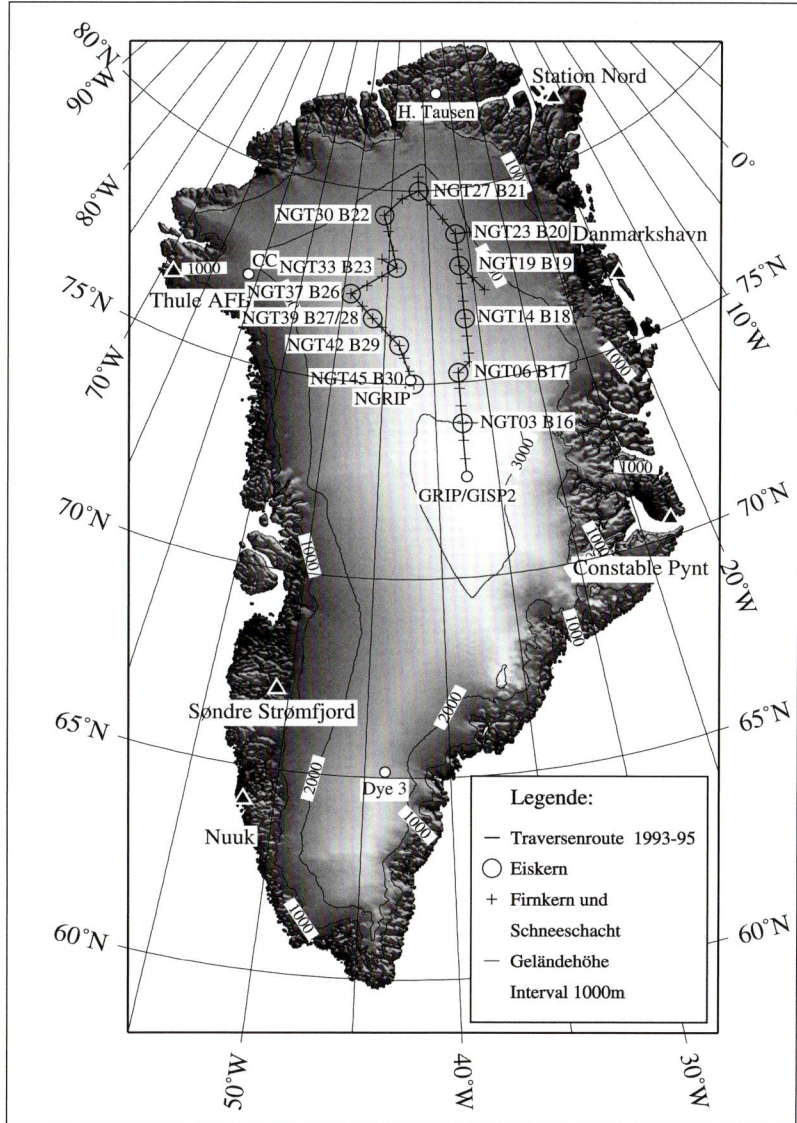

Die Technik des Eiskernbohrens

Obwohl sich die Bohrtechnik seit den sechziger Jahren weiterentwickelt hat, bleibt die eigentliche Idee des Eiskernbohrens immer die gleiche: Eine ringförmige Bohrkrone, einem Astlochbohrer in der Schreinerei vergleichbar, frisst sich, von einem Elektromotor getrieben, immer tiefer und lässt in der Mitte eine zehn Zentimeter dicke Stange Eis stehen. Nach ein paar Metern wird dieser Eiskern am unteren Ende abgebrochen und samt dem Bohrer mit einer Winde an die Oberfläche gezogen. Leer wird der Bohrer wieder abgelassen, um die nächsten Meter zu erbohren. Erschwerend kommt hinzu, dass der hohe Druck des Eises in der Tiefe das Bohrloch allmählich wieder verschließen würde. Deshalb muss es mit einer Flüssigkeit gefüllt werden, die mindestens so dicht ist wie das Eis selbst.

Der Beginn ist mühsam. Die Bohrspezialisten müssen den Bohrer genau justieren, das heißt, sie müssen die Bohrmesser einstellen, den richtigen Vortrieb finden und vieles mehr. Nur wenn alle Parameter stimmen, erscheint ein schönes, ungebrochenes Stück Eis an der Oberfläche, dreht sich der Bohrer schnell und rund und läuft das Bohrloch nicht nach links oder rechts aus dem Ruder. All dies ist extrem wichtig, denn ein Verlust des Bohrers in der Tiefe könnte das gesamte Projekt in Frage stellen.

Hubertus Fischer / Josef Kipfstuhl, Eine Zeitreise durchs Eis

listen gelang es jedoch, durch viele kleine Veränderungen den Abbruch der Bohrung abzuwenden. Ende Juni 1992 konnte man so den ersten Rekord feiern: Der mit 2546 m bis dahin längste Eiskern in Grönland dokumentierte 100 000 Jahre Klimageschichte. Fast zwei Stunden brauchte der Bohrer nun jeweils, wenn er an die Oberfläche geholt wurde. Am 12. August 1992 wurde der Bohrer schließlich bei mit Schlamm durchsetztem Eis bei 3028,8 m unter der Oberfläche gestoppt. Für die weiteren Untersuchungen wurden alle Eiskerne nach Dänemark transportiert und dort in speziellen Kühlräumen der Universität Kopenhagen gelagert.

Schon mit bloßem Auge hatte man in der Sommersaison 1991 bei rund 1500 m Verfärbungen und damit Schichten im Eiskern entdecken können. Wie sich später herausstellte, markierten hier submikroskopische Luftbläschen mit erhöhten Verunreinigungen den Übergang von der Warmzeit in die letzte Eiszeit vor rund 11 000 Jahren. Diese Untersuchungen geschahen durch mehrere europäische Labors in fest vereinbarter Arbeitsteilung. Und sie zogen sich über mehrere Jahre bis zum offiziellen Abschluss des ESF-Projekts GRIP im Dezember 1995 hin. Durch den Nachweis vieler »Dansgaard-Oeschger-Ereignisse« entdeckte man, dass das Klimasystem bei weitem nicht so stabil war, wie man glaubte. Denn in der Eiszeit schlug das Klima nach kalten Perioden in nur wenigen Jahrzehnten um und ließ in Grönland die mittlere Temperatur um bis zu 10 °C steigen. Diese häufigen schnellen Wechsel wurden später auch bei der Untersuchung von Sedimenten aus dem Nordatlantik bestätigt.

Während die Wissenschaftler in den dänischen, schweizerischen und deutschen Labors noch mit den GRIP-Eiskernen beschäftigt waren, fuhren im Sommer 1993 zwei andere Gruppen schon wieder über das grönländische Inlandeis. Eine Gruppe, mit Motorschlitten und Zelten unterwegs, holte alle 50 km Firnkerne von 10 bis 15 m Länge aus dem Eis, die andere, mit schweren Pistenfahrzeugen fahrend, drang in Abständen von etwa 150 km bis in Tiefen von 100 oder 150 m vor. Diese »Nordgrönlandtraverse« wurde 1994 und 1995 fortgesetzt. Die Analyse der Firn- und Eiskerne offenbarte Klimaschwankungen von 1 bis 2 °C während der letzten rund 1000 Jahre.

Bei der Nordgrönlandtraverse wurden mehrere kürzere Eiskerne erbohrt, um über Informationen zur Firn- und Eisakkumulation die Bohrstelle für NGRIP auswählen zu können. (Foto: Josef Kipfstuhl/AWI)

unserer heutigen warmen Klimaperiode – hatten die Luftmoleküle mit den Wassermolekülen feste Kristalle ausgebildet. Daher ging es in der Saison 1991 schneller voran: Der Bohrer drang bis in 2521 m Tiefe vor und holte über 40 000 Jahre altes Eis zur Untersuchung in das Iglu nach oben. Nach einer weiteren Winterpause drohte der Bohrer aus der Vertikalen seitlich abzudriften. Den Spezia-

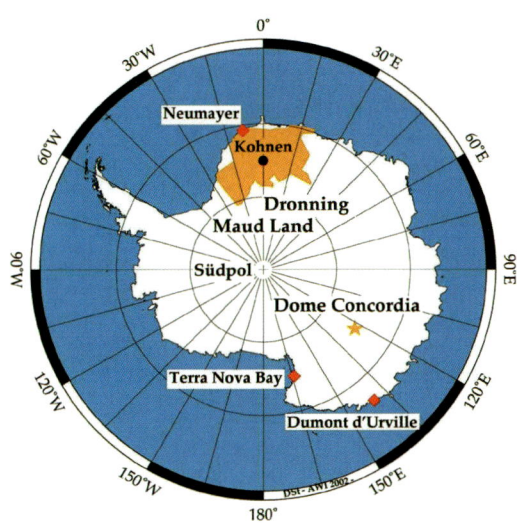

Während der Nördgrönlandtraverse wurden zusätzlich mit einem auf einem Schlitten montierten Eis-Radargerät sowie von einem der Polarflugzeuge des AWI elektromagnetische Messungen zur Eisdicke und zur Topographie des Felsuntergrundes durchgeführt. Ziel war es, eine geeignete Stelle für eine weitere Bohrung im Norden Grönlands zu finden, um durch einen Vergleich die festgestellten Klimaschwankungen zu überprüfen. Nach eingehenden Untersuchungen wurde der ideale Ort über ebenem Felsen bei 75°10' N, 42°32' W, in 2917 m Höhe und 325 km nordwestlich des GRIP-Camps gefunden. Man erwartete hier eine Eisdicke von 3080 m. NGRIP (North GRIP) begann im Sommer 1996 unter Federführung dänischer Glaziologen und des Alfred-Wegener-Instituts mit einer internationalen Finanzierung und ohne ESF-Koordinierung durch Organisationen aus neun beteiligten Ländern. 1997 musste die Bohrung in 1310 m Tiefe und einer Bohrlochtemperatur von −32,4 °C abgebrochen und konnte auch im folgenden Sommer nicht wieder aufgenommen werden: Der Bohrer steckte fest und musste verloren gegeben werden. Nach leichter Modifikation der Technik drang der Bohrer bei einem neuen Versuch im Sommer 1999 ohne besondere Probleme bis 1750 m vor, 2000 weiter bis 2930 m. 2001 kam man, bei Temperaturen von −7 bis −5 °C an der Unterkante des Bohrlochs, nur 70 m tiefer. Im Juli 2003 wurde dann der Felsuntergrund in 3085 m Tiefe erreicht: Der Eiskern enthielt eine lückenlose Dokumentation der letzten 123 000 Jahre Klimageschichte für Grönland. Überraschend: Vor rund 115 000 Jahren, also während der letzten Warmzeit, war eine Periode, das Eem, mit Temperaturen, die einige Grade über unseren heutigen lagen. Beim Vergleich mit früheren Bohrergebnissen ergaben sich zusätzliche regionale Temperaturunterschiede zwischen Nord- und Südgrönland, wie in einem Artikel in der Wissenschaftszeitschrift »nature« am 4. September 2004 berichtet wurde. Am meisten überraschte die

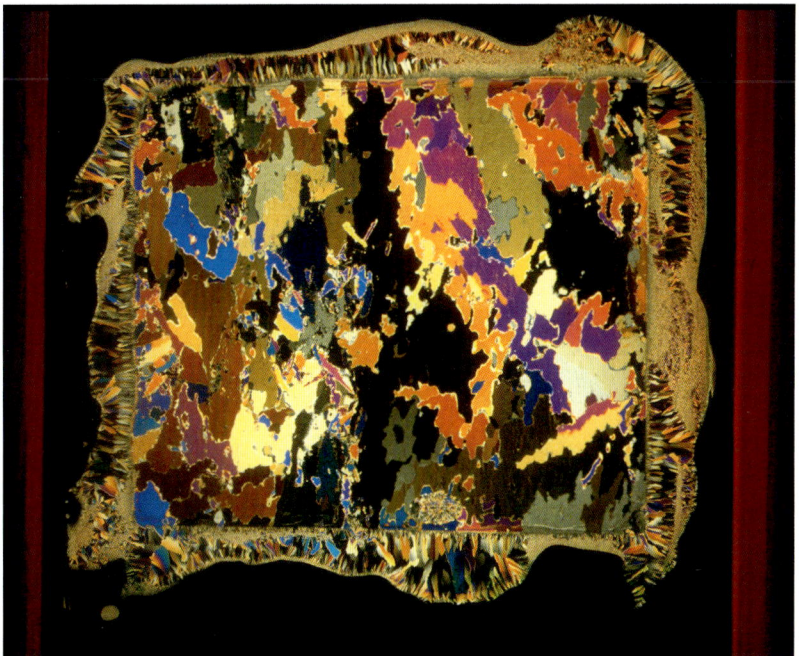

Das Eislabor diente bei EPICA (hier 2002) für erste Untersuchungen der Eiskerne in der Antarktis. (Foto: Hannes Grobe/AWI)

Wissenschaftler, dass das Bohrloch auf den untersten 45 m von rötlichem Wasser geflutet worden war – Zeichen eines unerwarteten, hohen geothermalen Wärmeflusses an der Grenze zwischen Eis und Felsuntergrund. Die Forscher schlossen dabei nicht aus, dass dieses »Grundwasser« auch frühes organisches Material, womöglich sogar Überreste aus einer Zeit, bevor das Eis Grönland bedeckte, enthält.

Aufgrund des erfolgreichen Abschlusses von GRIP überlegten die Wissenschaftler parallel zu den Vorbereitungen für NGRIP, das in Grönland gewonnene Bild durch Bohrungen in der Antarktis zu vervollständigen. Schnell verdichtete sich dies zu konkreten Planungen für EPICA, das »European Project for Ice Coring in Antarctica«. Diesmal lief die Koordinierung wieder über die ESF. Die eigentliche Arbeit wurde von den teilnehmenden Einrichtungen aus zehn Ländern, unter ihnen das Alfred-Wegener-Institut in Bremerhaven, sowie über Forschungsmittel der Europäischen Gemeinschaft finanziert. Wegen der Größe des Kontinents und der möglichen unterschiedlichen Einflüsse wurden zwei Orte ausgewählt. Die erste Bohrung begann 1996 in dem dem Indischen Ozean zugewandten Sektor bei »Dome C« (75°06' S, 123°21' E) in einer Höhe von 3233 m über dem Meeresspiegel. Die Federführung lag bei Frankreich und Italien, die an der nächstgelegenen Küste Antarktisstationen unterhielten. Nachdem diese Bohrung 1999 bei 781 m abgebrochen werden musste, gelang es im zweiten Ansatz, bis Dezember 2004 in eine Tiefe von

3270 m, 5 m über dem Felsgrund, vorzudringen. Mit dem gewonnenen Eiskern lässt sich die Klimageschichte der Antarktis nunmehr über rund 890 000 Jahre zurückverfolgen.

Für das zweite Bohrloch fand ein intensives Vorerkundungsprogramm im Dronning Maud Land statt, also im Atlantik-Sektor Antarktikas und dem Gebiet, das auch bei der Europarat-Initiative 1971/1972 bereits diskutiert worden war (vgl. »Offen für Angebote«). Zusätzlich wurden umfangreiche aerophysikalische Eisdickemessungen zugrunde gelegt. Da dieses Gebiet einen höheren jährlichen Schneeeintrag als »Dome C« aufweist, erwartete man sich eine höhere zeitliche Auflösung für die letzten 150 000 Jahre und damit unmittelbare Vergleichsmöglichkeiten zu den Ergebnissen aus Grönland. Die Wahl fiel 1999 schließlich auf eine Eisscheide bei 75°00' S, 00°04' E, wo das AWI bis Anfang 2001 die »Kohnen-Station« aufbaute. Die AWI-Gruppe um Heinz Miller übernahm hier die Federführung für Logistik und Bohrtechnik. Die Arbeiten begannen im antarktischen Sommer 2001/2002 in einer Höhe von 2892 m, wobei das Bohrloch wieder in den ersten 100 m durch Rohre geschützt wurde. Diese EPICA-Unternehmung wurde im März 2004 in einer Tiefe von 2565 m (geschätztes Eisalter: 215 000 Jahre) unterbrochen und soll 2005/2006 noch bis zu dem in 2780 m erwarteten Felsgrund abgeteuft werden.

Die Bohrungen erzwangen eine multinationale Zusammenarbeit zunächst natürlich wegen des notwendigen finanziellen Aufwandes. Aber auch die Laborkapazitäten, die für die Analyse der Eiskerne erforderlich wurden, überstiegen die Möglichkeiten eines einzelnen Labors oder eines Landes bei weitem. Daher wurde zwischen den beteiligten Einrichtungen eine Arbeitsteilung vereinbart. Ein Eiskern wurde dafür in kleinere Abschnitte zerteilt, um die Chronologie der Klimaentwicklung schrittweise erarbeiten zu können. Jeder dieser Eiskernteile mit einem Durchmesser von rund 10 cm wurde dann vertikal in Sektionen zerschnitten: Ein 32x32 mm großes Rechteck aus dem inneren Teil des Kerns wurde zur chemischen Untersuchung jeweils an Labors in England, Italien, Deutschland oder der Schweiz gesandt. Eine weitere Sektion ging zum Beispiel zur Analyse der stabilen Isotope an die AWI-Forschungsstelle in Potsdam sowie nach Paris, Triest oder Kopenhagen. Für die Bohrung bei der »Kohnen-Station« beteiligte sich nach dem Rückzug des GSF-Forschungszentrums in Neuherberg das Alfred-Wegener-Institut ebenfalls an dieser Analyse, trieb darüber hinaus aber auch, neben Grenoble, die numerische Modellierung der Ergebnisse voran. Nach jeder Aufteilung verblieb der Rest des Eiskerns in einem Kühlraum für eine eventuelle spätere weitere Untersuchung. Bei »Dome C« ist dieses Kühlhaus die Antarktis selbst, bei den Kernen von der »Kohnen-Station« das AWI in Bremerhaven.

Die Untersuchung der zuletzt heraufgeholten Eiskerne war Sommer 2005 noch nicht abgeschlossen. Dennoch zeichneten sich deutliche Parallelen zu den Erkenntnissen aus den Bohrungen in Grönland ab – eine Bestätigung dafür, dass es sich dort nicht um regionale Ereignisse, sondern um Zeugnisse für eine globale Klimaentwicklung handelt. In einem gemeinsamen Artikel in »nature« haben die führenden EPICA-Wissenschaftler im Juni 2004, als die letzten 120 m der »Dome C«-Eiskerne noch nicht untersucht waren, einen weitergehenden Schluss gezogen: »Angesichts der Ähnlichkeiten zwischen der früheren Warmzeit und der heutigen können unsere Ergebnisse besagen, dass ein ähnliches Klima wie das gegenwärtige sich ohne menschliche Eingriffe wohl in die Zukunft fortsetzen würde.« Der vorausgesagte Anstieg der Treibhausgaskonzentrationen mache dies allerdings unwahrscheinlich. Abgeleitet hatte man diese Feststellung aus der Temperaturentwicklung während einer Zwischeneiszeit von über 400 000 Jahren.

Die Arbeiten in Grönland und in der Antarktis gehen weiter. Nachdem EPICA als EU-Projekt ausgelaufen war, wurden zum 1. Dezember 2004 die Verträge für ein neues Projekt mit EU-Förderung, »EPICA-MIS« (Marine Icecore Synchronization) unterzeichnet. Hierbei geht es – wieder multinational und noch stärker interdisziplinär – darum, Gemeinsamkeiten zwischen den Klimainformationen aus Eiskernen und aus marinen Sedimenten zu erarbeiten.

Die Vergangenheit hat uns durch diese Untersuchungen Antworten auf bohrende Fragen der Gegenwart gegeben. Noch ist sich die Wissenschaft nicht in allen Punkten ihrer Sache sicher.

Weitere Bohrungen und andere Forschungen sollen in Zukunft für eine Präzisierung der bisherigen Erkenntnisse sorgen.

Eisbohrung bei EPICA (rechts Frank Wilhelms, der »Chief Driller« des AWI). (Foto: Gerald Traufetter)

Arktische Schmetterlingseffekte

»Der Schlag eines Schmetterlingsflügels im Amazonas-Urwald kann einen Orkan in Europa auslösen.« Dieser berühmte, wenn auch letztlich nicht richtige Satz von Edward N. Lorenz aus der Chaos-Theorie weist darauf hin, dass in komplexen Systemen kleine Ursachen durch das zufällige Zusammenspiel mit weiteren Ereignissen unvorhersehbare Wirkungen auslösen können. Das »Unvorhersehbare« ist auch ein Grundproblem der Meteorologie, denn sie will das Zusammenspiel von Phänomenen aufklären, die sich täglich und stündlich verändern können, was Vorhersagen über bevorstehende Witterungserscheinungen bekanntlich so schwierig macht. Gerade für die europäische Meteorologie spielen Phänomene in den nördlichen Polarregionen eine überaus wichtige Rolle, sodass man sie in möglichst vielen Belangen verstehen will.
Der Ausgangspunkt ihrer Überlegungen war für die Forscher des Alfred-Wegener-Instituts in Bre-

merhaven eine rechte simple Beobachtung. Schwere, −10 ° bis −40 °C kalte Luft strömt vom grönländischen Inlandeis oder von der zentralen Arktis her in Richtung offener Ozean. Sobald die Kaltluft das eisfreie Meer und das dortige, an der Oberfläche mit mindestens −1,8°C deutlich wärmere Wasser erreicht, erwärmt sie sich, und das Wasser kühlt sich ab: Es kommt einerseits zu verstärkter Meereisbildung, andererseits zu einem Absinken des kalten Wassers in größere Tiefen des Ozeans, wo es an der Gesamtzirkulation in den Ozeanen teilnimmt. Bei ihrer Erwärmung nimmt die Luft an der Wasseroberfläche Feuchtigkeit auf. Die erwärmte und dadurch leichter gewordene Luft steigt nach oben und kühlt sich mit fortschreitender Höhe wieder ab. Die in ihr enthaltene Feuchtigkeit kondensiert: Es entstehen Wolken. Wenn die Kinder dies in der Schule verstehen lernen, erwarten sie wohl, über dem Meer flächenhafte Stratuswolken zu sehen. Das ist aber keineswegs der Fall. Über der Fram-Straße zwischen Grönland und Spitzbergen werden nämlich bei Kaltluftabflüssen so genannte Stratocumuluswolken beobachtet. Diese Wolken ähneln den hiesigen blumenkohlartigen Schönwetterwolken. Satellitenbilder zeigen zudem, dass sie sich während der Kaltluftabflüsse über dem nordatlantischen Ozean zu Ketten von bis zu 1500 km Länge aneinander reihen können.
Um dieses Phänomen zu untersuchen, seine möglichen Auswirkungen zu verstehen und bei Klimamodellierungen berücksichtigen zu können, wurde unter Leitung von Prof. Dr. Christoph Kottmeier ein eigenes Forschungsprogramm entwickelt: das »Radiation und Eddy Flux Experiment«, kurz »REFLEX« genannt. Mit seiner Hilfe ging man an der Eisgrenze nördlich von Spitzbergen (78° N, 15° E) der Wechselbeziehung zwischen Ozean, Eis und Atmosphäre nach. In der etwa 1 km dicken atmosphärischen Grenzschicht über dem Eis sowie über dem Meer wurden Strahlung und Wirbelbildung gemessen. Dafür zogen die beiden Polarflugzeuge des AWI, POLAR 2 und POLAR 4, erstmals zwischen 16. September und 17. Oktober 1991 von Spitzbergen aus ihre Bahnen. Die Wissenschaftler an Bord setzten Turbulenz- und Strahlungsmessgeräte ein und registrierten gleichzeitig mit Spezialkameras digital die unterschiedlichen Eisbedeckungen auf

Die Kaltluft der zentralen Arktis erwärmt sich über dem offenen Ozean und nimmt Feuchtigkeit auf, sodass sich »Seerauch« bildet. (Foto: Christof Lüpkes/AWI)

dem Meer. Dem Herbstexperiment folgten 1993 Frühjahrsflüge (28. Februar bis 25. März) und 1995 eine Sommerkampagne (16. Juni bis 30. Juli). Der Begriff »Experiment« konnte für diese Untersuchungen gebraucht werden, weil man streng darauf achtete, dass die Randbedingungen während eines Fluges konstant blieben. Nur wenige Flüge wurden dieser Vorgabe gerecht. Dafür konnten aber die folgenden Modellierungen, in die etwa auch Satellitendaten einbezogen wurden, für diese Flüge auf Daten von »wiederholbaren« Vorgängen aufbauen.

Insbesondere bei REFLEX III im Sommer 1995 untersuchte man die Strahlungsflüsse bei Schichtwolken über dem Meereis. Da niedrige Wolken über dem Meereis einen wärmenden Effekt haben, hohe Wolken aber die Sonnenstrahlung abschwächen und dadurch abkühlend wirken, ist die Kenntnis der Veränderung der Strahlung und ihrer Reflexion durch das Meereis von großer Bedeutung für die Klimamodellierung. Bei REFLEX dienten die Messungen einerseits als Vergleichsgrundlage für die Berechnung der Strahlungsflüsse, andererseits zum Test der bis dahin verwendeten Verfahren. Am Ende ließen sich mit den Messdaten die Berechnungsverfahren erheblich verbessern.

Nur am Rande wurde bei REFLEX die Konvektion und Wolkenbildung, die durch die Kaltluftabflüsse über dem offenen Ozean entsteht, mit einbezogen. Dieses Phänomen entwickelte sich zu einem Schwerpunkt erst für das Nachfolgeprojekt »Arctic Radiation and Turbulence Interaction Study«, kurz »ARTIST«, das die AWI-Professoren Christoph Kottmeier und Ernst Augstein konzipierten. Durchgeführt wurde dieses Projekt mit Unterstützung durch die Europäische Gemeinschaft und in Kooperation mit dem GKSS-Forschungszentrum Geesthacht, dem Institut für Umweltphysik der Universität Bremen, dem Finnish Institute of Marine Research und der Universität Helsinki sowie mit den italienischen Atmosphären-Instituten in Rom und Bologna. Bei Feldstudien im März und April 1998 wurden wieder die beiden Polarflugzeuge des AWI eingesetzt und in das mit ihren Daten gewonnene Bild zusätzlich verschiedene Satellitendaten einbezogen. Ergänzend wurden Messungen im Kongsfjord von Spitzbergen durchgeführt, um

auch die zeitliche Entwicklung von Strömungs- und Strahlungsprozessen zu erfassen.

Neben der Wolkenbildung stand bei ARTIST speziell die Zusammensetzung der sich bildenden Wolken im Brennpunkt. Dabei stellte man fest, dass selbst bei Temperaturen unter –20 °C noch ein erheblicher Anteil der Partikel flüssig war. Auch die Wolkenstruktur in ihrem Bezug zu Auf- und Abwindgebieten und deren Einfluss auf den Energietransport in die Wolken wurde untersucht. Erneut wurden aus den Messergebnissen Verfahren zur Berechnung des Energietransportes entwickelt, die diesmal bei entsprechenden konvektiven Bedingungen in anderen Regionen ebenfalls einsetzbar waren. Denn wenn beispielsweise im Frühjahr Kaltluft von der Nordsee her auf das bereits erwärmte Festland strömt, entstehen ähnliche Verhältnisse wie bei der arktischen Kaltluft, die auf das wärmere Meer trifft.

Bei ARTIST wurde darüber hinaus nun der Einfluss der Meereisrauigkeit auf die atmosphärische Strömung über Gebieten untersucht, die vollständig von Meereis bedeckt waren. Meereis entsteht aus dem Zusammenwachsen von Eisschollen. Wenn die Eisschollen miteinander kollidieren, sich aufeinander schieben oder unter Druck aufwölben, entstehen »Presseisrücken«

Auf Satellitenbildern sind die Wolkenketten über dem nordatlantischen Ozean, Folge der Kaltluftströme aus der Arktis, deutlich zu erkennen. (Quelle: AWI)

Mit den Polarflugzeugen des AWI wurden bei REFLEX Strahlung und Wirbelbildung in der untersten Grenzschicht über dem Eis gemessen. (Foto: Jörg Hartmann)

Die Wolkenbildung über Eisrinnen und offenem Ozean rückte bei ARTIST in das Zentrum der Forschungen. (Foto: Jörg Hartmann)

oder auch spitz herausragende »Eiskeile«. In der zentralen Arktis können diese Rücken gelegentlich bis zu zehn Meter herausragen, wiewohl ihre mittlere Höhe bei rund 1,5 m liegt. Die Eisrücken spielen, wie sich zeigte, bei der Übertragung eines Impulses von der Atmosphäre auf das Meereis eine wichtige Rolle. Sie wirken wie eine Art Segel. Dies führt, so stellte man weiter fest, nicht nur zu einer veränderten Windgeschwindigkeit und zu einer anderen Eisdrift, sondern macht sich sogar bei der Temperaturverteilung in den unteren 200 m der Atmosphäre bemerkbar. Über Gebieten mit teilweiser Eisbedeckung, wie in der Eisrandzone, verursachen die Schollenkanten turbulente Wirbel und beeinflussen dadurch die Strömung und indirekt den Wärmetransport.

Um diese Einflüsse genauer zu bestimmen, berechnete man zunächst detailliert die Rauigkeit des Meereises und simulierte unter anderem das Strömungsverhalten des Windes an den Kanten der Eisschollen. Dann begann man auf der Basis dieser Berechnungen die Daten zu »parametrisieren«, das heißt die Berechnungen so zu vereinfachen, dass sie in komplexen Klima- und Wettervorhersagemodellen verwendet werden konnten. Bei diesen Untersuchungen rückte der Einfluss der Oberflächentemperatur mehr und mehr in den Vordergrund, denn sie erwies sich bei Meeresflächen mit teilweiser Eisbedeckung als sehr inhomogen. Mit den klassischen Turbulenzmodellen konnten diese Verhältnisse nicht adäquat beschrieben werden. In dem Projekt mussten daher neue Rechenmodelle entwickelt werden, um den Energie- und Impulstransport bis zur Obergrenze der in der abfließenden Kaltluft über dem Arktischen Ozean gebildeten Wolken beschreiben zu können. Auch in diesem Stadium wurden die Modellrechnungen immer wieder mit

den Ergebnissen der Feldstudien verglichen und dann die verwendeten Algorithmen weiter verfeinert. Am Ende des Projekts wurde so eine immer größere Realitätsnähe in der Beschreibung der atmosphärischen Grenzschicht und der Wechselwirkung zwischen Luft und Meer in der arktischen Eisrandzone erzielt.

Auch für den nächsten Schritt suchte das AWI die internationale Zusammenarbeit. Eine gute Möglichkeit bot bereits 1996 die »Arctic Climate System Study« (ACSYS) des Weltklimaforschungsprogramms. Dieses damit vor ARTIST gestartete Projekt war auf die Erforschung der vorherrschenden ozeanischen, atmosphärischen, kryosphärischen und hydrologischen Prozesse der Arktisregion ausgerichtet. Bei einer Arktis-Fahrt der POLARSTERN im Sommer 1996 wurde – teilweise mit anderen Methoden als bei REFLEX und ARTIST – eine Vielzahl von Daten im europäischen Teil des Arktischen Ozeans, also im Meeresgebiet nördlich von Russland, gesammelt. Diese Daten konnten in der Folge aber zum Vergleich mit den Daten aus der Fram-Straße und aus Spitzbergen herangezogen werden.

Ein Teil der weiterführenden Auswertung geschah schließlich unter der Koordination des Bonner Professors Andreas Hense im Rahmen eines seit April 2002 laufenden deutschen Projekts ACSYS II. In einem von Dr. Christof Lüpkes und dem russischen Gastwissenschaftler Vladimir M. Gryanik am AWI durchgeführten Unterprojekt wurde unter anderem die Berechnung der kantigen Eisschollen in der polaren Eisrandzone so weit vereinfacht, dass man diese nun in regionalen Klima- und Wettervorhersagemodellen leicht berücksichtigen kann. Ferner wurde das im Rahmen früherer Studien bereits benutzte Hamburger Strömungsmodell METRAS verwendet, um auch

Eiskeile können bis zu 10 m hochragen. Ihre Kante verursachen Turbulenzen, die heute in regionalen Wetter-vorhersagemodellen berücksichtigt werden können. (Foto: Wolfgang Cohrs/AWI)

Mit übereinander an-geordneten meteoro-logischen Messgeräten vor dem Bug der POLARSTERN erfasste man die Wirbel, die durch Eiskeile unmit-telbar über dem Meer-eis ausgelöst wurden. (Foto: Gerit Birnbaum)

Konvektion über den so genannten Rinnen im Meereis, die infolge des Auseinanderdriftens von Eis entstehen, genauestens zu bestimmen.

In komplexen Modellen können die AWI-Forscher und ihre in- und ausländischen Kollegen heute berechnen, wie die raue Meereisoberfläche und die kantigen Ränder von Eisschollen die vom arktischen Packeis abfließende kalte Luft verwirbeln, wie diese Luft nicht nur über die Meeresoberfläche strömt und sich dabei erwärmt, sondern auch wie sie neues Eis und Wolken entstehen lässt; und wie sich diese schließlich unter dem Einfluss anderer Luftströmungen verhalten. Selbstverständlich sind die Arbeiten zu diesen »arktischen Schmetterlingseffekten« damit noch keineswegs am Ende angelangt, denn die Wirklichkeit ist in der Regel viel komplexer, als sie in den Simulationen von noch so umfassenden Modellen wiedergegeben werden kann. Wie auch die Beschreibung hier den hochkomplexen Modellen und Rechenschritten und damit der schwierigen Arbeit der Wissenschaftler nur ansatzweise gerecht werden kann.

Durch Tauwetter
in die russische Arktis

Wissenschaftler benötigen zuweilen viel Geduld, bis sie ihre Ideen realisieren können, vor allem dann, wenn diese mit hohen Kosten verbunden sind. Und sie müssen zudem manchmal auf günstige politische Rahmenbedingungen warten. Ende der 1980er-Jahre bedeutete dies: politisches Tauwetter, das die Fronten des Kalten Krieges aufweichte.

Im Rahmen des amerikanischen »Deep Sea Drilling Project« (DSDP) wurden ab 1968 von dem amerikanischen Bohrschiff GLOMAR CALLENGER 15 Jahre lang an vielen Stellen des Ozeanbodens Proben entnommen. Über diese Bohrkerne erhielt die Wissenschaft wichtige Informationen über die aktuelle und frühere Zusammensetzung und die magnetische Ausrichtung der ozeanischen Erdkruste. Das Projekt lieferte mit seinen Ergebnissen entscheidende Informationen zur Durchsetzung der auf Alfred Wegener zurückgehenden Theorie von Plattentektonik und Kontinentaldrift. Wegen der herausragenden Erfolge wurde das DSDP 1985 als internationales »Ocean Drilling Program« (ODP) mit dem neuen Bohrschiff JOIDES RESOLUTION fortgesetzt. In einen Bereich konnten diese Schiffe allerdings nicht so richtig vordringen: in den Arktischen Ozean.

Der Arktische Ozean war daher damals die »letzte noch fast völlig unbekannte geologische Provinz der Erde«, wie es im März 1988 in einer »Diskussionsgrundlage« von Prof. Dr. Jörn Thiede, damals Direktor des »GEOMAR Forschungszentrums für Marine Geowissenschaften« in Kiel, hieß. Unabhängig von ODP im Europäischen Nordmeer durchgeführte Bohrungen ergaben sich neue Erkenntnisse zur plattentektonischen

Geschichte sowie zur paläo-ozeanographischen und paläoklimatischen Entwicklung des Arktischen Ozeans. Über außerhalb des ODP durchgeführte Bohrungen hatte man verschiedentlich Bohrkerne von wenigen Metern Länge (nur vier erreichten 10 m) aus dem nordpolaren Meeresboden entnommen. Die Analyse des Sedimentmaterials vermittelte allerdings nur Informationen über einzelne Zeitabschnitte der letzten 60 Millionen Jahre. So erkannte man, dass der heute kalte, eisbedeckte Arktische Ozean vor mehr als 50 Millionen Jahren ein temperierter, »warmer« Ozean gewesen war. Es gab aber keine Hinweise darauf, wann der Übergang vom warmen arktischen Ozean zum heutigen kalten Ozean stattfand. Es ließen sich aus diesen punktuellen Ergebnissen daher auch keine fundierten Aussagen über die geologische Entwicklung und die Klimageschichte des Arktischen Ozeans treffen. Mit den vor allem beim ODP entwickelten Techniken, das ergab ein dreitägiger »Workshop« im kanadischen Bedford Institute of Oceanography im Dezember 1986, würden sich aber durchaus systematische Bohrungen von der JOIDES RESOLUTION sowie adaptierten Bohrschiffen der Industrie durchführen lassen.

So entwickelten die westlichen Anrainerstaaten ab 1987 ein eigenes »Arctic Drilling Program«. Angestrebt wurde ein großes international finanziertes, multidisziplinäres Projekt, bei dem von einer mit dem Packeis driftenden Plattform aus bis zu 50 m lange Bohrkerne aus Tiefen zwischen 1000 und 4000 m gewonnen werden sollten. Norwegen überlegte zur gleichen Zeit, durch ein »Nansen Centennial Arctic Programme« an seinen legendären Polarforscher Fridtjof Nansen zu erinnern. Nansen hatte nämlich von 1893 bis 1896 sein Schiff FRAM im arktischen Eis driften lassen, damit entdeckt, dass die Eisplatte des Nordpols auf einem tiefen Ozean schwamm, und dies durch Lotungen mit dem Bleilot und Sedimentproben vom Ozeangrund belegt.

In der Bundesrepublik versuchten Geowissenschaftler ab Mitte 1987, das Bundesforschungsministerium und die DFG als deutsche Förderer für derartige Aktivitäten zu gewinnen. Das Alfred-Wegener-Institut war frühzeitig an diesen Initiativen beteiligt. Schließlich hatte bereits die zweite Reise der POLARSTERN 1983 die Arktis zum Ziel

Dieses Seismometer registrierte im Untergrund die an Schichtgrenzen reflektierten seismischen Wellen. So konnten Aussagen über den Aufbau des Ozeanbodens in Tiefen über 50 m gemacht werden. (Foto: Britta Lauer)

gehabt. Darüber hinaus hatte das AWI über die DFG-Senatskommission für geowissenschaftliche Gemeinschaftsforschung eine Planungssitzung zur Erstellung eines »Programms für marin-geowissenschaftliche Arbeiten in der Arktis« initiiert, die am 8. Mai 1984 in Bremerhaven stattgefunden, aber keine unmittelbaren Konsequenzen gehabt hatte. Unter Hinweis auf den internationalen Trend zu einer intensiven Arktis-Forschung setzte sich die AWI-Spitze nun Ende der 1980er-Jahre erfolgreich für verstärkte Nordpolaraktivitäten der Bundesrepublik ein – nicht ganz uneigennützig, denn schließlich erhielt das AWI 1989 von den Zuwendungsgebern für die

Bei der Fahrt durch das Eis wurde mit einem Radargerät am Bugkran der POLARSTERN die Dicke des Meereises gemessen. (Quelle: AWI)

Benthische Organismen wurden mit einem AGT (»Agassiz Trawl«) vom Meeresgrund genommen. (Foto: Hinrich Bäsemann)

das »International Arctic Science Committee« (IASC), das schließlich am 28. August 1990 unter Beteiligung der Sowjetunion gegründet wurde und dem Mitte 2005 inzwischen Wissenschaftsorganisationen aus 18 Ländern angehörten. Das formal am 13. Juli 1989 von neun Ländern verabschiedete »Nansen Arctic Drilling Programme« (NAD), für dessen Gremien AWI-Direktor Gotthilf Hempel den AWI-Geologen Dieter Fütterer (Exekutivkomitee) und den GEO-MAR-Direktor Jörn Thiede (Wissenschaftskomitee) benannte, lief schließlich als eigenes, dem ODP ab 1993 assoziiertes Programm an, soll aber in unserem Zusammenhang nicht weiter verfolgt werden.

Zur Intensivierung der gesamten deutschen geologischen Arktisforschung, die auf den oben geschilderten Ideen aufbaute, strebte das Alfred-Wegener-Institut ab 1990 über die internationalen Projekte hinaus eine bilaterale Zusammenarbeit mit der Sowjetunion an. Hempel betonte am 5. Februar 1991 gegenüber dem AWI-Kuratorium daher »die große Chance für die deutsche Arktisforschung ..., die sich durch die mögliche Öffnung der sibirischen Gewässer ergäbe«. Doch die politischen Strukturen gestatteten bei der »International Arctic Ocean Expedition ARCTIC'91« noch nicht, die Fahrt der POLARSTERN in die sowjetische Wirtschaftszone des Arktischen Ozeans – genauer: zum eurasischen Kontinentalrand und zu den Schelfgebieten der östlichen Barentssee – auszudehnen. Die POLARSTERN musste ihre Reise zum Nordpol über eine andere Route durchführen (vgl. Seite 240). Im Rahmen von deutsch-russischen Rechtskonsultationen wurden 1991/1992 schließlich Wege gefunden, ein bilaterales Projekt zu konzipieren, über das das russische Wissenschaftsministerium allein entscheiden konnte.

So durfte die POLARSTERN bei ihrer 9. Arktis-Fahrt am 8. August 1993 von Murmansk zum Franz-Josef-Land, einer russischen Inselgruppe nordöstlich von Spitzbergen, fahren und von dort am 21. August in Richtung Laptewsee nördlich von Sibirien. Am 25. August musste sie an einer schwer passierbaren, rund 140 Seemeilen breiten Eisbarriere vor der Wilkitsky-Straße auf die Weiterfahrt warten. In Abstimmung mit dem Eislotsen und dem russischen Beobachter an Bord

Arktisforschung 40 zusätzliche Stellen in Aussicht gestellt (vgl. »Die Vereinigung der beiden Flussarme«).

International wurde über viele verschiedene Kanäle versucht, ein geowissenschaftliches Forschungsprogramm in der Arktis zu initiieren. Die Initiativen zielten zunächst nur auf Erkundungs- und Bohrungsarbeiten im nordamerikanischen sowie im europäischen Teil des Arktischen Ozeans. Die entscheidende Wendung kam durch die politischen Entwicklungen in der Sowjetunion. Im Herbst 1987 hatte der sowjetische Generalsekretär Michail Gorbatschow in seinem »Murmansk-Programm« den nordischen Ländern eine Kooperation angeboten. Für die Wissenschaft machte das Treffen mit US-Präsident Ronald Reagan Ende Mai 1988 in Moskau den Weg frei für

wurde die Wartezeit für Forschungen im Meereis genutzt. Drei Tage später wurde die Eisbarriere in einem Konvoi mit drei schweren Atomeisbrechern und zwei Frachtern durchbrochen.

Wie vereinbart traf die POLARSTERN am 1. September 1993 in der östlichen Laptewsee auf das russische Schiff IWAN KIREJEW des »Arctic and Antarctic Research Institute« (AARI) in St. Petersburg. Deutsche und russische Wissenschaftler – auf deutscher Seite von AWI, I-POE und GEOMAR, auf russischer Seite aus dem AARI und mehreren Instituten der Russischen Akademie der Wissenschaften – arbeiteten danach bis Ende August auf beiden Schiffen, deren Routen sich wieder getrennt hatten. Das multidisziplinäre Forschungsprogramm, das im Rahmen des binationalen Programms ARC-TIC'93 stand, wurde auf dem Schelf und dem Kontinentalhang der Laptewsee durchgeführt. Fernerkundungsexperten verglichen Satellitenbilder, auf denen die Mischung aus Wasser und Eisbedeckung zuweilen nur aus der Intensität eines Pixel abgeleitet werden konnte, mit den Ergebnissen von Überfliegungen durch Flugzeuge und Hubschrauber, um die Bilder künftig realitätsnäher interpretieren zu können. Meereisglaziologen untersuchten Dicke, Struktur und Eigenschaften des Meereises, um dessen Entstehungsprozess in der Laptewsee und anderen Gebieten besser verstehen und daraus einmal Voraussagen für die Schiffbarkeit entwickeln zu können. Benthosforscher studierten in der Packeiszone die Gemeinschaften diverser, auch sehr kleiner, im und unter dem Meereis eingefrorener Organismen und erhielten so Einblick in die Nahrungsnetze und deren Dynamik in der Laptewsee. Andere Biologen widmeten sich der Nahrungskette vom Phytoplankton über Kleinsttiere bis zu Fischen. Geologen schließlich sammelten Sedimentproben vom eurasischen Kontinentalrand. Daraus rekonstruierten sie die Meereis- und Umweltbedingungen in der Laptewsee im Wechsel der letzten Eis- und Zwischeneiszeiten, das Einströmen von Wassermassen aus dem Atlantik und den Einfluss der großen sibirischen Flusssysteme auf das Schelf sowie auf den tiefer liegenden Kontinentalhang – um wenigstens einige dieser gemeinsamen Untersuchungen hier zu erwähnen.

In den Jahren 1993, 1994 und 1997 nutzte auch die BGR in Hannover das mildere politische Klima in Russland, um in Zusammenarbeit mit dem Geophysikalischen Institut in Murmansk seismische Untersuchungen auf dem Schelf der Laptewsee durchzuführen. In diese Zeit fielen ebenso weitere deutsch-russische Arktis-Fahrten unter Beteiligung der POLARSTERN: 1995 in die Laptewsee und 1996 zum Woronin- und St.-Anna-Trog, zwei Tiefwasserrinnen, die weit in die Schelfe von Barents- und Karasee eingreifen. Danach begann eine Zeit, in der nur mit russischen Schiffen in der nördlichen Wirtschaftszone Russlands geforscht werden durfte. 1998 folgte mit BMBF-Förderung ein weiteres deutsch-russisches Gemeinschaftsunternehmen, sodass die Kieler GEOMAR-Wissenschaftler im Rahmen des Projekts »Laptew 2000« mit einem deutschen Schiff, nämlich der POLARSTERN, in der Laptewsee arbeiten konnten. Der russische Atomeisbrecher ARCTIKA, das mit 70 000 PS der stärkste Eisbrecher der Welt, brach ab Anfang Juli – eigentlich zu früh für diese Arktisregion – für die POLARSTERN eine Fahrrinne durch altes, 4 bis 5 m dickes Eis. Die Route führte von der Barentssee östlich von Spitzbergen unter schwierigen Bedingungen über das 3500 m tiefe Nansen-Becken, den Gakkel-Rücken, das über 4000 m tiefe

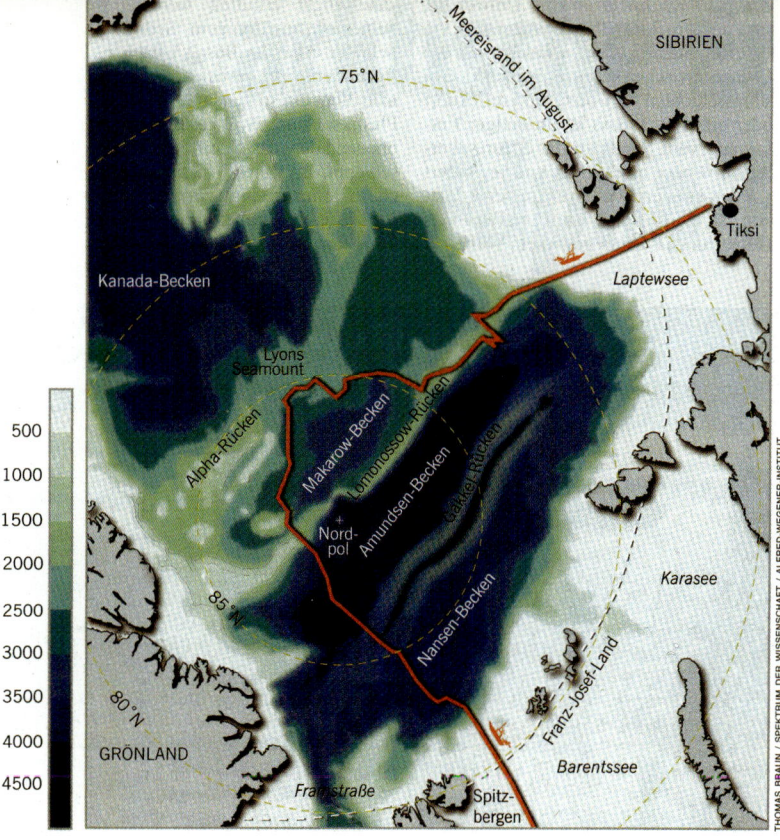

Route der POLARSTERN durch den Arktischen Ozean im Sommer 1998. (Quelle: Spektrum der Wissenschaft)

Amundsen-Becken Richtung Alpha-Rücken in der kanadischen Hocharktis, wobei der Nordpol in 140 km Entfernung passiert wurde. Angesichts unerwartet dicken Packeises konnte am Ende allerdings nur der Lyons Seamount, ein Ausläufer des Alpha-Rückens, angesteuert werden.

Während der weiteren Fahrt am Rande des Makarow-Beckens und entlang des Lomonossow-Rückens setzte die Seismik-Gruppe »Luftpulser«, auch »Luftkanonen« genannt, aus. In regelmäßigen Abständen erzeugten diese mit Druckluft Schallimpulse, die in den Meeresboden eindrangen, dort reflektiert und schließlich von empfindlichen Hydrophonen, die das Schiff in einem langen Plastikschlauch schleppte, registriert wurden. Dieses Profil des Meeresgrundes ergänzte das 1991 mit der POLARSTERN weiter nördlich gemessene Profil – und korrigierte Karten aus dem Jahr 1994, denn das Tiefseegebirge, das überfahren wurde, war weit stärker zerklüftet als in ihnen angegeben. Als schließlich »Stechlote« mehrere Sedimentkerne herausstanzten, kam die große Überraschung: Durch den im unteren Teil enthaltenen verwitterten Basalt konnte man aufgrund der späteren petrologischen Untersuchungen das Alter des Alpha-Rückens auf weit mehr als 100 Millionen Jahre datieren, während man bis dahin von 60 bis 80 Millionen Jahren ausgegangen war. Die weiteren Daten des Profils erhellten zudem die Aufbau- und Entstehungsgeschichte des Lomonossow-Rückens, der früher einmal zum sibirischen Schelfrand gehört hatte. Für die erste europäische Bohrexpedition zum Nordpol im August 2004 waren diese Ergebnisse Grundlage bei der Festlegung der Bohrstellen. Die Bohrkerne werden inzwischen im DFG-Forschungszentrum »Ozeanränder« an der Universität Bremen, einem von weltweit vier Sediment-Kernlagern, aufbewahrt. Forscher mehrerer Länder wollen mit der Auswertung der Kerne die arktische Klima- und Umweltgeschichte der letzten 50 Millionen Jahre nachzeichnen.

Innerhalb der Wissenschaftlich-Technischen Zusammenarbeit zwischen der Bundesrepublik und der Russischen Föderation war 1991 eine »Fachvereinbarung über Meeres- und Polarforschung« geschlossen worden. Sie ermöglichte über die gemeinsamen Arktis-Fahrten hinaus eine enge und erfolgreiche Kooperation in der Perma-

Dieser Greifer holte Proben von der Oberfläche des Meeresbodens, konnte dort aber auch Brocken von Hartgestein wie Basalt oder Lava »abbeißen« (oben). (Quelle: AWI)

Das Schwerelot erlaubte es, etwas tiefer in den Meeresboden einzudringen und längere Sedimentkerne (bis zu 20 m bei 15 cm Durchmesser) herauszustanzen (unten links). (Foto: Hinrich Bäsemann)

Die Luftkanonen wurden zur besseren Wirksamkeit in Gruppen auf dieses Gestell montiert, das dann die POLARSTERN knapp unter der Wasseroberfläche hinter sich her zog (unten rechts). (Foto: Britta Lauer)

frostforschung. Studiert werden vor allem in der Laptewsee die Prozesse zur Dynamik des submarinen Permafrostes, also des noch immer gefrorenen Bodens, der durch das darüber liegende Wasser langsam aufgetaut wird.

Das für die Zukunft vielleicht wichtigste Projekt, das »Otto-Schmidt-Labor für Polar- und Meeresforschung« (OSL), zielt auf einen anderen Aspekt wissenschaftlicher Arbeit. Initiiert von Jörn Thiede, damals noch GEOMAR-Direktor, wurde es 1999 durch eine Regierungsvereinbarung gegründet, nach dem russischen Polarforscher Otto Juliewitsch Schmidt (1891–1956) benannt und am 12. Oktober 2000 eingeweiht. Es umfasst, dem Namen entsprechend, auf inzwischen 280 m² im AARI in St. Petersburg moderne Laboreinrichtungen für sedimentologische, geochemische und biologische Untersuchungen sowie Computerräume und eine Handbibliothek. Es ist darüber hinaus ein ideelles Labor, denn seit dem Jahr 2000 erhalten junge russische Wissenschaftlerinnen und Wissenschaftler über das OSL Stipendien, die ihnen unmittelbar Forschungsmöglichkeiten im OSL oder in ihrem Heimatlabor, aber auch Gastaufenthalte in Deutschland sowie internationale Kontakte bieten. Dies soll ihnen langfristig eine weitergehende wissenschaftliche Karriere eröffnen. Thematisch waren diese Stipendien anfangs auf Beiträge zum Projekt »System Laptew-See 2000« konzentriert, das heißt auf die Erforschung der natürlichen Hintergründe und der Auswirkungen von kurzfristigen Klimaveränderungen in der sibirischen Arktis. Inzwischen wurde das Spektrum jedoch erheblich erweitert.

Mit einer Zusatzfinanzierung durch den Deutschen Akademischen Austauschdienst (DAAD) haben die norddeutschen Universitäten im Herbst 2002 mit »POMOR« einen deutsch-russischen Studiengang in den angewandten Polar- und Meereswissenschaften eingerichtet. Die ersten 18

Absolventen dieses Programm erhielten am 1. November 2004 ihren Master-Abschluss der Universitäten Bremen und St. Petersburg, wobei sie während des zweijährigen Studiums nicht nur in verschiedenen Forschungsinstituten umfangreiche naturwissenschaftliche Grundlagen- und Spezialkenntnisse erworben hatten, sondern auch in Sprachen und Moderationstechniken ausgebildet worden waren.

Auch nach dem Ende des Kalten Krieges helfen wissenschaftliche Kontakte beim Abbau von Vorurteilen. In diesem Sinne will das »Otto-Schmidt-Labor« nicht nur die Zusammenarbeit zwischen Forschern verschiedener Nationen intensivieren, sondern auch einer Abwanderung von qualifiziertem wissenschaftlichem Nachwuchs vorbeugen – ein nicht gering zu schätzender Beitrag der Polar- und Meereswissenschaft zur Völkerverständigung.

Aus »ewig« gefrorenem Permafrostboden, der im Sommer nur dünn unter der Oberfläche auftaut, wurden mit einem mobilen Bohrgerät nahe der Laptewsee Bodenproben entnommen. (Quelle: AWI)

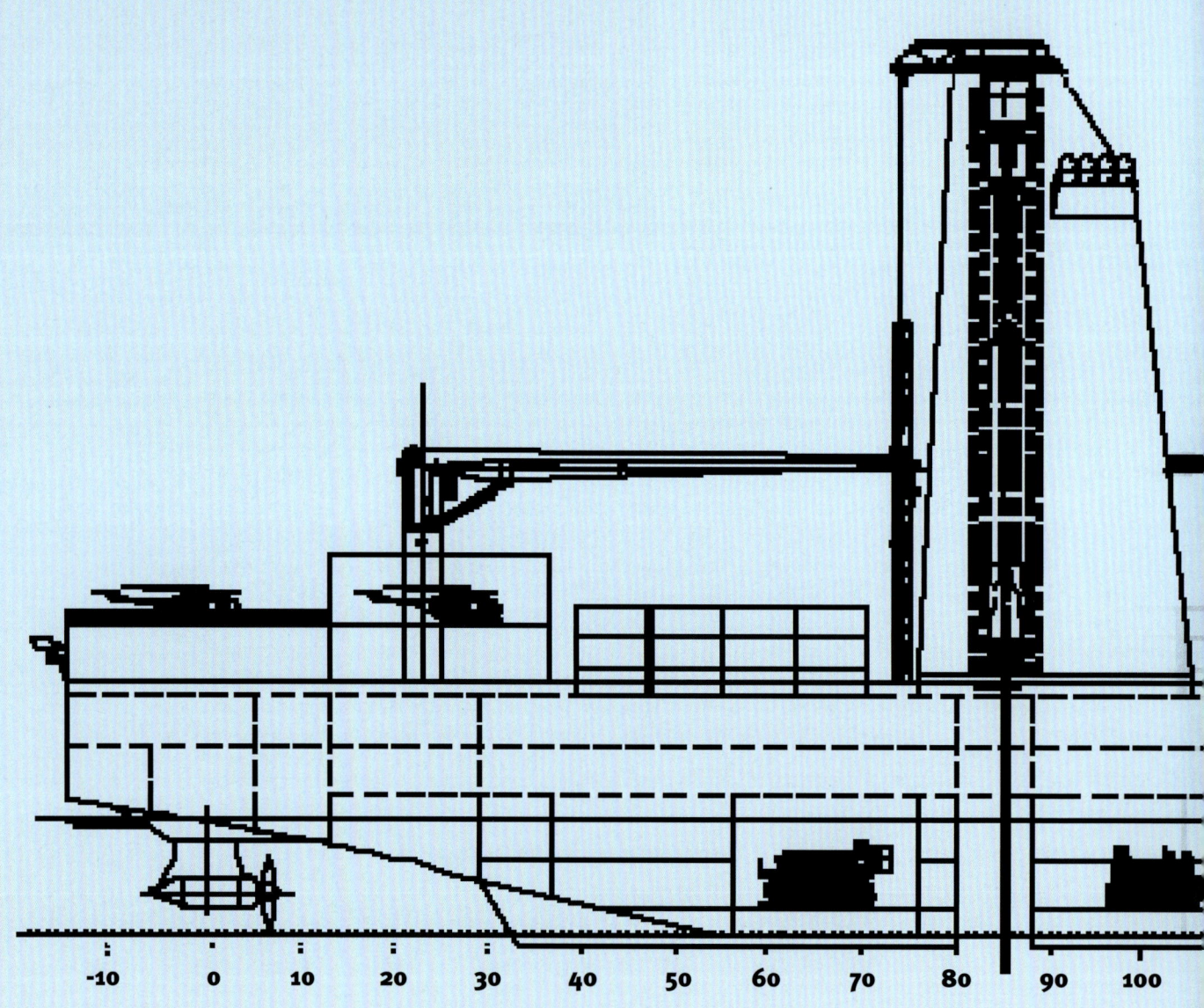

Entwurf für einen neuen europäischen Forschungseisbrecher: Das AURORA BOREALIS-Projekt des European Polar Board. (Quelle: Karl-Heinz Rupp, HSVA).

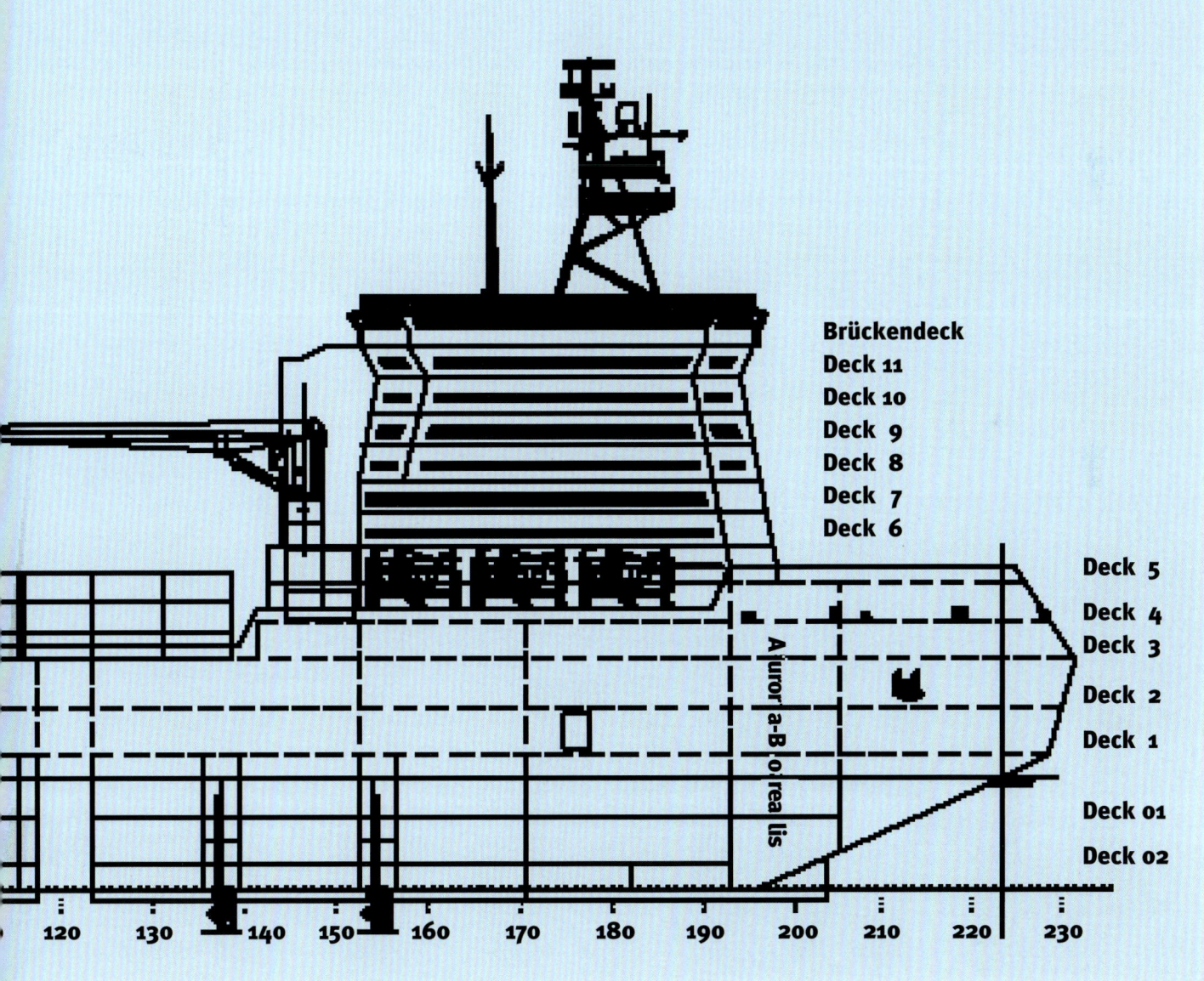

Brückendeck
Deck 11
Deck 10
Deck 9
Deck 8
Deck 7
Deck 6

Deck 5
Deck 4
Deck 3
Deck 2
Deck 1
Deck 01
Deck 02

Aurora-Borealis

120 130 140 150 160 170 180 190 200 210 220 230

Die nächsten 25 Jahre

Jörn Thiede
Direktor des Alfred-Wegener-Institut für
Polar- und Meeresforschung, Bremerhaven

Seit die Bundesrepublik Deutschland 1981 – und die DDR einige Jahre später – in die Konsultativrunde zum Antarktisvertrag aufgenommen wurde (vgl. »Welcome to the Club!«), ist die Polarforschung in unserem Land systematisch ausgebaut worden. Erstmals erhielt die deutsche Polarforschung Kontinuität und eine gesicherte Grundlage für ein Forschungsprogramm, das höchsten Qualitätsansprüchen genügen muss.

Mit dem Alfred-Wegener-Institut für Polar- und Meeresforschung in Bremerhaven und einer aufwändigen Infrastruktur (permanent besetzte Stationen in Arktis und Antarktis, Schiffe, Flugzeuge, Zugang zu Satelliten) hat Deutschland sich international eine Spitzenstellung in der Polarforschung erarbeitet. Deutsche Polarforscher und Polarforscherinnen sind heute angesehene Mitglieder einer ständig wachsenden internationalen Wissenschaftsgemeinschaft und federführend in vielen multinationalen Projekten tätig. Außer dem AWI beschäftigen sich zahlreiche universitäre und außeruniversitäre öffentliche Forschungseinrichtungen mit Einzelthemen der Polarforschung. Neben der Grundlagenforschung wird das Interesse an lebenden und nicht-lebenden Rohstoffen und neuen Naturstoffen in Zukunft auch Industrieforschung verstärkt in die Polargebiete ziehen, sodass die nationale und internationale Polarforschung in den kommenden 25 Jahren ihr Profil und ihre wissenschaftlichen Inhalte wesentlich verändern wird.

Neue Beiträge der Polarforschung zur Erdsystemforschung und zum Erdsystemmanagement

Die systematische Erhebung der wichtigsten natürlichen Eigenschaften und die Erforschung vieler wenig bearbeiteter polarer Land- und Meeresgebiete werden einen großen Teil der Polarforschung steuern. Die Erfassung schneller Veränderungen der Umweltbedingungen in den Polargebieten in Echtzeit, ihre Entwicklung über lange wie kurze Zeitskalen und ihre Auswirkungen auf die dichtbesiedelten Klimazonen mittlerer und niedriger Breiten werden auch weiterhin wichtige Anreize für die Durchführung von international koordinierten Forschungsprogrammen bieten.

Neues Land gibt es kaum noch zu entdecken, aber die Vorbereitung der Festlegung der ausschließlichen Wirtschaftszonen im Südozean, die von einzelnen Ländern versucht wird, sowie die rohstoffreichen arktischen Kontinentalränder, die überschneidende Begehrlichkeiten geweckt haben, werden zur Erstellung großer bathymetrischer und reflexionsseismischer Messnetze führen. Bei der beschränkten Verfügbarkeit geeigneter Messplattformen werden sich diese Messprogramme über mindestens 25 Jahren hinziehen. Darüber hinaus können wir hoffen, dass die geologische Struktur und Geschichte der polaren

Eiskomplexe aus dem Lena Delta in Nordsibirien. (Quelle: Heidemarie Kassens/ IfM-GEOMAR Kiel)

Tiefseebecken in den kommenden 25 Jahren weitgehend erforscht werden kann. Nur wenn es gelingt, umfassende reflektionsseismische Messnetze vor allem im Nordpolarmeer zu erarbeiten und ihre Interpretation durch geeignete Tiefseebohrungen abzusichern, kann dieses Ziel erreicht werden. Von den aktiven Plattenrändern sind bisher kaum direkte Beobachtungen verfügbar, obwohl sie in der Arktis den weltweit sich am langsamsten öffnenden mittelozeanischen Rücken (Gakkel-Rücken) und eine der wenigen Schnittstellen eines aktiven mittelozeanischen Rückens mit kontinentaler Kruste (Kontinentalrand der Laptewsee) umfassen. Trotz vieler Hinweise auf hydrothermale Quellen (Methan-Anomalien) an den arktischen und antarktischen divergierenden Plattenrändern und Einzelfunden chemotropher Faunen gibt es bisher keine direkten Beobachtungen der Eigenschaften dieser Extremhabitate in den Polargebieten.

Geophysikalische Daten weisen auf das Vorkommen von großen Wasserkörpern (subglaziale Seen) unter dem antarktischen Eisschild hin. Wurde zunächst nur der Wostok-See gefunden, so hat eine systematische Nachsuche nun Hinweise auf zahlreiche weitere Wasserkörper unter dem mehrere Kilometer mächtigen Eis gegeben. Offen ist, ob die hydrologischen Systeme der einzelnen Seen unter dem Eis miteinander in Verbindung stehen. Organische Reste in dem Eis, das sich aus Wasser des Wostok-Sees neu gebildet hat, deuten auf das Vorkommen von Mikrofloren in einem Habitat hin, das möglicherweise seit mehreren Millionen Jahren isoliert ist. Keiner der Seen ist daher bisher angebohrt worden. Es werden sterile Bohrtechniken und automatisierte Messroboter entwickelt, die zunächst an einem kleineren subglazialen See getestet werden sollen und gegebenenfalls auch in der Weltraumforschung eingesetzt werden können.

Keine der bisher entwickelten Eisbohrtechniken erlaubt die Beprobung der Gesteine im Liegenden des Eisschildes. Der geologische Aufbau der Krustenteile, die von den Eisschilden bedeckt werden (im wesentlichen Grönland und Antarktis) kann daher nur schemenhaft aus geophysikalischen Daten erschlossen werden. Viele Daten, die für eine eindeutige plattentektonische Rekonstruktion der paläozoischen und präkambrischen

Kratone notwendig sind, konnten bisher noch nicht gewonnen werden.

Die Entzifferung der Anpassung und Evolution von polaren Floren und Faunen in Wechselwirkung mit der im Laufe der Erdneuzeit zunehmenden klimatischen Isolation stellt eine der größten wissenschaftlichen Herausforderungen dar. Die arktischen und antarktischen (vor allem marinen) Habitate sind zwar sehr unterschiedlich, aber trotzdem haben sich Lebensgemeinschaften ähnlicher Struktur entwickelt, die an die extremen Lebensräume angepasst sind. In beiden Gebieten gibt es marine Wirbeltiere, deren Kreisläufe auch bei Werten unter Null Grad funktionieren, weil ihre »Blutzusammensetzung« verhindert, dass Eiskristalle ausfallen. Es gibt bipolare Arten, ohne dass bisher geklärt werden konnte, ob sie parallele Entwicklungen darstellen oder ob es einen direkten genetischen Austausch zwischen den heute voneinander isolierten Lebensräumen gegeben hat oder noch gibt.

Der Mensch hat sich nur auf der nördlichen Hemisphäre an die extremen polaren Habitate anpassen können – das jedoch schon vor dem letzten glazialen Maximum, wie 30 000 bis 40 000 Jahre alte Siedlungsspuren an der eurasischen Küste des Nordpolarmeeres belegen. Warum die pleistozänen großen Säugetierfaunen der eiszeitlichen Steppen plötzlich zu Ende der letzten Eiszeit zurückgingen und meist ausstarben, ist immer noch Gegenstand kontroverser wissenschaftlicher Debatten.

Die heutigen extremen Lebensbedingungen im nördlichen Nordamerika und im Nordosten Eurasiens passen sich rasch an die derzeitigen Klimaänderungen an, die schon zu einer bedeutenden Veränderung der arktischen Meereisdecke geführt haben. Weite Strecken der Eiskomplexe im zentralen Nordsibirien sind instabil, was einen schnellen Rückgang der Küsten zur Folge hatte. Der auftauende Permafrostboden bildet nicht nur einen zunehmend unsicheren Untergrund für die technische Infrastruktur dieser Gebiete, sondern setzt vermutlich Treibhausgase frei, was durch Mess- und Überwachungsprogramme zu belegen ist. Den Beobachtungsprogrammen, die an den sibirischen Polarstationen durchgeführt werden, kommt daher eine hohe Bedeutung zu.

Versuche, durch die Düngung marinen Planktons den Kohlenstoffhaushalt und Kohlendioxidgehalt der Atmosphäre zu beeinflussen, möglicherweise zu steuern, sind bisher nicht über ein experimentelles Stadium hinausgekommen (vgl. S. 303 f.). Insgesamt wird überlegt, die gesamte Nahrungskette des Südozeans (vom Phytoplankton über den Krill bis zu den Walen) durch Eisendüngung anzuregen. In jüngster Zeit wird auch das Problem der Bioprospektion in den polaren Meeresgebieten diskutiert. Naturstoffforschung an polaren marinen Organismen befindet sich noch ganz in den Anfängen. Die Nutzung der lebenden, marinen Rohstoffe (Fischerei, Fang von Invertebraten, Naturstoffe, Jagd auf Robben und Wale) stellt einen schwerwiegenden und fortlaufend wissenschaftlich zu bewertenden menschlichen Eingriff in die polaren Lebensgemeinschaften dar. Es wird noch Jahrzehnte dauern, ehe die wissenschaftlichen Grundlagen der Prozesse erarbeitet sind, die die Dynamik der polaren marinen Floren- und Faunenvergesellschaftungen steuern.

Die großen antarktischen und arktischen Eisschilde sind nicht nur Reste vergangener Eiszeiten, sondern haben auch das eigentümliche Muster der atmosphärischen Zirkulation und der Verteilung des Niederschlags über den Polargebieten beider Hemisphären in sich bewahrt. Sie sind Zeugnisse der klimatischen Isolation der Polargebiete, aber gleichzeitig das Produkt der Bilanz von Niederschlag und Verdunstung, die offensichtlich über lange Zeiträume hinweg relativ stabil geblieben ist.

Die antarktischen und grönländischen Eisschilde stellen weltweit die besten Klimaarchive dar, denn sie speichern über den Niederschlag (Schnee) im jahreszeitlichen Wechsel wichtige physikalische und chemische Eigenschaften der Atmosphäre, sodass Eisbohrungen eine Rekonstruktion des Paläoklimas erlauben. Das Spektrum der verfügbaren Messtechniken wird dabei fortlaufend erweitert. Dem internationalen EPICA-Projekt (vgl. S. 314 f.) gelang es 2004, die bisher verfügbaren Zeitserien von Paläoklimadaten aus der Antarktis in ihrer Länge zu verdoppeln (bis ca. 800 000 Jahre zurück). Eine weitere Verlängerung bis ca. 1,2 Mio. Jahre erscheint im Bereich des Möglichen. Wegen der höheren Niederschlagsraten auf Grönland sind die Zeitserien von der nördlichen Hemisphäre sehr viel kürzer, aber dafür detailreicher. Die fortlaufende dreidimensionale Vermessung der Eisschilde wird in den kommenden 25 Jahren dazu führen, dass wir eine genaue Vorstellung über den regionalen und den chronologischen Aufbau der Eisschilde entwickeln und daraus die Veränderungen der polaren Klimate für ein breites Spektrum von Zeitskalen ableiten können.

Ob die heute existierenden Eisschilde stabil sind, ist ungeklärt, aber Gegenstand intensiver wissenschaftlicher Untersuchungen. Der Start neuer Satelliten wie z. B. CRYOSAT mit seiner hohen regionalen Auflösung und den sehr präzisen Vermessungen der Oberflächenmorphologie der Eisschilde eröffnet die Möglichkeit, innerhalb weniger Jahre durch Echtzeitbeobachtungen festzustellen, ob die Eisschilde in der Arktis und Antarktis stabil sind bzw. wo und in welchem Umfang sie Änderungen unterworfen sind. Bis heute sind wegen der fehlenden Möglichkeit, Ausdehnung und Mächtigkeiten der marinen und terrestrischen Eisbedeckungen synoptisch aufzunehmen, die Aussagen zur Stabilität dieser hervorragenden Klimaindikatoren unsicher.

Wenn die Frage der globalen Eishaushalte gelöst sein wird, wird man auch die jetzigen und zukünftigen eustatischen und isostatischen Meeresspiegeländerungen mit größerer Sicherheit bewerten können. Da die Küstenregionen in weiten Gebieten der Erde intensiv genutzt werden, ist eine wissenschaftlich gesicherte Aussage über zukünftige Meeresspiegeländerungen von allergrößter wirtschaftlicher und politischer Bedeutung.

Beobachtungen einer deutlichen Erwärmung des tiefen Nordpolarmeeres und die Abnahme der

Meereisdecken in beiden Hemisphären während der letzten 10 bis 15 Jahre deuten auf schnelle globale Umweltveränderungen hin. Im Südozean scheinen sich wichtige ozeanische Frontensysteme in Wechselwirkung mit der zu beobachtenden langsamen Erwärmung der Erde langsam nach Süden zu verlagern. Die großräumigen ozeanischen Monitoringprogramme mit ihren Messnetzen müssen daher unbedingt auch die polaren Tiefseebecken erfassen, vor allem weil mit diesen Techniken auch die ungünstigen Jahreszeiten erfasst werden.

Von globaler Bedeutung scheinen dabei Änderungen in den Raten der Tiefenwassererneuerung auf der nördlichen und südlichen Hemisphäre zu sein. Durch ihren Einfluss kann sich das gesamte Regime des »Conveyor Belts« der großräumigen ozeanischen Zirkulationsmuster verlagern und das Klima der gesamten Erde, vor allem aber über Nordwesteuropa (unter dem Einfluss des Golfstromsystems) beeinflussen. Die Messprogramme zu ihrer Überwachung müssen langfristig fortgesetzt werden, bis Sicherheit über dabei ablaufende Prozesse gewonnen ist.

Nur die Kombination von Beobachtungsprogrammen mit einer stetig verfeinerten Klimamodellierung kann zu wissenschaftlich fundierten Vorhersagen von möglichen zukünftigen Klimaszenarien führen. Die beobachteten kurzfristigen Klimaänderungen, die aus den Eiskernen auf Grönland und der Antarktis abgeleitet worden sind, können in ihren Grundmustern auch in hochauflösenden Klimaarchiven aus niedrigen Breitengraden gefunden werden. Auch wenn viele Fragen der zeitlichen Abläufe und Abhängigkeiten noch unklar sind, so weisen diese Verbindungen doch klar auf die Bedeutung der in den Polargebieten ablaufenden Prozesse für die gesamte Erde hin.

Wissenschaftliche Infrastruktur

Die aufgezeigten Forschungsthemen sind sicherlich nicht vollständig, zeigen aber beispielhaft, warum auch in den kommenden Jahrzehnten beträchtliche Aufwendungen in der Polarforschung notwendig sind und zu einer fortlaufenden Instandhaltung und Erneuerung der Forschungsinfrastruktur zwingen. Diese Infrastruktur wurde nicht nur für das Alfred-Wegener-Institut geschaf-

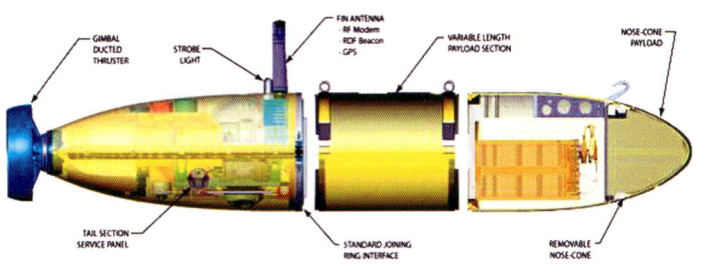

fen, sondern steht allen deutschen Forschungseinrichtungen mit Interessen in der Polarforschung offen. In vielen Fällen wird sie im Zuge der internationalen Zusammenarbeit auch von ausländischen Forschungsgruppen genutzt, wobei sich im Gegenzug deutschen Arbeitsgruppen Nutzungsmöglichkeiten der Infrastruktur anderer Staaten eröffnen.

Über Themen der terrestrischen Geowissenschaften in den Polargebieten wird an der Bundesanstalt für Geowissenschaften und Rohstoffe (BGR) in Hannover, über die Einwirkung extraterrestrischer physikalischer Phänomene am Deutschen Elektronen Synchrotron (DESY: AMANDA-Observatorium am Südpol, Neutrinobildung), über spezielle geodätische Messdaten zur Beobachtung von globalen Plattenbewegungen am GeoForschungsZentrum Potsdam (GFZ), zur Aufnahme von satellitengestützten Fernerkundungsdaten im Deutschen Zentrum für Luft- und Raumfahrt (O'Higgins-Station, vgl. S. 237) gearbeitet. Das Institut für Polarökologie (IPÖ) der Universität Kiel und zahlreiche Arbeitsgruppen anderer Universitäten sind an der Polarforschung beteiligt. Die genannten Institutionen und Arbeitsgruppen bilden eine wichtige Grundlage für die Vielfalt der deutschen Polarforschung, die es zu erhalten und in Wechselwirkung mit den sich wandelnden Inhalten der Polarforschung weiterzuentwickeln gilt. Dieses kann nur erfolgreich geschehen, wenn die nationalen und internationalen Fördereinrichtungen der Polarforschung bei erfolgreicher wissenschaftlicher Antragsformulierung die notwendigen Prioritäten einräumen. Die POLARSTERN, Deutschlands Forschungseisbrecher ist jetzt 23 Jahre alt und kann bei sorgfäl-

Ein flexibles, 3000 m tief tauchendes Autonomous Underwater Vehicle (AUV) für multidisziplinäre Forschungsprojekte auch in eisbedeckten Regionen des Ozeans. (Quelle: Michael Klages/AWI)

tiger Pflege noch 10 – 15 Jahre in Fahrt gehalten werden. Sie wird zukünftig durch das neue Eisrandforschungsschiff MARIA S. MERIAN ergänzt. Durch ihre Belastung mit logistischen Aufgaben (Versorgung der »Neumayer-Station«) und ihren Einsatz auf der nördlichen und südlichen Hemisphäre kann die POLARSTERN derzeit wissenschaftlich nicht so effizient genutzt werden, wie es wünschenswert erscheint. Es ist daher geplant, das Operationsgebiet der POLARSTERN ganzjährig in den Südozean zu verlegen, um dort ein umfassendes Forschungsprogramm während aller Jahreszeiten abzuarbeiten. Dieses setzt jedoch voraus, dass Planungen für einen neuen, sehr kräftigen Forschungseisbrecher AURORA BOREALIS (vgl. S. 326) verwirklicht werden können. Dieses neue Schiff soll ganzjährig im zentralen Nordpolarmeer eingesetzt und neben der klassischen Forschungsinfrastruktur mit den technischen Einrichtungen zur Durchführung von Tiefseebohrungen in eisbedeckten Gebieten ausgerüstet werden. Seine weit gespannten wissenschaftlichen Möglichkeiten erfordern die Gründung eines Konsortiums von interessierten Ländern, deren wissenschaftliches Interesse, Kapazitäten und finanzielle Unterstützung den Bau und Betrieb dieses aufwändigen neuen Forschungsschiffes rechtfertigen.

Bemannte Stationen werden in den Polargebieten noch für viele Jahrzehnte die wichtigste Grundlage für die Forschungsaktivitäten darstellen. Der Neubau der antarktischen Station »Neumayer III« ist 2005 bewilligt worden und soll bis 2008 umgesetzt werden. Er ist für eine Lebensdauer von ca. 25 Jahren ausgelegt. Die »Koldewey-Station« in Ny Ålesund auf Spitzbergen ist 2003 mit den französischen Stationen zu einer binationalen Station verschmolzen worden. Die norwegischen Partner haben durch die Errichtung eines marinen Labors die Arbeitsmöglichkeiten in Ny Ålesund beträchtlich verbessert. Das Alfred-Wegener-Institut unternimmt fortlaufend große Anstrengungen, den Betrieb der Stationen zu automatisieren; da jedoch viele der dort betriebenen Observatorien ganzjährig Messdaten unter extremsten Umweltbedingungen erheben, wird dies nur langsam und mit beträchtlichem technischem Aufwand möglich sein.

Dem AWI standen bisher zwei polare Messflugzeuge (Do 228) zur Verfügung, die mit ihrem Landegestell auf Skiern in den vereisten Gebieten beider Hemisphären eingesetzt worden sind (vgl. »Fliegen eröffnet neue Möglichkeiten«). Für sie ist eine Vielzahl von Messtechniken entwickelt und zertifiziert worden. Nachdem POLAR 4 bei einer »harten« Landung in der Antarktis Anfang 2005 schwer beschädigt wurde, ist ihr weiterer Einsatz mit Vorbehalt zu sehen. Beide Flugzeuge sind heute über 15 Jahre alt und nähern sich damit dem Ende ihrer Nutzungszeit; so wird in naher Zukunft über die Anschaffung neuer Flugzeuge zu befinden sein. Die im Jahr 2005 zu erwartende Entscheidung über die Anschaffung eines Flugzeuges, das in der unteren Stratosphäre fliegen kann (HALO), wird dabei die deutschen Messmöglichkeiten auch in der Polarforschung merkbar verbessern und erweitern. Erste Planungen zum Einsatz fliegender, unbemannter Drohnen als polarer Messplattformen haben begonnen. Hier entwickelt sich ein neues Forschungs- und technisches Entwicklungsfeld, das zu einer engen vielversprechenden Zusammenarbeit öffentlicher Forschungseinrichtungen mit kleinen und mittleren Unternehmen (z. B. OHB in Bremen, OPTIMARE in Bremerhaven) führen kann.

Fernerkundungsmethoden zur Aufnahme von Eis- und Schneebedeckung in den Polargebieten waren bisher unvollkommen, weil die meisten Satelliten keine geeigneten Umlaufbahnen hatten und die regionale Auflösung ihrer Datenerfassung zu grob war. Dieses wird sich in naher Zukunft ändern, wenn der ESA der für 15. September 2005 vorgesehene Start von CRYOSAT gelingt. Dieser neue Satellit soll kleinräumig mit einer polaren Umlaufbahn durch Radarinterferometrie hochpräzise Aufnahmen der Eisoberfläche zulassen. Im Rahmen des virtuellen Institutes »Earth Observation System« (EOS) der Helmholtz-Gemeinschaft, an dem AWI, DLR, GFZ und GKSS sowie universitäre Partner beteiligt sind, werden sich dadurch in naher Zukunft endlich verlässliche und synoptische Aussagen über Wachstum und Schrumpfen der globalen Eisdecke machen lassen. Andere Satelliten lassen die Messung einer Vielzahl von Parametern zur Beschreibung des Erdsystems zu. Die Entwicklung neuer Satelliten wird die wissenschaftlichen Möglichkeiten der Fernerkundung fortlaufend erweitern, sodass diese Arbeitsmethode in ihrer Bedeutung für die Polarforschung in den kommenden Jahren und Jahrzehnten weiter wachsen wird.

Viele Messaufgaben in der Polarforschung müssen in nicht direkt oder nur schwer zugänglichen Gebieten durchgeführt werden und erfordern daher die Entwicklung von innovativen Technologien, die hier nur beispielhaft vorgestellt werden können und bei deren Entwicklung eine enge Zusammenarbeit mit der Weltraumforschung vorhersehbar ist. Die Entdeckung zahlreicher subglazialer Seen unter dem antarktischen Eisschild mit Wassermassen und Organismen, die vermutlich seit langer Zeit von der Erdoberfläche isoliert waren, erfordert in Anlehnung an die Erforschung anderer eisbedeckter Himmelskörper die Entwicklung steriler, autonomer und besonders kleiner Sondensysteme, die an die extremen Druck- und Temperaturverhältnisse angepasst sind. Für die Erkundung der polaren Tiefseebecken sind entweder kabelgeführte oder autonome unbemannte Unterwasserfahrzeuge notwendig, die es erlauben, die bisher unzugänglichen Meeresgebiete unter den polaren Eisschelfen zu erkunden.

Wissenschaftlich-technische Entwicklungsarbeiten werden an den deutschen Polarforschungseinrichtungen in viel zu geringem Umfang durchgeführt. In enger Zusammenarbeit mit innovativen kleinen und mittelgroßen Industriebetrieben müssen zukünftig große Anstrengungen zur Entwicklung innovativer Technologien unternommen werden. Die großen, globalen, ozeanischen Monitoring-Programme (z. B. ARGO und GOOS) müssen auch die polaren Ozeane erfassen; widerstandsfähige, robuste, verlässliche Messinstrumente müssen daher in großen Stückzahlen angeschafft werden und bieten eine einmalige Chance für eine kommerzielle Umsetzung durch kleine bis mittelgroße Technologieunternehmen, in enger Zusammenarbeit mit den Forschungseinrichtungen der öffentlichen Hand.

Da zur Durchführung dieser Programme eine enge internationale Partnerschaft gebildet werden muss, haben sich die wichtigsten deutschen meereskundlichen Forschungseinrichtungen, darunter das AWI, zu einem »Konsortium Deutsche Meeresforschung« (KDM) mit Sitz in Berlin

Ny Ålesund auf Spitzbergen mit einem Ausschnitt der internationalen Forschungsstationen, unter anderem der deutsch-französischen AWIPEV-Station. (Foto: Jens Kube/AWI).

zusammengeschlossen, das die strategische Weiterentwicklung der Forschungsprogramme sowie der dafür notwendigen Forschungsinfrastruktur planen soll. Diese Entwicklung und die guten wissenschaftlichen Kontakte zu unseren europäischen Nachbarn werden voraussichtlich auch zur Gründung bi- oder multinationaler Forschungseinrichtungen führen, wie sie das AWI in kleinem Maßstab durch die Verschmelzung der französischen und deutschen Laboratorien in Ny Ålesund zur AWIPEV-Station erreicht hat.

Es ist auch von großer Bedeutung, dass die internationalen Vertragswerke (z. B. der Antarktisvertrag) und die politisch unabhängige wissenschaftliche Beratungsstruktur kontinuierlich revidiert und erneuert werden, um den zukünftigen Bedürfnissen der Polarforschung zu genügen.

Das Internationale Polarjahr (2007 – 2009)

Georg von Neumayer initiierte für 1882/1883 das erste internationale Polarjahr, das durch die Gründung eines Netzwerkes von Stationen in der Arktis erstmals ermöglichte, zirkumpolar und simultan ganzjährig meteorologische und geophysikalische Daten zu erheben. Das Internationale Geophysikalische Jahr von 1956/1957 (vgl. S. 70 ff.) führte zu großzügigen Forschungsvorhaben und zur Errichtung zahlreicher Forschungsstationen in der Antarktis. Angeregt durch wissenschaftliche Organisationen wie vor allem SCAR und European Polar Board laufen seit geraumer Zeit unter der Schirmherrschaft von ICSU und WMO die Vorbereitungen für das nächste Internationale Polarjahr, das anlässlich der 125. Wiederkehr des ersten Polarjahres organisiert werden soll. In zahlreichen Ländern, auch in Deutschland, sind Nationalkomitees gebildet worden. Eine internationale Aufforderung zur Einreichung von Forschungsideen hat insgesamt über 900 Ideenskizzen produziert, die jetzt zu großen, strategischen Programmverbünden zusammengefasst werden. Das kommende Internationale Polarjahr wird sich über drei Jahre erstrecken, um in beiden Hemisphären jeweils zwei volle Jahreszyklen für Messungen zur Verfügung zu haben. Zahlreiche Initiativen werden Messprogramme für ein bis zwei Dekaden einleiten.

Ausblick

Die großen wissenschaftlichen und technologischen Herausforderungen der Polarforschung werden auch in den kommenden Jahrzehnten weiter bestehen. Daher müssen wir die bestehenden Forschungskapazitäten erhalten, verbessern und in Abstimmung mit den wissenschaftlichen Forschungsprogrammen um- und ausbauen. Der schnelle, in Echtzeit beobachtete Wechsel der Umweltbedingungen wird auch in der Zukunft weitergehen und zu Umnutzungen der polaren Land- und Meeresgebiete führen müssen. Neue oder andere Gebiete werden für die Gewinnung von lebenden und nicht-lebenden Rohstoffen Bedeutung erlangen. Wir können nur hoffen, dass es der Menschheit gelingt, sich auf diese Änderungen einzustellen bzw. sie so zu steuern, dass diese Erde ihre Eigenschaften als »Mutterschiff« allen uns bekannten Lebens im Weltraum nicht verliert. Dazu ist Polarforschung unverzichtbar, und Deutschland muss hier seine internationale Spitzenstellung behaupten und sich weiter mit seinen internationalen Partnern vernetzen. Eine wagemutige junge Generation von Polarforschern und Polarforscherinnen, die diese Herausforderungen meistern will, wächst heran.

(Foto: Hinrich Bäsemann)

Abkürzungsverzeichnis

AANII   Arktisches und Antarktisches Forschungsinstitut, Leningrad (abgekürzt nach dem russischen Namen)

AARI   Arctic and Antarctic Research Institute, St. Petersburg (früher: AANII)

AdW   Akademie der Wissenschaften der DDR (Name variiert mit den Jahren)

AGF   Arbeitsgemeinschaft der Großforschungseinrichtungen (seit 1996: HGF)

AWI   Alfred-Wegener-Institut für Polarforschung, seit 1. Januar 1986: ... für Polar- und Meeresforschung

BFA   Bundesforschungsanstalt (hier: für Fischerei)

BGR   Bundesanstalt für Geowissenschaften und Rohstoffe, Hannover

BIOMASS   Biological Investigations of Marine Antarctic Systems and Stocks

BMBF   Bundesministerium für Bildung und Forschung

BMBW   Bundesministerium für Bildung und Wissenschaft

BMF   Bundesministerium der Finanzen

BMFT   Bundesministerium für Forschung und Technologie

BML   Bundesministerium für Ernährung, Landwirtschaft und Forsten

BMWi   Bundesministerium für Wirtschaft

CCAMLR   Convention on the Conservation of the Antarctic Marine Living Resources

DDR   Deutsche Demokratische Republik

DFG   Deutsche Forschungsgemeinschaft

DGG   Deutsche Geophysikalische Gesellschaft

DLR   Deutsches Zentrum für Luft- und Raumfahrt

DUGG   Deutsche Union für Geodäsie und Geophysik

EGIG   Expédition Glaciologique Internationale au Groenland (Internationale Glaziologische Grönland-Expedition)

EMR   Elektromagnetische Resonanz

EPF   Expéditions Polaires Françaises (Französische Polar-Expeditionen)

EPICA   European Project for Ice Coring in Antarctica

EPOS   European Polarstern Study

ERS   European Research Satellite

ESF   European Science Foundation, Straßburg

FIBEX   First International BIOMASS Experiment

FWF   Forschungsstelle für Wirbeltierforschung (im Tierpark Berlin) der AdW

GANOVEX   German Antarctic North Victorialand Expedition

GARS   German Antarctic Receiving Station (auf der Antarktischen Halbinsel)

GFZ   GeoForschungsZentrum, Potsdam

GISP   Greenland Ice Sheet Program

GKSS   GKSS-Forschungszentrum Geesthacht

GRIP   Greenland Icecore Project

HGF   Hermann von Helmholtz-Gemeinschaft Deutscher Forschungszentren (bis 1996: AGF)

HSVA   Hamburgische Schiffbau-Versuchsanstalt

ICSI   International Commission on Snow and Ice

ICSU   International Council for Science (bis 1998: International Council of Scientific Unions)

IfMB   Institut für Meeresforschung Bremerhaven

IGJ   Internationales Geophysikalisches Jahr

IUGG   International Union for Geodesy and Geophysics

MfUW   Ministerium für Umweltschutz und Wasserwirtschaft (DDR)

NAD   Nansen Arctic Drilling Program

NDSC   Network for the Detection of Stratospheric Change

NIIGAA   Forschungsinstitut für Geologie der Arktis und Antarktis, Leningrad (abgekürzt nach dem russischen Namen)

NKGG   Nationalkomitee für Geodäsie und Geophysik (in AdW)

NGRIP   North Greenland Icecore Project

NSF   National Science Foundation (USA)

OSL   Otto-Schmidt-Labor für Polar- und Meeresforschung in St. Petersburg und Bremerhaven

RAE   Russische Antarktis-Expedition (Nachfolger zu SAE)

RISS   Ross Ice Shelf Studies

SAE   Sowjetische Antarktis-Expedition

SCAR   Scientific Committee on Antarctic Research

SCOR   Scientific Committee on Oceanic Research

USARP   United States Antarctic Research Program

USGS   United States Geological Survey

WMO   World Meteorological Organization

ZfI   Zentralinstitut für Isotopen- und Strahlenforschung, Leipzig

ZIPE   Zentralinstitut für Physik der Erde, Potsdam

ZISTP   Zentralinstitut für solarterrestrische Physik, Berlin-Adlershof

Hinweise auf weiterführende Literatur

Die folgende Liste ist eine subjektive Auswahl von Büchern vor allem deutschsprachiger Autoren. Viele dieser Bücher sind nur noch antiquarisch erhältlich, damit über Internet heute aber meist dennoch beschaffbar.

Reinke-Kunze, Christine, Aufbruch in die weiße Wildnis – Die Geschichte der deutschen Polarforschung, Hamburg: Ernst Kabel Verlag, 1992

Lüdecke, Cornelia, Die deutsche Polarforschung seit der Jahrhundertwende und der Einfluß Erich von Drygalskis, Bremerhaven: AWI, 1995

Kunst- und Ausstellungshalle der Bundesrepublik, Arktis – Antarktis (zur Ausstellung »Arktis – Antarktis«), Bonn: Kunst- und Ausstellungshalle, 1997

Reinke-Kunze, Christine, Alfred Wegener – Polarforscher und Entdecker der Kontinentaldrift, Berlin: Birkhäuser 1994

Körber, Hans-Günther, Alfred Wegener, Leipzig: BSB B.G. Teubner, 1980

Pillewizer, Wolfgang, Gletscherland in der Arktis, Leipzig: VEB F.A. Brockhaus Verlag, 1965

Lange Gert (ed.), Sonne, Sturm und weiße Finsternis – Die Chronik der ostdeutschen Antarktisforschung, Hamburg: Kabel, 1996 – erweiterte Fassung von: Bewährung in Antarktika – Antarktisforschung der DDR, Leipzig: VEB F.A. Brockhaus Verlag, 1982 – Quelle für Zitate S. 101, 102, 114, 119, 141 und 149

Skeib, Günter, Orkane über Antarktika – Forscherarbeit in Schnee und Eis, Leipzig: VEB F.A. Brockhaus Verlag, 1965 – Quelle für Zitat S. 90

Meier, Siegfried, 450 Tage in Antarktika, Leipzig: VEB F.A. Brockhaus Verlag, 1975

Odening, Klaus, Antarktische Tierwelt – Einführung in die Biologie der Antarktis, Leipzig: Urania-Verlag, 1984

Gernandt, Hartwig, Erlebnis Antarktis, Berlin: transpress VEB Verlag für Verkehrswesen, 1984 – Quelle für Zitate S. 126 und 129

Bormann, Peter / Fritzsche, Diedrich (eds.), The Schirmacher Oasis, Queen Maud Land, East Antartica, and ist surroundings, Gotha: Justus Perthes Verlag 1995 – Quelle für die Karte S. 132

Kohnen, Heinz, Antarktis-Expedition – Deutschlands neuer Vorstoß ins ewige Eis, Gütersloh: Bertelsmann Club, o.J. – Quelle für Zitat S. 229

Miller, Hubert, Abriß der Plattentektonik, Stuttgart: Enke, 1992

Kleinschmidt, Georg, Die plattentektonische Rolle der Antarktis, München: Carl Friedrich von Siemens Stiftung, 2001 – Quelle für Karte S. 181

Beck, Florian, Flug zum Südpol – Eines der letzten Abenteuer der Welt: Antarktisforschung aus der Luft, Planegg: Aviatic Verlag, 1992

Sobiesiak, Monika / Korhammer, Susanne (eds.), Neun Forscherinnen im ewigen Eis – Die erste Antarktisüberwinterung eines Frauenteams, Basel: Birkhäuser Verlag, 1994

Lange, Gert (ed.), Eiskalte Entdeckungen – Forschungsreisen zwischen Nord- und Südpol, Bielefeld: Delius Klasing Verlag, 2001

Hempel, Gotthilf (ed.), Weddell Sea Ecology – Results of EPOS European »Polarstern« Study, Berlin/Heidelberg: Springer Verlag, 1993

Culik, Boris, Pinguine – Spezialisten fürs Kalte, München: BLV Verlagsgesellschaft, 2002

McGonigal, David/Woodworth, Lynn, Die Welt der Antarktis und der Arktis, Bielefeld: Delius Klasing Verlag, 2004

Register

Personenregister

Verzeichnis der Polarstationen